重点领域气候变化影响与风险丛书

# 气候变化影响与风险
## 气候变化对森林影响与风险研究

尹云鹤　邵雪梅　田晓瑞　等　著

"十二五"国家科技支撑计划项目

科学出版社

北　京

# 内 容 简 介

本书针对森林领域的气候变化影响与风险问题，基于大量多源数据和野外调查资料，通过构建气候变化影响与分离技术体系，识别过去 50 年以来气候变化对中国森林结构、功能、林火及有害生物的影响，定量分离关键气候要素变化对森林的影响程度和区域差异。通过建立森林的气候变化风险评估技术，结合多气候模式和气候情景分析，评估未来 30 年气候变化对我国森林的影响，阐明气候变化的风险等级与空间格局，并提出中国森林适应气候变化技术重点，为保障国家生态安全，适应气候变化提供科技支撑。

本书可供地理科学、生态学、全球变化等领域的研究者、高等院校相关专业师生，以及从事风险管理和林业管理的相关人员等参考。

图书在版编目（CIP）数据

气候变化影响与风险：气候变化对森林影响与风险研究/尹云鹤等著.
—北京：科学出版社，2017.7
（重点领域气候变化影响与风险丛书）
ISBN 978-7-03-053879-6

I.①气… Ⅱ.①尹… Ⅲ. ①气候变化–影响–森林生态系统–研究
Ⅳ.①S718.55

中国版本图书馆 CIP 数据核字(2017)第 142354 号

责任编辑：万 峰 朱海燕 / 责任校对：王晓茜
责任印制：肖 兴 / 封面设计：北京图阅盛世文化传媒有限公司

科 学 出 版 社 出版
北京东黄城根北街 16 号
邮政编码：100717
http://www.sciencep.com
中国科学院印刷厂 印刷
科学出版社发行 各地新华书店经销
*
2017 年 7 月第 一 版 开本：787×1092 1/16
2017 年 7 月第一次印刷 印张：19 1/4
字数：438 000
定价：139.00 元
(如有印装质量问题，我社负责调换)

# 《重点领域气候变化影响与风险丛书》编委会

# 总　序

气候变化是当今人类社会面临的最严重的环境问题之一。自工业革命以来，人类活动不断加剧，大量消耗化石燃料，过度开垦森林、草地和湿地土地资源等，导致全球大气中 $CO_2$ 等温室气体浓度持续增加，全球正经历着以变暖为主要特征的气候变化。政府间气候变化专门委员会（IPCC）第五次评估报告显示，1880~2012 年，全球海陆表面平均温度呈线性上升趋势，升高了 0.85℃；2003~2012 年平均温度比 1850~1900 年平均温度上升了 0.78℃。全球已有气候变化影响研究显示，气候变化对自然环境和生态系统的影响广泛而又深远，如冰冻圈的退缩及其相伴而生的冰川湖泊的扩张；冰雪补给河流径流增加、许多河湖由于水温增加而影响水系统改变；陆地生态系统中春季植物返青、树木发芽、鸟类迁徙和产卵提前，动植物物种向两极和高海拔地区推移等。研究还表明，如果未来气温升高 1.5~2.5℃，全球目前所评估的 20%~30% 的生物物种灭绝的风险将增大，生态系统结构、功能、物种的地理分布范围等可能出现重大变化。由于海平面上升，海岸带环境会有较大风险，盐沼和红树林等海岸湿地受海平面上升的不利影响，珊瑚受气温上升影响更加脆弱。

中国是受气候变化影响最严重的国家之一，生态环境与社会经济的各个方面，特别是农业生产、生态系统、生物多样性、水资源、冰川、海岸带、沙漠化等领域受到的影响显著，对国家粮食安全、水资源安全、生态安全保障构成重大威胁。因此，我国《国民经济和社会发展第十二个五年规划纲要》中指出，在生产力布局、基础设施、重大项目规划设计和建设中，需要充分考虑气候变化因素。自然环境和生态系统是整个国民经济持续、快速、健康发展的基础，在国家经济建设和可持续发展中具有不可替代的地位。伴随着气候变化对自然环境和生态系统重点领域产生的直接或间接不利影响，我国社会经济可持续发展面临着越来越紧迫的挑战。中国正处于经济快速发展的关键阶段，气候变化和极端气候事件增加，与气候变化相关的生态环境问题越来越突出，自然灾害发生频率和强度加剧，给中国社会经济发展带来诸多挑战，对人民生活质量乃至民族的生存构成严重威胁。

应对气候变化行动，需要对气候变化影响、风险及其时空格局有全面、系统、综合的认识。2014 年 3 月政府间气候变化专门委员会正式发布的第五次评估第二工作组报告《气候变化 2014：影响、适应和脆弱性》基于大量的最新科学研究成果，以气候风险管理为切入点，系统评估了气候变化对全球和区域水资源、生态系统、粮食生产和人类健康等自然系统和人类社会的影响，分析了未来气候变化的可能影响和风险，进而从风险管理的角度出发，强调了通过适应和减缓气候变化，推动建立具有恢复力的可持续发展社会的重要性。需要特别指出的是，在此之前，由 IPCC 第一工作组和第二工作组联合发布的《管理极端事件和灾害风险推进气候变化适应》特别报告也重点强调了风险管理对气候变化的重要性。然而，我国以往研究由于资料、模型方法、时空尺度缺乏可比性，导致目前尚未形成对气候变化对我国重点领域影响与风险的整体认识。《气候变化国家评估报告》、《气候变化国家科学报告》和《气候变化国家信息通报》的评估结果显示，目前我国气候变化影响与风险研究比较分散，对过去影响评估较少，未来风险评估薄弱，气候变化影响、脆弱性和风险的综合评估技术方法落后，更缺乏全国尺度多领域的系统综合评估。

气候变化影响和风险评估的另外一个重要难点是如何定量分离气候与非气候因素的影响，这个问题也是制约适应行动有效开展的重要瓶颈。由于气候变化影响的复杂性，同时受认识水平和分析工具的限制，目前的研究结果并未有效分离出气候变化的影响，导致我国对气候变化影响的评价存在较大的不确定性，难以形成对气候变化影响的统一认识，给适应气候变化技术研发与政策措施制定带来巨大的障碍，严重制约着应对气候变化行动的实施与效果，迫切需要开展气候与非气候影响因素的分离研究，客观认识气候变化的影响与风险。

鉴于此，科技部接受国内相关科研和高校单位的专家建议，酝酿确立了"十二五"应对气候变化主题的国家科技支撑计划项目。中国科学院作为全国气候变化研究的重要力量，组织了由地理科学与资源研究所作为牵头单位，中国环境科学研究院、中国林业科学研究院、中国农业科学院、国家海洋环境预报中心、兰州大学等 16 家全国高校、研究所参加的一支长期活跃在气候变化领域的专业科研队伍。经过严格的项目征集、建议、可行性论证、部长会议等环节，"十二五"国家科技支撑计划项目"重点领域气候变化影响与风险评估技术研发与应用"于 2012 年 1 月正式启动实施。

项目实施过程中，这支队伍兢兢业业、协同攻关，在重点领域气候变化影响评估与风险预估关键技术研发与集成方面开展了大量工作，从全国尺度，比较系统、定量地评估了过去 50 年气候变化对我国重点领域影响的程度和范围，包括农业生产、森林、草地与湿地生态系统、生物多样性、水资源、冰川、海岸带、沙漠化等对气候变化敏感，并关系到国家社会经济可持续发展的重点领域，初步定量分离了气候和非气候因素的影响，基本揭示了过去 50 年气候变化对各重点领域的影响程度及其区域差异；初步发展了中国气候变化风险评估关键技术，预估了未来 30 年多模式多情景气候变化下，不同升温程度对中国重点领域的可能影响和风险。

基于上述研究成果，本项目形成了一系列科技专著。值此"十二五"收关、"十三五"即将开局之际，本系列专著的发表为进一步实施适应气候变化行动奠定了坚实的基础，可为国家应对气候变化宏观政策制定、环境外交与气候谈判、保障国家粮食、水资源及生态安全，以及促进社会经济可持续发展提供重要的科技支撑。

刘燕华

2016 年 5 月

# 前　言

　　气候变化影响与风险是世界各国政府和学者共同关心和探讨的热点问题，是人类社会面临的共同挑战。目前，中国正处于经济快速发展的关键阶段，气候变化和极端气候事件增加，与气候变化相关的生态环境问题愈来愈突出，自然灾害发生频率和强度加剧，给中国社会经济发展带来诸多挑战，甚至对人类生存构成严峻威胁。在人类活动和气候变化的直接或间接的影响下，森林生态系统空间分布格局、森林与大气的物质和能量交换等自然过程等发生了改变。森林生态系统发生变化而造成的严重后果，不仅危及当地人民的生存发展，而且对中国生态安全和社会经济可持续发展构成的潜在威胁也不容忽视。

　　鉴于此，在实现经济社会发展目标的同时，必须认识到中国正在并将不断受到气候变化的多方位的影响，森林作为陆地生态系统的重要组成部分，不利影响和面临的风险更为突出。选择森林作为研究领域之一开展气候变化影响与风险的关键技术研发与应用研究，对于保障国家生态安全，支撑社会经济可持续发展，实现人与自然和谐发展具有重要意义。科学实施国家应对气候变化行动方案，需要在已检测的变化趋势中分离气候与非气候影响，明确气候变化对森林生态系统的影响程度；评估未来气候变化影响下森林生态系统面临风险，是国家调整森林管理政策、建立相应适应机制与措施应对气候变化的迫切需求。

　　揭示中国森林结构与功能的动态变化，评估气候变化对森林的影响与风险，是全球变化领域的重要研究内容。气候变化影响着森林生态系统的物候、类型分布、树种组成、结构功能、生产力和碳库等，这些影响既有负面消极的也有正面积极的，是较为复杂的过程。然而，由于气候变化的不确定性，森林生态系统的复杂性，不同地区和类型的森林对气候变化表现出不同的反馈作用和适应能力，再加上气候变化、人类活动和植被演替生长等过程之间复杂的非线性相互作用，以及人们认识上的局限性，目前气候变化影响与风险评估仍然处在探索研究之中，尚存在着不确定性大、难以量化等不足之处。迫切需要进一步完善和提高气候变化对森林的影响与风险评估的理论、技术和方法，定量分析气候变化对森林的影响，揭示气候变化所致的风险。

　　作为"十二五"国家科技支撑计划项目"综合气候变化影响与风险时空格局评估技术"之第二课题的研究成果总结，我们撰写了《气候变化影响与风险气候变化对森林影响与风险研究》一书。本书根据过去 50 年以来大量资料和实测数据，系统评估了中国森林空间分布、结构、功能、林火和有害生物的变化特征和区域差异，构建了气候变化影响评估与定量分离技术体系，全面深入地阐明了过去气候变化对森林的影响程度和范围；根据未来多气候模式多情景数据，预估了未来 30 年气候变化下我国森林的动态变化，以及不同升温程度对森林的影响特征；建立了气候变化风险评估指标、标准和等级，评估了未来气候变化影响下森林生态系统面临风险。本书的出版可为气候变化背景下的森林管理和未来风险防范，以及科学实施国家应对气候变化行动方案提供部分决策参考依据。

全书共分8章，各章节按照拟订的撰写大纲分别起草、撰写，经过修改后再予定稿。各章的主要执笔人如下：第1章为尹云鹤、田晓瑞、邵雪梅；第2章为尹云鹤、马丹阳；第3章为邵雪梅、方欧娅；第4章为尹云鹤、马丹阳、邓浩宇；第5章为田晓瑞；第6章为王鸿斌；第7章为尹云鹤、田晓瑞、马丹阳；第8章为尹云鹤、田晓瑞。参加本书撰写的主要人员还包括刘斌、苗庆林、袁玉娟等。本次出版过程得到了"十二五"国家科技支撑计划资助，使这项成果能够顺利与读者见面。科学出版社在书稿的编写和修订过程中提出了宝贵意见。在此表示衷心感谢。限于水平，本书难免有疏漏和不足之处，我们殷切期望学术界的同行和广大读者不吝给予批评指正，以促进气候变化对森林影响与风险研究领域理论和实践的发展与应用。

尹云鹤

2016 年 5 月

# 目　录

# 第1章 绪 论

森林是陆地生态系统的关键组成部分，全球森林覆盖大约 31% 的地球陆地表面（FAO，2010）。作为人类赖以生存和发展的重要物质基础，森林具有较高物质生产力，并具有涵养水源、防风固沙、保持水土等生态防护功能及净化空气等社会公益功能（孙鸿烈，2000）。同时，森林具有丰富的物种多样性，也是许多特有物种栖息地的典型生态系统（Persha et al.，2011）。森林储存了陆地生态系统中 50%～60% 的碳，年碳吸收总量大致相当于化石燃料碳排放的 1/2（Pan et al.，2011）。中国森林覆盖率达 21.63%，森林植被总碳储量 84.27 亿 t，人工林面积继续保持世界首位（国家林业局，2014）。森林丰富的碳储量和强大的碳汇作用将对全球碳循环产生重要的影响，为降低温室气体浓度、应对气候变化提供了可能。

气候变化影响与风险是全球变化研究领域的中心议题，是人类社会面临的共同挑战。气候变化以其无处不在的影响和潜在的灾难性损失，对生态系统与社会经济的各个方面构成了巨大威胁和严峻挑战，气候变化的不利影响日益凸显（Barnett，2003；刘燕华等，2006；IPCC，2014；第三次气候变化国家评估报告编写委员会，2015）。对于森林生态系统而言，气候变化的影响尤为复杂多样。在人类活动和气候变化的直接或间接的影响下，中国森林生态系统空间分布格局、森林与大气的物质和能量交换等自然过程等发生了改变。明晰森林结构与功能的动态变化，评价森林对气候变化的响应及适应，是全球变化领域的重要研究内容。研究生态系统变化状况并揭示生态系统变化规律等是生态文明建设的科学基础（李文华，2013）。鉴于此，阐明气候变化对中国区域森林的影响与风险具有重要意义，应给予高度重视。但是由于森林生态系统的复杂性、气候变化的不确定性以及认识水平上的局限性，有关气候变化对森林影响的过程及程度仍然存在着较大的分歧与不确定性，迫切需要准确描述森林植被的生长动态和生物物理过程及其响应机制，定量分析气候变化对森林的影响，揭示气候变化的潜在风险。

本章主要概述气候变化对中国森林的影响与风险研究的目的与重要意义，简要介绍国内外气候变化对森林的影响与风险的研究进展。

## 1.1 研究气候变化对森林的影响与风险的意义

### 1.1.1 保障国家生态安全，支撑社会经济可持续发展

森林是国家的重要资源，林业是国民经济的一个重要组成部分。中国地域幅员辽阔，

自然条件复杂，植物种类繁多，森林资源丰富，林业发展较快。根据第八次全国森林资源清查结果（2009～2013 年），全国森林面积 2.08 亿 hm²，森林覆盖率 21.63%；林地总面积 3.10 亿 hm²，其中有林地 1.91 亿 hm²，疏林地 401 万 hm²，灌木林地 5590 万 hm²；活立木总蓄积 164.33 亿 m³，其中森林蓄积 151.37 亿 m³；森林面积和森林蓄积分别居世界第 5 位和第 6 位，人工林面积仍居世界首位。随着森林总量增加和质量提高，森林生态功能进一步增强。全国森林植被总生物量 170.02 亿 t，总碳储量 84.27 亿 t。森林年涵养水源量 58.07 百亿 m³，年固土量 81.91 亿 t，年保肥量 4.30 亿 t，年吸收污染物量 0.38 亿 t，年滞尘量 58.45 亿 t。总体上，中国森林资源呈现出数量持续增加、质量稳步提升、效能不断增强的良好发展趋势。

中国幅员辽阔，自然地理、气候条件和社会发展历程决定了我国森林分布的基本格局（图 1.1）。我国天然林主要分布在东北部和西南高山林区，人工林主要分布在华南和华东地区。东北、内蒙古林区天然林面积占全国天然林总面积的 29.78%，西南高山林区占 23.84%，蓄积分别占 28.32%和 45.56%。人工林主要集中在东南低山丘陵林区，其面积占全国的 41.33%，蓄积占 44.87%（张煜星，2008）。

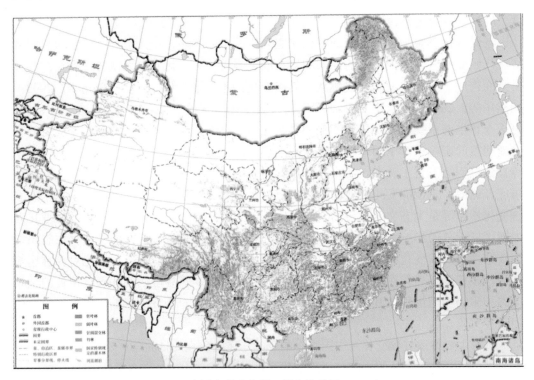

图 1.1 中国森林分布图（国家林业局，2014）

我国有 40%的林地质量好，主要分布在南方和东北东部；质量中等（占 38%）的林地主要分布在中部和东北西部；质量差（占 22%）的林地主要分布在西北、华北干旱地区和青藏高原（第八次全国森林资源清查主要结果）。

森林的分布与温度、降水、地形、土壤等条件的变化相适应。不同的自然条件和多样的森林植物形成森林类型丰富多样。中国拥有多种森林类型，包括针叶林、针阔叶混交林、落叶阔叶林、常绿阔叶林和热带雨林等类型。据《中国植被》(中国植被编辑委员会,1980)对天然乔灌林的分类,我国共有森林 210 个群系、竹林 36 个群系、灌林与灌丛(不含半灌丛及草丛)94 个群系。我国森林大概可以分成大兴安岭北部寒温带落叶针叶林,东北、华北温带落叶阔叶林,华中、西南常绿阔叶林,华南、西南热带雨林、季雨林四个区域(吴征镒,1980)。森林生态系统功能是森林生态系统与生态过程所形成及维持的人类赖以生存的自然环境条件与效用,主要包括森林在涵养水源、保育土壤、固碳释氧、积累营养物质、净化大气环境、森林防护、生物多样性保护和森林游憩等方面提供的生态功能(王兵等,2008)。

IPCC 第五次评估报告指出:1880~2012 年全球平均地表温度升高了 0.85(0.65~1.06)℃,过去 3 个 10 年的地表已连续偏暖于 1850 年以来的任何时期,1982~2012 年可能是北半球过去 1400 年中最暖的 30 年,极端天气气候事件的频率和强度可能在增加;大气中 $CO_2$ 等温室气体的浓度上升到前所未有的水平(IPCC,2013)。

根据《第三次气候变化国家评估报告》(第三次气候变化国家评估报告编写委员会,2015),最近 60 年中国区域年平均气温上升速率约为 0.21~0.25℃/10a,增温率高于全球水平,除四川盆地和云贵高原北部有较小的气温下降趋势外,中国大部分地区的地面气温呈现上升趋势。20 世纪 50 年代以来,气候变暖在北方和青藏高原的冬季、春季和秋季更明显,江淮地区的夏季和西南地区的春季变暖趋势较弱。近 60 年全国平均年降水量均未见显著的趋势性变化,但具有明显的年际变化与区域分布差异。20 世纪 90 年代以来我国年降水量年际变异性增大。近 50 年降水的变化存在明显的地域差异,总体上东部季风区自 20 世纪 70 年代末表现为南涝北旱降水型,而西部干旱和半干旱地区近 30 年变湿,降水呈持续增加趋势。

气候变化可通过水热因子胁迫、物候变化等途径,影响森林生态系统的组成和结构、功能及森林火灾和有害生物发生与发展。《第三次气候变化国家评估报告》(第三次气候变化国家评估报告编写委员会,2015)指出,中国森林生态系统因气候变化而产生树种分布向北向高转移、物候期提前、生产力和碳吸收增加、林火和森林病虫害加剧等结果。

火灾是影响森林生态系统的最重要的灾害,随着全球气候变化,许多区域都观测到森林火灾呈现明显的上升趋势。近年来,世界各地森林大火不断,如 2006 年澳大利亚森林发生了 70 年来最严重的森林火灾,过火面积超过 84.7 万 $hm^2$。2010 年 6 月俄罗斯森林大火过火面积超过 90 万 $hm^2$,造成 61 人死亡、500 多人受伤,超过 4000 间房屋被毁,近 10 万人转移,直接扑火费用超过 4 亿美元,经济损失超过 300 亿美元,潜在损失 3000 亿美元。过去 60 多年中,中国的森林火灾比较严重,特别是 1987 年大兴安岭特大森林火灾造成的损失巨大。虽然自 1987 年以来中国在森林防火上资金投入不断增加,林火管理队伍也不断扩大,但中国的森林火灾还比较严重。1988~2006 年,全国年均发生森林火灾 7537 次,年均受害森林面积 9.7 万 $hm^2$,年均伤亡 200 余人。过去十年来,中国北方森林火灾出现增加趋势,大兴安岭林区的森林火险期明显延长,夏季火增加。西南林区也常常由于干旱发生森林大火,如 2006 年云南安宁"3·29"森林大火、2009 年 2 月腾冲森林火灾。

如何应对极端天气条件下发生的灾难性的森林大火是当前世界各国共同面临的难题。2004 年 4 月国务院办公厅印发了《关于进一步加强森林防火工作的通知》(国办发

[2004]33 号），2006 年 1 月颁布了《国家处置重、特大森林火灾应急预案》，要求以科学发展观为指导，全面提高对森林火灾的综合防控能力。《国家中长期科学和技术发展规划纲要（2006～2020 年）》对农业重点领域的"农林生态安全与现代林业"优先主题明确提出要重点研究开发"森林与草原火灾、农林有害生物特别是外来生物入侵等生态灾害及气象灾害的监测与防治技术"的核心任务。气候变化对中国森林火灾的影响已经显现。但当前的森林火灾是气候、天气、可燃物和人类活动共同作用的结果，特别是随着中国经济的迅速发展，重点林区的火源、可燃物和管理能力发生了很大变化，定量评估气候变化对中国森林火灾的影响，预测未来中长期森林火灾发展趋势，是制定应对气候变化策略、调整林火管理政策、保障国家生态安全的需求。

中国森林有害生物的发生面积一直在持续扩大，而发生程度也日趋严重。过去发生严重的森林有害生物未得到根本性控制，不少种类仍在许多地区扩大蔓延，呈上升趋势，典型如松毛虫、光肩星天牛、松材线虫病、切梢小蠹、美国白蛾等；某些常见性、多发性或危害已趋于缓和的森林有害生物也频频暴发成灾，典型如春尺蛾、杨扇舟蛾、杨小舟蛾等；某些次要的森林有害生物逐渐演替为新的主要威胁对象，典型如红脂大小蠹、双条杉天牛、萧氏松茎象、紫茎泽兰；一些新的外来种森林有害生物不断传入与暴发，椰心叶甲、红棕象甲等。2010 年，全国林业有害生物发生面积为 1.8 亿亩[①]，林业有害生物发生率为 6%，成灾率为 4.7%。由于受全球气候变暖、贸易增多、物流活动频繁等不利因素的影响，林业有害生物对森林资源安全构成严重威胁，特别是一些重大林业有害生物灾害还未得到彻底遏制，防治形势越来越严峻、任务越来越艰巨。

森林有害生物的发生与气候变化的影响作用有着必然的关联性，但影响作用大多为定性的概念说明与描述，缺乏定量的原理分析与阐述，而且其作用也一直在被高估或者低估。中国已经建立了 1000 多个国家级森林有害生物监测中心站点，需要在分析建立过去气候数据与各类有害生物发生的关联模型基础上，构建气候变化对森林有害生物影响作用的评价模型与体系，对目前与未来森林有害生物发生与发展进行评估和预测，为森林有害生物管理提供决策支持参考。

气候变化对森林的负面影响和风险可能对中国生态安全和社会经济可持续发展构成严重威胁。森林作为陆地生态系统的主体，面临的潜在风险将更为突出。开展气候变化影响与风险的关键技术研发与应用研究，对于保障国家生态安全，促进社会经济可持续发展，实现人与自然和谐发展具有重要意义。

### 1.1.2　有助于科学实施国家应对气候变化行动方案

中国政府高度重视应对气候变化工作。2007 年，科技部发布的《中国应对气候变化国家方案》中，将气候变化的影响评估作为重点任务。2011 年发布的《中国应对气候变化的政策与行动 2010 年度报告》指出，适应气候变化应坚持在可持续发展的框架下加以推进，从长远战略的高度，使适应与社会经济发展进程结合起来：坚持重在预防的原则，加强对气候变化影响规律的研究，做出科学预测。《国家中长期科学和技术发展规

---

① 1 亩≈666.667m²

划纲要（2006～2020 年）》对"面向国家重大战略需求的基础研究"特别提出"全球变化与区域响应"研究主题，指出要重点研究全球气候变化对中国的影响。2011 年发布的《国民经济和社会发展第十二个五年规划纲要》，将积极应对气候变化放到了更加重要的位置，成为中国未来发展的重要导向。2014 年发布的《国家应对气候变化规划（2014～2020 年）》以及《林业适应气候变化行动方案（2015～2020 年）》，提出了中国 2020 年前应对气候变化的主要目标和重点任务，明确了林业领域适应气候变化的措施。2013年发布的《国家适应气候变化战略》，首次将适应气候变化提高到国家战略的高度，对提高国家适应气候变化综合能力意义重大，同时指出中国适应气候变化工作中敏感脆弱领域的适应能力有待提升，生态系统保护措施亟待加强等。2015 年发布的《中国应对气候变化的政策与行动 2015 年度报告》指出，在农业、水资源、林业和其它生态系统等多个领域，中国开展了大量气候变化适应工作。

进行气候变化影响的系统定量评估，降低影响评估的不确定性，是制定适应气候变化措施，开展适应行动实践，更好地应对气候变化的迫切需求。应对气候变化是中国经济社会发展面临的重要机遇和挑战，需要以全国范围内的气候变化影响和风险评估为基础。这就迫切需要贯彻落实科学发展观，加强发展中的气候变化对森林影响和风险评估技术开发，增强应对气候变化政策的科学性和针对性，将森林生态系统结构、功能、林火和有害生物等多方面的影响与风险评估有机地结合起来。

### 1.1.3　支撑气候变化适应机制与措施的制定

评估未来气候变化下森林生态系统面临的一系列风险，是国家调整森林管理政策、建立相应的适应机制与措施应对气候变化的迫切需求。适应是应对气候变化的主要途径之一。在气候变化影响下，中国森林生态系统存在一定风险，目前各地正积极研究制定适应气候变化的措施，以提高适应气候变化的能力，但这需要解决未来气候变化对森林生态系统的影响与风险的科学评估问题。该研究也为实现中国在哥本哈根联合国气候变化峰会上提出的 2020 年森林面积比 2005 年增加 4000 万 $hm^2$、森林蓄积量比 2005 年增加 13 亿 $m^3$ 提供相关科学基础。

生态建设是应对气候变化的根本举措，中国将进一步加强在气候变化监测、预测、评估等方面的工作，继续致力于为各行业、各领域提高适应气候变化能力提供科学的支撑，为经济社会发展，人民的安全福祉、生态建设保护提供科技支撑。

国际社会目前正在采取行动，限制或减少温室气体的排放，以减缓气候变化的影响，避免和延迟"人为危险气候"的出现。过高估计"人为危险气候"出现会加重气候变化影响的危害、阻碍社会经济的发展，而过低估计则会导致温室气体排放权分配不公，影响经济发展对能源的正常需求，而无法实现发展中国家可持续发展的目标，我们必须对气候变化影响下森林生态系统风险有一个较为客观的科学的认识。只有我们掌握足够的科学证据，系统、综合地评估气候变化对中国森林生态系统结构功能等方面的影响，才能科学地制定气候变化适应机制。

# 1.2　气候变化对森林影响评估研究进展

气候变化对森林的影响评估是国际关注的热点问题。作为全球环境变化的重要标志，气候变化会影响森林的生长、结构和功能。气候变化对森林生态系统的影响是极为复杂的过程，并且未来气候变化风险存在较大的不确定性。目前关于气候变化对森林的影响和风险研究已经取得一定进展和成果。

随着气候系统观测、气候模式模拟和古气候重建等技术手段的进步以及气候理论研究的深化，全球气候变暖的事实和证据逐步显现。以增温为主要特征的气候变化可以促进森林植物生理生态过程，提高碳交换的速度；但若超过一定的阈值也可能对森林产生负面影响。气候变化可能会提高林火、风灾和虫害等干扰的频率或强度，或者由于升温和降水模式变化进一步引发干旱和高温等极端事件，造成森林生境逐渐脆弱和景观破碎化加剧（Dale et al.，2001；Pan et al.，2013），进而导致森林生态系统功能和服务价值损失。在高纬或高寒地区，气温的上升通常对植被生长有利（Euskirchen et al.，2009；Andreu-Hayles et al.，2011）。由于森林与大气之间存在着能量、水、二氧化碳和其它化学物质的交换，这种复杂的非线性的相互作用使得森林在受到气候变化胁迫的同时，可以通过各种物理、化学和生物过程影响全球能量、水循环和大气组成，对气候变化产生反馈作用（Bonan，2008）。

## 1.2.1　对森林结构和功能的影响

系统结构是系统稳定性的基础。森林生态系统的结构越复杂、组成越丰富，则生态系统的稳定性越好，抗干扰能力越强。长期以来，不同的树种为了适应不同的环境条件而形成了其各自独特的生理和生态特征，从而形成现有不同森林生态系统的结构。系统中不同的树木物种对 $CO_2$ 浓度上升引起的气候变化的影响存在着很大的差别。气候变化通过温度胁迫、水分胁迫、物候变化、日照和光强变化等途径，使一些树种退出原有的森林生态系统，而一些新的物种侵入到原有的系统中，因此气候变化将改变森林生态系统的结构，进而影响其功能。

已有研究表明，气候变化已经影响了植被的地理分布。从全球变化来看，极地和高山植被群落的减少、针叶林分布面积的下降、灌丛对苔原地区的入侵、林线的北移、草地的扩张、森林和草地的组成结构变化及山地植被向高海拔的迁移等植被变化和迁移现象，与气温上升、降水模式变更和干旱以及随之产生的永久冻土融化、厄尔尼诺振荡加强、海平面上升、积雪下降等全球性的气候环境变化密切相关（Hufnagel et al.，2014）。其中，物种的迁移与气候变暖高度相关，尤其是在升温较明显的高海拔地区（Root et al.，2003）。根据对全球 99 个物种区系的研究表明，全球物种分布正以 6.1km/10a 的速率向两极地区移动（Parmesan et al.，2003）。在近百年来植物的最适宜海拔分布也以 29m/10a 的速率快速升高（Lenoir et al.，2008）。气候变化对中国植被分布影响的研究大多在模型模拟的基础上展开（吕佳佳等，2009）。模拟研究表明，1961～1990 年，气候变化使全国约 7%的植被覆盖类型产生变化，其中 72%的植被产生了退化性变化，主要表现为森林-灌丛交界处的森林退化为灌丛，以及草地-荒漠过渡带的草地退化为荒漠（于璐等，2010）。对气候变化敏感的青藏高原，在气候变化情景下，其高山草甸、草原、高山稀疏植被和荒漠的分布面积将逐渐缩减，同时针叶林、阔叶林、针阔混交林以及灌丛的分布面积逐渐扩张（Zhao et al.，2011）。

叶面积指数（leaf area index，LAI）是表征森林生态系统结构的重要参数。森林 LAI 既与林种、林龄、林分密度等自身结构特征有关，也受到光照、水热条件、土壤营养等环境因子及各种人为因素的影响（Dantec et al.，2000；Oliphant et al.，2006）。LAI 所表征的叶片密集程度可以通过改变地表反射率，或者改变感热与潜热通量比例（Chase et al.，2000）等方式来影响区域乃至全球气候。叶片作为树木进行光合作用与外界进行水汽交换的主要承载体，其面积大小和疏密程度一方面影响太阳辐射在林冠层中的分布（张小全等，1999），另一方面直接影响植被叶片的光能利用率和碳获取能力（王希群等，2005），从而关系到森林生产力的提高，合理的森林 LAI 是保证林分高质优产的重要条件。同时，叶片表面对于碳、水通量的调节和平衡具有重要作用（Sellers et al.，1997），叶面积的变化模式和幅度与植被和大气之间的相互作用密切相关（Kikuzawa，1995）。LAI 控制着森林冠层的众多生物和物理过程，如光合、呼吸、蒸腾作用，碳和养分循环，以及降水截留等（Chen et al.，1996），影响着森林与大气之间的能量、物质（水和 $CO_2$）和动量交换等（Monteith et al.，1990）。LAI 已经成为大部分生态系统生产力模型和全球气候、水文、生物地球化学及生态模型的关键状态变量或输入数据（Myneni et al.，2001b）。

从观测数据发现，1982～2002 年，受气候变暖的影响、大气 $CO_2$ 浓度上升和氮沉降增加的肥效作用，除非洲南部外，全球各地的 LAI 逐渐上升（Guenet et al.，2013）。其中，气温变化产生的生物地球化学响应，是植被 LAI 变化的主要影响因子（Lucht et al.，2002；Guenet et al.，2013）。在此背景下，1982～2009 年，中国大部分地区的植被 LAI 呈上升趋势，LAI 下降的植被生态系统集中在内蒙古东北部（Piao et al.，2015）。此外，温度和降水的变化及其组合对 LAI 产生的影响，在不同的环境条件下有明显差异。在植被生长受气温限制的地区，如中国东北地区，LAI 随气温升高而增加；在气温较高的山区，如云贵高原，尽管降水较多，但高温下蒸散较强，且山区土壤保水能力较差，因而 LAI 会随气温升高而降低，同时随降水增加而增加；在降水相对充足、基本满足植被水分需求的地区，如华南和东南沿海，降水的增加意味着太阳辐射的减小，不利于植被光合作用，会使 LAI 下降（柳艺博等，2012）。热带地区 LAI 直接受到光合有效辐射的控制，因此热带地区的多云和降雨天气往往会导致光合有效辐射和 LAI 的降低（张佳华和符淙斌，2002）。将大范围的植被 LAI 与气象因子进行相关分析，东部省区植被 LAI 的年际和季节变化受东亚季风气候影响较大，呈现出季风驱动生态系统的明显特征（张佳华和符淙斌，2002；吴国训等，2013）；西南高原喀斯特地区由于土壤层较薄，显著影响植被 LAI 变化特征的气象条件里还出现了水汽压因素（罗宇翔等，2011）；在对气候变化极其敏感的青藏高原地区，LAI 表征的植被覆盖水平随着气候变暖总体呈现增加趋势，但空间上却表现为南北反相位变化（徐兴奎等，2008）。

森林生物量和生产力是衡量树木生长状况的主要指标之一。净初级生产力（Net

Primary Productivity，NPP）是植物在单位时间单位面积由光合作用产生的有机物中除去自养呼吸消耗所剩余的部分（Field et al.，1995；方精云等，2001；于贵瑞，2013）。NPP反映了森林植被固定和转换光合产物的能力，表示森林碳汇功能强度，也是生态过程和生态系统碳循环中的重要指标（Steffen et al.，1998；Cramer et al.，2001；Wu et al.，2011）。NPP对气候、地形、土壤、植物和微生物特性、干扰、人类活动等多种控制因子敏感（Field et al.，1995），其变化与大气中 $CO_2$ 浓度、全球生物地球化学循环、物理气候系统等的变化有关（Cramer et al.，1999）。植被生产力是理解和研究全球碳循环的基础，也是全球变化与地球系统科学等领域的热点问题，植被生产力研究已经成为国际地圈-生物圈计划（IGBP）、全球变化与陆地生态系统（GCTE）和世界气候研究计划（WCRP）等重大科学计划的核心内容之一。生态系统碳汇与气候系统相互影响，对生态系统及人类社会都有着巨大的意义（Cox et al.，2000）。

中国森林植被的碳储量自 20 世纪 70 年代以来总体增长趋势明显，碳储量和碳密度的空间差异显著（徐新良等，2007；Guo et al.，2010；于贵瑞，2013）。利用实验、模型模拟等研究手段，表明不同环境状况（如人为假定 $CO_2$ 浓度加倍、气温上升、年降水量增加等）下，植被NPP会发生明显改变（周广胜等，1995，1996；Luo et al.，2008；Wu et al.，2011）。不同区域的植被对于气候变化的响应也有所不同。气候变化将使得中国东部植被带上的所有植被类型的净初级生产力发生改变，不同纬度地区植被净初级生产力的变化并不一致，增加的幅度为 1%～5%（彭少麟等，2002）。然而在不同的大气 $CO_2$ 浓度与气候条件变化情景下，模型模拟出的中国森林碳收支的结果分歧较大（朱建华等，2007）。

随着气候变化研究的深入，越来越多的研究分析了气候变化对于地球各生态系统生产力所造成的影响（Bonan，2008；Hoegh-Guldberg et al.，2010；Thuiller et al.，2011；Wild et al.，2011）。气温的上升对植被的影响是较为复杂的过程，一方面可以促进植物生理生态过程，提高碳交换的速度，另一方面超过一定的阈值后对植物产生负面影响。此外，部分地区特殊月份的气温上升可能导致该时段植物的缺水，从而影响植物生长。在高纬或高寒地区，气温的上升通常对植被生长有利（Euskirchen et al.，2009）。中国青藏高原由于气温的上升和降水量的小幅度增长，1981～2000 年植被生产力呈现上升趋势（黄玫等，2008）。1959～2008 年暖湿型气候变化特征促进了长江源区植被净初级生产力上升（姚玉璧等，2011）。在热带地区湿润的常绿阔叶林，气温对植物的生长同样起到了积极的作用（Raich et al.，2006）。而植物生长初始环境中的低温可能有利于光合作用（Larcher，2003）。但是，气温的上升也可能会给植被生长带来负面影响。气温上升和干旱加剧均不利于青藏高原东部冷杉生物量增加（Yang et al.，2013）。气温对植被净初级生产力的作用具有累积性质，其作用强度同时受作用时间的影响；相对的水分条件作为限制因子，对植被生长则具有直接的重要影响（Del Grosso et al.，2008）。水分条件变化主要体现在降水变化及土壤水分含量变化，从而影响植被生长及森林碳汇功能强弱（Stegen et al.，2011；Girardin et al.，2014；Brunner et al.，2015）。

现有研究表明，全球尺度上的陆地生态系统碳循环对全球变暖表现为正反馈效应，可能会进一步加强温室效应（Heimann et al.，2008），陆地吸收人为碳排放的效率可能在降低，森林减缓大气 $CO_2$ 浓度上升的能力可能弱化（Friedlingstein et al.，2006；Canadell et al.，2008）。气候变化背景下全球净初生产力、净生态系统生产力和碳储量均可能明显提高，但净生态系统生产力将随着 $CO_2$ 施肥效应达到饱和及其它气候因素的变化而逐渐稳定甚至降低（Cao et al.，1998）。1982~1999 年气候变化减轻了多种气候因素对植物生长的限制作用，促使全球的 NPP 增加了 6%，增加主要发生在热带和北半球高纬地区，其中亚马孙热带雨林增加的 NPP 占全球的 42%，主要由云量减少和辐射增加引起（Nemani et al.，2003）。目前全球森林的碳储量估计为（861±66）Pg，2000~2007 年平均每年的碳封存量为（4.0±0.7）Pg/a，土地利用变化抵消后的森林净碳吸收为（1.1±0.8）Pg（Pan et al.，2011）。

由于森林类型结构的差别以及气候要素变化不一致等因素，不同地区的森林碳循环对全球变暖可能产生不同的响应和反馈，如气温上升一般会促使高纬或高寒地区森林NPP 增加（Euskirchen et al.，2009；Andreu-Hayles et al.，2011）。潜在的蒸散增大引起的土壤缺水则可能导致热带森林 NPP 降低（Fung et al.，2005）。极端高温事件限制了欧洲森林生长，使得森林暂时由碳汇转变为碳源（Ciais et al.，2005）。气候变化特别是极端气候可能改变森林的干扰机制，造成树木死亡率增加或森林大面积死亡，进而降低森林生产力（Littell et al.，2009；Allen et al.，2010；Littell et al.，2010）。例如，加拿大西部气候暖干化导致了山松大小蠹栖息地的扩张，而虫灾的暴发强烈影响了该地区的森林碳动态，不仅减少了森林碳吸收，还增加了枯木排放（Kurz et al.，2008）。

气候变化引起的森林物候期与物种分布等的变化也会对森林碳库造成影响（Saxe et al.，2001）。大气中二氧化碳浓度的增加与气温升高导致的植物生长季的延长，可能会促使森林生态系统生产力与固碳能力得到提高（王叶等，2006；朱建华等，2007）。许多研究结果证实，北半球高纬地区的升温有利于延长植被生长期、增强光合作用，从而增加固碳时间、提高固碳能力。但也有学者发现该地区秋季升温对呼吸作用的影响超过了光合作用，从而造成 $CO_2$ 的流失，抵消了春季升温增加的碳吸收（Piao et al.，2008）。许多研究表明，树线的北移和上移是森林物种分布迁移的重要标志，也是其响应气候变化的主要方式（Harsch et al.，2009；付玉等，2014），树线附近树木密度的增加也可能促进碳吸收、增强森林生态系统的碳汇作用。

干旱对植被生长的影响不容忽视。2000~2009 年全球植被净初级生产力下降，主要是区域干旱导致，且在全球尺度上部分抵消了气温上升引起的生产力增加（Zhao et al.，2010）。1895~2007 年美国南部干旱强度的增加导致了植被净初级生产力的显著下降（Chen et al.，2012）。干旱事件是影响植物生长的最主要限制因子之一，尤其是植物生长季干旱，进而影响到森林净初级生产力变化（朴世龙等，2001）。全球许多地区的季节性干旱对植被生物量及生产力产生了显著影响。例如，哥斯达黎加东北部热带雨林树木生产力与旱季降水呈显著正相关关系（Clark et al.，2010）。在中国马尾松分布北界，树木生长受生长季土壤水分影响（程瑞梅等，2011）。此外，干旱季起始时间也会影响生长季植被的生长状况（Maselli et al.，2014）。植物的水分利用效率在气候变化的影响下会发生转变，从而也导致植被的生产力发生变化（Raich et al.，1991）。

全球 $CO_2$ 浓度处于较快的上升过程，其对于植被的生存和发展有着不可忽视的影响

（Cramer et al.，2001；Dury et al.，2011）。通常认为大气中 $CO_2$ 浓度增加及其引起的气候变化将会直接或间接地改变森林生产力。$CO_2$ 是植物光合作用和生长发育的基础，一般情况下，$CO_2$ 浓度上升将提高植物的水分利用效率、加快植物的生长速度，至少在短期内会促进森林生产力和生物量的增加，但不同植物对 $CO_2$ 浓度升高表现出不同的敏感性，碳供应量的多少对于某些植物的生长并不起明显的限制作用（刘国华等，2001；李伟等，2014）。2050 年后大气 $CO_2$ 浓度上升超过一定阈值后，对植被 NPP 的负面影响将会取代现在的积极作用（Ju et al.，2007）。另外，大气 $CO_2$ 浓度升高对 NPP 的积极影响，可能无法抵消臭氧浓度上升的负面影响（Pregitzer et al.，2008）。对流层臭氧对叶片气孔导度以及 NPP 产生重要主导作用，从而影响碳循环过程（Ainsworth et al.，2012）。此外，大气 $CO_2$ 浓度的上升引起植物对氮吸收的改变，氮对植被生物量和生产力的影响近年来受到学者重视（LeBauer et al.，2008；Braun et al.，2010；Lim et al.，2015）。$CO_2$ 浓度升高使得树冠对氮的光合利用效率上升，从而引起树木净初级生产力的增加（Norby et al.，2010；Drake et al.，2011）。但由于受人类活动的影响，大气中氮含量显著增加，使得部分生态系统达到富营养化甚至氮饱和状态，对植被生长产生影响（Krause et al.，2012）。

## 1.2.2 对森林自然干扰因子的影响

林火和有害生物是森林生态系统的重要自然干扰因子，气候变化对林火和有害生物动态产生重要影响。有关气候变化的影响已经有大量研究（Moriondo et al.，2006；Flannigan et al.，2009）。极端气候事件频率和强度的增加，特别是频繁且持续时间长的干旱，可能导致森林植被蒸腾减少，从而可能增大森林火灾和病虫害等风险（肖辉林，1994）。评估气候变化对干扰因子的影响是制定科学的林业管理政策和开展灾害预防的基础。林火动态是某一自然区域或生态系统所特有的，长时间尺度上逐渐形成的林火发生和蔓延的总模式（赵凤君等，2014），受地形、植被和气候等因素的影响。林火动态描述生态系统中的火特征（频度、范围、强度、烈度和季节性等）及其作用。林火动态决定了林分结构和组成，并且影响动物栖息地发展进程和养分循环。林火动态变化是一个生态系统可持续性的稳定指标，了解火在自然生态系统的作用对有效的林火管理是必要的。

气候变化对林火动态有重要影响，有关气候变化对火险天气的影响已经有大量研究。随着温度的升高全球大部分区域的火活动将增加（Pechony et al.，2010）。气候变暖可能会延长火险期，进而引起可燃物干燥（蒸散量增加和枯落物干燥），导致更多的野火。火险期严重度对全球气温升高敏感，北方林中火灾极端严重的年份出现越来越频繁（Flannigan et al.，2013）。未来美国西部火烧面积将可能增加（Spracklen et al.，2009）。1961 年以来，内蒙古东北部增温且雷击火明显增多（李兴华等，2011），大兴安岭林区森林火险呈升高趋势，火险期提前和延长，夏季森林火灾增多（赵凤君等，2009）。未来中国寒温带森林火发生密度将可能大幅增加（Liu et al.，2012），并且对森林火灾的控制将更加困难（邸雪颖等，2011）。

中国人工林面积居世界领先地位，但林分质量较低，森林生态系统稳定性较差，抗干扰能力不强，各类有害生物灾害频繁发生。其特点是种类多、面积大、分布广、灾害类型复杂、突发性强。而在各类有害生物灾害中，最突出的两类分别为：①危害持续周期较长、分布范围广的本地种灾害，如松毛虫类、光肩星天牛类等；②危害局部区域、灾害突发性强的外来种灾害，如红脂大小蠹、美国白蛾等。虽然造成森林有害生物灾害的原因是各类生物与非生物因素共同作用的结果（包括林分条件、土壤状况、气象因素、生物因素甚至防治控制等人为活动），但各类气象因素是林业有害生物灾害形成的决定性因素。

## 1.2.3　气候变化影响评估技术研究进展

目前气候变化对森林的影响主要是基于实测资料统计（方精云等，2003；Dobbertin et al.，2010；Fu et al.，2015）、遥感估算统计（Nemani et al.，2003；Zhao et al.，2011）和模型模拟（Sitch et al.，2008；Stinson et al.，2011；Piao et al.，2015）这三类技术开展评估工作。

基于实测资料评估气候变化对森林 NPP 影响的方法，大多适用于样地和站点等小尺度 NPP 的测算，具体包括直接收获法、光合作用测定法、$CO_2$ 测定法、叶绿素测定法、放射性标记法、涡度相关法等（李高飞等，2003）。也有学者（冯宗炜等，1999）将 NPP 的实测方法归纳为两种途径：一种通过直接测定气体代谢计算光合同化量和呼吸消耗量，其优点在于能够反映群落内不同植物对生境的行为和相应的生理生态过程，不足之处是涉及的参数和过程较多，选样和测定技术难度较大；另一种通过测定植物现存量在间隔期内的变化，并对不同层次（乔、灌、草）和不同器官（根、茎、枝、叶等）采取不同换算方法估算 NPP。这种方法的精度取决于生物量实地测算的准确程度，也存在着实测数据难以获得、工作量大的问题。此外，材积推算法将森林生物量及生产力的估算从点的实测资料成功推广到区域尺度（汤萃文等，2010），这也为利用森林资源清查资料估算区域尺度的森林 NPP 提供了可能。

森林资源清查是基于地面调查数据获得森林资源信息的传统方法（肖兴威，2005）。中国森林资源清查始于 20 世纪 70 年代，每五年开展一次，通常以行政区为统计单元发布森林面积、蓄积及结构统计数据，为及时准确掌握森林资源现状和变化提供了科学依据（中国森林编辑委员会，1997）。森林资源清查统计数据已被广泛应用于估算森林生物碳储量和物种分布等研究（Schroeder et al.，1997；Fang et al.，2001；方精云等，2003；赵敏等，2004；Guo et al.，2010；Pan et al.，2011；Hernandez et al.，2014；Fu et al.，2015）。一方面，目前可获取的森林清查数据通常以行政区为统计单元，当前研究对空间精度要求越来越高。另一方面，森林资源清查资料可以作为指明中国不同时期生物量变化的指标，但利用其来研究森林生产力逐年变化尚有不足。此外，以森林资源清查资料为基础获得的是森林现存生物量，人类土地利用方式改变对森林的影响难以定量评估。

利用树轮宽度是研究森林生长状况，特别是森林生物量和生产力年际变化的实测手段之一，在过去全球气候变化研究中被广泛应用，并取得一定进展。树木年轮记录了树木的生长状况，具有定年准确、连续性强、分辨率高和易于获取复本等特点，使得树轮宽度资料成为研究森林过去净初级生产力的重要数据源。利用树轮资料重建森林净初级生产力已有了一定的基础（方欧娅等，2014），其优势在于能够精确获取长时间尺度森林种群及群落净初级生产力数据。

树轮宽度能够直观地反映乔木径向生长，树木主干不同位置的生长量高度相关（van der Maaten-Theunissen et al.，2012），且特定物种单一立木各组织生物量间高度相关（罗天祥，1996），说明树轮样芯用于估计干材及立木生长量具有较高可靠性。Graumlich 等（1989）较早建立了基于树轮宽度评估气候要素影响的方法，研究了1880～1979 年北美西部森林建群种年净初级生产力变化及其与夏季气温和年降水量间的相关性。此外，树轮序列还可与遥感植被指数结合，来估算净初级生产力（D'Arrigo et al.，1987；Kaufmann et al.，2008）。尽管树轮的宽度可能与树木的种类及其所处地点和地理环境的不同而有所差异，但主要还是与其所处大环境的水热因素密切相关。树木生长过程中每一年树轮的形成都受到当年及上一年气候因素的综合影响。

20 世纪 70 年代以来，遥感技术不断发展，作为一种先进的对地观测手段而得到普遍应用。利用遥感信息可以有效反映植物生长状况和生产力的变化（Nemani et al.，2003；Zhao et al.，2011b），以及森林覆盖变化（刘纪远等，2009；Hansen et al.，2013）。遥感信息可以较为客观地描述区域范围、较高时空分辨率的森林植被分布、结构特征和生长状况（Myneni et al.，2001a；Jia et al.，2014）。植被遥感指数，如归一化植被指数（normalized difference vegetation index，NDVI），可以有效反映植物生长状况和生物量等，在土地覆盖分类中具有重要作用（Tucker，1979；Defries et al.，1994；Viana et al.，2012）。植被遥感产品时间序列不断延长，如全球 1981～2011 年植被指数序列（Zhu et al.，2013），为评估气候变化对森林影响提供了有利条件。但遥感反演结果通常包括了气候变化和人类活动的多重作用。目前研究多以相关或回归统计方法进行气候变化影响识别（信忠保等，2007；侯美亭等，2015），也有研究尝试利用残差法分离气候变化影响（李辉霞等，2011）。此外，遥感植被指数对高水平的生物量和叶绿素浓度易饱和（Huete et al.，2002），易受水汽和气溶胶的污染（Jeganathan et al.，2010），给遥感反演结果和气候变化影响评估带来不确定性。

由于陆地生态系统中森林结构和功能的复杂性，即使对现有森林植被类型进行简单的调查也需要耗费大量时间及人力物力，因此，模型模拟正成为研究大尺度森林对气候变化响应的主要途径之一，受到研究者普遍重视。植被响应气候变化的模型大致可分为统计模型、生物地理模型、生物地球化学模型、动态模型等（赵东升等，2006）。其中，全球植被动态模型（dynamic global vegetation model，DGVM）在大尺度植被地理分布和生态过程的模拟研究中得到越来越多的应用。DGVM 是国际地圈-生物圈计划（IGBP）和全球变化与陆地生态系统计划（GCTE）开发的一类新的动态生物地理模型，较为全面地描述了植被地理分布格局的动态变化、生理过程、生物物理和生物地球化学过程（如光合作用、呼吸作用、冠层能量平衡、植物体内碳、氮分配机制等）。

　　DGVM 不仅能够模拟森林地理分布的时空变化以及结构和功能的瞬时变化，还能以物理和化学过程来描述大尺度上陆地与大气之间碳循环等（图 1.2）。DGVM 确立了影响陆地生态系统结构和功能的三个最主要的过程（Foley et al.，1996）：地表过程（如能量和水平衡），碳平衡（如植物生长和碳通量）及植被物候和动态（如植被的建立、竞争和死亡）。在模型中，植被类型主要分为传统的三类：草地，落叶和常绿树木，并在模型内部又细分为 7～10 种植物功能型（PFTs）。DGVM 考虑了森林植被的生长和演替过程及其对环境变化的响应，是分析气候变化背景下森林生态系统结构和功能变化的一种有效技术，能全面反映气候变化背景下森林生态系统的变化，可更好地理解气候变化对植被动力与生态过程的影响。

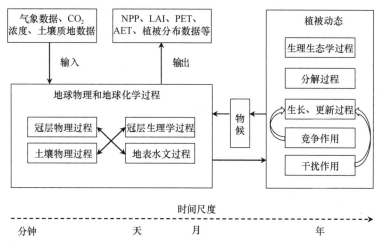

图 1.2　全球植被动态模型结构图（Myoung et al.，2011）

　　DGVM 是模拟和预估全球和区域植被动态变化的重要途径（Sitch et al.，2008；Huntingford et al.，2013；Piao et al.，2015）。国际上 DGVM 的研究与应用主要集中在以下三个领域：①模拟多因素影响下森林植被的地理分布格局、组成和结构的动态变化；②模拟全球植被对气候变化和人类干扰（如土地利用）的动态响应；③估算陆地碳库和碳通量，以及 $CO_2$ 施肥、大气氮沉淀、气候变化对碳循环可能产生的影响。国内相关研究主要是基于国际上 DGVM 开展为主，并根据研究区域地理环境的特点对模型进行重新参数化和改进，在气候变化背景下对森林动态的模拟研究中有着较广泛应用，尤其在陆地表面植被分布格局以及碳水循环模拟等方面（孙艳玲等，2007；Tao et al.，2010；刘曦等，2010；Zhao et al.，2013；封晓辉等，2013）。目前 DGVM 模型的主要代表有 LPJ、IBIS、TRIFFID、VECODE、BEPS、CLM 等。

　　（1）LPJ（Lund-Potsdam-Jena）是由波茨坦气候变化研究中心、德国 Jena Max-Planck 生物地理化学研究所和隆德大学联合研究开发的全球植被动态模型。最初版本的 LPJ 模型只考虑了气候因子影响下的植被动态变化（Sitch，2000），Thonicke（2001）等耦合了 LPJ 与火干扰模型，模拟了火干扰对陆地生态系统的影响。随后出现的 LPJ-GUESS

把林窗模型中常用的种群动态描述和 LPJ 中的植被生理过程的描述相结合，从而使其适用于区域尺度（Smith et al.，2008）；Lucht 等（2006）用动态全球植被模型 LPJ 预估了未来全球森林的地理分布格局变化；Smith 等（2008）利用林窗模型与 LPJ 耦合的 LPJ-GUESS 模型模拟了欧洲北部针叶林的净初级生产力对气候变化的响应；Jiang 等（2013）用 LPJ 模拟了北美西部地区植被在 21 世纪的可能变化。

（2）IBIS（integrated biosphere simulator）模型是威斯康星大学全球环境和可持续发展研究中心开发的一个全球植被动态模型。IBIS 最初由 Forley 等（1996）提出，IBIS 模型中地表过程主要继承自 LSX（Land Surface Transfer Model）。Thonicke 等利用 IBIS 模型模拟了中纬度地区落叶森林的叶面积指数、碳平衡与蒸散（Kucharik et al.，2006）。Kucharik 等（2000）提出了 IBIS-Ⅱ，增加了一个地下生物化学子模型，可以模拟碳在植被、土壤和腐殖质之间的流动。Twine 等（2013）应用 IBIS 模拟了 $CO_2$ 浓度升高对美国中西部大豆和玉米种植区生产力的影响。

（3）TRIFFID（top-down representation of interactive foliage and flora including dynamics）模型是哈德利中心（Hadley Centre）建立的全球植被动态模型。该模型定义了 5 种植被功能型，考虑了陆地冰，城市地区和内陆湖等无植被覆盖的地表状态，这些是其它模型中没有涉及到的（Kucharik et al.，2003）。Huntingford 等（2013）应用 TRIFFID 模拟了热带雨林对 $CO_2$ 引起的气候变化的响应。

（4）VECODE（vegetation continuous description model）是德国波茨坦气候变化研究中心开发的全球植被动态模型。该模型包含了三个子模型：①植被分类子模型，该模块可以预估各植被功能型在模拟单元中所占的百分比；②碳循环子模型，该模块可以模拟 NPP（Net Primary Productivity）的分配和各个碳库的变化；③植被动态子模型，该模块可预估气候变化导致的植被功能型的变化。VECODE 模型一个显著的特点是在一定气候条件下，有唯一的植被功能型组合与之相对应，如果气候发生了变化，为达到平衡状态，植被就会发生相应的变化（Brovkin et al.，1997）。

（5）BEPS 模型是在 FOREST-BGC 模型的基础上提出的植被动态模型，该模型结合了植物生理学、生态学、气候学等学科理论来模拟碳水循环过程，同时考虑了植被的光合、呼吸作用（Liu et al.，1997）。模型主要分为两个部分：①叶片基本生理和物理过程，其子模型主要包括能量传输过程、物质交换过程、生理调节过程；②冠层基本生理和物理过程，其子模型包括物质能量传输过程、辐射传输过程、环境因子和生理参数的空间分布。通过这些子模型可以模拟观测生态系统中如碳、氮、水循环等生物地球化学过程，并且可以实现叶片到冠层、冠层到生态系统或者区域的尺度转换。

（6）CLM 属于较复杂的 DGVM，在经过各研究团队的不断改进下，现在已经发展到了 CLM4。CLM4 对植被个体结构的划分较细致，且对植被动力过程（物候、萌生、分配、分解、干扰等）的描述也比较全面，相对于第一代 CLM，CLM4 考虑了温度阈值、土壤水分阈值和昼长阈值来触发植被展叶和落叶，以提高对植被生长季节变化的模拟能力。Levis 和 Sacks（2013）在 CLM4 中引入了 Agro-IBIS 作物模型，使改进后的 CLM4 能够模拟自然状态和人类管理下的生态系统动态过程。发展至今，CLM4 的 PFTs 分为 20 种，其中林木 8 种（涵盖热带、温带和寒带，针叶和阔叶，常绿和落叶），灌木 3 种，草地 3 种，农田 6 种。

除此之外，近期还有许多 DGVMs 伴随的不同的研究应运而生，如 Pavlick 等（2013）应用 JeDi-DGVM 对全球的生物多样性及碳循环过程进行了模拟；Sato 等（2012）应用 SEIB-DGVM 模拟了非洲植被对气候变化的动态响应。从 DGVMs 的发展可以看出，它们都是以气候数据作为输入参数，对植被的地理分布格局、组成、结构和植被的 GPP、NPP 的动态变化进行模拟。随着 DGVMs 不断得到完善，模型各模块的描述越来越详细，如水文模块考虑了土壤分层，植被功能型不断增加，模拟的植被过程越来越多，并在模拟中考虑了自然干扰和人为活动的影响（Kaplan et al.，2012）。

由于 DGVM 主要以气候和土壤为输入参数，从而成为评估未来森林气候变化影响与风险的主要手段。但是该类模型也存在一些不足，主要体现在：①一些瞬态的动态过程没能够很好地表达清楚。例如种子的传播，土壤的演替过程等；②DGVMs 对自然干扰（如火灾、风暴和虫害）的模拟仍然不足。虽然大多数 DGVMs 都含有干扰模块，但是对干扰的频率和严重性的估计需要进一步提高，尤其是长时间尺度下干扰对森林分布格局和碳循环的影响；③DGVMs 对人为干扰描述不足。由于人类活动会改变土地覆盖类型，从而对生态系统与能量循环（潜热和辐射）产生影响，DGVMs 所模拟的空间尺度较大，人类活动往往发生在较小的空间尺度上，因此较为准确地对人类活动的影响进行描述是比较困难的；④无法对 DGVMs 的模拟结果进行准确的评估。DGVMs 一般在较大区域尺度或全球尺度下进行应用，而且不同的 DGVMs 之间存在差异，其结果往往存在不确定性，因此缺乏长时间尺度的数据对 DGVMs 进行评估。

目前定量评估气候变化对林火影响的研究大多是基于模型模拟开展。受时间和空间尺度的限制，仅基于有限的历史林火资料很难对区域林火动态进行准确的定量分析。通过综合分析植被状况、气象条件和地形等，现有的知识和技术使得对已经发生的一场或几场火的蔓延的模拟成为现实。然而对长时间尺度（几年或几十年）和大空间尺度（景观）上的火发生和蔓延的模拟还存在很大不确定性。因而，对景观或更大尺度上火险进行预估，需要结合气候、植被和地形条件等因子对该区域大量森林火灾的火发生和蔓延进行复杂的模拟和预估。未来火烧强度和严重程度的变化趋势较难预估，火烧概率模型可定量描述未来气候情景下研究区的林火动态变化，提高对未来林火动态的认知，为开发林火管理适应技术提供科学依据。

此外，研究气候变化与有害生物灾害关系，首先需要的是建立各种相关的气候因子与有害生物灾害的关联模型。目前有害生物灾害动态模型大多考虑了气候变化的影响，并通过结合地理信息系统数据，根据不同气候变化的实际数据和模型假设，能够更加直观和准确地给出有害生物灾害发生区域和程度。20 世纪 90 年代以来，有学者利用气候相似距对黑头型美国白蛾在中国的适生地（金瑞华等，1991），利用 CLIMEX 模型对美国白蛾在中国的适生性（林伟，1991），利用 GARP 模型对美国白蛾在中国的危险性（李淑贤等，2009）进行了研究。研究结果对于指导当时的实践具有重要的意义。但适生性预估结果的一个关键性决定因素是气象数据，而以前的研究主要使用的是中国过去的平均气象数据，结果相对静态，未考虑气候变化因素的影响。

# 1.3 森林的气候变化风险评估研究进展

未来全球变化模拟结果表明，2081～2100 年全球平均地表温度将可能升高 0.3～4.8℃（IPCC，2013）。受到气候变化和毁林等的影响，陆地生态系统中森林存储的碳易释放到大气中。由于 21 世纪温度升高和干旱增多，许多地区树木死亡和相关的森林枯死情况都将可能增加，进一步将可能对碳储存、生物多样性和生产功能等造成风险（IPCC，2014）。未来气候变化对生态系统的影响和风险还存在许多不确定性，科学评估生态系统的气候变化风险是生态系统风险管理的基础，国内外许多学者对此进行了研究。

已有研究表明，在未来气候变化情景下，升温超过 3K 时寒温带和热带生态系统将发生明显变化，而温带生态系统将在升温超过 4K 时出现显著变化。21 世纪全球的寒-温交错带将因高温和干旱胁迫而发生大规模的森林死亡事件（Heyder et al.，2011）。若 21 世纪升温超过 3℃，则全球将有 44%的陆地碳汇转变为碳源（Scholze et al.，2006）。同时，中国的生态系统在 21 世纪将主要面临碳吸收功能风险，其次是生产功能风险，生物多样性风险则相对较小（石晓丽，2009）。至 21 世纪末，青藏高原区域及从青藏高原延伸至中国东北的区域带，将成为中国生态系统的高风险区（Yin et al.，2016）。

应用风险分析手段描述和刻画未来气候的不确定性与影响，需要识别气候变化超越何种界限时将被认为是不可接受的，即 UNFCCC 提出的"危险的气候变化"（Dessai et al.，2004；Lorenzoni et al.，2005）。许多学者将"危险的气候变化"解读为气候变化的关键水平或者阈值（Carter et al.，1994；Swart et al.，1994；Parry et al.，1996）。例如，Parry 等（1996）认为"危险的气候变化"涉及两方面：一是天气或气候事件的阈值，包括绝对阈值、预设阈值、累积阈值和统一阈值；二是气候变化的关键水平，包括气候平均值的关键变化、气候变率的关键变化以及气候变化的关键变率。尽管给出了基于气候变量统计特征的类别划分，但在实际应用时这种临界值的确定还与研究尺度和影响受体的性质有关，很难简单依靠直觉和经验做出合理估算。Jones 和 Preston（2011）试图将气候变化影响的水平纳入阈值的概念范畴，用"影响阈值"一词泛指"能够把一个既定关键生物物理或者社会经济影响和一个特定气候状态联系起来的任何程度的变化"。该定义将阈值判断的对象从气候变量本身转移至气候变化的响应指标，指标的选择和阈值的量化取决于对响应过程的理解和基准态的设置。气候状态达到一定阈值时将触发大规模、突发性的气候变化事件（Alley et al.，2003），即使微小的扰动也可能定性地改变系统的状况或发展态势，Lenton 等（2008）将这种关键阈值定义为地球气候系统的"引爆点"，并总结了未来可能使地球系统陷入危险的临界因素，这些因素的变化一旦突破"引爆点"，通常会对自然和人类造成非线性、不可逆的不利影响。通过确定合适的阈值作为风险评价的标准，是对气候变化影响进行风险分析的基本要求。

近年来国际上针对风险评估框架及关键阈值开展了积极的研究。Jones 和 Preston（2011）针对气候变化对个体暴露单元的影响，提出了自下而上的风险评估框架。首先识别关键气候变量作为影响模型的输入数据，这些变量符合既定的概率分布，根据它们的评估范围确定影响阈值，然后基于关键气候变量和影响模型的参考假设，计算超过阈值的条件概率。该方法的优点在于利用多个 GCM 生成概率型气候情景，比只使用单个情景的预估结果能够提供范围更广、更加综合的评估，但影响模型的选择会直接影响评估结果，影响阈值的确定则需要基于特定领域的经验和理论。van Minnen 等（2002）就气候变化对自然生态系统的影响，提出了适合长期性、大尺度分析的"关键的气候变化"方法。主要包括以下四个步骤：①选择气候变化影响的合适指标；②对该指标赋值不能接受的气候变化影响水平；③确定该指标对一个或多个气候驱动力的响应；④计算气候变化情景下超过关键气候变化的区域。该方法的初衷是评价自然生态系统对气候变化的脆弱性，明确提出用 NPP 的损失代表"不能接受的影响"，而损失估算的基准则是 NPP 的自然变率，最终以模型模拟过去长期平均值的10%作为阈值。该方法直观展示了超过关键阈值的区域空间信息，便于和预估的未来气候要素变化对应分析，其不足主要与生态模型机理的不完善有关。van Oijen 等（2013）首先将风险定义为危害可能性与生态系统脆弱性的乘积，然后用连续概率分布代替描述可能性，用灾年和平年 NPP 的差值期望来表征脆弱性，并给出了应用这种新的概率风险分析方法研究干旱对欧洲针叶林生产力影响的案例。该方法步骤明确、数学表达清晰，但由于对灾年和平年的区分依赖于主观经验设置，比较适合单个致灾因子影响的评估。在多模式多情景下，以基准期气候变量的均值和标准差来定义气候阈值，则可通过统计发生超过阈值气候变化的模型次数比例来表征风险的高低（Scholze et al.，2006），然而该方法则容易在概念上将风险发生的可能性与风险高低混淆。生态系统的宏观特征（植被结构、碳水通量和碳储量）可通过构造综合指标来表征，并以气候变化下生态系统未来状态与当前状况之间的变化差异，来反映气候变化对生态系统的影响程度，而差异是否超过基准期自然变率的三个标准差则作为风险判断的标准（Heyder et al.，2011；Yin et al.，2016）。

气候变化影响下，森林火灾风险主要取决于致灾因子、承灾体及防灾减灾能力，森林火灾风险评估不仅是评估森林火灾潜在发生与蔓延风险，而且是对森林火灾潜在危害的综合评估（国志兴等，2010）。野火危险性包括三方面，即可能性、强度和影响（Thompson et al.，2011；Miller et al.，2013）。也可以根据可燃物、地形和城市-野地交界等因子评估野火风险。目前野火风险分析方法变得越来越定量化和复杂化，分析方法应注重生态与管理政策需求（Miller et al.，2013）。国内采用的森林火灾风险评估方法可以概括为灾害风险评估模型（刘兴朋等，2009；陈华泉，2013；朱学平，2012）和基于信息扩散理论的风险矩阵（刘兴朋等，2007；周雪等，2014）两种方法。

情景是对未来世界发展状态的描述，是在一系列科学假设下量化评估未来气候变化的基础。IPCC 气候变化情景的发展与应用大致经历了 SA90 情景、IS92 系列情景、SRES 情景和 RCPs 情景等阶段（曹丽格等，2012）。目前采用较为广泛的是 RCPs 情景（Moss et al.，2010）。RCPs 情景是 IPCC 为第五次评估报告开发的以社会经济发展模式、辐射强迫和稳定浓度为特征的新情景。它涵盖但并不局限于 SRES 等已有情景中的社会经济假设，融入了人为减排等气候政策的影响，为气候模拟提供了更加全面可信的背景，在更大范围内满足了气候变化风险研究的需要。气候情景的不确定性主要来源于温室气体排放情景的不确定性和气候模式模拟结果的不确定性。排放情景本身不是对未来的预测，而是对不同浓度路径和不同社会经济发展模式的若干假设，因而具有不确定性（Moss et al.，2010）。气候模式的构建基于不同的理论体系，可能反映了不同的响应过程和反馈机制，输入相同的排放条件，可能输出不同程度和分布的气候变化状况，模拟结果的不确定性还可能与参数设置和尺度转换有关。一般情况下，可将不同情景或模式看作等可能或等权重的事件。基于多情景多模式的气候变化风险评估能够在一定程度上利用"科学的不确定性"，合理有效地衡量风险的损失期望。

综上所述，气候变化可能破坏生态系统的结构和功能，考虑到生态系统对气候变化具有一定的弹性和恢复力，气候变化下生态系统的风险评估通常需要筛选生态系统的关键属性作为气候变化的响应指标，以其不能接受的临界损失作为气候变化对生态系统的影响阈值（Warszawski et al.，2013；Piontek et al.，2014）。常用的确定阈值的方法可概括为两类：①将未来某一生态系统状态与生态基准值进行比较，基准值一般取某区域的过去多年平均值或者某生态系统的全球长期平均值，以减少量占基准值的百分比划分受损程度和风险等级，当减少幅度超出自然波动范围时，认为开始有风险，自然变率有时也可以取基准期内的标准差；②探究生态系统属性与外界压力之间的非线性关系，寻找生态系统从一种稳定状态快速转变为另一种稳定状态的转折点，通常基于推理统计和假设检验等手段识别时间序列的突变点，这种方法需要收集长时间序列的生态数据，而且对数据质量要求较高。已有研究表明，生态系统在发生稳态转换时，其偏度、方差、自相关性等特征统计量都会发生相应变化，成为生态系统突破阈值的预警因子。阈值的定量识别是气候变化风险分析的重点和难点之一。

# 1.4 小　　结

国内外围绕气候变化对森林的影响和风险研究不断扩展和深入，取得了长足进展。特别需要指出的是，由于气候变化的不确定性，森林生态系统的复杂性，不同地区和类型的森林对气候变化表现出不同的反馈作用和适应能力，气候变化、人类活动和植被演替生长等过程之间复杂的非线性相互作用，以及人们认识上的局限性，目前气候变化影响与风险评估仍然处在探索研究之中，尚存在着不确定性大、难以量化等不足之处。主要体现在以下4个方面：

（1）针对过去森林生态系统变化事实及相关气候和人类活动的研究定量分析不足，还很难分离气候变化和人类活动的影响。

（2）不同生态模型预估生态系统对气候变化响应的机理不同，传统的统计模型和光能利用率模型或者没有考虑植被的生理生态过程，或者无法模拟气候变化对植被再分布的可能影响，而以动态全球植被模型为代表的过程模型能够较好地反映生态系统在气候变化下的变化特征，但模型参数的难以确定和缺乏实测资料验证都可能导致模型模拟结果的不确定性。

（3）不同气候模式模拟原理与性能有所不同，针对单个气候模式的局限性，对于相同排放情景利用多模式集合预估技术进行气候变化评估，成为估量模式不确定性、提高评估效果的有效方式。

（4）未来气候变化风险评价方法、指标和标准还不完善，风险的分级和定量评估还很少开展，很难有针对性地制定气候变化适应措施。

这就需要进一步完善和提高气候变化影响与风险评估的理论、技术和方法，系统开展气候变化影响，分离气候和非气候因素对森林的影响，加强气候变化下森林生态系统风险的定量评估。

# 参 考 文 献

曹丽格，方玉，姜彤，等. 2012. IPCC 影响评估中的社会经济新情景(SSPs)进展. 气候变化研究进展，8(1): 74-78.

陈华泉. 2013. 福建省 1990～2009 年森林火灾灾害风险评估. 西南林业大学学报，33(4): 72-76.

程瑞梅，封晓辉，肖文发，等. 2011. 北亚热带马尾松净生产力对气候变化的响应，31(8): 2086-2095.

邸雪颖，李永福，孙建，等. 2011. 黑龙江省大兴安岭地区塔河县森林火险天气指标动态. 应用生态学报，22(5): 1240-1246.

第三次气候变化国家评估报告编写委员会. 2015. 第三次气候变化国家评估报告. 北京: 科学出版社.

方精云，柯金虎，唐志尧，等. 2001. 生物生产力的"4P"概念、估算及其相互关系. 植物生态学报，25(4): 414-419.

方精云，朴世龙，贺金生，等. 2003. 近 20 年来中国植被活动在增强. 中国科学(C 辑:生命科学)，33(6): 554-565, 578-579.

方欧娅，汪洋，邵雪梅. 2014. 基于树轮资料重建森林净初级生产力的研究进展. 地理科学进展，33(8): 1039-1046.

封晓辉，程瑞梅，肖文发，等. 2013. 基于 LPJ-GUESS 模型的鸡公山马尾松林生产力和碳动态. 林业科学，8(4): 7-15.

冯宗炜，王效科，吴刚. 1999. 中国森林生态系统的生物量和生产力. 北京: 科学出版社.

付玉，韩用顺，张扬建，等. 2014. 树线对气候变化响应的研究进展. 生态学杂志，33(3): 799-805.

国家林业局. 2014. 中国森林资源报告. 北京: 中国林业出版社.

国志兴，钟兴春，方伟华，等. 2010. 野火蔓延灾害风险评估研究进展. 地理科学进展，29(7): 778-788.

侯美亭，胡伟，乔海龙，等. 2015. 偏最小二乘(PLS)回归方法在中国东部植被变化归因研究中的应用. 自然资源学报，30(3): 409-422.

黄玫，季劲钧，彭莉莉. 2008. 青藏高原 1981～2000 年植被净初级生产力对气候变化的响应，13(5): 608-616.

金瑞华，魏淑秋，梁忆冰. 1991. 黑头型美国白蛾在我国适生地初探. 植物检疫，5(4): 241-246.

李高飞，任海，李岩，等. 2003. 植被净第一性生产力研究回顾与发展趋势. 生态科学，22(4): 360-365.

李辉霞，刘国华，傅伯杰. 2011. 基于 NDVI 的三江源地区植被生长对气候变化和人类活动的响应研究. 生态学报，31(19): 5495-5504.

李淑贤，高宝嘉，张东风，等. 2009. 美国白蛾危险性评估研究. 中国农学通报，25(10): 202-206.

李伟，王秋华，沉立新. 2014. 气候变化对森林生态系统的影响及应对气候变化的森林可持续发展. 林业调查规划，39(1): 94-97, 114.

李文华. 2013. 中国当代生态学研究: 全球变化生态学卷. 北京: 科学出版社.

李兴华，武文杰，张存厚，等. 2011. 气候变化对内蒙古东北部森林草原火灾的影响. 干旱区资源与环境，25(11): 114-119.

林伟. 1991. 美国白蛾在我国的适生性研究. 北京: 北京农业大学.

刘国华，傅伯杰. 2001. 全球气候变化对森林生态系统的影响. 自然资源学报，16(1): 71-78.

刘纪远，张增祥，徐新良，等. 2009. 21 世纪初中国土地利用变化的空间格局与驱动力分析. 地理学报，64(12): 1411-1420.

刘曦, 国庆喜, 刘经伟. 2010. IBIS 模型验证与东北东部森林 NPP 季节变化模拟研究. 森林工程, 26(4): 1-7.

刘兴朋, 张继权, 范久波. 2007. 基于历史资料的中国北方草原火灾风险评价. 自然灾害学报, 16(1): 61-65.

刘兴朋, 张继权, 佟志军. 2009. 草原火灾风险评价与分区研究——以吉林省西部草原为例. 2009 中国草原发展论坛论文集.

刘燕华, 葛全胜, 方修琦, 等. 2006. 全球环境变化与中国国家安全. 地球科学进展, 21(4): 346-351.

柳艺博, 居为民, 陈镜明, 等. 2012. 2000-2010 年中国森林叶面积指数时空变化特征. 科学通报, 57(16): 1435-1445.

吕佳佳, 吴建国. 2009. 气候变化对植物及植被分布的影响研究进展. 环境科学与技术, 32(6): 85-95.

罗天祥, 1996. 中国主要森林类型生物生产力格局及其数学模型. 北京: 中国科学院地理科学与资源研究所博士学位论文

罗宇翔, 向红琼, 郑小波, 等. 2001. MODIS 植被叶面积指数对贵州高原山地气象条件的响应. 生态环境学报, 20(1): 19-23.

彭少麟, 赵平, 任海, 等. 2002. 全球变化压力下中国东部样带植被与农业生态系统格局的可能性变化, 地学前缘, 9(1): 217-226.

朴世龙, 方精云, 郭庆华. 2001. 1982-1999 年我国植被净第一性生产力及其时空变化. 北京大学学报(自然科学版), 37(4): 563-569.

石晓丽. 2009. 气候变化情景下中国生态系统风险评价. 北京: 中国科学院地理科学与资源研究所博士学位论文.

孙鸿烈. 2000. 中国资源科学百科全书. 北京: 中国大百科全书出版社.

孙艳玲, 延晓冬, 谢德体, 等. 2007. 应用动态植被模型 LPJ 模拟中国植被变化研究. 西南大学学报(自然科学版). 29(11): 86-92.

汤萃文, 陈银萍, 陶玲, 等. 2010. 森林生物量和净生长量测算方法综述. 干旱区研究, 27(6): 939-946.

王兵, 杨锋伟, 郭浩, 等. 2008. 森林生态系统服务功能评估规范(LY/T 1721-2008). 北京: 中国标准出版社.

王希群, 马履一, 贾忠奎, 等. 2005. 叶面积指数的研究和应用进展. 生态学杂志, 24(5): 537-541.

王叶, 延晓冬. 2006. 全球气候变化对中国森林生态系统的影响. 大气科学, 30(5): 1009-1018

吴国训, 阮宏华, 李显风 等. 2013. 基于 MODIS 反演的 2000-2011 年江西省植被叶面积指数时空变化特征. 南京林业大学学报(自然科学版), 37(1): 11-17.

吴征镒. 1980. 中国植被. 北京: 科学出版社.

肖辉林. 1994. 森林衰退与全球气候变化. 生态学报, 14(4): 430-436.

肖兴威. 2005. 中国森林生物量与生产力的研究. 哈尔滨: 东北林业大学博士学位论文.

信忠保, 许炯心, 郑伟. 2007. 气候变化和人类活动对黄土高原植被覆盖变化的影响. 中国科学(D 辑: 地球科学), 37(11): 1504-1514.

徐新良, 曹明奎, 李克让. 2007. 中国森林生态系统植被碳储量时空动态变化研究. 地理科学进展, 26(6): 1-10.

徐兴奎, 陈红, LEVY Jason K. 2008. 气候变暖背景下青藏高原植被覆盖特征的时空变化及其成因分析. 科学通报, 53(4): 456-462.

姚玉璧, 杨金虎, 王润元, 等. 2011. 1959-2008 长江源被净初级生产力对气候变化的响应, 33(6): 1286-1293.

于贵瑞. 2013. 中国生态系统碳收支及碳汇功能. 北京: 科学出版社.

于璘, 李克让, 陶波, 等. 2010. 植被地理分布对气候变化的适应性研究. 地理科学进展, 29(11): 1326-1332.

张佳华, 符淙斌. 2002b. 利用遥感反演的叶面积指数研究中国东部生态系统对东亚季风的响应. 自然

科学进展, 12(10): 1098-1100.

张佳华, 符淙斌, 延晓冬, 等. 2002a. 全球植被叶面积指数对温度和降水的响应研究. 地球物理学报, 45(5): 631-637.

张小全, 徐德应, 赵茂盛. 1999. 林冠结构、辐射传输与冠层光合作用研究综述. 林业科学研究, 12(4): 411-421.

张煜星. 2008. 中国森林资源 1950-2003 年经营状况及问题. 北京林业大学学报, 30(5): 91-96.

赵东升, 李双成, 吴绍洪. 2006. 青藏高原的气候植被模型研究进展. 地理科学进展, 25(4): 68-78.

赵凤君, 舒立福, 田晓瑞, 等. 2009. 气候变暖背景下内蒙古大兴安岭林区森林可燃物干燥状况的变化. 生态学报, 29(4): 1914-1920.

赵凤君, 舒立福. 2014. 林火气象与预测预警. 北京: 中国林业出版社.

赵敏, 周广胜. 2004. 中国森林生态系统的植物碳贮量及其影响因子分析. 地理科学, 24(1): 50-54.

中国森林编辑委员会. 1997. 中国森林. 北京: 中国林业出版社.

中国植被编辑委员会. 1980. 中国植被. 北京: 科学出版社.

周广胜, 张新时. 1995. 自然植被净第一性生产力模型初探. 植物生态学报, 19(3): 193-200.

周广胜, 张新时. 1996. 全球气候变化的中国自然植被的净第一生产力研究. 植物生态学报, 20(1): 11-19.

周雪, 张颖. 2014. 中国森林火灾风险统计分析. 统计与信息论坛, 29(1): 34-39.

朱建华, 侯振宏, 张治军, 等. 2007. 气候变化与森林生态系统: 影响、脆弱性与适应性. 林业科学, 43(11): 138-145.

朱学平. 2012. 森林火灾计量经济学研究. 福州: 福建农林大学硕士学位论文.

Ainsworth E A, Yendrek C R, Sitch S, et al. 2012. The effects of tropospheric ozone on net primary productivity and implications for climate change. Annual Review of Plant Biology, 63(1): 637-661.

Allen C D, Macalady A K, Chenchouni H, et al. 2010. A global overview of drought and heat-induced tree mortality reveals emerging climate change risks for forests. Forest Ecology and Management, 259(4): 660-684.

Alley R B, Marotzke J, Nordhaus W D, et al. 2003. Abrupt climate change. Science, 299(5615): 2005-2010.

Andreu-Hayles L, D'Arrigo R, Anchukaitis K J, et al. 2011. Varying boreal forest response to Arctic environmental change at the Firth River, Alaska. Environmental Research Letters, 6(4): 045503.

Barnett J. 2003. Security and climate change. Global Environmental Change, 13(1): 7-17.

Beck U. 1992. Risk society: Towards a new modernity. London: SAGE Publications.

Bonan G B. 2008. Forests and climate change: forcings, feedbacks, and the climate benefits of forests. Science, 320(5882): 1444-1449.

Braun S, Thomas V F, Quiring R, et al. 2010. Does nitrogen deposition increase forest production? The role of phosphorus. Environmental Pollution, 158(6): 2043-2052.

Brovkin V, Ganopolski A, Svirezhev Y. 1997. A continuous climate-vegetation classification for use in climate-biosphere studies. Ecological Modelling, 101(2): 251-261.

Brunner I, Herzog C, Dawes M A, et al. 2015. How tree roots respond to drought. Frontiers in Plant Science, 6: 547.

Canadell J G, Raupach M R. 2008. Managing forests for climate change mitigation. Science, 320(5882): 1456-1457.

Cao M, Woodward F I. 1998. Dynamic responses of terrestrial ecosystem carbon cycling to global climate change. Nature, 393(6682): 249-252.

Carter T, Parry M, Harasawa H, et al. 1994. IPCC technical guidelines for assessing climate change impacts and adaptations with a summary for policy makers and a technical summary. Deportment of Geography, University College London, UK and Center for Global Environmental Research, National Institute for Enviromental Studies, Japan.

Chase T N, Pielke R A, Kittel T G F, et al. 2000. Sensitivity of a general circulation model to global changes in leaf area index. Journal of Geophysical Research Atmospheres, 79(8): 693-696.

Chen G S, Tian H Q, Zhang C, et al. 2012. Drought in the Southern United States over the 20th century: variability and its impacts on terrestrial ecosystem productivity and carbon storage. Climatic Change, 114(2): 379-397.

Chen J M, Cihlar J. 1996. Retrieving leaf area index of boreal conifer forests using Landsat TM images. Remote Sensing of Environment, 55(2): 153-162.

Ciais P, Reichstein M, Viovy N, et al. 2005. Europe-wide reduction in primary productivity caused by the heat and drought in 2003. Nature, 437(7058): 529-533.

Clark D B, Clark D A, Oberbauer S F. 2010. Annual wood production in a tropical rain forest in NE Costa Rica linked to climatic variation but not to increasing $CO_2$. Global Change Biology, 16(2): 747-759.

Cox P M, Betts R A, Jones C D, et al. 2000. Acceleration of global warming due to carbon-cycle feedbacks in a coupled climate model. Nature, 408(6809): 184-187.

Cramer W, Bondeau A, Woodward F I, et al. 2001. Global response of terrestrial ecosystem structure and function to $CO_2$ and climate change: results from six dynamic global vegetation models. Global Change Biology, 7(4): 357-373.

Cramer W, Kicklighter D, Bondeau A, et al. 1999. Comparing global models of terrestrial net primary productivity(NPP): overview and key results. Global change biology, 5(S1): 1-15.

D'Arrigo R, Jacoby GC, Fung I Y. 1987. Boreal forests and atmosphere-biosphere exchange of carbon dioxide. Nature, 329(6137):321-323.

Dale V, Joyce L, McNulty S. 2001. Climate change and forest disturbances. BioScience, 51(9): 723-734.

Dantec V L, Dufrêne E, Saugier B. 2000. Interannual and spatial variation in maximum leaf area index of temperate deciduous stands. Forest Ecology & Management, 134(s1-3): 71-81.

Defries R S, Townshend J R G. 1994. NDVI-derived land-cover classifications at a global-scale. International Journal of Remote Sensing, 15(17): 3567-3586.

Del Grosso S, Parton W, Stohlgren T, et al. 2008. Global potential net primary production predicted from vegetation class, precipitation, and temperature. Ecology. 89(8): 2117-2126.

Dessai S, Adger W N, Hulme M, et al. 2004. Defining and experiencing dangerous climate change. Climatic Change, 64(1-2): 11-25.

Dobbertin M, Eilmann B, Bleuler P, et al. 2010. Effect of irrigation on needle morphology, shoot and stem growth in a drought-exposed Pinus sylvestris forest. Tree Physiology, 30(3): 346-360.

Drake J E, Gallet-Budynek A, Hofmockel K S, et al. 2011. Increases in the flux of carbon belowground stimulate nitrogen uptake and sustain the long-term enhancement of forest productivity under elevated $CO_2$. Ecology Letters, 14(4): 349-357.

Dury M, Hambuckers A, Warnant P, et al. 2011. Responses of European forest ecosystems to 21st century climate: assessing changes in interannual variability and fire intensity. Iforest-Biogeosciences and Forestry, 4: 82-99.

Euskirchen E S, McGuire A D, Chapin F S, et al. 2009. Changes in vegetation in northern Alaska under scenarios of climate change, 2003-2100: implications for climate feedbacks. Ecological Applications, 19(4): 1022-1043.

Fang J Y, Chen A P, Peng C H, et al. 2001. Changes in forest biomass carbon storage in China between 1949 and 1998. Science, 292(5525): 2320-2322.

FAO. 2010. Global Forest Resources Assessment 2010: Main Report. Rome: FAO.

Field C B, Randerson J T, Malmström C M. 1995. Global net primary production: combining ecology and remote sensing. Remote Sensing of Environment, 51(1): 74-88.

Flannigan M D, Krawchuk M A, Groot W J D, et al. 2009. Implications of changing climate for global wildland fire. International Journal of Wildland Fire, 18(5): 483-507.

Flannigan M, Cantin A S, Groot W J D, et al. 2013. Global wildland fire season severity in the 21st century Forest Ecology & Management, 294(3): 54-61.

Foley J A, Prentice I C, Ramankutty N, et al. 1996. An integrated biosphere model of land surface processes, terrestrial carbon balance, and vegetation dynamics. Global Biogeochemical Cycles, 10(4): 603-628.

Friedlingstein P, Cox P, Betts R, et al. 2006. Climate-carbon cycle feedback analysis: Results from the C4MIP model intercomparison. Journal of Climate, 19(14): 3337-3353.

Fu Y S H, Piao S L, Vitasse Y, et al. 2015. Increased heat requirement for leaf flushing in temperate woody species over 1980-2012: effects of chilling, precipitation and insolation. Global Change Biology, 21(7): 2687-2697.

Fung I Y, Doney S C, Lindsay K, et al. 2005. Evolution of carbon sinks in a changing climate. Proceedings of the National Academy of Sciences of the United States of America, 102(32): 11201-11206.

Girardin C A, Farfan-Rios W, Garcia K, et al. 2014. Spatial patterns of above-ground structure, biomass and composition in a network of six Andean elevation transects. Plant Ecology & Diversity, 7(1-2): 161-171.

Graumlich L J, Brubaker L B, Grier C C. 1989. Long-term trends in forest net primary productivity: Cascade Mountains, Washington. Ecology: 405-410.

Guenet B, Cadule P, Zaehle S, et al. 2013. Does the integration of the dynamic nitrogen cycle in a terrestrial biosphere model improve the long-term trend of the leaf area index? Climate Dynamics, 40(9-10): 2535-2548.

Guo Z, Fang J, Pan Y, et al. 2010. Inventory-based estimates of forest biomass carbon stocks in China: A comparison of three methods. Forest Ecology and Management, 259(7): 1225-1231.

Hansen M C, Potapov P V, Moore R, et al. 2013. High-resolution global maps of 21st-century forest cover change. Science. 342(6160): 850-853.

Harsch M A, Hulme P E, McGlone M S, et al. 2009. Are treelines advancing? A global meta-analysis of treeline response to climate warming. Ecology Letters, 12(10): 1040-1049.

Heimann M, Reichstein M. 2008. Terrestrial ecosystem carbon dynamics and climate feedbacks. Nature, 451(7176): 289-292.

Hernandez L, Canellas I, Alberdi I, et al. 2014. Assessing changes in species distribution from sequential large-scale forest inventories. Annals of Forest Science, 71(2): 161-171.

Heyder U, Schaphoff S, Gerten D, et al. 2011. Risk of severe climate change impact on the terrestrial biosphere. Environmental Research Letters, 6(3): 034036.

Hoegh-Guldberg O, Bruno J F. 2010. The impact of climate change on the world's marine ecosystems. Science, 328(5985): 1523-1528.

Huete A, Didan K, Miura T, et al. 2002. Overview of the radiometric and biophysical performance of the MODIS vegetation indices. Remote Sensing of Environment, 83(1-2): 195-213.

Hufnagel L, Garamvölgyi Á. 2014. Impacts of climate change on vegetation distribution No. 2-climate change induced vegetation shifts in the new world. Applied Ecology & Environmental Research, 12(2): 355-422.

Huntingford C, Zelazowski P, Galbraith D, et al. 2013. Simulated resilience of tropical rainforests to $CO_2$-induced climate change. Nature Geoscience, 6: 268-273.

IPCC. 2013. Summary for Policymakers. Working Group I Contribution to the IPCC Fifth Assessment Report. Climate Change 2013: The Physical Science Basis. Cambridge: Cambridge University Press.

IPCC. 2014. Summary for Policymakers. Working Group II Contribution to the IPCC Fifth Assessment Report. Climate Change 2014: Impacts, Adaptation, and Vulnerability. Cambridge: Cambridge University Press.

Jeganathan C, Dash J, Atkinson P M. 2010. Mapping the phenology of natural vegetation in India using a remote sensing-derived chlorophyll index. International Journal of Remote Sensing, 31(22): 5777-5796.

Jia K, Liang S, Zhang L, et al. 2014. Forest cover classification using Landsat ETM+ data and time series MODIS NDVI data. International Journal of Applied Earth Observation and Geoinformation, 33: 32-38.

Jiang X, Rauscher S A, Ringler T D, et al. 2013. Projected future changes in vegetation in western north America in the twenty-First century. Journal of Climate, 26(11): 3671-3687.

Jones R N, Preston B L. 2011. Adaptation and risk management. Wiley Interdisciplinary Reviews: Climate Change, 2(2): 296-308.

Ju W M, Chen J M, Harvey D, et al. 2007. Future carbon balance of China's forests under climate change and increasing $CO_2$. Journal of Environmental Management, 85(3): 538-562.

Kaplan J O, Krumhardt K M, Zimmermann N E. 2012. The effects of human land use and climate change over the past 500 years on the carbon cycle of Europe. Global Change Biology, 18(3): 902-914.

Kaufmann R, D'Arrigo R, Paletta L, et al. 2008. Identifying climatic controls on ring width: The timing of correlations between tree rings and NDVI. Earth Interactions, 12(14): 1-14.

Kikuzawa K. 1995. Leaf phenology as an optimal strategy for carbon gain in plants. Canadian Journal Botany, 73(2): 158-163.

Krause K, Cherubini P, Bugmann H, et al. 2012. Growth enhancement of Picea abies trees under long-term, low-dose N addition is due to morphological more than to physiological changes. Tree Physiology, 32(12): 1471-1481.

Kucharik C J, Barford C C, Maayar M E, et al. 2006. A multiyear evaluation of a Dynamic Global Vegetation Model at three AmeriFlux forest sites: Vegetation structure, phenology, soil temperature, and $CO_2$ and $H_2O$ vapor exchange. Ecological Modelling, 196(1): 1-31.

Kucharik C J, Brye K R. 2003. Integrated BIosphere Simulator(IBIS)yield and nitrate loss predictions for Wisconsin maize receiving varied amounts of nitrogen fertilizer. Journal of Environmental Quality, 32(1): 247-268.

Kucharik C, Foley J, Delire C, et al. 2000. The IBIS-2 dynamic global biosphere model: model formulation and evaluation. Global Biogeochemical Cycles, 14(3): 795-825.

Kurz W A, Dymond C, Stinson G, et al. 2008. Mountain pine beetle and forest carbon feedback to climate change. Nature, 452(7190): 987-990.

Larcher W. W. 2003. Physiological Plant Ecology: Ecophysiology and Stress Physiology of Functional Groups. Berlin: Springer Science & Business Media.

LeBauer D S, Treseder K K. 2008. Nitrogen limitation of net primary productivity in terrestrial ecosystems is globally distributed. Ecology, 89(2): 371-379.

Lenoir J, Gegout J C, Marquet P A, et al. 2008. A significant upward shift in plant species optimum elevation during the 20th century. Science, 320(5884): 1768-1771.

Lenton T M, Held H, Kriegler E, et al. 2008. Tipping elements in the Earth's climate system. Proceedings of the National Academy of Sciences, 105(6): 1786-1793.

Levis S, Sacks W. 2013. Technical descriptions of the interactive crop management(CLM4CNcrop)and interactive irrigation models in version 4 of the Community Land Model. National Center for Atmospheric Research, Colorado, USA.

Lim H, Oren R, Palmroth S, et al. 2015. Inter-annual variability of precipitation constrains the production response of boreal Pinus sylvestris to nitrogen fertilization. Forest Ecology and Management, 348: 31-45.

Littell J S, McKenzie D, Peterson D L, et al. 2009. Climate and wildfire area burned in western US ecoprovinces, 1916-2003. Ecological Applications, 19(4): 1003-1021.

Littell J S, Oneil E E, McKenzie D, et al. 2010. Forest ecosystems, disturbance, and climatic change in Washington State, USA. Climatic Change, 102(1-2): 129-158.

Liu J, Chen J, Cihlar J, et al. 1997. A process-based boreal ecosystem productivity simulator using remote sensing inputs. Remote Sensing of Environment, 62(2): 158-175.

Liu Z, Yang J, Chang Y, et al. 2012. Spatial patterns and drivers of fire occurrence and its future trend under climate change in a boreal forest of Northeast China. Global Change Biology, 18(6): 2041-2056.

Lorenzoni I, Pidgeon N F, O'Connor R E. 2005. Dangerous climate change: the role for risk research. Risk Analysis, 25(6): 1387-1398.

Lucht W, Prentice I C, Myneni R B, et al. 2002. Climatic control of the high-latitude vegetation greening trend and Pinatubo effect. Science, 296(5573): 1687-1689.

Lucht W, Schaphoff S, Erbrecht T, et al. 2006. Terrestrial vegetation redistribution and carbon balance under climate change. Carbon Balance Manag, 1(1): 1-6.

Luo Y Q, Gerten D, Le Maire G, et al. 2008. Modeled interactive effects of precipitation, temperature, and $CO_2$ on ecosystem carbon and water dynamics in different climatic zones. Global Change Biology, 14(9): 1986-1999.

Maselli F, Cherubini P, Chiesi M. et al. 2014. Start of the dry season as a main determinant of inter-annual

Mediterranean forest production variations. Agricultural and Forest Meteorology, 194: 197-206.

Miller C, Ager A A. 2013. A review of recent advances in risk analysis for wildfire management. International Journal of Wildland Fire, 22(1): 1-14.

Monteith J L, Unsworth M H. 1990. Principles of environmental physics. London: Edward Arnold.

Moriondo M, Good P, Durao R. et al. 2006. Potential impact of climate change on fire risk in the Mediterranean area. Clim Res. Climate Research, 31(1): 85-95.

Moss R H, Edmonds J A, Hibbard K A, et al. 2010. The next generation of scenarios for climate change research and assessment. Nature, 463(7282): 747-756.

Myneni R B, Dong J, Tucker C J, et al. 2001a. A large carbon sink in the woody biomass of Northern forests. Proceedings of the National Academy of Sciences, 98(26): 14784-14789.

Myneni R B, Hoffman S, Knyazikhin Y, et al. 2001b. Global products of vegetation leaf area and fraction absorbed PAR from year one of MODIS data. Remote Sensing of Environment, 83(1-2): 214-231.

Myoung B, Choi Y-S, Park S K. 2011. A review on vegetation models and applicability to climate simulations at regional scale. Asia-Pacific Journal of Atmospheric Sciences, 47(5): 463-475.

Nemani R R, Keeling C D, Hashimoto H, et al. 2003. Climate-driven increases in global terrestrial net primary production from 1982 to 1999. Science, 300(5625): 1560-1563.

Norby R J, Warren J M, Iversen C M, et al. 2010. $CO_2$ enhancement of forest productivity constrained by limited nitrogen availability. Proceedings of the National Academy of Sciences of the United States of America, 107(45): 19368-19373.

Oliphant A, Susan C, Grimmond B, et al. 2006. Local-scale heterogeneity of photosynthetically active radiation(PAR), absorbed PAR and net radiation as a function of topography, sky conditions and leaf area index. Remote Sensing of Environment, 103(3): 324-337.

Pan Y, Birdsey R A, Fang J, et al. 2011. A large and persistent carbon sink in the world's forests. Science, 333(6045): 988-993.

Pan Y, Birdsey R A, Phillips O L, et al. 2013. The structure, distribution, and biomass of the world's forests. Annual Review of Ecology, Evolution, and Systematics, 44: 593-622.

Parmesan C, Yohe G. 2003. A globally coherent fingerprint of climate change impacts across natural systems. Nature, 421(6918): 37-42.

Parry M L, Carter T, Hulme M. 1996. What is a dangerous climate change? Global Environmental Change, 6(1): 1-6.

Pavlick R, Drewry D, Bohn K, et al. 2013. The Jena Diversity-Dynamic Global Vegetation Model(JeDi-DGVM): a diverse approach to representing terrestrial biogeography and biogeochemistry based on plant functional trade-offs. Biogeosciences, 10(6): 4137-4177.

Pechony O, Shindell D T. 2010. Driving forces of global wildfires over the past millennium and the forthcoming century. Proceedings of the National Academy of Sciences, 107(45): 19167-19170.

Persha L, Agrawal A, Chhatre A. 2011. Social and ecological synergy: local rulemaking, forest livelihoods, and biodiversity conservation. Science, 331(6024): 1606-1608.

Piao S L, Yin G D, Tan J G, et al. 2015. Detection and attribution of vegetation greening trend in China over the last 30 years. Global Change Biology, 21(4): 1601-1609.

Piao S, Ciais P, Friedlingstein P, et al. 2008. Net carbon dioxide losses of northern ecosystems in response to autumn warming. Nature, 451(7174): 49-52.

Piontek F, Mueller C, Pugh T A M, et al. 2014. Multisectoral climate impact hotspots in a warming world. Proceedings of the National Academy of Sciences of the United States of America, 111(9): 3233-3238.

Pregitzer K S, Burton A J, King J S, et al. 2008. Soil respiration, root biomass, and root turnover following long-term exposure of northern forests to elevated atmospheric $CO_2$ and tropospheric $O_3$. New Phytologist, 180(1): 153-161.

Raich J W, Rastetter E B, Melillo J M, et al. 1991. Potential met primary productivity in South-America -application of a global-model. Ecological Applications, 1(4): 399-429.

Raich J W, Russell A E, Kitayama K, et al. 2006. Temperature influences carbon accumulation in moist tropical forests. Ecology, 87(1): 76-87.

Root T L, Price J T, Hall K R, et al. 2003. Fingerprints of global warming on wild animals and plants. Nature, 421(6918): 57-60.

Sato H, Ise T. 2012. Effect of plant dynamic processes on African vegetation responses to climate change: Analysis using the spatially explicit individual-based dynamic global vegetation model(SEIB-DGVM). Journal of Geophysical Research: Biogeosciences, 117(G3): 2156-2202.

Saxe H, Cannell M G, Johnsen Ø, et al. 2001. Tree and forest functioning in response to global warming. New Phytologist, 149(3): 369-399.

Scholze M, Knorr W, Arnell N W, et al. 2006. A climate-change risk analysis for world ecosystems. Proceedings of the National Academy of Sciences of the United States of America, 103(35): 13116-20.

Schroeder P, Brown S, Mo J M, et al. 1997. Biomass estimation for temperate broadleaf forests of the United States using inventory data. Forest Science, 43(3): 424-434.

Sellers P J, Dickinson R E, Randall D A, et al. 1997. Modeling the Exchanges of Energy, Water, and Carbon Between Continents and the Atmosphere. Science, 275(5299): 502-509.

Sitch S, Huntingford C, Gedney N, et al. 2008. Evaluation of the terrestrial carbon cycle, future plant geography and climate-carbon cycle feedbacks using five Dynamic Global Vegetation Models(DGVMs). Global Change Biology, 14(9): 2015-2039.

Sitch S. 2000. The Role of Vegetation Dynamics in the Control of Atmospheric $CO_2$ Content. Sweden: Lund University.

Smith B, Knorr W, Widlowski J-L, et al. 2008. Combining remote sensing data with process modelling to monitor boreal conifer forest carbon balances. Forest Ecology and Management, 255(12): 3985-3994.

Spracklen D V, Mickley L J, Logan J A, et al. 2009. Impacts of climate change from 2000 to 2050 on wildfire activity and carbonaceous aerosol concentrations in the western United States. Journal of Geophysical Research Atmospheres, 114: D20301.

Steffen W, Noble I, Canadell J, et al. 1998. The terrestrial carbon cycle: implications for the Kyoto Protocol. Science, 280(5368): 1393-1394.

Stegen J C, Swenson N G, Enquist B J, et al. 2011. Variation in above-ground forest biomass across broad climatic gradients. Global Ecology and Biogeography, 20(5): 744-754.

Stinson G, Kurz W A, Smyth C E, et al. 2011. An inventory-based analysis of Canada's managed forest carbon dynamics, 1990 to 2008. Global Change Biology, 17(6): 2227-2244.

Swart R J, Vellinga P. 1994. The "ultimate objective" of the Framework Convention on Climate Change requires a new approach in climate change research. Climatic Change, 26(4): 343-349.

Tao F, Zhang Z. 2010. Dynamic responses of terrestrial ecosystems structure and function to climate change in China. Journal of Geophysical Research, 115: G03003.

Thompson M P, Calkin D E, Finney M A, et al. 2011. Integrated national-scale assessment of wildfire risk to human and ecological values. Stochastic Environmental Research & Risk Assessment, 25(6): 761-780.

Thonicke K, Venevsky S, Sitch S, et al. 2001. The role of fire disturbance for global vegetation dynamics: coupling fire into a Dynamic Global Vegetation Model. Global Ecology and Biogeography, 10(6): 661-677.

Thuiller W, Lavergne S, Roquet C, et al. 2011. Consequences of climate change on the tree of life in Europe. Nature, 470(7335): 531-534.

Tucker C J. 1979. Red and photographic infrared linear combinations for monitoring vegetation, Remote Sensing of Environment, 8(2): 127-150.

Twine T E, Bryant J J, Richter K, et al. 2013. Impacts of elevated $CO_2$ concentration on the productivity and surface energy budget of the soybean and maize agroecosystem in the Midwest USA. Global Change Biology, 19(9): 2838-2852.

van der Maaten-Theunissen M, Bouriaud O. 2012. Climate–growth relationships at different stem heights in silver fir and Norway spruce. Canadian Journal of Forest Research, 42(5): 958-969.

van Minnen J G, Onigkeit J, Alcamo J. 2002. Critical climate change as an approach to assess climate change impacts in Europe: development and application. Environmental Science & Policy, 5(4): 335-347.

van Oijen M, Beer C, Cramer W, et al. 2013. A novel probabilistic risk analysis to determine the vulnerability of ecosystems to extreme climatic events. Environmental Research Letters, 8(1): 015032.

Viana H, Aranha J, Lopes D, et al. 2012. Estimation of crown biomass of Pinus pinaster stands and shrubland above-ground biomass using forest inventory data, remotely sensed imagery and spatial prediction models. Ecological Modelling, 226: 22-35.

Walther G-R. 2010. Community and ecosystem responses to recent climate change. Philosophical Transactions of the Royal Society B: Biological Sciences, 365(1549): 2019-2024.

Warszawski L, Friend A, Ostberg S, et al. 2013. A multi-model analysis of risk of ecosystem shifts under climate change. Environmental Research Letters, 8(4): 044018.

Wild C, Hoegh-Guldberg O, Naumann M S, et al. 2011. Climate change impedes scleractinian corals as primary reef ecosystem engineers. Marine and Freshwater Research, 62(2): 205-215.

Wu Z T, Dijkstra P, Koch G W, et al. 2011. Responses of terrestrial ecosystems to temperature and precipitation change: a meta-analysis of experimental manipulation. Global Change Biology, 17(2): 927-942.

Yang Y, Wang G X, Yang L D, et al. 2013. Effects of drought and warming on biomass, nutrient allocation, and oxidative stress in Abies fabri in eastern Tibetan Plateau. Journal of Plant Growth Regulation, 32(2): 298-306.

Yin Y, Tang Q, Wang L, et al. 2016. Risk and contributing factors of ecosystem shifts over naturally vegetated land under climate change in China. Scientific Reports. 6: 20905.

Zhao D S, Wu S H, Yin Y H, et al. 2011. Vegetation Distribution on Tibetan Plateau under Climate Change Scenario. Regional Environmental Change, 11(4): 905-915.

Zhao D, Wu S, Yin Y. 2013. Dynamic responses of soil organic carbon to climate change in the Three-River Headwater region of the Tibetan Plateau. Climate Research, 56(1): 21-32.

Zhao M S, Running S W. 2010. Drought-Induced Reduction in Global Terrestrial Net Primary Production from 2000 Through 2009. Science, 329(5994): 940-943.

Zhao X, Tan K, Zhao S, et al. 2011. Changing climate affects vegetation growth in the arid region of the northwestern China. Journal of Arid Environments, 75(10): 946-952.

Zhu Z, Bi J, Pan Y, et al. 2013. Global data sets of vegetation Leaf Area Index(LAI)3g and Fraction of Photosynthetically Active Radiation(FPAR)3g derived from Global Inventory Modeling and Mapping Studies(GIMMS)Normalized Difference Vegetation Index(NDVI3g)for the period 1981 to 2011. Remote Sensing, 5(2): 927-948.

# 第 2 章　气候变化对森林叶面积指数的影响

森林叶面积指数（LAI）是单位面积上森林植被单面绿叶面积的总和，是表征森林生态系统结构的一个重要参数。在全球气候变化以及人类植树造林和毁林等活动影响下，森林 LAI 在过去几十年发生变化。在很多情况下，气候变化本身及其它因素，如人口、经济、森林经营管理、土地利用和技术等因素变化的相互作用和影响。由于气候变化影响的复杂性，气候变化对森林 LAI 变化影响程度难以辨识。导致对气候变化影响的评价存在较大的不确定性，这对适应气候变化政策措施制定形成了严重的障碍，制约着应对气候变化行动的实施效果。

本章明晰了 20 世纪 80 年代以来森林 LAI 变化特征，通过综合森林清查资料和植被遥感信息，识别森林覆盖相对稳定区，在尽量减少人类活动直接干扰的基础上，进一步开展全国尺度气候变化影响和定量分离评估。研究对于揭示陆地生态系统结构和功能演变，提高生态系统适应气候变化能力，加强地区应对气候变化政策与措施制定，保障区域生态安全，促进区域可持续等具有重要意义。

## 2.1　过去 30 年中国森林 LAI 变化特征

LAI 与反照率、粗糙度、气孔传导等陆面参数密切相关，影响植被与大气间的能量、动量、$CO_2$ 和水分的交换通量，是耦合气候模式与生态模式的关键变量之一。LAI 能够直接反映森林植物光合叶面积大小、植被冠层结构和健康状况等信息，也可有效指示森林植被生长状态。LAI 的动态变化不仅能衡量植被结构和生长状况动态特征，也反映了森林与大气之间物质和能量交换过程的变化。对大范围的长时间序列的 LAI 进行研究分析，有助于我们了解森林结构的长期变化，在森林生态系统研究中具有十分重要的意义，对于全球碳循环和水循环过程的模拟以及气候变化等研究也至关重要。

以 1982～2011 年中国森林 LAI 为研究对象研究森林结构动态变化特征，主要包括3 个方面：①LAI 的时空分布特征，包括生长季森林 LAI 和最大月 LAI 的空间分布，森林 LAI 的年内变化。②森林 LAI 的年际变化特征，主要是森林 LAI 的线性变化趋势和变异系数。③生长季 LAI 的非线性变化特征，主要是 LAI 在不同尺度的时空变化特征及不同生态地理区域变化的差异。

### 2.1.1　中国森林 LAI 的时空分布

LAI 数据为美国波士顿大学提供的 GIMMS LAI3g 数据集（Zhu et al.，2013）。该数据集空间分辨率为 1/12°，时间频率为 15 天，时间范围为 1982 年 1 月至 2011 年 12 月，

LAI 的有效值范围是 0～7。该数据集以时间序列连续的高质量的 AVHRR（advanced very high resolution radiometers）GIMMS NDVI3g 和 Terra MODIS BNU（Beijing normal university version）LAI 产品作为关键输入数据，采用前馈神经网络（feed-forward neural network，FFNN）算法进行反演，反演过程里共产生 12 个 FFNN 模型，每个 FFNN 模型由 4 个输入层神经元（分别对应土地覆被分类、像元中心经纬度、NDVI3g）、11 个隐层神经元和 1 个输出层神经元（LAI3g）组成，这些模型通过反向传播（back-propagation）过程进行训练，最终生成 LAI 的估算数据（Zhu et al.，2013）。在对该数据集的综合性评估中，LAI 与取自全球 29 个站点的 45 套野外测量数据表现出了较高的一致性（$p <$ 0.001；RMSE=0.68）；经过与其它 LAI 产品在全球尺度和站点尺度的比较，该数据集 LAI 对森林类型的估算准确性较高（Zhu et al.，2013）。

土地覆被数据为 MODIS 三级土地覆被产品中的 MCD12C1 数据集。该数据集同样采用地理坐标系，空间分辨率为 0.05°，以年度作为时间单位，它是根据一年的 Terra 和 Aqua 卫星观测数据合成，采用监督决策树分类为主的信息提取技术，实现土地覆被类型的描述。该数据集采取国际地圈、生物圈计划（international geosphere biosphere programme，IGBP）定义的分类方法，包含 17 种主要的土地覆被类型，其中包括 11 种自然植被类型，3 种土地开发和镶嵌类型及 3 种无植被土地类型。对该系列土地覆被产品的交叉验证研究表明，在 95% 的置信区间下其全球范围内的整体精度达到 74.8%，各种土地覆被类型的用户精度和生产者精度普遍超过了 70%，特别是 5 种森林类型及农业方面的用地表现出了更高的精度。

考虑到 MCD12C1 数据集中 2007 年的数据是上述 LAI 生成算法的输入数据之一，本章也选择 2007 年的数据，将常绿针叶林、常绿阔叶林、落叶针叶林、落叶阔叶林和混交林这 5 种植被作为森林像元的提取标准，根据中国矢量边界图进行裁剪，得到 IGBP 分类体系下的中国区域所有森林覆被的空间分布信息。使用最邻近算法将 MCD12C1（2007 年）数据重采样到与 LAI 数据相同的空间分辨率并与 LAI 数据迭加，提取得到全国范围不同森林类型的 30 年 LAI 时间序列。由于每个森林像元每年有 24 个时段 LAI 值，本章中的月平均 LAI 值来自于该月上、下半月两个时段 LAI 值的平均，最大月 LAI 即一年之中最大的月平均 LAI 值，生长季平均 LAI 值为 4～10 月 LAI 均值，多年平均生长季 LAI 即生长季 LAI 的 30 年均值（当针对年内特定时间段分析时，表示 30 年同期平均）。本章中的季节划分规定为：春季为 3 月、4 月、5 月；夏季为 6 月、7 月、8 月；秋季为 9 月、10 月、11 月；冬季为 12 月、1 月、2 月，季平均 LAI 值来自于该季节内所有月平均 LAI 值的平均。

## 1. 中国森林生长季 LAI 的空间分布

中国森林 30 年平均的生长季平均 LAI 的空间分布情况如图 2.1（a）所示，整体上呈现东北部低、南部边缘高，由北向南逐渐增大的趋势。从地域分布上看，森林 LAI 在西藏东南部、云南西南部、海南南部和台湾东部最高，达到 4.0～5.0；在以东南沿海为代表的常绿阔叶林地区 LAI 较高，达到 3.0～4.0；在四川盆地、黄土高原南部以及长江中下游等混交林为主的大部分地区，LAI 达到 2.0～3.0；LAI 在 2.0 以下的主要是东北地区的混交林和落叶林，四川中部和陕西南部也略有分布；新疆北部和西藏东南部的常绿针叶林 LAI 最低，低于 1.0。

## 2. 中国森林最大月 LAI 的空间分布

图 2.1（b）展示了中国森林多年平均最大月 LAI 的空间分布情况。最大月 LAI 反映了森林覆被每年的最佳覆盖状况，其多年平均值反映了森林覆被对区域气候的最佳适应性结果。从图中可以看出，最大 LAI 空间分布的整体趋势与多年平均生长季 LAI 大体一致，除了新疆北部、四川中部，以及四川、西藏、云南交界处的极少数地区森林 LAI 低于 3.0 以外，全国绝大部分森林的最大 LAI 都在 3.0 以上，并且将近 60% 森林面积的 LAI 范围集中在 4.0～5.0，主要分布在东北和长江中下游的广大地区。

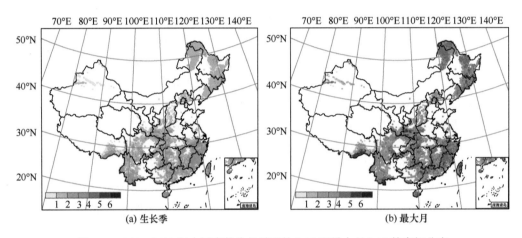

图 2.1　1982～2011 年中国森林生长季平均 LAI 和最大月 LAI 的空间分布

中国森林 LAI 的空间分布具有比较明显的区域差异，这与中国不同地域之间自然地理环境的差异性有关。以西藏东南部为例，这里是中亚热带和高原温带交界、湿润与半湿润过渡的地区，也是青藏高原森林覆被的集中分布区，但是复杂多样的气候地形条件使得该区域内部森林 LAI 的差别较大。其中，东喜马拉雅南翼山地气候温暖、雨量充沛，是中国东部亚热带常绿阔叶林地带的西延部分，其 LAI 与海南、台湾等低纬度热带森林 LAI 的水平相同，而川西藏东高山深谷的森林分布则以更加耐寒耐旱的暗针叶林和针阔混交林为主，其无论多年平均生长季 LAI 还是多年平均最大月 LAI 都基本处于全国最低水平。

## 3. 森林 LAI 的年内变化

通过对比 1982～2011 年中国森林 LAI 在四个季节的空间分布图（图 2.2）发现，中国森林 LAI 整体上在夏季最高、秋季春季次之、冬季最低，除夏季外均呈现南高北低的空间格局，但就其空间分布的差异性而言，则冬季南北差异最大、其它季节南北差异较小，这与中国气温、降水、太阳辐射等气候要素的时空变化特征相一致，同时也反映了不同类型森林的生长发育过程与叶物候特点。而且，由于中国东部和南部广大地区处于东亚季风气候区，其森林覆被的季节变化和区域差异受季风影响显著。此外，由于常绿林全年都有老叶凋落和新叶增生，四季均有绿叶存在，而落叶林从生长期转入休眠期时叶片几乎完全脱落，因而冬季森林 LAI 分布的南北方差异最为明显。从图 2.2 中可以看出，东北地区森林 LAI 的季节变化最具有代表性。

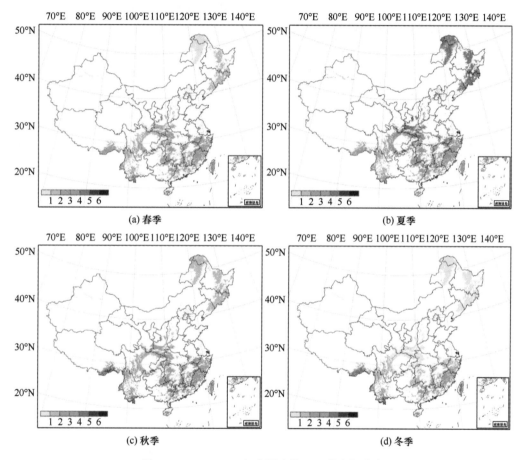

图 2.2　1982～2011 年中国森林 LAI 的空间分布

春季随着太阳辐射增强，全国气温由南向北逐步升高，华南地区早在 3 月、4 月就出现了前汛期锋面降水，森林开始长出新叶，LAI 逐渐增大。东北地区东南部的阔叶林 LAI 达到 1.0 以上，比北部的针叶林和混交林 LAI 增加更快。云南、海南和台湾等地南部热带边缘的森林 LAI 甚至达到 4.0 以上。南方大部分的混交林和常绿林 LAI 虽然普遍超过了 2.0，但与冬季相比有所下降。到了 5 月底 6 月初，当夏季风移动到中国长江流域，季风爆发带来的丰沛降水使得森林 LAI 迅速上升到较高水平。7 月夏季风移至黄河以北并达到极盛期产生大范围的降雨天气，森林生长在夏季最为旺盛，落叶林 LAI 达到一年中的最高值。全国除西南地区以外，大部分森林 LAI 在 3.0 以上，其中东北地区和黄土高原南部的部分落叶阔叶林 LAI 超过 4.5 为全国最高。植被对气候变化响应的滞后性使得枝叶繁密的森林状态保持到夏末。9 月初夏季风开始由北往南撤退，随着降水量的减少和气温的降低，森林开始集中落叶，LAI 快速减小。东北地区的森林 LAI 急剧下降到 2.0 以下，但秦岭淮河以南的亚热带和热带森林 LAI 下降幅度较小，仍然维持在 3.0 以上，西藏东南部和云南西南部的常绿阔叶林 LAI 则在秋季上升至 4.5 以上，达到全年最高值。冬季是一年中太阳辐射最少、气温最低的季节，森林生长缓慢甚至停止生长，除了西藏东南部、云南西南部、海南和台湾等地的森林 LAI 保持在 4.0 以上，全国大部分地区的森林 LAI 降到全年最低值，东北地区的森林 LAI 基本降到 0.5 以下为全国最低。

为了分析中国森林 LAI 的年内变化特征，计算各月份 LAI 的多年平均值，结果如图 2.3 和图 2.4 所示。从图中可以看出，不同类型森林的 LAI 的年内变化过程存在明显差别。就全国平均而言（图 2.3），森林 LAI 的年内变化曲线呈现单峰型，深冬至初春一直处于较低水平（1.25 左右），从 4 月开始迅速增加，至夏初 6 月进入并维持在高值状态（3.42 左右），盛夏 7 月达到一年中的最大值 3.57，秋季 9 月开始逐渐减小，入冬后至翌年年初又回到低值状态，最小值 1.22 出现在冬末 2 月。

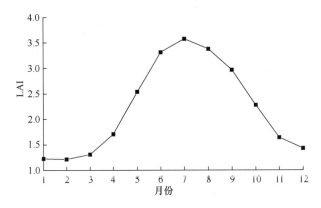

图 2.3 1982～2011 年中国森林 LAI 的年内变化

就各森林类型而言（图 2.4），混交林 LAI 的年内变化特征与全国平均最为接近，落叶林 LAI 的年内变化特征与全国平均类似，但变化幅度更大，季节过渡时的曲线更加陡峭。其中落叶阔叶林 LAI 在 7 月份可达到最大值 4.32，落叶针叶林 LAI 的变化范围为 0.17～4.23，二者随季节变化的阶段性最强。与落叶林完全不同，常绿林 LAI 的年内变化过程较为平缓，各季均值较为接近，全年呈现不规则的小幅波动，月平均 LAI 的最大值与最小值之差均小于 1.5。与落叶林 LAI 的最值特征相比，常绿林 LAI 的最大值出现时间滞后约一个季度，常绿阔叶林的最小值则在夏初（6 月）才出现。

### 2.1.2 过去 30 年中国森林 LAI 年际变化

以线性变化趋势和变异系数来反映森林 LAI 的年际变化趋势与波动情况。其中，变化趋势定义为用最小二乘法对 LAI 值与年份进行线性拟合（$y=ax+b$）得到的斜率 $a$，即

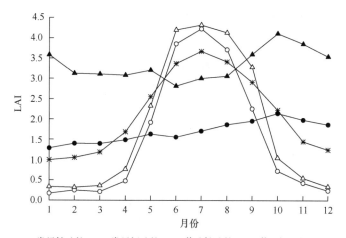

● 常绿针叶林；　▲ 常绿阔叶林；　○ 落叶针叶林；　△ 落叶阔叶林；　＊ 混交林

图 2.4　1982～2011 年中国不同森林类型 LAI 的年内变化

$$a = \left( n\sum_{i=1}^{n} x_i y_i - \sum_{i=1}^{n} x_i \sum_{i=1}^{n} y_i \right) \bigg/ \left[ n\sum_{i=1}^{n} x_i^2 - \left( \sum_{i=1}^{n} x_i \right)^2 \right] \tag{2.1}$$

式中，$n$ 为年数，等于 30；$x_i$ 为年份（1982 年，1983 年，1984 年，…，2011 年）；$y_i$ 为第 $i$ 年的 LAI。当斜率 $a>0$ 时，LAI 呈上升趋势；当斜率 $a$ 为负值时，LAI 呈下降趋势。

变异系数（coefficient of variation，CV）由 LAI 的标准偏差与多年平均值的比值计算得到，用来评价 LAI 值的年际波动状况，即

$$\mathrm{CV} = \sqrt{\sum_{i=1}^{n} \left( \mathrm{LAI}_i - \overline{\mathrm{LAI}} \right)^2 / (n-1)} \bigg/ \overline{\mathrm{LAI}} \tag{2.2}$$

式中，$\mathrm{LAI}_i$ 为第 $i$ 年的 LAI；$\overline{\mathrm{LAI}}$ 为 1982～2011 年 LAI 的平均值。

此外，变化趋势的信度检验采用 Mann-Kendall 趋势检测法，该方法不需要样本遵从一定的分布，也不受少数异常值的干扰，目前已广泛应用于水文、气象等时间序列趋势变化的非参数检验。在 Mann-Kendall 检验中，原假设 $H_0$ 为时间序列数据（$x_1$，…，$x_n$），是 $n$ 个独立的、随机变量同分布的样本；备择假设 $H_1$ 是双边检验，对于所有的 $k$，$j \leqslant n$，且 $k \neq j$，$x_k$ 和 $x_j$ 的分布是不相同的，检验的统计变量 $S$ 计算如下：

$$S = \sum_{k=1}^{n-1} \sum_{j=k+1}^{n} \mathrm{Sgn}(x_j - x_k) \tag{2.3}$$

其中，Sgn 是符号函数，其数值由下式决定。

$$\mathrm{Sgn}(x_j - x_k) = \begin{cases} +1 & (x_j - x_k) > 0 \\ 0 & (x_j - x_k) = 0 \\ -1 & (x_j - x_k) < 0 \end{cases} \tag{2.4}$$

$S$ 为正态分布，其均值为 0，方差 $\mathrm{Var}(S) = n(n-1)(2n+5)/18$。当 $n>10$ 时，标准的

正态统计变量通过下式计算：

$$Z = \begin{cases} \dfrac{S-1}{\sqrt{\mathrm{Var}(S)}} & S > 0 \\ 0 & S = 0 \\ \dfrac{S+1}{\sqrt{\mathrm{Var}(S)}} & S < 0 \end{cases} \tag{2.5}$$

这样，在双边的趋势检验中，在给定的 $\alpha$ 置信水平上，如果 $|Z| \geqslant Z_{1-\alpha/2}$，则原假设是不可接受的，即在 $\alpha$ 置信水平上，时间序列数据存在明显的上升或下降趋势。对于统计变量 $Z$，$>0$ 时，是上升趋势；$<0$ 时，则是下降趋势。$Z$ 的绝对值在 $\geqslant 1.28$、$1.64$ 和 $2.32$ 时，分别表示通过了信度 90%、95% 和 99% 的显著性检验。文中置信水平达 0.05 的变化趋势为显著。

## 1. 1982~2011 年生长季森林 LAI 的变化趋势与变异系数

图 2.5 是 1982~2011 年中国森林生长季平均 LAI 的变化速率与变异系数的空间分布图。从图 2.5（a）可以发现在 1982~2011 年期间，全国大多数地区森林 LAI 的变化速率为正值，即生长季平均 LAI 呈现上升趋势，并且将近 80% 森林面积的 LAI 年平均增加值在 0.02 以下，整体分布上北方低于南方。LAI 增加趋势最为显著的地区是华中、华南地区，平均每年增加幅度超过 0.03。LAI 呈减小趋势的森林虽然所占面积比例较小，但空间分布相对分散，降幅一般不超过每年 0.01。

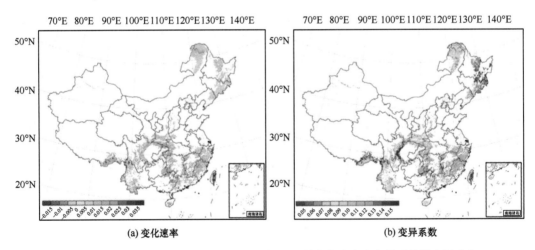

(a) 变化速率　　　　　　　　　　　　　(b) 变异系数

图 2.5　1982~2011 年中国森林生长季平均 LAI 的变化速率和变异系数的空间分布

不同地区森林 LAI 的年际波动差异明显，从图 2.5（b）可以看出变异系数由北向南逐渐增大的趋势与变化速率的空间分布相似，变化范围为 0.05~0.15。其中，东北地区东部森林近 30 年的生长季平均 LAI 最为稳定，变异系数基本在 0.07 以下，而森林 LAI 年际波动比较明显的地区是西藏东南部和四川中部，其变异系数普遍超过 0.15。特别是秦岭西端，即中国东部季风区、西北干旱区和青藏高寒区三大气候区交汇的地方。总体上说明气候条件越复杂、生态环境越脆弱的地区往往森林 LAI 的波动性越强、对气候变化的响应越敏感。

利用遥感手段获取的森林 LAI 产品除了受到土地利用误分类的影响而被低估以外，其误差主要来源于反算法本身的问题（Fang et al.，2013）。有研究表明，大多数遥感产品所显示的高纬度地区常绿针叶林的冬季 LAI 值是低于实际的，这与太阳天顶角较小、积雪和云污染的存在有关（Garrigues et al.，2008）。

### 2. 1982～2011 年生长季森林 LAI 的年际变化

中国森林 1982～2011 年的生长季平均 LAI 变化过程如图 2.6 所示。就全国平均而言，30 年来中国森林 LAI 总体呈增加趋势，平均每年增加 0.0065。通过 Mann-Kendall 显著性检验，全国平均森林 LAI 增加趋势的显著性水平达到 0.05，为显著增加。从图中可以看出，30 年来中国森林 LAI 始终围绕多年平均值（2.12）波动上升，1990 年达到最大值 2.32，之后持续下降至 1993 年的最小值 1.84，20 世纪 90 年代中期以后波动幅度减缓，2005 年后开始平稳上升。值得注意的是，森林 LAI 从 1990～1993 年出现的连续性大幅急剧下降，与同时期的 PAR 呈现非常相似的变化情况，这可能与 1991 年 Pinatubo 火山（15.09°N，120.2°E）大爆发造成的大气气溶胶增加与地面辐射减少有关。

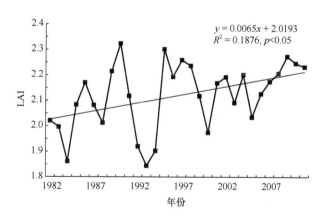

图 2.6 1982～2011 年中国森林生长季平均 LAI 的年际变化

就各森林类型而言（图 2.7，表 2.1），常绿阔叶林的多年平均生长季 LAI 最高（3.13），波动范围也最大（2.68～3.44），常绿林的 LAI 增加趋势都达到了 0.01 的显著性水平；针叶林的多年平均生长季 LAI 较低（1.54），落叶阔叶林的波动范围最小（1.63～1.87）；落叶林的变化速率都非常小，增加趋势不够明显；混交林 LAI 的增加趋势通过了 0.05 的显著性水平检验，其多年平均值（2.07）与全国平均最为接近。从年际变化曲线的波动状况来看，各类型森林 LAI 的 30 年波形变化特征与全国平均基本类似，其中 20 世纪 80 年代后期到 90 年代初期波动最为剧烈，2000 年以后的近 10 年波动性明显减弱并且呈逐年平缓上升趋势。

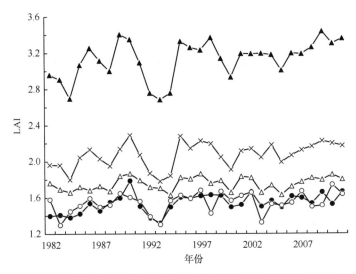

图 2.7 1982～2011 年中国不同森林类型生长季平均 LAI 的年际变化

表 2.1 1982～2011 年中国不同森林类型生长季平均 LAI 的年际变化

| 森林类型 | $a$ | $R^2$ | $Z$ | CV |
|---|---|---|---|---|
| 常绿针叶林 | 0.0055 | 0.2168 | 2.7452（$p<0.01$） | 0.0670 |
| 常绿阔叶林 | 0.0109 | 0.2053 | 2.3907（$p<0.01$） | 0.0667 |
| 落叶针叶林 | 0.0038 | 0.0878 | 1.6057（$p<0.1$） | 0.0717 |
| 落叶阔叶林 | 0.0022 | 0.0715 | 1.2132（$p>0.1$） | 0.0408 |
| 混交林 | 0.0065 | 0.1745 | 2.2480（$p<0.05$） | 0.0654 |
| 平均 | 0.0065 | 0.1876 | 2.3193（$p<0.05$） | 0.0609 |

注：$a$ 为线性拟合的斜率，即变化趋势；$R^2$ 为线性拟合的相关系数；$Z$ 为 Mann-Kendall 趋势检验法的统计变量；$p>$ 0.1 表示未通过 0.1 的显著性水平检验，$p<0.1$、$p<0.05$ 和 $p<0.01$ 分别表示通过了 0.1、0.05 和 0.01 的显著性水平检验；CV 为变异系数值。下同。

### 3. 1982～2011 年不同季节森林 LAI 的年际变化

为了分析中国森林 LAI 年际变化的季节差异，以及不同季节 LAI 的变化对年平均 LAI 增加的贡献，图 2.8 给出了 30 年来不同季节平均 LAI 的年际变化趋势。从图中可以看出，各季节森林 LAI 的曲线变化规律与年 LAI 相似，也呈波动上升；多年平均 LAI 最高的是夏季（3.42），其次分别是秋季（2.29）、春季（1.85）、冬季（1.29）。春季 LAI 增加趋势最为明显，平均每年增加 0.0127，通过了 0.01 的显著性水平检验，其它季节中只有秋季 LAI 在 0.05 的显著性水平下显著增加，而夏季和冬季 LAI 都未通过 0.1 的显著性水平检验，可见春季对中国森林年平均 LAI 的增加趋势贡献最大。这可能反映了近 30 年我国森林植被生长期的提前和延长。

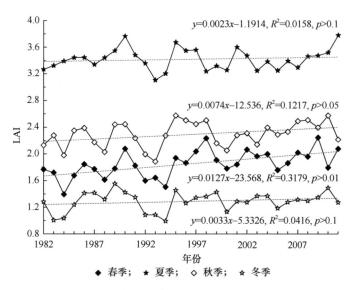

图 2.8　1982～2011 年中国森林不同季节平均 LAI 的年际变化

就各森林类型不同季节平均 LAI 的年际变化趋势而言（图 2.9，表 2.2），春季，混交林 LAI 的年增加趋势最为明显，混交林和常绿林的春季平均 LAI 的增加趋势都达到

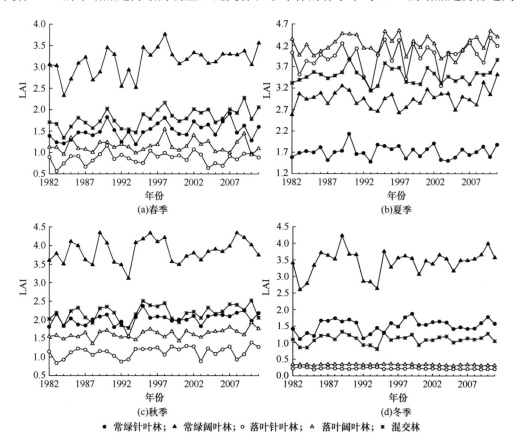

● 常绿针叶林；▲ 常绿阔叶林；○ 落叶针叶林；△ 落叶阔叶林；✳ 混交林

图 2.9　1982～2011 年中国各森林类型不同季节平均 LAI 的年际变化

了 0.01 的显著性水平，但落叶林春季平均 LAI 的增加趋势不明显；夏季，除了落叶针叶林 LAI 的增加趋势通过了 0.05 的显著性水平检验以外，其它四种森林类型夏季平均 LAI 的变化趋势都未通过 0.1 的显著性水平检验；秋季，所有森林类型 LAI 都呈显著上升趋势，不过常绿阔叶林秋季平均 LAI 增加趋势的显著性水平仅达到 0.1；冬季，常绿林和混交林 LAI 的增加趋势都不明显，落叶林的冬季平均 LAI 则呈显著下降趋势，并且显著性水平达到 0.01。

**表 2.2 1982～2011 年中国各森林类型不同季节 LAI 的年际变化**

| 森林类型 | 春季 | | | 夏季 | | | 秋季 | | | 冬季 | | |
| --- | --- | --- | --- | --- | --- | --- | --- | --- | --- | --- | --- | --- |
| | $a$ | $R^2$ | $Z$ | $a$ | $R^2$ | $Z$ | $a$ | $R^2$ | $Z$ | $a$ | $R^2$ | $Z$ |
| 常绿针叶林 | 0.0094 | 0.1944 | 2.5334 ($p<0.01$) | -0.0002 | 0.0002 | 0.2498 ($p>0.1$) | 0.0075 | 0.1631 | 2.5691 ($p<0.01$) | 0.0063 | 0.0837 | 0.8564 ($p>0.1$) |
| 常绿阔叶林 | 0.0179 | 0.2369 | 2.6405 ($p<0.01$) | 0.0058 | 0.0595 | 0.7850 ($p>0.1$) | 0.0080 | 0.0510 | 1.3202 ($p<0.1$) | 0.0116 | 0.0715 | 1.0348 ($p>0.1$) |
| 落叶针叶林 | 0.0022 | 0.0211 | 0.7493 ($p<0.1$) | 0.0090 | 0.0631 | 1.6414 ($p<0.05$) | 0.0057 | 0.1196 | 2.2837 ($p<0.05$) | -0.0014 | 0.3359 | -3.3898 ($p<0.01$) |
| 落叶阔叶林 | 0.0014 | 0.0071 | 0.1070 ($p<0.1$) | 0.0015 | 0.0038 | 0.3211 ($p>0.1$) | 0.0071 | 0.2775 | 2.8546 ($p<0.01$) | -0.0009 | 0.2717 | -2.6405 ($p<0.01$) |
| 混交林 | 0.0144 | 0.3578 | 3.1757 ($p<0.01$) | 0.0017 | 0.0073 | 0.3568 ($p>0.1$) | 0.0075 | 0.1052 | 1.7841 ($p<0.05$) | 0.0024 | 0.0249 | 0.4639 ($p>0.1$) |
| 平均 | 0.0127 | 0.3179 | 3.1043 ($p<0.01$) | 0.0023 | 0.0158 | 0.9278 ($p>0.1$) | 0.0074 | 0.1217 | 2.0339 ($p<0.05$) | 0.0033 | 0.0416 | 0.7850 ($p>0.1$) |

### 2.1.3 过去 30 年基于 EEMD 方法的森林 LAI 变化特征

主要利用集合经验模态分解（ensemble empirical mode decomposition，EEMD）方法，分析过去中国森林 LAI 在不同尺度的时空变化特征，阐述不同生态区森林 LAI 变化的差异。EEMD 是一种自适应的、利用噪声辅助的时间序列分析方法，它能从复杂的信号中提取出不同特征尺度的波动和趋势分量，非常适合于处理非线性、非平稳过程。与经验正交函数分解和小波分析等方法相比，EEMD 无需任何先验假设，数据分解基于信号的局部变化特性，结果具有更高的时频分辨率和更加清晰的物理意义（魏凤英，1999）。将 EEMD 应用到多维时空数据，可以得到不同时间尺度所对应的周期振荡空间结构的演变过程，同时分离出随时空变化的趋势动态。目前，EEMD 已在气候变化领域取得成功而广泛的应用，但研究对象多集中在气象、水文等要素上（Chang et al.，2010；Wu et al.，2011；Franzke，2012），利用 EEMD 及其前身经验模态分解（empirical mode decomposition，EMD）（Huang et al.，1998）直接分析植被遥感资料的还比较少。通过对均一化的日气温序列进行 EEMD 分解，提取其年际、年代际变化分量和长期变化趋势，发现近百年来全球多个地区出现了春季提前和生长季日数增加现象（Qian et al.，2011；Xia et al.，2013）。此外，EEMD 还被用来进行过去千年树轮气候序列的重建与分析，结果表明较之最小二乘和方差匹配等传统方法，该方法能够更加有效地提取代用资料里的低频信号，重建的古气候序列与已有观测记录的吻合度更高（Shi et al.，2012；Fang et al.，2014b）。植被遥感方面，国外已有学者将 EMD 方法用于 NDVI 时间序列的去噪平滑和趋势分析，明确识别出了印度东北部及其周边植被发生严重退化的区域（Verma et al.，2013）。中国也有学者应用 EMD 方法对黑河流域和淮河流域等地的 NDVI 开展了研究（韩辉邦等，2011；陈思英等，2013），说明 EMD 方法在分析植被动态的周期性与趋势性上具有较好的效果，并为进一步分析其驱动因素提供了可能。然而这些研究大多以站点为单位进行，缺乏逐像元的时间序列分析及其空间结构展示，或者只给出了以时段终点为视角的趋势判断而忽略了趋势随时间节点变化的特性。

EEMD 的核心思路是向原始序列 $x(t)$ 添加白噪声并进行平稳化处理，把混合后的数据逐级分解成有限个振幅-频率受调制的振荡分量 $C_j$（$j=1，2，\cdots，n$），通过多次重复求取集合平均作为最终的本征模态函数（intrinsic mode function，IMF）。经过足够的试验次数加入的噪声能够相互抵消，实现双值滤波窗口下的自适应的稳定分解，IMF 的数量和属性取决于资料本身的长度和局部特征。由于 EEMD 是在 EMD 的基础上发展起来的，它不仅继承了 EMD 在信号处理和时频分析上的众多优势，而且解决了 EMD 存在的尺度混合问题，保证了 IMF 的物理唯一性（Wu et al.，2009）。信号分解的剩余部分 $R_n$ 为单调序列或最多包含一个极值，可认为其去除了原始数据固有的波动性，保留了能够代表信号真实信息的长期变化趋势。该趋势不依赖于任何既定形态，并且随时间推移而改变，与传统的线性拟合等方法相比，能够更好地反映时间序列潜在的非线性、非平稳特征。本章对 LAI 进行 EEMD 分解时加入白噪声的振幅为 0.2，集合次数为 100，重构序列与原始序列的误差标准差为 0.02。为考察所有 IMF 分量以及残差项对原序列的影响程度，分别采用方差贡献率、与原序列的相关系数以及蒙特卡罗检验（Wu et al.，2004）作为衡量标准。逐像元分解 LAI 时间序列时参考 Ji 等（2014）对 EEMD 趋势增量的定义，用 EEMD 分解 LAI 得到的趋势项在某一年的值与 1982 年的差值代表 LAI 的累积变化，对趋势增量同样采用蒙特卡罗方法检验其显著性。残差序列的时间导数即为 EEMD 趋势变化的瞬时速率，速率的正负与绝对值大小代表了 LAI 在不同时刻的趋势方向与速率特征。

$$x(t) = \sum_{j=1}^{n} C_j(t) + R_n(t) \qquad (2.6)$$

$$\mathrm{Trend}_{\mathrm{EEMD}}(t) = R_n(t) - R_n(1982) \qquad (2.7)$$

$$\mathrm{Rate}_{\mathrm{EEMD}}(t) = \mathrm{d}R_n(t) / \mathrm{d}t \qquad (2.8)$$

## 1. 全国森林 LAI 的 EEMD 分量特征

对 1982～2010 年全国平均森林 LAI 进行 EEMD 分解得到 3 个 IMF 分量和 1 个残差项（图 2.10）。各 IMF 分量反映了 LAI 从高频到低频的波动特征，不同尺度的振荡都随时间呈现出强弱不均的变化。其中，前两个 IMF 分量分别代表 LAI 序列准 3 年和准 7

年的年际尺度振荡，IMF3 则反映了 LAI 周期为 14～15 年的年代际尺度振荡。残差项表示 LAI 在研究时段内的总体变化趋势，可以看到剔除波动后的 LAI 前期变化十分微弱，呈缓慢增加态势，之后逐渐加快速度上升，后期上升趋势尤为明显，增加速率达到最大。与线性拟合只能模拟出恒定速率的结果相比，EEMD 的残差项不仅体现了 LAI 不断增加的长期趋势特征，还能反映出这种整体趋势随时间变化的快慢，可以更好地反映植被生长状况的非线性变化特征。

表 2.3 中，前两个 IMF 分量的方差贡献较大，并与原序列显著相关，说明 LAI 的变化主要由这两种相对高频的年际波动所决定。IMF2 分量和趋势项通过了统计检验，表明 LAI 的 7 年左右周期振荡最为明显，且长期趋势显著。LAI 的年际振荡与 ENSO (El Nino Southern Oscillation) 现象 2～7 年的准周期非常接近，这可能是植被活动对 ENSO 事件响应的表现。相关研究表明，全球陆地生态系统 NPP、NEP 的年际波动与 ENSO 指数的波动周期相似，ENSO 冷暖位相交替将直接改变局部地区的气温和降水等进而影响植被的 NDVI 和 LAI 变化（Nagai et al.，2007；姜超等，2011）。LAI 原序列和高频 IMF 分量在 20 世纪 90 年代初波动剧烈且振幅最大，这可能与 1991 年发生的皮纳图博火山喷发有关。已有研究证明，火山喷发临时性的气候冷却效应会造成植被 LAI 和 NPP 突然和短暂性的下降（Lucht et al.，2002；Guenet et al.，2013）。

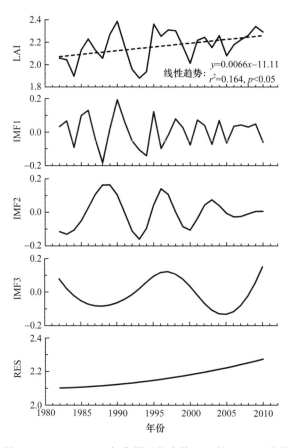

图 2.10　1982～2010 年全国平均森林 LAI 的 EEMD 分量

表 2.3　1982~2010 年全国平均森林 LAI 的 EEMD 分量平均周期与检验

| | 平均周期/年 | 方差贡献率/% | 与原序列的相关系数 | 显著性检验 |
|---|---|---|---|---|
| IMF1 | 2.9 | 37.92 | 0.634** | 未通过 |
| IMF2 | 7.3 | 40 | 0.636** | 通过 |
| IMF3 | 14.5 | 8.42 | 0.113 | 未通过 |
| RES | / | 13.66 | 0.394* | 通过 |

**和*分别表示通过了置信水平为 0.01 和 0.05 的显著性检验。

## 2. 森林 LAI 变化 EEMD 分量的区域差异

对逐像元的 LAI 时间序列进行 EEMD 分解并求取趋势增量，LAI 从 1982 年分别至 1990 年、2000 年、2010 年累积变化的空间演变如图 2.11 所示，表 2.4 给出了显著性像元比例随选取时段的相应变化。可以清晰地看到 20 世纪 80 年代 LAI 变化显著与不显著的像元比例大致相当，且显著增加远大于显著减少的像元数目，秦岭淮河以南的森林 LAI 增加幅度整体高于表 2.4 中以北地区，减少显著的像元主要出现在东南沿海和西南

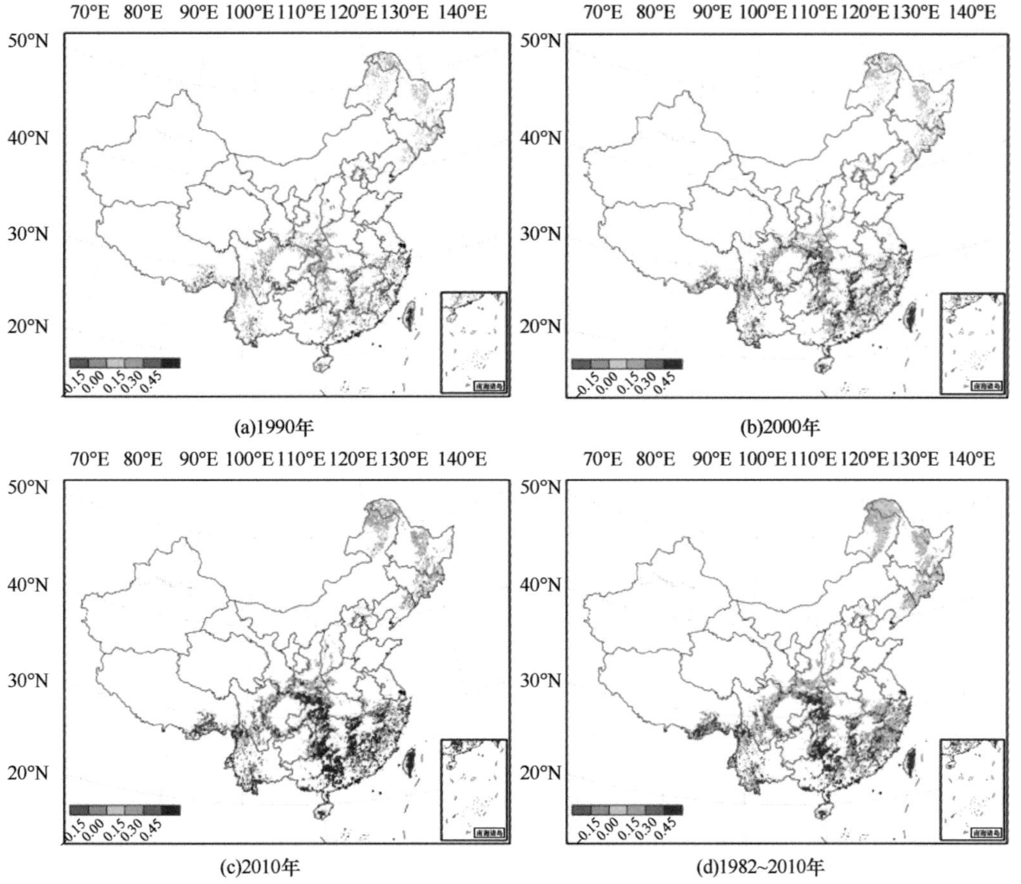

图 2.11　全国森林 LAI 截至 1990 年、2000 年和 2010 年统计显著的 EEMD 趋势增量及 1982~2010 年的线性拟合趋势增量

(a)、(b)、(c)只保留了显著的像元颜色

山地的个别地区；至 20 世纪 90 年代末 LAI 显著增加和显著减少的像元比例都有所提高，特别是江西、湖南、湖北等中部地区的森林 LAI 升高幅度和扩大范围明显，东北地区东部的 LAI 减少情况有所加剧，减少显著的像元基本都位于森林分布区的边缘；至 2010 年 LAI 增加显著的区域从北到南都有进一步扩展，已占全国森林覆被面积的 2/3，华中和华南许多地区的 LAI 趋势增量达到 0.45 以上，与之相反的是，LAI 显著下降的像元范围则明显缩小，所占比例甚至低于 20 世纪 80 年代，如 20 世纪 LAI 下降明显的福建中部和云南南部到 2010 年转变成了显著上升趋势，可能是由于在最后 10 年出现了急剧增加。线性趋势增量尽管在量值与格局上与 1982～2010 年 EEMD 趋势增量的空间分布差别不大，都反映了以增加为主导的全国森林 LAI 变化趋势，但线性拟合方法无法体现出上述 LAI 趋势的演变过程。

表 2.4　全国森林 LAI 的 EEMD 趋势增量显著性像元比例（单位：%）

| 项目 | 1982～1990 年 | 1982～2000 年 | 1982～2010 年 |
| --- | --- | --- | --- |
| 显著增加 | 40.5 | 52.44 | 65.08 |
| 显著减少 | 8.77 | 9.08 | 8.09 |
| 变化不显著 | 50.73 | 38.48 | 26.83 |

图 2.12 反映了全国森林 LAI 的 EEMD 趋势分别在 1990 年、2000 年和 2010 年的瞬时速度分布情况。1990 年除福建、浙江、湖南、四川等地 LAI 呈轻微减少外，南方大部分地区都表现为一定程度的增加，并且台湾地区增加速率最大，东北地区的增加和减少速率都比较小；2000 年 LAI 速率为负的区域明显缩小，福建北部、云南南部等地甚至转变为快速增加的区域，但东北小兴安岭和长白山等地 LAI 的减速程度继续加强；2010 年 LAI 增加的区域范围进一步扩大并且增加速率大幅提高，东北大部分地区的 LAI 也从减速转变为增速，增加最剧烈的地区以东南沿海地区为主，与此同时，LAI 的减少状况也更加严重，特别是秦岭山脉和青藏高原东南边缘较多地区都出现了 LAI 的快速降低。线性拟合模拟速度的空间格局与 EEMD 速度分布大体一致，但变化幅度普遍偏小，特别是与 EEMD 在 2010 年的速率值差别较大，并且没有表达出 LAI 趋势速度随时间变化的特征。

将逐像元分解的 EEMD 趋势形态变化简单分为四种类型（图 2.13）。结果表明，LAI 出现先降后升或者先升后降现象的像元比例约为 27.18% 和 35.02%，而 LAI 表现为单调上升或单调下降趋势的像元比例分别是 35.01% 和 2.79%。显然，从像元角度出发，全国大多数地区森林 LAI 的长期趋势都发生过转折，具有阶段性的变化特征，其中 LAI 先降后升的区域主要集中在东北大兴安岭和浙江、福建等东南沿海地带，LAI 先升后降的像元则分布比较零散，从中国东北部到西南部都有出现，华中、华南、江南等许多地区 LAI 呈单调上升趋势。线性拟合的结果 [图 2.12（d）] 仅能呈现单调变化，掩盖了阶段性变化，并且变化幅度也和 EEMD 的结果有所差异。例如，大兴安岭东部 LAI 虽然总体呈现一定的线性下降趋势，但 EEMD 残差却揭示出其先降后升的变化，单纯的线性拟合可能无法直接反映这种变化过程。

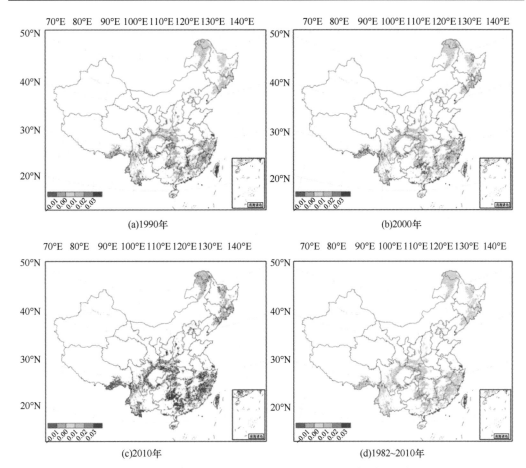

图 2.12　全国森林 LAI 的 EEMD 趋势在 1990 年、2000 年和 2010 年的瞬时速率以及 1982～2010 年线性拟合的变化速率（单位:/a）

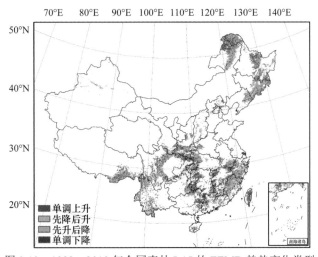

图 2.13　1982～2010 年全国森林 LAI 的 EEMD 趋势变化类型

　　对不同生态区平均的森林 LAI 进行 EEMD 分解，比较各区的 EEMD 趋势增量和瞬时速率，可更加明显地反映出 LAI 趋势变化与气候条件有关的区域差异。从图 2.14（a）

来看，相对于起始年份，除中温带湿润半湿润区和热带湿润区以轻微的累积减少开始，其余地区都表现为累积增加且增量逐渐加大。初始阶段累积增加最快的地区是北亚热带湿润区和青藏高寒区，并且这两个区在整个研究时段始终表现为显著的增量变化，其中北亚热带森林 LAI 的趋势增量在 1993 年首先超过了 0.15，青藏高寒区在后两个年代的增量值则维持在 0.15 以下。中温带在 1987 年之前经历了短暂的累积减少，此后相当长的时期内变化平稳且增量较低，直到最末两年才出现显著增加，热带地区则在 1990 年由累积减少转变为累积增加，随后进入了快速增加阶段。研究时段后期增加较快的地区还有南亚热带湿润区，其 LAI 趋势增量在 2007 年最先达到 0.30 以上。

图 2.14（b）与图 2.14（a）相对应，热带湿润区表现出了先减后增的速率变化，中温带的趋势速率则经历了更加复杂的"减—增—减—增"的变化过程，其它地区基本都反映出了以增加速率逐渐提高、即单调上升趋势为主的不同变化特征，其中北亚热带森林 LAI 的趋势速率虽然始终为正，但在 20 世纪 90 年代后期速率绝对值达到最低，进入 21世纪增速最快增幅最大的是南亚热带和热带，只有西北干旱区和青藏高寒区在 2005 年左右发生了由正到负的速率转变，说明这两个区的森林 LAI 趋势至研究末期虽然在增量方面仍然保持为累积增加的状态，但从速度方面已表现出逐渐降低的倾向。从 EEMD残差趋势的增量和瞬时速率随时间的变化情况判断，全国平均的森林 LAI 长期趋势从1982～2010 年呈现持续稳定的增加，并且增加速率不断提高，特别是最近 10 年的累积增加情况显著。

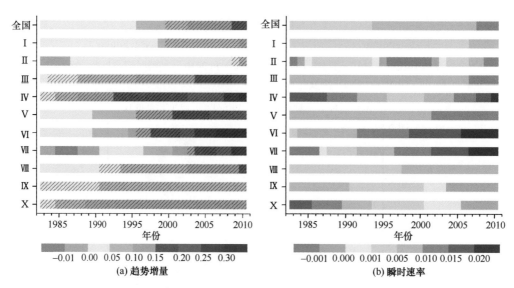

图 2.14　区域平均森林 LAI 的 EEMD 趋势增量和瞬时速率

（a）中的阴影代表显著

## 2.2　气候与非气候因素对中国森林的影响分离

影响森林 LAI 变化的因素复杂多样，植树造林、退耕还林、生态建设、林业管理和毁林等人类活动与全球气候变化相互作用于森林植被,同时 LAI 的时空变化还会受到林龄等植被自身特性,土壤营养等环境因子的影响。分析森林 LAI 与气候变化之间的关系时,将非气候因素对森林 LAI 变化的贡献分离是评估气候变化影响的第一步。

## 2.2.1 森林覆盖相对稳定区识别

一定时期内,受造林毁林等人类活动影响较小的区域,森林覆盖相对稳定,更有利于辨识出气候要素的影响,开展气候变化影响的定量分离。陆表森林覆盖信息的准确识别是评估森林资源变化、辨识人类活动影响的重要基础(Erb et al.,2007;Hansen et al.,2013)。例如,森林面积的扩大是东亚森林碳库增加的主要原因,20 世纪 70 年代至 21 世纪初森林面积的变化导致森林碳库增加,这部分占森林碳库增加总量的 60%(Fang et al.,2014a)。土地利用/土地覆盖变化表征了人类活动行为对陆表自然生态系统的直接影响(刘纪远等,2014)。

近年来,森林清查资料与遥感数据相结合的技术在森林植被类型覆盖识别,森林植被碳源/汇的空间分布定量估算等方面得到较广泛应用(Päivinen et al.,2001;Kennedy et al.,2002;刘双娜等,2012)。目前常见研究大致可分为两类,一是根据现有森林分布图和资源清查统计两者面积之间的比例关系,利用迭代算法调整森林分布,从而使森林面积与区域清查统计数据相一致或误差最小(Päivinen et al.,2001;Päivinen et al.,2003;Schuck et al.,2003;Troltzsch et al.,2009)。二是融合土地利用图和统计资料,揭示区域或全球土地利用变化,具体算法包括最大似然估计和优度拟合(Hurtt et al.,2006),误差最小分配算法(Erb et al.,2007),以及二分迭代法 (Liu et al.,2010)等。总体上,目前研究多基于已有植被空间格局信息,而较少直接利用遥感影像数据进行分析。森林资源清查与遥感数据相结合进行森林覆盖动态研究,不仅能发挥出地面详查资料定量准确的优势,而且也可体现出遥感数据空间定位准确的特征。

## 1. 综合森林清查和遥感的森林覆盖提取技术

通过建立综合森林清查和遥感的森林覆盖提取技术,明确与森林清查时段相应的森林空间分布特征;再利用 GIS 空间分析技术进行多时段分析,辨识研究时段内森林分布稳定区、增加区和减少区。一般情况下在 30~50 年的研究时段,森林分布相对稳定区的森林经营管理政策和方式基本没有变化(如木材收获、种植密度、森林抚育间伐等,以及针对林火和森林病虫害等自然干扰的管理措施)。通过分离植树造林、农业开垦等人类活动直接影响,提取森林 LAI 的自然变化序列。从而分离人类活动对森林空间分布变化的直接影响。

技术的核心是建立空间化规则。在较大空间尺度上,遥感植被结构特征(如 NDVI)在不同覆盖类型间存在显著差异 (Running et al.,1995;Nemani et al.,1997)。通常草地 NDVI 在生长季明显低于森林;相对于常绿林,落叶林的 NDVI 则具有明显的季节分异性。近年来,基于 NDVI 季节特征进行土地覆盖类型识别的研究越来越广泛(贾明明等,2014;

杨存建等，2014）。本研究利用多时相遥感信息对森林植被及不同森林类型季相变化的客观反映能力，挖掘遥感数据可提供的表征森林特征的信息，以省为处理单元，根据一类森林清查统计数据设定划分森林划分阈值，以及不同森林类型间的划分阈值，从而实现省级尺度森林统计数据的空间化，确定全国和省级尺度内森林空间分布特征。

具体而言，首先，根据生长季 $NDVI_{gs}$ 区分森林与其它土地覆盖类型。多年生森林与一年生农作物和草地的最显著区别是非生长季地上活动生物量能否存在（Running et al.，1995）。一般情况下，NDVI 高值代表高度植被覆盖，并具有较高地上生物量。因此，生长季森林相比其它植被类型通常具有较高的 $NDVI_{gs}$。

其次，利用 NDVI 年内差值 $NDVI_{x-n}$（最大 $NDVI_x$ 与最小 $NDVI_n$ 的差值）区分落叶林和常绿林。遥感植被指数的时相变化可以表征高纬度地区植被物候变化（Zhang et al.，2003），这是一个区别落叶林和常绿林的重要特征（Nemani et al.，1997）。一般情况下，落叶林 NDVI 年内变化较为明显，而常绿林 NDVI 年内变化相对不明显。混交林的 NDVI 变化则平均了落叶林和常绿林的特征（Olofsson et al.，2014）。

最后，采用最小近红外地表反射率 $NIR_n$ 区分针叶林和阔叶林。由于叶片结构的差异，针叶林和阔叶林反射率差别较大，阔叶林的反射率高于针叶林，尤其是在近红外波段反射率差异更为明显（Nemani et al.，1997）。

综合森林清查和 MODIS 数据的森林覆盖提取技术的具体过程如图 2.15 所示。在第一级分类中，所有栅格中 $NDVI_{gs}$ 值大于阈值（$X_1$）的分类为森林。第二级分类中，森

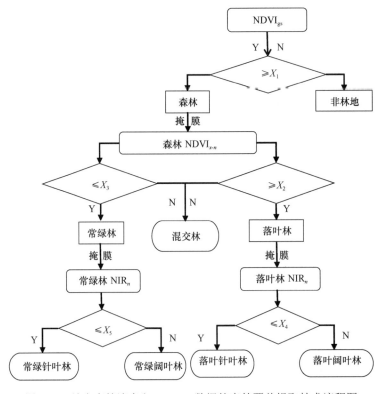

图 2.15　综合森林清查和 MODIS 数据的森林覆盖提取技术流程图

林栅格 $NDVI_{x-n}$ 值大于阈值（$X_2$）的分类为落叶林，小于阈值（$X_3$）的分类为常绿林，其余的森林栅格分类为混交林。第三级分类中，落叶林 $NIR_n$ 值大于阈值（$X_4$）的分类为落叶阔叶林，小于阈值（$X_4$）则为落叶针叶林；常绿林 $NIR_n$ 值大于阈值（$X_5$）的分类为常绿阔叶林，小于阈值（$X_5$）则为常绿针叶林。反复调整阈值，直到所识别的森林类型面积与森林清查统计面积差异最小。在此基础上，利用多期森林资源清查时段和相应时段的遥感植被指数，通过地理信息系统的空间分析技术，提取森林覆盖相对稳定区。

（1）典型区案例研究。以位于中国东北部温带气候区的黑龙江省为研究区（43°26′~53°33′N，121°11′~135°05′E），土地总面积为 4540 万 $hm^2$。该区属东亚季风气候，水热条件的季节变化和空间分布差异明显，年平均气温约为−4~5℃，年降水量约 400~650 mm。黑龙江省植被类型主要为森林、草原和农田，其中森林资源丰富，森林面积约 1962 万 $hm^2$，森林覆盖率达 43.16%（国家林业局，2010）。由于黑龙江省位于中高纬度地区，气候和植被的季节差异特征尤为明显，因此是进行森林类型遥感识别研究的理想区域。

天然林资源是黑龙江省森林资源的主体，主要分布在大兴安岭、小兴安岭，以及张广才岭和老爷岭等东部山地。大兴安岭山地北部属寒温带落叶针叶林区，以兴安落叶松（*Larix gmelinii*）为优势树种，乔木层结构较为简单，还分布有樟子松（*Pinus sylvestris*）和红皮云杉（*Picea koraiensisi*），但面积不大，伴生有白桦（*Betula platyphylla*）和山杨（*Populus davidiana*）等。小兴安岭和东部山地属中温带针叶阔叶林区，针叶树种以红松（*Pinus koraiensis*）为主，阔叶树种有辽东栎（*Quecus liaotungensis*）、紫椴（*Tilia amurensis*）、色木槭（*Acer mono*）等。人类活动的不断加剧及火灾活动的频发导致樟子松逐渐减少，而且随着白桦等阔叶次生林的生长，逐步形成了针阔混交林（中国科学院中国植被图编辑委员会，2007）。

基于 2000 年 MODIS 多时相遥感数据和 1999~2003 年省级尺度森林清查统计数据，利用 NDVI 时间序列的季节分异特征，明确森林类型划分阈值，识别森林类型的空间分布，并将结果与植被图和 MODIS 土地覆盖产品进行对比分析和精度评价。

（2）数据处理。本章采用的黑龙江省森林面积数据来自《全国森林资源统计》（1999~2003 年）（国家林业局森林资源管理司，2005）。参考《国家森林资源清查主要技术规定》（国家林业局，2014）和《中国森林》（中国森林编辑委员会，1997），将森林资源统计中的各乔木优势树种划分为 4 种类型，即常绿针叶林（ENF）、落叶针叶林（DNF）、落叶阔叶林（DBF）和混交林（MF），其面积分别为 83.82 万 $hm^2$、394.89 万 $hm^2$、1198.28 万 $hm^2$ 和 115.19 万 $hm^2$。

研究区 2000 年的 MODIS 地表反射率数据（MOD09A1）为 500m 空间分辨率、8天合成的三级产品，通过 NASA Land Processes Distributed Active Archive Center（LPDAAC）获取。MOD09A1 产品已经进行了云和气溶胶等校正（Vermote et al.，2015）。NDVI 由红外反射率（$\rho_{Red}$）和近红外反射率（$\rho_{NIR}$）通过以下公式计算得到：

$$NDVI = \frac{\rho_{NIR} - \rho_{Red}}{\rho_{NIR} + \rho_{Red}} \tag{2.9}$$

数据经过云检测、插值和统计，得到 NDVI 及近红外波段反射率的年最小值（$NDVI_n$，$NIR_n$），NDVI 最大值（$NDVI_x$），生长旺季（NDVI 达最大值前后 96 天时段）NDVI 均值（$NDVI_a$）（Liu et al.，2013）。

采用 2001 年 MODIS 土地覆盖数据进行森林类型遥感识别结果的对比分析。MODIS 土地覆盖数据（MCD12Q1）空间分辨率为 500m，同样来自 NASA LPDAAC。MCD12Q1 是基于大量高精度训练数据，采用监督分类方法形成的，包括自 2001 年至今逐年土地覆盖数据（Friedl et al.，2010）。MCD12Q1 的森林分类与植被图分类体系一致。

以 1:100 万中国植被图作为地面参考数据来评价森林类型遥感识别精度。数据来自中国科学院资源环境科学数据中心（http://www.resdc.cn/data.aspx?DATAID=122）。植被图基于大量野外调查，反映了 20 世纪 90 年代中国主要植被类型及其分布格局（中国科学院中国植被图编辑委员会，2007），与本章所识别的 2000 年森林类型时段相近。本研究将植被图中的森林分为常绿针叶林、常绿阔叶林、落叶针叶林、落叶阔叶林及混交林，并进行投影转换和栅格化，使之与 MODIS 空间分辨率相匹配。

（3）精度评价。黑龙江省 2000 年森林类型覆盖如图 2.16 所示。总体上，综合森林清查和 MODIS 数据的森林覆盖提取技术所得结果[图 2.16(a)]，不仅能有效反映森林空间分布，而且各森林类型面积与清查统计面积相近，相对误差小于 1‰。分类结果能基本反映黑龙江省森林植被的覆盖状况，其中落叶阔叶林分布最广泛，主要分布在研究区中部和西部，该类型面积为 1198.22 万 $hm^2$，占森林总面积的 66.86%。落叶针叶林面积为 394.87 万 $hm^2$，占森林总面积的 22.03%，主要分布在大兴安岭北部。混交林和常绿针叶林面积相对较小，分别为 115.13 万 $hm^2$ 和 83.82 万 $hm^2$，主要分布于小兴安岭中部和东部山地部分地区。

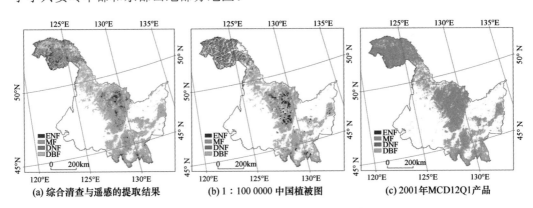

图 2.16　黑龙江省 2000 年森林类型覆盖图
ENF. 常绿针叶林；DNF. 落叶针叶林；EBF. 常绿阔叶林；DBF. 落叶阔叶林；MF. 混交林

利用植被图作为参照数据是目前进行精度评价的主要且可靠的方法（李俊祥等，2005；顾娟等，2010）。采用 1:100 万中国植被图作为地面参考数据，并结合基于概率的分层随机抽样方法，对森林类型遥感识别结果开展精度评价。植被图数据作为独立的地面参照数据来进行评价，并采用基于概率的分层随机抽样方法。该方法可满足基本精度评价目标，分层设计允许指定每个层的样本量，以确保为每层获得一个精确的估计（Olofsson et al.，2014）。基于森林类型识别结果，本研究设计了 4 层抽样，随机选择了 489 个样本（图 2.17），同时确保每层样本量与该层的面积成正比（常绿针叶林 41 个，混交林 87 个，落叶针叶林 145 个和落叶阔叶林 216 个）。研究区内的样点分布如图 2.17 所示。参考 Olofsson（2014）计算混淆矩阵。以制图精度和总体精度来评估本章的分类精度。其中某类型的制图精度以划分为某类森林面积占参考植被图中该类森林面积的比例来表征，总体精度表示分类类型一致的栅格面积占总采样点面积的比例。

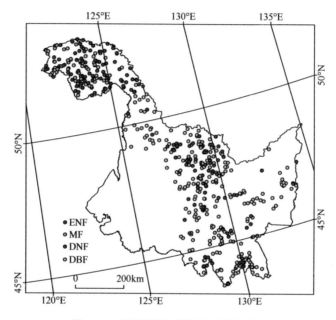

图 2.17　分层随机抽样选取的样点分布

ENF 常绿针叶林；DNF 落叶针叶林；EBF 常绿阔叶林；DBF 落叶阔叶林；MF 混交林

通过与植被图对比 [图 2.16（a）和 2.16（b）]，结果表明，总体上两者在森林总体分布上吻合程度较高，斑块形状基本与植被图中对应类型相近，本研究结果可反映较多细节信息，但研究区中部和北部分布的常绿针叶林的遥感识别存在一定误差。

表 2.5 给出了基于分层随机抽样产生的 489 个样点的混淆矩阵和精度评价结果。可以看出，总体分类精度可达 78.1%。其中，具有明显季节特征的落叶林精度相对较高，落叶阔叶林和落叶针叶林的制图精度分别为 81.5% 和 80.0%。常绿针叶林和混交林精度相对较低，分别为 70.7% 和 70.1%。这可能是由于两种森林面积相对较小，分布相对破碎造成的。

空间上看，研究区中部和西北部遥感识别结果和植被图相比差异较大，且分布范围相对有所扩大。这与两者数据源的空间分辨率以及所代表时段不同有关，此外也反映出 20 世纪 90 年代以来黑龙江省森林覆盖率的增加。

表 2.5 森林类型的遥感识别结果与地面参照数据的混淆矩阵和精度评价

| 遥感识别结果 | 地面参照（栅格数） | | | | 总计（栅格数） | 制图精度/% |
|---|---|---|---|---|---|---|
| | 落叶阔叶林 | 落叶针叶林 | 常绿针叶林 | 混交林 | | |
| 落叶阔叶林 | 176 | 18 | 4 | 18 | 216 | 81.5 |
| 落叶针叶林 | 21 | 116 | 6 | 2 | 145 | 80.0 |
| 常绿针叶林 | 2 | 4 | 29 | 6 | 41 | 70.7 |
| 混交林 | 18 | 6 | 2 | 61 | 87 | 70.1 |
| 总计 | 217 | 144 | 41 | 87 | 489 | 78.1 |

另外，将本章结果与 MCD12Q1 土地覆盖产品进行对比分析 [图 2.16（a）和 2.16（c）]，具体是计算 MCD12Q1 各森林覆盖类型的面积，并将其与本章遥感识别结果相应类型面积进行比较。结果表明，两者的森林面积相近，分别为 1792.0 万 hm$^2$、1709.3 万 hm$^2$，但不同森林类型的具体分布存在明显差异。表 2.6 给出了本章和 MCD12Q1 土地覆盖产品的森林面积对比结果。结果表明：黑龙江省森林类型以落叶阔叶林为主，占森林总面积的66.86%。根据 MCD12Q1，落叶阔叶林仅占森林总面积的 28.84%；混交林为研究区主要森林类型，分布比例为 64.03%，与本章结果和森林资源清查统计数据相比差异明显。相对 MCD12Q1 而言，本章结果与地面参照数据更为相近，说明本章方法可更为客观地表征研究区森林类型分布状况。

表 2.6 本章结果和 MCD12Q1 产品森林覆盖面积对比

| 森林分类 | 本章结果 | | MCD12Q1 | |
|---|---|---|---|---|
| | 面积/万 hm$^2$ | 比例/% | 面积/万 hm$^2$ | 比例/% |
| 落叶阔叶林（DBF） | 1198.22 | 66.86 | 493.06 | 28.84 |
| 落叶针叶林（DNF） | 394.87 | 22.04 | 113.50 | 6.64 |
| 常绿针叶林（ENF） | 83.82 | 4.68 | 8.19 | 0.48 |
| 混交林（MF） | 115.13 | 6.42 | 1094.36 | 64.03 |
| 常绿阔叶林（EBF） | 0.00 | 0.00 | 0.10 | 0.01 |

（4）不确定性分析。通过多方面验证对比，综合森林资源清查和遥感数据的森林覆盖提取技术具有较高识别精度，识别的森林类型面积与森林清查统计面积差异最小，并且能准确反映空间信息，这也是该方法的优势。但仍存在一定不确定性，主要来源于不同数据的精度，主要有遥感植被指数、遥感影像空间分辨率及不同土地覆盖数据中关于森林定义的差异。

NDVI 是常用来表征植被覆盖和生长状况的植被指数（Myneni et al.，1997；Walker et al.，2012），国内外众多学者从不同尺度开展的研究表明，利用 MODIS NDVI 时间序列数据可以获得较高精度的土地覆盖分类结果（Lunetta et al.，2006；付安民等，2010；顾娟等，2010；Zhao et al.，2013；Lin et al.，2016；Shao et al.，2016）。然而其局限性也不可忽视，如它对高水平的生物量和叶绿素浓度易饱和（Huete et al.，2002），易受水汽和气溶胶的污染（Jeganathan et al.，2010）。此外，病虫害和森林火灾等也可能会对遥感 NDVI 产生影响（George et al.，2006）。

　　遥感影像的分辨率问题是另一个不确定性来源，特别是在土地覆盖类型较破碎的地区。采用 500m 分辨率的 MODIS 数据，混合像元可能会在一定程度上影响植被遥感识别的精度（Chen et al.，2013）。基于 MODIS 遥感数据进行了方法探索，主要目的是解决目前植被遥感识别研究中，森林识别面积与国家森林清查公布的统计数据间存在较大差异的问题。未来研究将借助更高空间分辨率的遥感影像，以提高对区域尺度森林类型空间分布的识别能力。

　　森林资源清查数据的精度也是影响研究结果的主要因素之一。尽管本章中黑龙江省森林资源清查的样地设计精度可达 95%（肖兴威，2005），然而外业调查的抽样方案、调查手段与工具，调查结果的统计方法及其它主观因素仍会影响森林清查数据的精度，从而在一定程度上影响本章识别结果精度。此外，不同分类体系中的森林定义不同，也可能影响精度评价结果。例如，在 MCD12Q1 产品中，混交林定义为阔叶林和针叶林均不超过 60%（Friedl et al.，2010）；而在森林资源清查中，混交林定义为针叶树种或阔叶树种总蓄积占 35%～65%（国家林业局，2014）。

　　总之，综合国家森林资源连续清查资料和同期遥感信息，利用不同森林类型的光谱特征差异，包括生长季 NDVI、生长季近红外反射率及年 NDVI 差值，设定森林类型划分阈值，提取森林类型覆盖，可解决森林类型的遥感识别结果与森林清查资料之间差异明显的问题。

## 2. 20 世纪 80 年代以来中国森林覆盖相对稳定区识别

　　目前可获取的最长时段全国范围的遥感植被指数为 1981～2012 年的 NOAA/AVHRR NDVI3g 数据。该数据集时间分辨率为 15 天，空间分辨率为 8km×8km（Zhu et al.，2013）。采用国际通用的最大值合成法（MVC）获得 NDVI 月值，以减少云、大气及太阳高度角的部分可能干扰。

　　与遥感数据时段匹配的森林资源清查为第三次（1984～1988 年）和第七次（2004～2008 年）的资料，主要为省级林分面积。中国森林资源清查数据中林分的划分标准在 1994 年由郁闭度＞0.3 改为郁闭度≥0.2。为了统一标准以便进行各时期的比较，利用 1994～1998 年调查期的双重标准数据，建立了省区水平上两种标准的面积之间的幂函数转换关系（Fang et al.，2014a）：

$$A_{0.2} = 1.29 \times A_{0.3}^{0.995} \tag{2.10}$$

式中，$A$ 为省级林分面积（$10^4 hm^2$）；下标 0.3 和 0.2 分别表示郁闭度＞0.3 和≥0.2 的林分标准。

　　基于此，首先将第三次清查各省森林面积由郁闭度 0.3 转换为 0.2 标准下的面积，得到 1984～1988 年和 2004～2008 年中国各省森林面积，分别代表 20 世纪 80 年代状况和现状。由于缺少长时间尺度的近红外波段反射率数据，且受数据空间分辨率限制，全国尺度上进行森林覆盖识别，并未进一步识别森林类型。

利用 1984～1988 年和 2004～2008 年全国各省区森林清查面积统计数据，及相应时段平均生长季 NDVI（4～10 月份），基于森林清查和遥感信息综合的森林覆盖提取技术，分别获得两个时段全国森林空间覆盖范围（图 2.18）。

以 1：100 万中国植被图作为地面参考数据进行逐像元对比，结果显示，两个时段森林覆盖提取结构与植被图的森林分布特征基本一致，在大尺度上反映了我国森林错综复杂但有规律的地带性分布，总体吻合度均可达到 70%。其中，东北地区结果吻合度较高，与该区的森林分布较连续有关。而对于中国南方地区，结果吻合度较低。由于本研究数据空间分辨率较低，无法识别较小尺度森林覆盖状况，特别是对森林分布相对破碎的华南及西南地区。森林定义，遥感数据空间分辨率及时段匹配等是导致对比结果存在差异的不确定性因素。总体上，森林覆盖提取结果基本可反映中国森林空间分布特征，并与国家森林资源清查统计资料相一致。

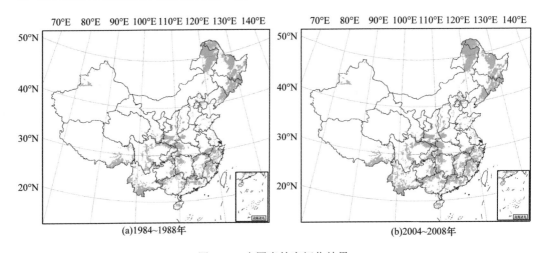

(a)1984～1988年　　　　　　　　　　　　(b)2004～2008年

图 2.18　中国森林空间化结果

进一步通过地理信息系统空间分析技术，辨识 20 世纪 80 年代以来中国森林覆盖相对稳定（初期与末期均为森林）、减少（初期为森林，末期为其它地类）、增加（初期为其它地类，末期为森林）这三种类型。森林覆盖相对稳定是指在研究时段内没有发生土地利用类型的改变，也包括砍伐后的再生林。

如图 2.19 所示，过去 30 年来中国森林空间结构变化体现为增加为主、增减并存的特征。中国森林覆盖相对稳定区的面积达 11942.4 万 hm$^2$，分别占 20 世纪 80 年代和 2000 年代森林总面积的 90.65% 和 76.78%。森林覆盖增加区面积为 3554.56 万 hm$^2$，主要分布在滇西南、武夷山、南岭、阴山山脉北缘等地区，占森林总面积的 27.09%。森林覆盖减少区面积为 1176.96 万 hm$^2$，主要分布在长白山、四川盆地、阿尔泰山及天山等地区，占森林总面积的 8.97%。表明造林毁林等人类活动直接影响了 36.06% 的森林分布。

## 3. 不同生态地理区域的森林覆盖变化特征

从生态地理分区角度研究森林空间变化特征能够更好地揭示中国森林资源变动的

区域差异特征。根据中国生态地理区域系统（郑度等，2008），将全国划分为寒温带湿润区、中温带湿润半湿润区、暖温带湿润半湿润区、北亚热带湿润区、中亚热带湿润区、南亚热带湿润区、热带湿润区、北方半干旱区、西北干旱区和青藏高寒区（图 2.20）。分别统计分析森林覆盖在不同生态地理区的变动特征。

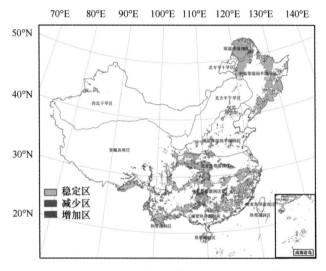

图 2.19　20 世纪 80 年代以来中国森林覆盖相对稳定区

结果表明，大部分区域以森林覆盖增加为主，中温带湿润半湿润区与西北干旱区森林覆盖以减少为主要特征。森林覆盖减少面积最大的生态地理区为中亚热带湿润区，达到 384.64 万 hm²，其次是中温带湿润半湿润区，为 325.76 万 hm²。中亚热带和南亚热带森林面积增加最多，分别达到 1803.52 万 hm² 和 439.68 万 hm²。暖温带湿润半湿润区，南亚热带湿润区和北方半干旱区森林覆盖增加区占区内森林稳定区的 50%以上（表 2.7）。

表 2.7　各生态地理区森林覆盖动态统计

| 生态地理区 | 稳定区面积/万 hm² | 减少区面积/万 hm² | 增加区面积/万 hm² | 人类活动直接影响比例/% |
|---|---|---|---|---|
| 寒温带湿润区 | 1029.76 | 12.16 | 53.76 | 6.33 |
| 中温带湿润半湿润区 | 3218.56 | 325.76 | 294.4 | 17.50 |
| 北方半干旱区 | 115.2 | 18.56 | 67.2 | 66.12 |
| 暖温带湿润半湿润区 | 561.28 | 64 | 349.44 | 31.76 |
| 北亚热带湿润区 | 1242.24 | 115.84 | 315.52 | 50.91 |
| 中亚热带湿润区 | 3913.6 | 384.64 | 1803.52 | 61.16 |
| 南亚热带湿润区 | 781.44 | 98.56 | 439.68 | 17.58 |
| 热带湿润区 | 312.96 | 14.72 | 42.88 | 64.11 |
| 西北干旱区 | 140.16 | 44.8 | 28.8 | 39.79 |
| 青藏高寒区 | 627.2 | 97.92 | 159.36 | 35.48 |

中国大部分区域森林面积增加，主要原因是受天然林保护工程、"三北"防护林建设工程、退耕还林和防沙治沙等生态建设工程中造林活动影响，森林保护和人工造林效果突出。东北地区森林面积增加较为明显，2000年天然林保护工程实施后，工程以调减东北、内蒙古国有林区天然林资源的采伐量，严格控制木材消耗，杜绝超限额采伐为近期目标，生态建设被提到了更为重要的位置，为森林生态系统保护和恢复创造了有利条件。暖温带森林面积增加，与该区开展京津风沙源治理、京津冀生态水源保护林、生态修复工程等重大生态工程密切相关。该地区的退耕还林工程和"三北"防护林体系建设使得该区林业发展步入良性循环。20世纪90年代中国大力推行退耕还林措施，长江防护林和沿海防护林等造林工程，以及在亚热带地区大力造林，使人工林面积迅速增长，导致亚热带地区的森林面积明显提高。

在人类活动的干扰下，中国森林面积减少地区则主要集中在东北中温带地区和中亚热带南方丘陵地区。20世纪90年代由于中国东北部地区的经济发展，用材量的增加，森林大量砍伐，部分林地变为草地或其它用地。东北地区部分低海拔地区的天然林及河谷、沟谷等水热条件较好的林地被开垦耕作。火灾等极端干扰事件等也在一定程度上导致东北地区森林面积的缩减。南方丘陵地区森林采伐活动频繁，由于人口密集，地区经济迅速发展，森林向农业和建设用地转化，森林面积有所减少。西北干旱区森林面积净减少，主要分布在阿尔泰山和天山。由于该区社会经济发展比较落后，人口增长率与贫困人口比例都相对较高。同时该区生态环境脆弱，自然灾害多发也加剧了森林资源的变化。

## 2.2.2　相对稳定区森林生长的气候因素贡献率

气候因素影响分离在森林覆盖相对稳定区展开。气候因素主要包括气温、降水量、干湿指数和日照时数。以1982～2010年逐年的前一年10月至当年9月气候值作自变量，生态地理区森林覆盖相对稳定区的生长季LAI为因变量，开展线性逐步回归分析，选入和剔除的检验水平分别是0.1和0.05。通过去除自由度的方差解释量计算稳定区气候因素变化对森林LAI的贡献。

对中国总体而言，自1982年以来，森林覆盖相对稳定区LAI变化的31%是由关键气候因素变化共同影响。在中高纬度的寒温带湿润区，气温和光照条件相对不足，其变化对植被生长具有明显作用，过去30年森林覆盖相对稳定区LAI变化的79%是由气候因素导致。需要指出的是，森林分布在西北干旱区较少，但由于水分条件不足，通常对植被生长起限制作用，关键气候因素变化对森林LAI变化的贡献率达到92%。中亚热带森林覆盖相对稳定区气候因素的作用占61%，该区气候水热条件整体较为优越，但季节性干旱发生频率较高，特别是位于中亚热带的西南地区（图2.20）。

## 2.2.3　气候与非气候因素定量分离

根据造林毁林等可辨识的人类活动对森林的直接影响程度，结合森林覆盖相对稳定区的独立自然序列逐步回归分析，可定量分离出中国不同生态地理区主要气候与非气候因素对森林生长变化的贡献。

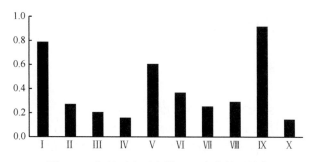

图 2.20　气候要素对森林 LAI 变化的贡献率

Ⅰ. 寒温带湿润区；Ⅱ. 中温带湿润半湿润区；Ⅲ. 暖温带湿润半湿润区；Ⅳ. 北亚热带湿润区；Ⅴ. 中亚热带湿润区；
Ⅵ. 南亚热带湿润区；Ⅶ. 热带湿润区；Ⅷ. 北方半干旱区；Ⅸ. 西北干旱区；Ⅹ. 青藏高寒区

1982～2010 年全国尺度上仅有 19.76% 的森林生长变化是由气候因素影响导致，80.24% 是由非气候要素影响导致。各生态地理区域气候与非气候因素对森林 LAI 变化的贡献率如表 2.8 所示。寒温带和西北干旱区森林植被受水热条件限制，且人类活动影响程度相对较低，所以过去 30 年森林生长变化主要由气候因素影响，贡献率分别为 73.91% 和 55.15%。暖温带湿润半湿润区人类活动直接影响程度最高，气候因素贡献率仅为 7.01%。

表 2.8　生态地理区域气候与非气候因素对森林 LAI 变化的贡献率

| 生态地理区域 | 非气候因素贡献率/% | 气候因素贡献率/% |
| --- | --- | --- |
| 寒温带湿润区 | 26.09 | 73.91 |
| 中温带湿润半湿润区 | 77.48 | 22.52 |
| 暖温带湿润半湿润区 | 92.99 | 7.01 |
| 北亚热带湿润区 | 89.15 | 10.85 |
| 中亚热带湿润区 | 70.25 | 29.75 |
| 南亚热带湿润区 | 85.67 | 14.33 |
| 热带湿润区 | 79.15 | 20.85 |
| 北方半干旱区 | 89.56 | 10.44 |
| 西北干旱区 | 44.85 | 55.15 |
| 青藏高寒区 | 90.64 | 9.36 |

## 2.3　过去 30 年气候变化对森林 LAI 的影响

在森林覆盖相对稳定区中，森林生态系统冠层结构的时空变化显示出和气候要素有着密切关系，水、热等多种气候要素起着重要的作用。随着气候变化，森林生态系统 LAI 发生复杂变化。为准确评估气候变化对森林 LAI 的影响，有效分离气候和非气候因素的影响，采用生长季以及生长季前逐月平均气温、降水量、日照时数和干湿指数，分析气候要素变化对森林生态系统 LAI 的影响，并对影响程度进行定量分离。

## 2.3.1 气候干湿状况的时空变化

### 1. 气候干湿状况模拟

气候干湿状况是决定区域生态系统结构和功能的关键气候要素之一，也是刻画陆地表层格局的重要指标，体现了区域大气水分收支平衡。陆表干湿状况的时空变化复杂、影响因素多样。通常用干湿指数（AI），即潜在蒸散（$ET_0$）和降水（$P$）的比值，来表征气候干湿状况。

国内外对干湿指数的研究非常广泛，原因之一是它能较好的表征区域干湿状况，还有一个重要原因是其关键因素即潜在蒸散的表征不够统一，没有统一的定义和测算方法，如果潜在蒸散的计算较为可靠，以干湿指数表征干湿状况的方法对农业和生态系统更有现实意义。因此确定表征区域干湿程度的指标关键是潜在蒸散的测算准确性。

潜在蒸散是假定在水分供应充分的条件下土壤蒸发和植物蒸腾所消耗的水分，是在一定的气候条件下土壤和植物为了达到最大蒸散量所需要供给。该要素受太阳辐射、最低气温、最高气温、相对湿度和风速多个要素作用，体现大气水分需求能力，也反映植被的潜在水分流失量，是植被对干旱状况的耐受程度。

通常区域 $ET_0$ 由模型模拟，以气象资料为基础，经验或半经验模型有几十种（Jensen et al.，1990；Allen et al.，1998）。以气温、辐射和空气饱和差为基础的模型大多是根据 $ET_0$ 和某个或某几个气象要素的相关关系建立起来的经验公式，由于经验常数是在具体试验条件下得到的，多数模型具有较大的区域局限性，只适用于特定气候条件，而在其它气候条件差异人的地区无法适用，或者需要校正。Penman-Monteith 模型理论基础合理，综合了空气动力学的涡动传导与能量平衡，考虑了植被的生理特征，在干旱和湿润条件下准确性都相对最高（Jensen et al.，1990）。1998 年联合国粮农组织（FAO）根据假想的参考作物面（高 0.12 m，表面阻力为 70 s/m，反射率为 0.23）进一步规范了 Penman-Monteith 模型中各个参数和变量的计算（以下称为 FAO56 模型）。假想面类似于同一高度，生长旺盛，完全覆盖地面，水分充足的广阔绿色植被。使用这样假想的统一下垫面，不但与陆面蒸发的机理相同，而且避免了各种与气候要素无关的因素，如植被类型，高度，生长状况等影响 $ET_0$，保证了 $ET_0$ 仅为气候要素的函数，增加了地区和年份间的可比性，可适应于不同的环境条件，在国际上已得到广泛应用（Allen et al.，1998）。该模型可作为各种气候区潜在蒸散计算的标准模型，目前许多研究都以该模型为标准。因此，本研究基于 FAO56 Penman-Monteith 模型（Allen et al.，1998）模拟中国潜在蒸散。

模型中辐射项是以经验公式计算得来，辐射经验公式具有一定的理论基础，其准确性取决于经验系数的选取，经验系数往往只在特定地区有效，具有区域局限性，在没有地区经验系数时可直接采用 FAO 推荐的系数，可根据区域实际状况对相关参数进行校正（Allen et al.，1998）。本研究将以 FAO56 模型为基础，根据中国实测辐射数据进行校正，使辐射项的结果更符合中国实际辐射特征，从而模型结果能更好地表示中国特定自然环境下的潜在蒸散。

**1）模型主要变量的确定**

潜在蒸散 $ET_o$（mm/d）：

$$ET_o = \frac{0.408\Delta(R_n - G) + \gamma \dfrac{900}{T+273} U_2(e_s - e_a)}{\Delta + \gamma(1 + 0.34U_2)} \tag{2.11}$$

式中，$U_2$ 为 2m 高处的风速（m/s）$\Delta$ 为饱和水汽压曲线斜率（kPa/℃）：

$$\Delta = \frac{4098\left[0.6108\exp\left(\dfrac{17.27T}{T+237.3}\right)\right]}{(T+237.3)^2} \tag{2.12}$$

其中，$T$ 为日均温（℃），是最高气温（$T_x$）和最低气温（$T_n$）的算术平均值：

$$T = \frac{T_x + T_n}{2} \tag{2.13}$$

$R_n$ 为净辐射 [MJ/（$m^2$·d）]，是 Penman-Monteith 模型计算的基础，通常都由模型计算而得。计算净辐射需要的变量和参数有：可照时数 $N$（h）；晴天总辐射 $R_{so}$[MJ/（$m^2$·d）]；天文辐射 $R_a$[MJ/（$m^2$·d）]；太阳常数 $G_{sc}$[0.082 MJ/（$m^2$·min）]；日地相对距离 $d_r$（rad）；太阳日落角 $\omega_s$（rad），纬度 $\varphi$（rad）（北半球为正值）；太阳赤纬 $\delta$（rad）和天数 $J$（1月1日，$J=1$；12月31日，$J=365$ 或 366）：

$$R_n = R_{ns} - R_{nl} \tag{2.14}$$

$$R_{ns} = (1 - 0.23) \times \left(a + b\frac{n}{N}\right)R_{so} \tag{2.15}$$

$$R_{nl} = \sigma\left(\frac{T_{x,k}^4 + T_{n,k}^4}{2}\right)\left(c - d\sqrt{e_a}\right)\left(e + f\frac{n}{N}\right) \tag{2.16}$$

$$R_{so} = (0.75 + 2\times10^{-5}h)R_a \tag{2.17}$$

$$N = \frac{24}{\pi}\omega_s \tag{2.18}$$

$$R_a = \frac{24(60)}{\pi}G_{sc}d_r\left[\omega_s\sin(\varphi)\sin(\delta) + \cos(\varphi)\cos(\delta)\sin(\omega_s)\right] \tag{2.19}$$

$$d_r = 1 + 0.033\cos\left(\frac{2\pi}{365}J\right) \tag{2.20}$$

$$\delta = 0.409\sin\left(\frac{2\pi}{365}J - 1.39\right) \tag{2.21}$$

$$\omega_s = \arccos\left[-\tan(\varphi)\tan(\delta)\right] \tag{2.22}$$

式中，$R_{ns}$ 为净短波辐射 [MJ/（$m^2$·d）]；$R_{nl}$ 为净长波辐射 [MJ/（$m^2$·d）]；$\sigma$ 为 Stefan-

Boltzmann 常数 [$4.903\times10^{-9}$ MJ/($K^4/m^2 \cdot d$)]；$h$ 为海拔高度（m）；$T_{x,k}$，$T_{n,k}$ 分别为热力学温度（K=℃+273.16）；$n$ 为日照时数（h）；$a\sim f$ 为地区辐射经验系数，在没有地区校正时，建议采用 FAO56 推荐的经验系数，即 $a$=0.25，$b$=0.50，$c$=0.34，$d$=0.14，$e$=1.35 和 $f$=0.35。

$G$ 为土壤热通量 [MJ/（$m^2 \cdot d$）]，该变量相对净辐射而言很小：

$$G_{mon,i} = 0.14\left(T_{man,i} - T_{mon,i-1}\right) \tag{2.23}$$

式中，$T_{mon,i}$ 为第 $i$ 月的平均气温；$T_{mon,i-1}$ 为第 $i$–1 月的平均气温。

$\gamma$ 为干湿常数（kPa/℃）：

$$\gamma = \frac{C_p P}{\varepsilon \lambda} = 0.000665P \tag{2.24}$$

$$P = 101.3\left(\frac{293 - 0.0065h}{293}\right)^{5.26} \tag{2.25}$$

$$\lambda = 2.501 - 0.002361T \tag{2.26}$$

式中，$C_p$ 为空气比热容 [$1.013\times10^{-3}$MJ/（kg·℃）]；$P$ 为大气压强（kPa）；$\varepsilon$ 为水汽与干空气的相对分子质量之比（0.622）；$\lambda$ 为蒸发潜热（MJ/kg）。

$U_2$ 为 2m 高处的风速（m/s），将 10m 的风速 $U_{10}$ 校正为 2m 的风速 $U_2$：

$$U_2 = 0.75 \cdot U_{10} \tag{2.27}$$

$e_s$ 为平均饱和水汽压（kPa），$e_a$ 为实际水汽压（kPa）：

$$e_s = \frac{e^\circ(T_x) + e^\circ(T_n)}{2} \tag{2.28}$$

$$e_a = \frac{RH_{mean}}{100}e_s \tag{2.29}$$

$$e^\circ(T) = 0.6108\exp\left(\frac{17.27T}{T + 237.3}\right) \tag{2.30}$$

式中，$RH_{mean}$ 为平均相对湿度（%）；$e^\circ(T)$ 为饱和水汽压（kPa）。

潜在蒸散的计算过程复杂，直接输入变量和参数（外生变量）为最低气温、最高气温、相对湿度、日照时数、风速、纬度、天数和海拔高度，中间过程的关键变量（内生变量）有饱和水汽压曲线斜率、日均温、土壤热通量、平均饱和水汽压、实际水汽压、净长波辐射、净短波辐射、净辐射和干湿常数。其中许多变量是互相制约的，如最低气温、最高气温的改变，会引起平均气温（间接影响土壤热通量）、饱和水汽压曲线斜率和平均饱和水汽压的变化，而平均饱和水汽压的改变影响着实际水汽压，进而通过净长波辐射影响净辐射大小，受最低气温、最高气温、实际水汽压、日照时数和纬度影响的净长波辐射与受日照时数、纬度、天数和海拔高度影响的净短波辐射决定了净辐射的大小，最后关键内生变量综合影响潜在蒸散（图 2.21）。

### 2）模型辐射项

太阳辐射是影响气候的一个重要因子，对各地天气和气候的形成具有决定性意义，

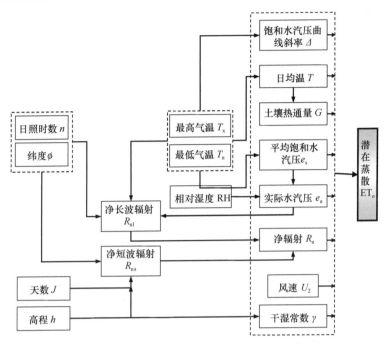

图 2.21　FAO56 PM 潜在蒸散模型中各关键变量和参数的结构图

直接决定着生态系统物质和能量交换与流动。由于观测太阳辐射的站点相对较少。因此探讨太阳辐射的气候学计算方法对生态系统水分和碳循环研究以及气候变化影响研究是有意义的，大量利用太阳辐射和其它常规观测数据，如最低气温、最高气温、日照时数、云量、相对湿度、降水等和地理属性计算辐射的经验半经验公式产生。总辐射经假定的理想参考作物面反射后剩余的部分为净短波辐射，与净长波辐射之和为净辐射。下面将根据青藏高原实测辐射资料进行辐射模拟研究，分析适合青藏高原的辐射计算方法。

　　净辐射是潜在蒸散模型的重要变量之一，计算也最为复杂。由于实测资料普遍较少（在中国有 700 多个气象观测站点，而有辐射观测值的站点仅有 100 多个），大量利用太阳辐射和其它常规观测数据，如最低气温、最高气温、日照时数、云量、相对湿度，降水等和地理属性计算辐射的经验半经验公式产生。与其它估算方法（遥感、随机天气模拟、线性插值、神经网络等）相比，经验公式是最简单常用准确的方法（Trnka et al.，2005）。总辐射和净长波辐射均可按照 FAO 的经验公式计算，总辐射经假定的理想参考作物面反射后剩余的部分为净短波辐射，与净长波辐射之和即净辐射。

　　FAO56 模型中太阳总辐射 $R_s$ [MJ/（m$^2$·d）] 的计算是基于 Ångström 方法的，该方法的原型是：

$$R_s = \left( a + b\frac{n}{N} \right) R_{so} \qquad (2.31)$$

　　Ångström 方法以其简单准确的特点得到广泛的应用和改进，众多学者研究了经验系数 $a$、$b$ 的时空变化规律，尝试对其进行参数化（Driedger et al.，1970；Rietveld，1978；

Martinez-Lozano et al., 1984）分析指出由于影响因子的复杂性，尽管 $a$、$b$ 在时空上有变化，但没有明显的变化规律。至今对 Ångström 方法有两个重要的修订（Martinez-Lozano et al., 1984; Gueymard et al., 1995）：

（1）由于 $n/N=1$ 不表示 $R_s/R_{so}$ 也等于 1，因此解除了 $a+b=1$ 的限制，$a$、$b$ 可直接由 $R_s/R_{so}$ 与 $n/N$ 的线性回归得到。

（2）在晴天总辐射 $R_{so}$ 不易获得的地区，可用天文辐射 $R_a$ 代替。但使用 $R_a$ 并不是在所有地区都更为准确（Driedger et al., 1970）。

FAO56 沿用 FAO24 报告（Doorenbos et al., 1977）中总辐射计算方法，采用 $R_a$ 和经验系数 $a=0.25$、$b=0.5$。

在中国较早应用 Ångström 方法的是左大康，他根据中国 26 个日射站三年半的实测总辐射和日照百分率的月平均值及晴天月总辐射的资料，得到较为符合中国实际状况的计算净辐射的经验系数 0.248 和 0.752（左大康等，1963）。因晴天总辐射数据难以获取，随后有研究以天文辐射为起始数据，得到全国分区或分季节的经验公式（翁笃鸣，1964；邓根云，1979；祝昌汉，1982a，1982b；鞠晓慧等，2005）。

但是 Ångström 方法在本研究中采用晴天总辐射还是天文辐射，经验系数是区域平均值，还是分区值，以及是否在各个季节采用不同系数，还需要进行综合对比，选择其中简单且准确的方法应用。

净长波辐射（又称地面有效辐射，$R_{nl}$），FAO56 模型中 $R_{nl}$［MJ/（$m^2 \cdot d$）］的计算综合了 Ångström 和 Brunt 方法，其原型是：

$$R_{nl} = \sigma T_k^4 \left( c + d\sqrt{e_a} \right)\left( e + f\frac{n}{N} \right) \tag{2.32}$$

式中，$T_k$ 为热力学温度（K）；$\sigma T_k^4\left( a + b\sqrt{e_a} \right)$ 为晴天长波辐射；$c$、$d$、$e$ 和 $f$ 为经验系数。

该方法最早由 Penman（1948）应用于蒸散的计算，Wright（1982）对式（3-22）进行了变形，并在 FAO56 中使用，即

$$R_{nl} = \sigma \left( \frac{T_{x,k}^4 + T_{n,k}^4}{2} \right)\left( c + d\sqrt{e_a} \right)\left( e\frac{R_s}{R_{so}} + f \right) \tag{2.33}$$

式中，$T_{x,k}$ 和 $T_{n,k}$ 分别为热力学温度的最高值、最低值（K）；$R_s$ 为总辐射；$R_{so}$ 为晴天总辐射。

下面将根据中国实测辐射资料进行辐射校正，探讨适合中国的计算潜在蒸散量的辐射项经验系数。

**3）辐射项校正**

应用 Penman 模型时，中国一些学者曾注意到辐射项修正的问题，如邓根云（1979）用北京日射站和官厅蒸发站的辐射和蒸发资料，利用回归方程对 Penman 原模型中的净辐射项进行了修订；陶祖文等（1979）根据 1957～1959 年中国在国际地球物理年间的日射资料修正辐射项；王懿贤（1981）采用左大康等（1963）根据中国 26 个日射观测

站 3 年半的实测总辐射和日照百分率的月平均值及晴天状况下月总辐射的资料,得到的经验系数修正原模型的总辐射计算公式。

而对 FAO56 模型却是直接应用的多,忽略了根据中国实际辐射状况对辐射经验系数进行验证的工作。也有一些学者对辐射项进行了修正。牛振国等(2002)考虑坡度、坡向的影响,依据坡地与水平面上辐射通量的比值等于坡地与水平面上天文辐射通量之比值,计算坡面天文辐射,从而得到坡面太阳实际辐射,再根据该模型计算 $ET_0$;Chen 等(2005)根据祝昌汉(1982a)对中国辐射的研究结果对太阳总辐射的计算系数进行校正,修正 FAO56 模型。但上述已有的辐射校正多针对总辐射,忽略了对长波辐射进行修正。而长波辐射同样是由经验公式计算,若有实测资料,同样应该对长波辐射的经验系数进行校正(Allen et al.,1998)。

(1)数据方法。中国设有辐射观测的常规气象站点较少,且缺测较多,在近 30 年(1971~2000 年)无缺测的实测总辐射有 111 个站点共 28 479 个月的数据。首先按照空间代表性预先选留 30 个站点作为检验站,用于回归的站点数为 81 个,均匀分布于全国。

应用常用的误差分析和相关分析对比方法准确性。统计参数包括:均方根偏差 RMSE、平均偏差 MBE、相对偏差 RE、均值比 R、相关系数 CC 及决定系数 $R^2$。RMSE 可反映利用样点数据的估值灵敏度和极值效应,值越小则模型估计越准确;MBE 总体反映估计误差的大小,正值表示模型估计偏高,负值表示偏低,MBE 的绝对值越低,模型估计越准确,两者综合能说明模型的估值准确性(Stone,1993;Jacovides et al.,1995;Itenfisu et al.,2003;何洪林等,2003)。

具体计算方法如下:

$$\text{RMSE} = \sqrt{\frac{\sum_{i=1}^{n}(y_i - x_i)^2}{n}} \tag{2.34}$$

$$\text{MBE} = \frac{\sum_{i=1}^{n}(y_i - x_i)}{n} \tag{2.35}$$

$$\text{RE} = \frac{\text{MBE}}{x_{\text{ave}}} \times 100 \tag{2.36}$$

$$R = \frac{y_{\text{ave}}}{x_{\text{ave}}} \tag{2.37}$$

式中,$x_i$ 和 $y_i$ 分别为两种方法第 $i$ 个样本的值;$n$ 为样本量;$x_{\text{ave}}$ 和 $y_{\text{ave}}$ 分别为两种方法的平均值;$x$ 为实测值。

(2)总辐射校正。本节综合全面的对比 Ångström 各种经验系数取值方法计算总辐射的准确性。计算总辐射 $R_s$ 采用的几种经验系数包括:

a. 同一经验系数

$R_{s,\text{fao}}$:以天文辐射为基础,采用 FAO56 模型中的经验系数 0.25 和 0.5。

$R_{s,\text{zuo}}$:以晴天总辐射为基础,采用左大康的经验系数 0.248 和 0.752。

$R_{s,\text{rso}}$($R_{s,\text{ra}}$):以晴天总辐射(天文辐射)为基础,经验系数根据实测总辐射月值与晴天总辐射（天文辐射）的比值与日照百分率进行线性回归得到。

　　b. 各月经验系数

　　$R_{s,rsom}$（$R_{s,ram}$）：以晴天总辐射（天文辐射）为基础，经验系数根据所有站点各月的实测总辐射与晴天总辐射（天文辐射）的比值与日照百分率按月份分别进行线性回归得到。

　　c. 各站点经验系数

　　$R_{s,rsos}$（$R_{s,ras}$）：以晴天总辐射（天文辐射）为基础，经验系数由实测总辐射月值与晴天总辐射（天文辐射）的比值与日照百分率按站点分别进行线性回归，然后内插到其余辐射站点。

　　前两个是已知的系数，后六个系数将根据 81 个站点实测值回归得到，然后根据 8 组系数计算总辐射，进行误差分析和验证。

　　根据 81 个站点实测总辐射月值与晴天总辐射（天文辐射）的比值与日照百分率进行线性回归，得到经验系数 $a$，$b$ 分别为 0.198 和 0.787（0.147 和 0.613）。各月的经验系数见表 2.9。

表 2.9　不同月份的总辐射经验系数

| 月份 | $R_{s,rsom}$ | | $R_{s,ram}$ | |
| --- | --- | --- | --- | --- |
| | $a$ | $b$ | $a$ | $b$ |
| 1 | 0.182 | 0.819 | 0.131 | 0.646 |
| 2 | 0.177 | 0.835 | 0.130 | 0.653 |
| 3 | 0.164 | 0.862 | 0.121 | 0.672 |
| 4 | 0.188 | 0.808 | 0.137 | 0.633 |
| 5 | 0.209 | 0.770 | 0.156 | 0.598 |
| 6 | 0.224 | 0.740 | 0.171 | 0.568 |
| 7 | 0.250 | 0.682 | 0.194 | 0.516 |
| 8 | 0.252 | 0.675 | 0.197 | 0.509 |
| 9 | 0.215 | 0.748 | 0.167 | 0.569 |
| 10 | 0.206 | 0.776 | 0.155 | 0.600 |
| 11 | 0.196 | 0.794 | 0.140 | 0.628 |
| 12 | 0.196 | 0.782 | 0.139 | 0.623 |

　　两组系数 $a$ 均在夏季高，冬季低；系数 $b$ 的变化与 $a$ 呈反比。晴天总辐射方法系数 $a$ 的变化范围是 0.164～0.252，$b$ 的范围是 0.675～0.862；天文辐射方法的 $a$ 变化范围在 0.121～0.197，$b$ 的范围是 0.509～0.672。左大康系数 0.248 和 0.752 介于同样以晴天总辐射为基础的经验系数月值变化范围内，而 FAO 系数却不在中国以天文辐射为基础的系数月值变化范围内，这也可以说明 FAO 原总辐射计算系数在中国误差较大。

　　计算各站点的系数 $a$、$b$，其分布存在差异，$a$ 在东南低而西北高，系数 $b$ 的分布基本与 $a$ 相反。通过回归分析，经验系数 $a$ 和 $b$ 与经纬度、海拔、降水和日照均没有显著的线性相关。

　　选取 30 个站点实测太阳总辐射进行验证。将上述方法的经验系数计算的总辐射与相应实测总辐射的相关系数、均方根偏差、平均偏差、相对偏差和均值比进行比较（表2.10）。综合显示以晴天总辐射为基础的结果比相应方法的经验系数应用于天文辐射所得误差小；除 $R_{s,ra}$ 和 $R_{s,ram}$ 外，其余方法结果与实测值相比偏大。FAO56 原模型的总辐射误差最大；根据各站点系数的计算结果并不是最优，可能是由内插导致，在没有精确的内插方法前提下，应慎重使用内插的经验系数；同一经验系数的 $R_{s,rso}$ 和按各月系数计算的 $R_{s,rsom}$ 准确性相对较高。

表 2.10　不同计算方法与实测总辐射值的对比

| 样本量=8652 | $R_{s,fao}$ | $R_{s,zuo}$ | $R_{s,ra}$ | $R_{s,rso}$ | $R_{s,ram}$ | $R_{s,rsom}$ | $R_{s,ras}$ | $R_{s,rsos}$ |
| --- | --- | --- | --- | --- | --- | --- | --- | --- |
| CC | 0.932 | 0.951 | 0.945 | 0.952 | 0.946 | 0.952 | 0.941 | 0.940 |
| RMSE/[MJ/(m²·d)] | 2.370 | 1.910 | 1.840 | 1.729 | 1.837 | 1.718 | 1.909 | 1.930 |
| MBE/[MJ/(m²·d)] | 1.209 | 0.759 | −0.085 | 0.030 | −0.105 | 0.017 | 0.153 | 0.146 |
| RE/% | 8.452 | 5.307 | −0.592 | 0.209 | −0.733 | 0.118 | 1.069 | 1.018 |
| R | 1.085 | 1.053 | 0.994 | 1.002 | 0.993 | 1.001 | 1.011 | 1.010 |

综上所述，在中国，FAO56 原模型模拟总辐射准确性最低，修正其经验系数时，以晴天总辐射为基准，根据实测数据回归分析所得的同一经验系数准确性较高、且简单易于应用；说明在中国大范围内，应用同一经验系数计算总辐射是可行并相对较为准确的。

（3）净长波辐射校正：选取已有的广泛应用于蒸散模型的（Penman，1948），FAO24（Doorenbos et al.，1977）和 FAO56（Allen et al.，1998）的方法计算，实际水汽压 $e_a$ 的单位都转换为 kPa，三种方法均采用最低气温、最高气温，公式分别为

$$R_{nl} = \sigma \left( \frac{T_{x,k}^4 + T_{n,k}^4}{2} \right) \left( 0.56 - 0.25\sqrt{e_a} \right) \left( 0.1 + 0.9\frac{n}{N} \right) \qquad (2.38)$$

$$R_{nl} = \sigma \left( \frac{T_{x,k}^4 + T_{n,k}^4}{2} \right) \left( 0.34 - 0.14\sqrt{e_a} \right) \left( 0.1 + 0.9\frac{n}{N} \right) \qquad (2.39)$$

$$R_{nl} = \sigma \left( \frac{T_{x,k}^4 + T_{n,k}^4}{2} \right) \left( 0.34 - 0.14\sqrt{e_a} \right) \left( 1.35\frac{R_s}{R_{so}} - 0.35 \right) \qquad (2.40)$$

总辐射相比，净长波辐射资料更难以获取，没有全国范围的实测数据，这也是国内外已有蒸散模型的辐射校正多针对总辐射，而忽略了对长波辐射进行修正的原因之一。1979 年 5～8 月中央气象局和中国科学院在青藏高原开展了高原气象科学实验，在中国首次使用 EPPLEY 精密红外辐射仪进行了长波辐射的测量。1982 年 8 月至 1983 年 7 月，又获得了一年较系统、完整的长波辐射的实测资料（周允华，1984；季国良等，1985；左大康，1991）。这些实测资料为本节净长波辐射的校正提供了极具价值的参考。

计算结果显示 Penman 的 $R_{nl}$ 高于 FAO24 和 FAO56 的两种系数，且差异较大，均值分别为 1972 MJ/(m²·a)、1293 MJ/(m²·a) 和 1080 MJ/(m²·a)。而两种 FAO 的方法差异较小，说明相对于天空遮蔽度（以 $n/N$ 或 $R_s/R_{so}$ 表示），净长波辐射对空气湿度更敏感。

对比 1971～2000 年三种方法模拟的 $R_{nl}$ 年均值与青藏高原的气象科学实验观测 $R_{nl}$（表 2.11），结果表明，至少在青藏地区应用 Penman 方法计算的长波辐射准确性较高，而 FAO24 和 FAO56 结果偏低。青藏地区两次的实测资料说明高原各测站净长波辐射年总量均在 2500 MJ/(m²·a) 以上，与平原其它地区相比，湖南、两广等地年总量均低于 1466 MJ/(m²·a)，华东地区约为 1676 MJ/(m²·a)，东北地区约为 1600～2000 MJ/(m²·a)

（季国良等，1985；左大康，1991）。这些数据与 Penman 结果分布较为相近，仅在东北地区值偏高。因此在中国 FAO56 原模型模拟的净长波辐射准确度相对较低，而 Penman 早期的净长波辐射计算方法反而更为准确。

通过以上对比分析，我们采用的辐射经验系数在中国的校正为：总辐射用同一的经验系数 $a$、$b$，该组系数由全国 81 个站点近 30 年内的实测总辐射月值与晴天总辐射之比和日照百分率回归得到；净长波辐射由（Penman，1948）的方法，并结合最低气温、最高气温得到。如此，本研究所用的辐射校正式为

$$R_n = 0.77 \times \left(0.198 + 0.787 \frac{n}{N}\right) R_{so} - \sigma \left(\frac{T_{x,k}^4 + T_{n,k}^4}{2}\right) \left(0.56 - 0.25\sqrt{e_a}\right) \left(0.1 + 0.9 \frac{n}{N}\right) \quad (2.41)$$

表 2.11 不同方法计算的净长波辐射与实测值对比

| $R_n$/〔MJ/（m²·a）〕 | Penman | FAO24 | FAO56 | 实测 |
|---|---|---|---|---|
| 那曲 | 2733 | 1716 | 1523 | 2789 |
| 拉萨 | 3018 | 1915 | 1732 | 3112 |
| 甘孜 | 2519 | 1608 | 1402 | 2504 |

## 2. 干湿状况模拟结果对比验证

根据校正潜在蒸散模型模拟中国潜在蒸散，结合降水量计算干湿指数。

通常将陆表划分为湿润（$I_a < 1.0$）、半湿润（$1.0 \leq I_a < 1.5$）、半干旱（$1.50 \leq I_a < 4.0$）和干旱（$I_a \geq 4.0$）四类干湿区，分别代表森林、森林草原（含草甸）、草原以及荒漠四类天然植被和自然景观（郑度等，1997）。

中国在 1971~2000 年干湿类型的地域分布大致为：青藏高原以东、三江源地区、秦岭和黄淮平原以南的广大地区、东北大兴安岭北部、小兴安岭和长白山地区及三江平原为湿润类型；东北平原东部、黄河下游平原、青藏高原东南部为半湿润类型；东北地区西部、呼伦贝尔高原、华北平原部分地区、黄土高原、内蒙古高原东部、青藏西南地区以及天山山地为半干旱类型；内蒙古苏尼特左旗至二连浩特以西、额济纳地区、新疆大部、青藏高原西北部为干旱类型。综合了降水和潜在蒸散的指标所表征的干湿状况基本能反映各地区的自然特征。

对比根据 FAO56 原模型和辐射校正模型模拟的干湿状况，与校正模型模拟结果相比，FAO56 模型模拟的湿润区范围缩减，半干旱区扩大，干旱区基本一致。具体在区域分布上，一些根据 FAO56 原模型模拟结果无法体现的干湿类型，在校正后的模型模拟结果中能客观体现出来。如东北大兴安岭北部、小兴安岭林地、三江平原、若尔盖及藏东南湿润地区；新疆北部和祁连山局部地区；华北平原部分半湿润地区，如京津地区东北部、山东半岛。因此，校正模型所模拟的区域干湿状况更细化、更客观地体现出自然界的水分分布特征。

## 3. 气候干湿状况变化特征

所用的气象数据来自中国气象科学数据共享服务网，包括平均气温、最高气温、最低气温、降水量，相对湿度、风速和日照时数。以 1961~2010 年为研究时段，将气象

台站建站晚于 1961 年、期间有变迁、缺测率大于 5%或在 2010 年前撤销的站点剔除，共得到 581 个气象站点。对于少量缺测数据，采用该站其它年份该月的均值代替。采用校正的 FAO56 Penman-Monteith 模型，模拟 1961～2010 年的中国潜在蒸散和干湿指数。

变化趋势由线性趋势法计算，用最小二乘法计算线性函数的斜率表示，正值表示增加趋势，负值表示减小趋势. 趋势结果的信度检验采用 Mann-Kendall 趋势检测方法，该方法适用于时间序列趋势的非参数检验。

1961～2010 年中国潜在蒸散和干湿指数整体上均呈显著下降趋势（$p<0.01$），其中潜在蒸散阶段性变化明显，在 20 世纪 90 年代初期之前呈明显下降趋势，之后略有增加趋势（图 2.22）。

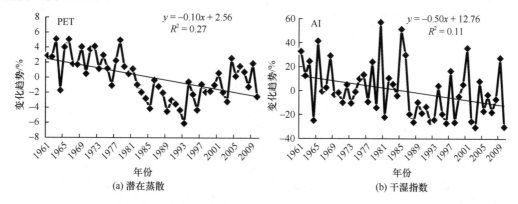

图 2.22　过去 50 年中国潜在蒸散和干湿指数的变化趋势

1961～2010 年潜在蒸散在大部分地区（79%）均为减少趋势，特别是中国西北干旱区和暖温带，减少趋势明显。干湿指数 AI 变化趋势的空间差异显著，在中国西北干旱区、青藏高原地区和亚热带东部地区为减少趋势（图 2.23），说明西北地区干旱状况有所改善，亚热带东部地区水分湿润程度呈增加趋势。

### 2.3.2　过去 30 年气候变化对森林 LAI 的影响

#### 1. 森林 LAI 变化趋势的频率分布特征

按照森林覆盖相对稳定区，减少区和增加区分别统计 1982～2010 年中国森林 LAI 变化趋势的频率分布。变化趋势由线性趋势法得到，用最小二乘法计算线性函数的斜率，正（负）值表示增加（减小）趋势。显著性检验采用 Mann-Kendall 方法，该方法是时间序列趋势的非参数检验方法。

从生长季 LAI 变化趋势的频率分布统计可以看出，森林稳定分布区内将近 80%的像元表现为上升趋势；在受人类影响的森林减少区域，森林 LAI 的变化以减少趋势为主，达 60%；在森林面积增加区，森林 LAI 变化主要呈增加趋势，过去 30 年呈增加趋势的格点占 90%（图 2.24）。

对生长季 LAI 变化显著的像元进行频率统计，结果表明，森林稳定区和增加区 LAI 都以上升趋势为主。森林稳定分布区 LAI 变化以上升趋势为主，频率分布之和约为

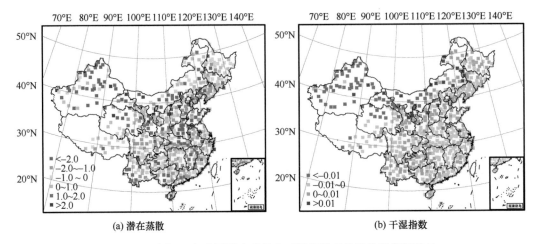

(a) 潜在蒸散　　　　　　　　　　　(b) 干湿指数

图 2.23　过去 50 年中国潜在蒸散和干湿指数变化趋势的空间差异

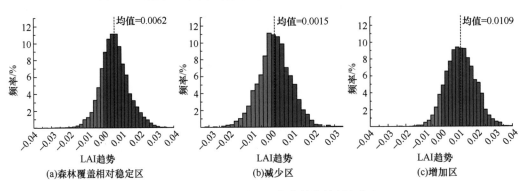

(a)森林覆盖相对稳定区　　　　　　(b)减少区　　　　　　　　　(c)增加区

图 2.24　森林生长季 LAI 变化趋势的频率分布

90.9%；在森林面积减少区，LAI 下降和上升趋势所占比例相当，其中 LAI 变化趋势在 −0.006～−0.004 之间频率最高，达到 14% 以上；在森林面积增加区，LAI 上升趋势的相对频率为 98.5%，LAI 下降速率基本小于 0.01（图 2.25）。

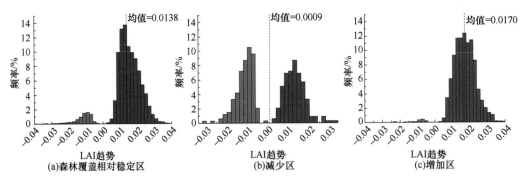

(a)森林覆盖相对稳定区　　　　　　(b)减少区　　　　　　　　　(c)增加区

图 2.25　森林生长季 LAI 显著变化的频率分布

　　森林 LAI 变化趋势的频率分布特征表明，森林 LAI 以增加趋势为主，气候变化对森林生长具有积极作用，与人类活动影响迭加。森林覆盖增加区，LAI 上升趋势占主要部分，这其中也包括了植树造林等保护措施的效果。森林覆盖减少区，LAI

增、减趋势所占比例相近，反映了采伐等破坏活动和气候变化对植被生长促进的共同作用。

## 2. 气候变化对森林 LAI 的影响

将 1982～2010 年森林覆盖相对稳定区生长季 LAI 序列与前一年 10 月至当年 9 月的降水量（$P$）、日照时数（$S$）、平均气温（$T$）和干湿指数（AI）进行相关分析。由于植物生长当年以及前一年均对森林生长产生一定的影响，在相关分析中以前一年生长季末至当年生长季末的逐月气候要素为自变量，评价对当年森林生长的影响。将超过 95%显著性水平的作为显著影响的气候因子。除了分析气候要素和 LAI 序列的相关性，还对序列进行一阶差处理，去除低频趋势对相关结果的影响后，对提取的高频信息再次进行相关性分析。当同一气候要素在原序列和一阶差序列的相关分析中均显著时，认为该要素对 LAI 具有显著影响。最后，结合相关显著气候因子在研究时段的变化特征，评估气候变化对森林 LAI 的影响。

### 1）总体状况

总体而言，全国森林覆盖相对稳定区 LAI 过去 30 年呈显著增加趋势（$p<0.05$），共增加了 6.50%。LAI 变化与气候干湿程度的相关性较强，尤其是 3 月干湿指数，两者呈显著负相关（$p<0.05$）（图 2.26）。春季干湿指数较高即相对干旱年份，如 1984 年、1988 年、1992 年和 2000 年，森林 LAI 也相对较低（图 2.27）。从 1981～2010 年变化趋势来看，3 月干湿指数没有显著趋势性变化。同期即 3 月平均气温与森林 LAI 显著相关，相关系数达到 0.387，一阶差后相关性不显著。1981～2010 年 3 月平均气温呈显著增加趋势，平均每 10 年增加 0.05℃（$p<0.05$），导致 LAI 增加 2.48%。结果表明，春季干湿状况波动变化和显著增温趋势共同影响森林生长季 LAI 变化。

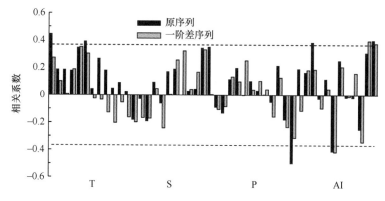

图 2.26　1982～2010 年中国森林生长季 LAI 与气候要素的相关性

尽管森林 LAI 与 9 月干湿指数原序列和一阶差序列之间均呈显著的正相关，与同期降水量呈显著负相关，但与同期日照时数呈较高的正相关。1981～2010 年 9 月干湿指数变化趋势不显著，9 月降水量呈显著下降趋势（$-1.13$ mm/a，$R^2=0.40$，$p<0.01$），同期日照时数呈显著增加趋势（0.02 h/a，$R^2=0.26$，$p<0.01$），导致 LAI 增加 3.23%。通常在降水量少的情况下，日照时数相应较高。分析表明，9 月日照时数显著增加对森林植被

生长产生重要影响，同期降水量变化对森林植被生长起作用。

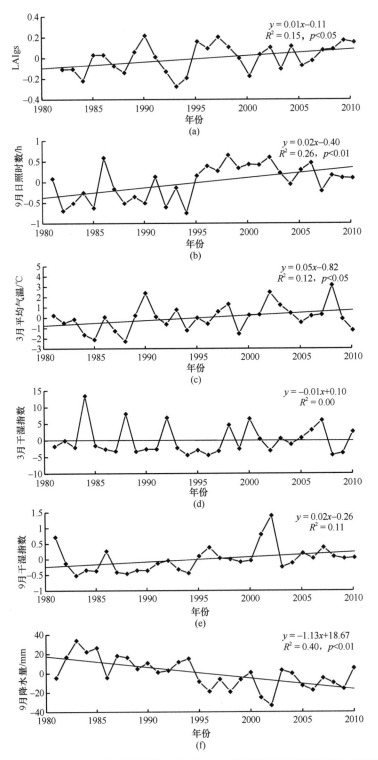

图2.27　1982~2010年中国森林生长季 LAI 与显著相关气候要素的年际变化

**2）分区特征**

由于中国地域广阔，不同地区气候条件、植被状况和土壤质地等具有显著差异，气候变化对森林 LAI 的影响也存在区域差异（图 2.28）。

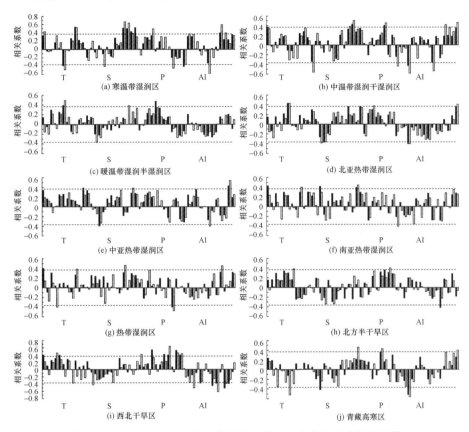

图 2.28　1982～2010 年中国森林生长季 LAI 与气候要素的相关性
黑色柱状为原序列；灰色柱状为一阶差序列

1982～2010 年寒温带森林 LAI 呈增加趋势，增加了 7.83%。LAI 主要与夏季 6～8 月日照时数呈显著正相关，并且在一阶差分序列上仍呈显著正相关。在 LAI 较低的年份，夏季日照时数偏低，如 1983 年、1993 年、1998 年和 2003 年 [图 2.28（a）]。1981～2010 年寒温带 6～8 月日照时数均呈显著增加趋势，特别是 8 月日照时数增加趋势最明显，平均每 10 年增加 0.8h（$p < 0.01$），导致该区森林 LAI 增加 5.99%。此外，6 月气温和干湿指数的原序列及其一阶差序列与森林 LAI 均呈显著正相关。1981～2010 年 6 月增温趋势为 0.06℃/a，导致该区森林 LAI 增加了 4.04%。6 月降水量一阶差序列与 LAI 呈显著负相关，说明增温和降水偏少共同导致干湿指数增加，进而对 LAI 产生负效应。但由于同时降水偏少伴随日照时数偏多，对 LAI 变化产生正效应。结果分析表现为 6 月干湿指数与 LAI 的正相关以及降水量与 LAI 的负相关，主要是同期日照时数增加的正效应起主导作用。相关性分析结果表明，3 月气温与 LAI 呈显著负相关，LAI 低值年份往往 3 月气温偏高，说明早春气温偏高可能不利于森林植被生长，而过去 30 中 3 月增温趋势并不显著（图 2.29）。总体上分析表明位于中高纬度地区的寒温带森林植被生长主要受夏季辐射升高趋势的影响。

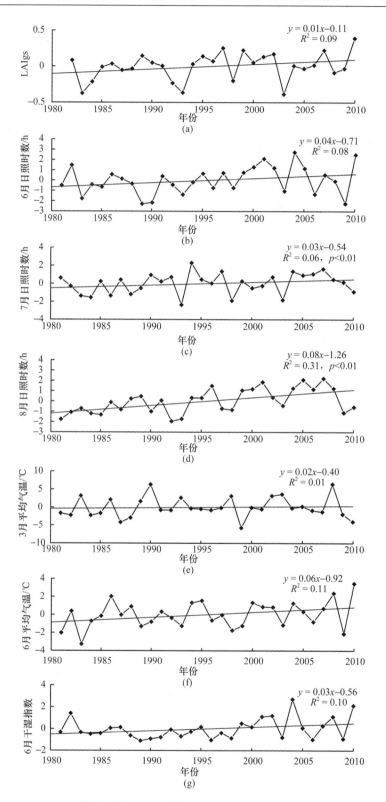

图 2.29 1982～2010 年寒温带湿润区森林生长季 LAI 与显著相关气候要素的年际变化

图 2.28（b）显示中温带森林 LAI 在 1982～2010 年略有增加趋势，仅增加了 3.29%。
LAI 与 7 月日照时数的原序列和一阶差序列均呈显著正相关。在过去 30 年的时段内，
1982 年、1997 年和 1999 年的 7 月日照时数和森林 LAI 相对较高，而 1983 年、1986 年、
1993 年、1998 年、2003 年和 2005 年的 7 月日照时数和森林 LAI 则相对较低（图 2.30）。
1981～2010 年 7 月日照时数变化呈增加趋势（0.02h/a），但趋势不显著，其变化导致 LAI
增加 1.13%。另外，该区 3 月降水量与森林植被生长也呈显著正相关，1981～2010 年 3
月降水量呈显著增加趋势（0.34mm/a，$p<0.01$），3 月降水量变化导致 LAI 增加 3.21%。
上述分析表明，3 月降水量增加和 7 月太阳辐射变化是影响中温带森林 LAI 的主要气候
因素，初春充沛的降水以及生长旺盛时段充足的光照可促进该区森林植被生长。

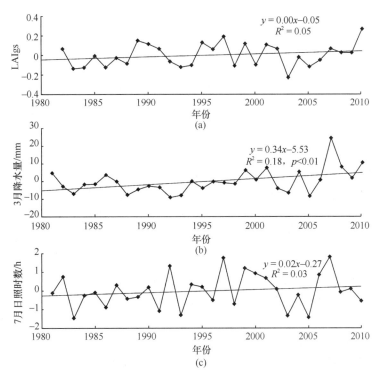

图 2.30 1982～2010 年中温带森林生长季 LAI 与显著相关气候要素的年际变化

1982～2010 年暖温带湿润半湿润区森林 LAI 呈增加趋势，增加了 8.47%。LAI 与 2
月降水量和 3 月平均气温显著相关，但一阶差分后，降水量的相关不再显著[图 2.28（c）]。
1981～2010 年暖温带湿润半湿润区 7 月日照时数呈减少趋势，但变化不显著，虽然与该
区森林植被生长的增加趋势相反，相关性不高，但两者一阶差分序列显著相关。森林生
长季 LAI 在 1990 年、1997 年、2004 年、2008 年和 2009 年相对较高，对应 3 月平均气
温均偏高（图 2.31）。并且在 1981～2010 年，3 月气温呈显著增加趋势（0.09℃/a，$R^2=0.31$，
$p<0.01$），其变化导致森林 LAI 增加 6.59%。由此说明，春季增温对暖温带湿润半湿润
地区森林植被生长影响显著。

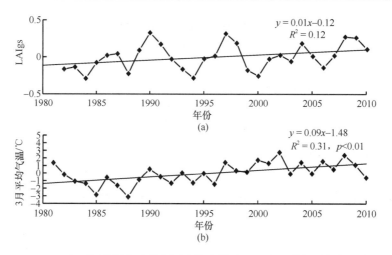

图 2.31　1982～2010 年暖温带湿润半湿润区森林生长季 LAI 与显著相关气候要素的年际变化

1982～2010 年北亚热带森林 LAI 呈显著增加趋势（$p<0.05$），共增加了 7.75%。LAI 与 3 月平均气温原序列及其一阶差序列均呈显著正相关［图 2.28（d）］。过去 30 年，1990 年、1997 年、2008 年和 2008 年森林 LAI 相对较高，相应的 3 月平均气温也较高；1988 年、1994 年、2003 年、2005 年和 2001 年则为 3 月气温和森林 LAI 相对较低的年份（图 2.32）。并且 1981～2010 年 3 月气温呈显著增加趋势（0.09℃/a，$R^2=0.33$，$p<0.01$）。不考虑其它因素影响，3 月平均气温的变化导致该区森林 LAI 增加 7.39%。该区森林 LAI 与 9 月降水量原序列及其一阶差序列均呈显著负相关，同时与 9 月日照时数正相关性较高，但 1981～2010 年 9 月降水量、日照时数和干湿指数变化均不显著，日照时数趋势变化对 LAI 的影响不到 1%，但 20 世纪 90 年代后期波动性变化影响显著。总体上，北亚热带水分条件基本满足植被生长，森林植被生长主要受 3 月平均气温升高和 9 月日照时数波动影响。

1982～2010 年中亚热带森林 LAI 呈增加趋势，平均每年增加 0.01，过去 29 年增加了 8.17%。LAI 与 8 月干湿指数原序列及其一阶差序列显著正相关，与同期平均气温显著相关，但一阶差序列相关不显著［图 2.28（e）］。干湿指数减少、降水增多的情况下，气温和日照时数同时相对偏少，导致森林 LAI 降低（如 1988 年、1993 年和 2002 年）；反之则 LAI 增多（如 1986 年和 1990 年）（图 2.33）。结合 1981～2010 年上述要素的变化趋势分析表明，8 月气温升高是影响 LAI 增加的主导因子，其变化导致森林 LAI 增加 3.23%。1981～2010 年 8 月日照时数显著下降趋势（–0.04h/a，$p<0.05$），且与 LAI 的相关性也较高，说明夏季日照时数降低导致 LAI 减少，过去 30 年使 LAI 减少了 2.51%。辐射减少是该区同期潜在蒸散和干湿指数减少的主导因子。

另外，中亚热带森林 LAI 与 3 月干湿指数的一阶差分序列呈显著负相关，1984 年、1988 年、2000 年和 2010 年 3 月干湿指数较高，气候偏干，相应的森林生长季 LAI 偏低（图 2.33）。表明该区 LAI 易受到春旱发生的影响。2007 年 3 月干湿指数为研究时段最高值，但由于同年 8 月份水热条件匹配较好，因此生长季植被 LAI 整体略偏高。总体上，中亚热带生长季森林 LAI 变化主要受春旱及 8 月气候因子的变化特别是升温趋势的影响。

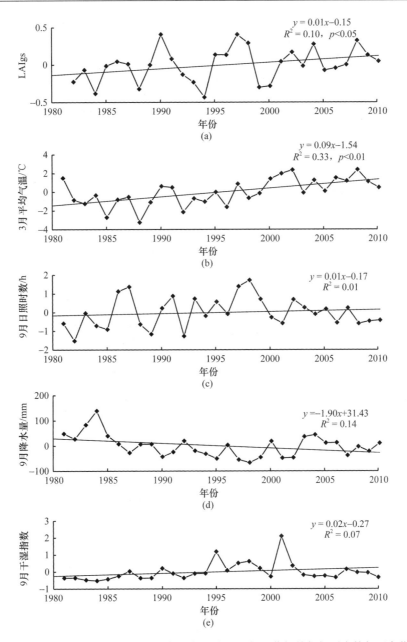

图 2.32　1982～2010 年北亚热带森林生长季 LAI 与显著相关气候要素的年际变化

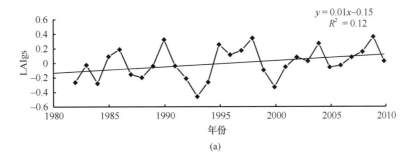

(a)

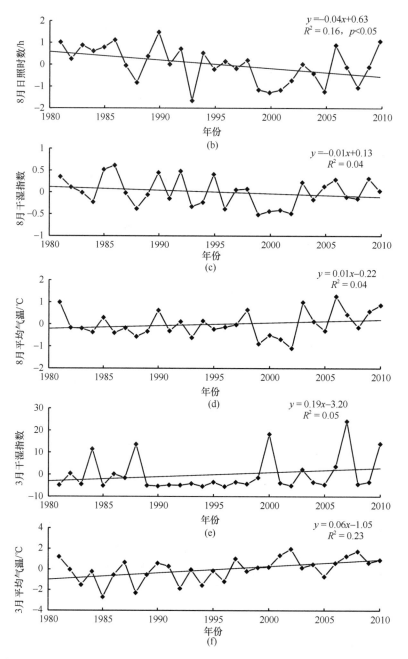

图 2.33 1982～2010 年中亚热带森林生长季 LAI 与显著相关气候要素的年际变化

近 30 年南亚热带森林 LAI 呈增加趋势，共增加了 6.08%。LAI 与 8 月日照时数的原序列和一阶差序列均具有显著相关性，与生长季前 10 月平均气温及 6 月气温的原序列相关性不显著，而与一阶差序列均呈显著正相关关系 [图 2.28 (f)]。8 月日照时数偏多的年份，如 1986 年、1990 年、1998 年和 2003 年，森林 LAI 偏高；而日照时数偏少的年份，如 1988 年、1993 年和 2005 年，森林 LAI 则偏低（图 2.34）。1981～2010 年 8 月日照时数略有减少趋势，但并不显著，平均每减少 1h，导致 LAI 减少 2.49%。

生长季前 10 月和生长季 6 月气温在过去 30 年呈增加趋势,分别为 0.04℃/a 和 0.01℃/a,导致 LAI 增加 2.41%和 0.93%。总体上,南亚热带水热条件较为优越,植被生长较少受到水分胁迫的影响,森林 LAI 主要受生长季前气温增加趋势及 8 月日照时数年际变化的影响。

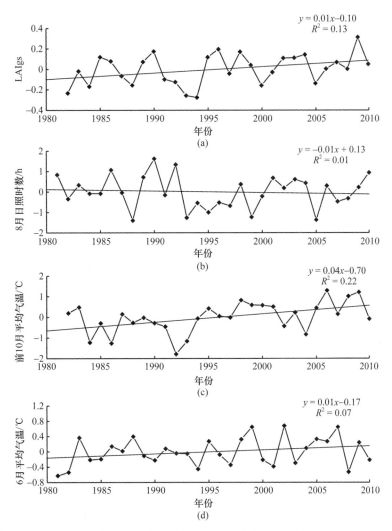

图 2.34　1982~2010 年南亚热带森林生长季 LAI 与显著相关气候要素的年际变化

近 30 年热带森林 LAI 呈增加趋势,增加了 6.16%。LAI 与 6 月降水量原序列及其一阶差序列呈显著负相关,与同期其它水热要素的一阶差序列呈显著相关;此外,还与生长季前 10 月平均气温呈显著正相关,但一阶差之后相关性不显著[图 2.28(g)]。1981~2010 年 6 月降水量为减少趋势(−1.32mm/a),并对 LAI 变化产生影响。6 月降水偏多、日照时数较低的年份,如 1991 年、1994 年、2000 年、2005 年和 2008 年,森林 LAI 偏低;而降水量偏少、日照时数较高的年份,如 1996 年、2002 年和 2006 年,森林 LAI 则偏高(图 2.35)。但过去 30 年 6 月年日照时数的变化导致 LAI 增加不足 1%。总体上,热带水热条件优越,森林 LAI 主要受 6 月年日照时数增加的影响。

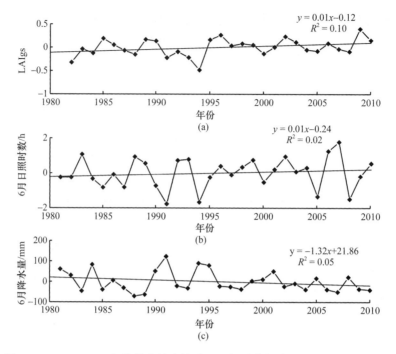

图 2.35  1982～2010 年热带森林生长季 LAI 与显著相关气候要素的年际变化

1982～2010 年北方半干旱区森林 LAI 呈增加趋势，增加了 5.68%。LAI 与 5 月干湿指数呈显著负相关，但一阶差后相关不显著，并与 4 月降水量和平均气温的一阶差序列相关性达到显著 [图 2.28（h）]。1990～1991 年，1997～1998 年和 2010 年 LAI 相对较高，相应年份春季 4 月降水量偏高，5 月干湿指数偏低；1990～1991 年、1998 年和 2008 年，对应的森林 LAI 值也较高。1984 年、1993 年、2000 年和 2006 年 LAI 相对较低，相应年份 4 月气温偏低（图 2.36）。1994 年由于气温偏高，同时降水量偏低，气候偏干，从而森林 LAI 较低。1981～2010 年气候要素变化趋势均不显著，其中 4 月气温和降水略有增加趋势，分别导致 LAI 增加 2.26% 和 0.21%。总体上分析表明，北方半干旱区森林 LAI 主要受春季水热要素变化影响，春季干旱程度变化和增温趋势是影响过去 30 年 LAI 变化的主导因素。

1982～2010 年西北干旱区森林 LAI 呈显著增加趋势（$p < 0.01$），相对增加了 14.67%。LAI 与降水量和干湿指数的相关性较高，特别是 5 月、7 月和 8 月年降水量，及 5 月、7 月干湿指的原序列和一阶差序列相关性均达到显著 [图 2.28（i）]。1988 年、1990 年、1999 年、2007 年和 2009 年 5 月降水量偏多，相应时段干湿指数偏低，森林 LAI 偏高；1989 年、1995 年和 2008 年 5 月降水量偏少，干湿指数偏高，森林 LAI 是研究时段最低点（图 2.37）。1981～2010 年，7 月干湿指数呈显著减少趋势（$p < 0.01$），气候干旱程度有所减缓，从而影响森林 LAI，使之显著增加，可达 5.48%。总体上，西北干旱区森林面积很小，但因该区域植被生长受降水量多寡的限制，因此相关分析表现出了生长季降水和干湿指数均与森林 LAI 呈显著相关，7 月气候湿润度增加趋势对森林 LAI 变化起主导作用。

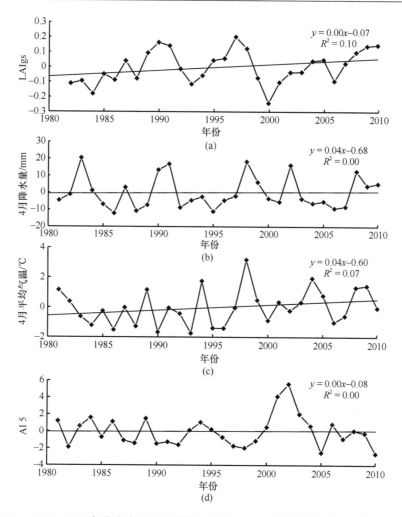

图 2.36　1982~2010 年北方半干旱区森林生长季 LAI 与显著相关气候要素的年际变化

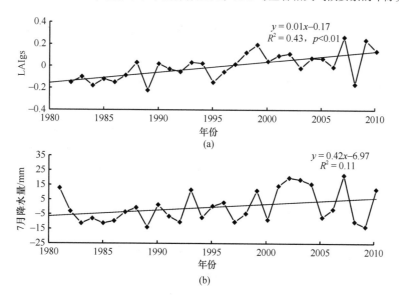

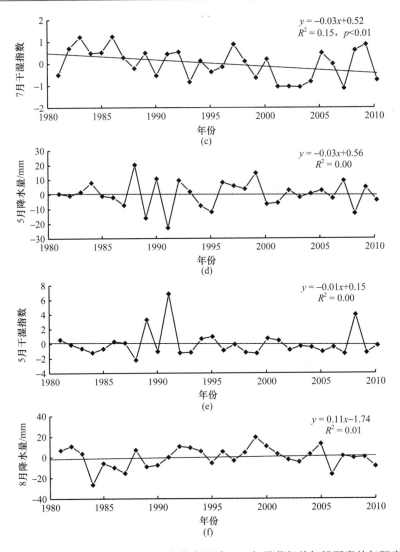

图 2.37　1982~2010 年西北干旱区森林生长季 LAI 与显著相关气候要素的年际变化

近 30 年，青藏高寒区森林 LAI 增加 6.99%。LAI 与 2 月降水量呈显著正相关，但一阶差后不显著；且与 3 月平均气温一阶差呈显著负相关，与 8 月日照时数一阶差呈显著正相关 [图 2.28（j）]。1987 年、1993 年、2000 年和 2003 年 8 月日照时数偏少，相应时段森林 LAI 偏低；2002 年和 2006 年，8 月日照时数偏多，同期森林 LAI 偏高（图 2.38）。1981~2010 年 2 月降水量略有增加趋势，而 8 月日照时数略有减少趋势，但并不显著，分别导致 LAI 变化 1.32%和–1.77%。总体上，青藏高寒区气候要素变化对森林 LAI 的影响较弱。

中国大部分湿润地区森林 LAI 主要受气温和光照变化的影响，干旱半干旱地区主要受气温和水分变化的影响。气温的影响在不同生态地理区域存在差异。在中高纬度寒温带，夏季气温变化是影响森林 LAI 的主要气候要素；在暖温带、北方半干旱区和北亚热带，森林 LAI 主要受 3 月或 4 月气温的影响。西北干旱区森林面积很小，但因该区域植被生长受降水量多寡的限制，因此相关分析表现出了降水和干湿指数均与森林 LAI 呈显著相关。过去 30 年来西北干旱区降水量增加，当地干旱状况有所缓解，有利于植被生长，森林 LAI 有所增加。

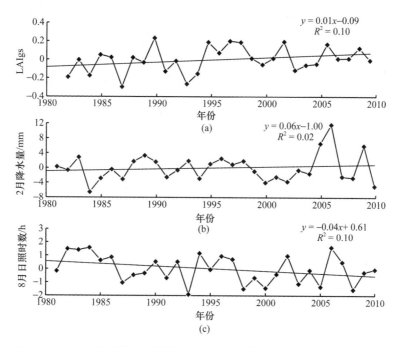

图 2.38　1982～2010 年青藏高寒区森林生长季 LAI 与显著相关气候要素的年际变化

## 2.4　小　　结

本章较为系统地阐述了 20 世纪 80 年代至 21 世纪初，全国范围森林叶面积指数在不同时间尺度上的变化特征。建立了森林清查和遥感综合的森林覆盖提取技术，利用 1984～1988 年和 2004～2008 年的森林资源清查统计资料，及同期遥感植被指数，识别出全国 20 世纪 80 年代以来的森林空间覆盖相对稳定区。综合森林分布稳定区辨识、去趋势相关分析、独立自然序列线性逐步回归分析等方法，评估了气候变化对森林叶面积指数的影响，并量化其影响程度。以上分析结果表明：①1982～2011 年中国森林生长季叶面积指数整体呈显著上升趋势，春季增加趋势最显著；大多数森林叶面积指数呈现上升趋势，南方地区增加趋势明显且变异系数较大。②本研究时段在森林覆盖未发生明显改变区域，春季干湿状况与气温变化，以及秋季太阳辐射变化对过去 30 年叶面积指数变化起关键作用。③20 世纪 80 年代以来，气候要素在中国森林叶面积指数变化中总的贡献率约为 31%。不同地区植被生长限制因子的变化对区域森林叶面积指数动态产生关键作用。寒温带湿润区夏季气温和光照显著升高，森林叶面积指数随之增加。

当前为开展长时间尺度的动态研究，采用了 8km 空间分辨率的遥感数据。受遥感数据空间分辨率的限制，无法识别小尺度森林空间覆盖，尤其是在华南和西南等森林分布相对破碎的地区。利用高分辨率且具备长时间序列的遥感植被指数，是提高研究精度的可能有效途径之一。另外，森林清查数据可以提供详细的行政区森林资源信息，但森林资源清查资料中面积统计存在一定误差。由于森林清查分省份进行，调查时段不一致等都可能会对本研究带来不确定性。此外，影响森林叶面积指数变化的因素复杂多样，植树造林、退耕还林、生态建设、林业管理和毁林等人类活动与全球气候变化相互作用于森林植被，叶面积指数变化也受到林龄等植被自身特性，土壤营养等环境因子的影响。研究重点利用水热因子等与叶面积指数进行相关性分析等，从气候变化角度定量解释了森林叶面积指数的变化特征，但对森林生长变化的驱动机制仍有待进一步的研究。

# 参 考 文 献

陈思英, 关文健, 杨书运, 等. 2013. 淮河流域 NDVI 周期性分析. 安徽农学通报, (10): 116-117.

邓根云. 1979. 水面蒸发量的一种气候学计算方法. 气象学报, 37(3): 87-96.

付安民, 孙国清, 过志峰, 等. 2010. 基于 MODIS 数据的东北亚森林时序变化分析. 北京大学学报(自然科学版), 46(5): 835-843.

顾娟, 李新, 黄春林. 2010. 基于时序 MODIS NDVI 的黑河流域土地覆盖分类研究. 地球科学进展, 25(3): 317-326.

国家林业局. 2010. 第八次森林资源清查数据: 七省(区)主要结果. 北京: 国家林业局.

国家林业局. 2014. 国家森林资源清查主要技术规定. 北京: 中国标准出版社.

国家林业局森林资源管理司. 2005. 全国森林资源统计数据(1999-2003). 北京: 中国林业出版社.

韩辉邦, 马明国, 严平. 2011. 黑河流域 NDVI 周期性分析及其与气候因子的关系. 遥感技术与应用, 26(05): 554-560.

何洪林, 于贵瑞, 牛栋. 2003. 复杂地形条件下的太阳资源辐射计算方法研究. 资源科学, 25(1): 78-85.

季国良, 姚兰昌, 王文华, 等. 1985. 1982 年 8 月至 1983 年 7 月青藏高原地区的辐射与气候. 高原气象, 4(4): 1-10.

贾明明, 任春颖, 刘殿伟. 2014. 基于环境星与 MODIS 时序数据的面向对象森林植被分类. 生态学报, 34(24): 7167-7174.

姜超, 徐永福, 季劲钧, 等. 2011. ENSO 年代际变化对全球陆地生态系统碳通量的影响. 地学前缘, 18(6): 107-116.

鞠晓慧, 屠其璞, 李庆祥. 2005. 我国太阳总辐射气候学计算方法的再讨论. 南京气象学院学报, 28(4): 516-521.

李俊祥, 达良俊, 王玉洁. 2005. 基于 NOAA-AVHRR 数据的中国东部地区植被遥感分类研究. 植物生态学报, 23(3): 336-343.

刘纪远, 匡文慧, 张增祥, 等. 2014. 20 世纪 80 年代末以来中国土地利用变化的基本特征与空间格局. 地理学报, 69(1): 3-14.

刘双娜, 周涛, 魏林艳. 2012. 中国森林植被的碳汇/源空间分布格局. 科学通报, 57(11): 943-950.

牛振国, 李保国, 张凤荣, 等. 2002. 参考作物蒸散量的分布式模型. 水科学进展, 13(3): 303-307.

陶祖文, 裴步祥. 1979. 农田蒸散和土壤水分变化的计算方法. 气象学报, 37(4): 79-87.

王懿贤. 1981. 高度对彭曼蒸发公式二因子 $\delta/(\delta+\gamma)$ 与 $\gamma/(\delta+\gamma)$ 的影响. 气象学报, 39(4): 503-506.

魏凤英. 1999. 现代气候统计诊断与预测技术. 北京: 气象出版社.

翁笃鸣. 1964. 试论总辐射的气候学计算方法. 气象学报, 34(3): 304-315.

肖兴威. 2005. 中国森林资源清查. 北京: 中国林业出版社.

杨存建, 周其林, 任小兰, 等. 2014. 基于多时相 MODIS 数据的四川省森林植被类型信息提取. 自然资源学报, 29(3): 507-515.

郑度, 杨勤业, 赵名茶, 等. 1997. 自然地域系统研究. 北京: 中国环境科学出版社.

中国科学院中国植被图编辑委员会. 2007. 中华人民共和国植被图 1 : 1000000. 北京: 地质出版社.

中国森林编辑委员会. 1997. 中国森林. 北京: 中国林业出版社.

周允华. 1984. 青藏高原地面长波辐射经验计算方法. 地理学报, 39(2): 148-162.

祝昌汉. 1982a. 再论总辐射的气候学计算方法(一). 南京气象学院学报, 5(1): 15-24.

祝昌汉. 1982b. 再论总辐射的气候学计算方法(二). 南京气象学院学报, 5(2): 196-206.

左大康. 1991. 地球表层辐射研究. 北京: 科学出版社.

左大康, 王懿贤, 陈建绥. 1963. 中国地区太阳总辐射的空间分布特征. 气象学报, 33(1): 78-96.

Allen R G, Pereira L S, Raes D, et al. 1998. Crop Evapotranspiration-Guidelines for Computing Crop Water Requirements. FAO Irrigation and drainage paper 56. Rome: United Nations Food and Agriculture Organization.

Chang C Y, Chiang J C H, Wehner M F, et al. 2010. Sulfate Aerosol Control of Tropical Atlantic Climate over the Twentieth Century. Journal of Climate, 24(10): 2540-2555.

Chen D L, Gao G, Xu C Y, et al. 2005. Comparison of the Thornthwaite method and pan data with the standard Penman-Monteith estimates of reference evapotranspiration in China. Climate Research, 28(2): 123-132.

Chen Y, Li X, Liu X, et al. 2013. Analyzing land-cover change and corresponding impacts on carbon budget in a fast developing sub-tropical region by integrating MODIS and Landsat TM/ETM plus images. Applied Geography, 45: 10-21.

Doorenbos J, Pruitt W O. 1977. Guidelines for predicting crop water requirements. Irrigation and Drainage Paper 24. Rome, Italy: Food and Agriculture Organization of the United Nations.

Driedger H L, Catchpole A J W. 1970. Estimation of solar radiation receipt from sunshine duration at Winnipeg. Meteorological magazine, 99: 285-291.

Erb K-H, Gaube V, Krausmanna F. 2007. A comprehensive global 5 min resolution land-use data set for the year 2000 consistent with national census data. Journal of Land Use Science, 2(3): 191-224.

Fang H, Li W, Myneni R B. 2013. The Impact of Potential Land Cover Misclassification on MODIS Leaf Area Index (LAI) Estimation: A Statistical Perspective. Remote Sensing, 5(2): 830-844.

Fang J Y, Guo Z D, Hu H F, et al. 2014a. Forest biomass carbon sinks in East Asia, with special reference to the relative contributions of forest expansion and forest growth. Global Change Biology, 20(6): 2019-2030.

Fang J Y, Kato T, Guo Z D, et al. 2014b. Evidence for environmentally enhanced forest growth. Proceedings of the National Academy of Sciences of the United States of America, 111(26): 9527-9532.

Franzke C. 2012. Nonlinear Trends, Long-Range Dependence, and Climate Noise Properties of Surface Temperature. Journal of Climate, 25(12): 4172-4183.

Friedl M A, Sulla-Menashe D, Tan B, et al. 2010. MODIS Collection 5 global land cover: Algorithm refinements and characterization of new datasets. Remote Sensing of Environment, 114(1): 168-182.

Garrigues S, Lacaze R, Baret F, et al. 2008. Validation and intercomparison of global Leaf Area Index products derived from remote sensing data. Journal of Geophysical Research Biogeosciences, 113, G02028.

George C, Rowland C, Gerard F, et al. 2006. Retrospective mapping of burnt areas in Central Siberia using a modification of the normalised difference water index. Remote Sensing of Environment, 104(3): 346-359.

Guenet B, Cadule P, Zaehle S, et al. 2013. Does the integration of the dynamic nitrogen cycle in a terrestrial biosphere model improve the long-term trend of the leaf area index? Climate Dynamics, 40(9-10): 2535-2548.

Gueymard C, Jindra P, Estrada-Cajigal V. 1995. Letter to the editor: a critical look at recent interpretations of the Angstrom approach and its future in global solar radiation prediction. Solar Energy, 54(5): 357-363.

Hansen M C, Potapov P V, Moore R, et al. 2013. High-resolution global maps of 21st-century forest cover change. Science, 342(6160): 850-853.

Huang N E, Shen Z, Long S R, et al. 1998. The empirical mode decomposition and the Hilbert spectrum for nonlinear and non-stationary time series analysis Proceedings of the Royal Society of London A. 454(1971): 903-995.

Huete A, Didan K, Miura T, et al. 2002. Overview of the radiometric and biophysical performance of the MODIS vegetation indices. Remote Sensing of Environment, 83(1-2): 195-213.

Hurtt G C, Frolking S, Fearon M G, et al. 2006. The underpinnings of land-use history: three centuries of global gridded land-use transitions, wood-harvest activity, and resulting secondary lands. Global Change Biology, 12(7): 1208-1229.

Itenfisu D, Elliott R L, Allen R G, et al. 2003. Comparison of reference evapotranspiration calculation as part of the ASCE standardization effort. Journal of Irrigation and Drainage Division, ASCE, 129(6): 440-448.

Jacovides C P, Kontoyiannis H. 1995. Statistical procedures for the evaluation of evapotranspiration computing models. Agricultural Water Management, 27(3): 365-371.

Jeganathan C, Dash J, Atkinson P M. 2010. Mapping the phenology of natural vegetation in India using a remote sensing-derived chlorophy II index. International Journal of Remote Sensing, 31(22): 5777-5796.

Jensen M E, Burman R D, Allen R G. 1990. Evapotranspiration and irrigation requirements. ASCE Manuals and Reports on Engineering Practice No. 70. New York: American Society of Civil Engineer.

Ji F, Wu Z H, Huang J P, et al. 2014. Evolution of land surface air temperature trend. Nature Climate Change, 4(6): 462-466.

Kennedy P, Bertolo F. 2002. Mapping sub-pixel forest cover in Europe using AVHRR data and national and regional statistics. Canadian Journal of Remote Sensing, 28(2): 302-321.

Lin S, Liu R G. 2016. A simple method to extract tropical monsoon forests using NDVI based on MODIS data: A case study in South Asia and Peninsula Southeast Asia. Chinese Geographical Science, 26(1): 22-34.

Liu M, Tian H. 2010. China's land cover and land use change from 1700 to 2005: Estimations from high-resolution satellite data and historical archives. Global Biogeochemical Cycles, 24(3):285-286.

Liu R G, Liu Y. 2013. Generation of new cloud masks from MODIS land surface reflectance products. Remote Sensing of Environment, 133: 21-37.

Lucht W, Prentice I C, Myneni R B, et al. 2002. Climatic Control of the High-Latitude Vegetation Greening Trend and Pinatubo Effect. Science, 296(5573): 1687-1689.

Lunetta R S, Knight J F, Ediriwickrema J, et al. 2006. Land-cover change detection using multi-temporal MODIS NDVI data. Remote Sensing of Environment, 105(2): 142-154.

Martinez-Lozano J A, Tena F, Onrubia J E, et al. 1984. The historical evolution of the Angstrom formula and its modifications: review and bibliography. Agricultural and Forest Meteorology, 33(2-3): 109-128.

Myneni R B, Keeling C D, Tucker C J, et al. 1997. Increased plant growth in the northern high latitudes from 1981 to 1991. Nature, 386(6626): 698-702.

Nagai S, Ichii K, Morimoto H. 2007. Interannual variations in vegetation activities and climate variability caused by ENSO in tropical rainforests. International Journal of Remote Sensing, volume 28(6): 1285-1297.

Nemani R, Running S. 1997. Land cover characterization using multitemporal red, near-IR, and thermal-IR data from NOAA/AVHRR. Ecological Applications, 7(1): 79-90.

Olofsson P, Foody G M, Herold M, et al. 2014. Good practices for estimating area and assessing accuracy of land change. Remote Sensing of Environment, 148: 42-57.

Päivinen R, Lehikoinen M, Schuck A, et al. 2001. Combining earth observation data and forest statistics. European Forest Institute Research Report 14. EUR 1991IEN. European Forest Institute, Joensuu. Finland. Joint Research Centre-European Commission.

Paivinen R, Lehikoinen M, Schuck A, et al. 2003. Mapping forest in Europe by combining earth observation data and forest statistics. Advances in Forest Inventory for Sustainable Forest Management and Biodiversity Monitoring. Springer Netherlands.

Penman H L. 1948. Natural evaporation from open water, bare soil and grass. Proceedings, Royal Society, Series A, 193: 454-465.

Qian C, Fu C, Wu Z, et al. 2011. The Role of Changes in the Annual Cycle in Earlier Onset of Climatic

Spring in Northern China. Advances in Atmospheric Sciences, 28(2): 284-296.

Rietveld M R. 1978. A new method for estimating the regression coefficients in the formula relating solar radiation to sunshine. Agricultural Meteorology, 19(3): 243-252.

Running S W, Loveland T R, Pierce L L, et al. 1995. A remote sensing based vegetation classification logic for global land cover analysis. Remote Sensing of Environment, 51(1): 39-48.

Schuck A, Paivinen R, Hame T, et al. 2003. Compilation of a European forest map from Portugal to the Ural mountains based on earth observation data and forest statistics. Forest Policy and Economics, 5(2): 187-202.

Shao Y, Lunetta R S, Wheeler B, et al. 2016. An evaluation of time-series smoothing algorithms for land-cover classifications using MODIS-NDVI multi-temporal data. Remote Sensing of Environment, 174: 258-265.

Shi F, Yang B, Gunten Lv, et al. 2012. Ensemble empirical mode decomposition for tree-ring climate reconstructions. Theoretical and Applied Climatology, 109(1-2): 233-243.

Stone R J. 1993. Improved statistical procedure for the evaluation of solar radiation estimation models. Solar Energy, 5(1): 289-291.

Trnka M, Zalud Z, Eitzinger J, et al. 2005. Global solar radiation in Central European lowlands estimated by various empirical formulae. Agricultural and Forest Meteorology, 131(1-2): 54-76.

Troltzsch K, Van Brusselen J, Schuck A. 2009. Spatial occurrence of major tree species groups in Europe derived from multiple data sources. Forest Ecology and Management, 257(1): 294-302.

Verma R, Dutta S. 2013. Vegetation Dynamics from Denoised NDVI Using Empirical Mode Decomposition. Journal of the Indian Society of Remote Sensing, 41(3): 555-566.

Vermote E F, Roger J C, Ray J P. 2015. MODIS surface reflectance user's guide, MODIS Land Surface Reflectance Science Computing Facility.

Walker D A, Epstein H E, Raynolds M K, et al. 2012. Environment, vegetation and greenness (NDVI) along the North America and Eurasia Arctic transects. Environmental Research Letters, 7(1): 015504.

Wright J L. 1982. New Evapotranspiration Crop Coefficients. Journal of Irrigation and Drainage Division, ASCE, 108(1): 57-74.

Wu Z, Huang N. 2004. A study of the characteristics of white noise using the empirical mode decomposition method. Proceedings of the Royal Society A Mathematical Physical & Engineering Sciences, 460(2046): 1597-1611.

Wu Z, Huang N, Wallace J, et al. 2011. On the time-varying trend in global-mean surface temperature. Climate Dynamics, 37(3-4): 759-773.

Wu Z, Huang N, Chen X. 2009. The multi-dimensional ensemble empirical mode decomposition method. Advances in Adaptive Data Analysis, 1(3): 339-372.

Xia J J, Yan Z W, Wu P. 2013. Multidecadal variability in local growing season during 1901–2009. Climate Dynamics, 41(2): 295-305.

Zhang X Y, Friedl M A, Schaaf C B, et al. 2003. Monitoring vegetation phenology using MODIS. Remote Sensing of Environment, 84(3): 471-475.

Zhao X, Xu P, Zhou T, et al. 2013. Distribution and Variation of Forests in China from 2001 to 2011: A Study Based on Remotely Sensed Data. Forests, 4(3): 632-649.

Zhu Z, Bi J, Pan Y, et al. 2013. Global data sets of vegetation leaf area index (LAI)3g and fraction of photosynthetically active radiation (FPAR)3g derived from global inventory modeling and mapping studies (GIMMS) normalized difference vegetation index (NDVI3g) for the period 1981 to 2011. Remote Sensing, 5(2): 927-948.

# 第3章 气候变化对典型森林群落及主要树种生物量和生产力的影响

森林净初级生产力表示森林在单位时间和单位面积上所固定的有机质总量，即由光合作用所固定的有机质总量减去其自养呼吸消耗量后的剩余部分，是反映森林碳交换强度的主要指标，是评价森林碳汇功能的主要因素。自 20 世纪 70 年代以来，全球碳循环研究备受人们关注。森林，作为陆地生物圈的一大主要部分，具有丰富的生物多样性、复杂的结构、和维持区域生态环境等多种功能。森林本身维持着大量的植被碳库（约占全球植被碳库的 86%以上）（Woodwell et al.，1978），同时也维持着巨大的土壤碳库（约占全球土壤碳库的 73%）（Post et al.，1982），与其它陆地生态系统相比，森林生态系统具有较高的净初级生产力，每年固定的碳与占整个陆地生态系统的 2/3（Kramer，1981），因此，森林生态系统在调节全球碳平衡等方面具有不可替代的作用。准确、全面地估计森林碳库的大小以及碳交换过程是深入了解全球碳循环过程以及其机制的基础。

中国地域广阔，跨不同气候带，拥有多种森林类型。研究中国主要森林分布区域典型森林区净初级生产力变化有助于探究全国尺度上森林碳汇变化，从而对全球气候变化下森林功能进行评价。在区域水平上，森林通过碳储量和碳交换，对抑制大气 $CO_2$ 浓度上升有着举足轻重的作用（Melillo et al.，1993），同时也与政府相关的碳减排政策密切相关。

## 3.1 利用树轮宽度提取森林群落生物量和生产力的方法

由于树木年轮具有定年准确、连续性强、分辨率高和易于获取复本等特点，使得树轮宽度资料成为研究森林过去净初级生产力的重要数据源。优势在于能够精确获取长时间尺度森林种群及群落净初级生产力数据。

用于森林净初级生产力研究的树轮样本必须综合考虑树种组成和龄级结构等因素，应在不同的森林群落类型里设置典型样方，按照林木径阶比例选取一定数量的标准木，在其胸高位置钻取生长树芯，根据逐年胸径宽度值，通过相对生长式或胸径材积经验公式及材积-生物量转换公式，可以获得该区域森林群落过去净初级生产力状况。本章通过树轮宽度资料，利用基于胸径的生物量公式，重建全国各典型森林分布区各森林类型的种群、群落的生物量和净初级生产力动态，并探究其与气候之间的关系，说明气候对森林净初级生产力的影响程度。树轮宽度提取森林年际 NPP 技术路线如图 3.1 所示。

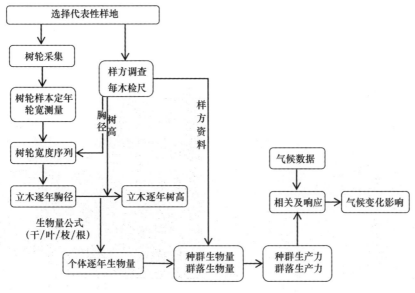

图 3.1　树轮宽度提取森林年际 NPP 技术路线图

## 3.1.1　样品采集及资料获取

### 1. 野外调查及采样

中国的森林碳储量主要集中在东北和西南地区，占全国森林植被碳库总量 50%以上。由于树木年轮学应用树种以针叶树为主，以树轮资料为依据的全国典型森林区植被生物量及净初级生产力的估算工作集中在东北地区。

本章在中国东北长白山地区、小兴安岭地区、内蒙古和黑龙江大兴安岭地区及秦岭太白山地区各设计样点 3～5 个，每个样点设计样方 3 个。样点选择的原则有以下几点：①选择的样地尽可能远离人类活动的区域；②乔木的物种组成能够体现较大范围内森林的物种组成结构；③排除地形地貌的特殊因素（如有河流从中穿越）；④选择样方内不存在或少许存在倒木；⑤选择健康未被火灾虫灾等灾害干扰的林地，避开曾经或正在被灾害影响的地区；⑥样地内的土壤各项指标均为该种典型森林土壤的平均状态（如不存在 pH 显著偏高等因素）。图 3.2 显示的是大兴安岭兴安落叶松样地以及秦岭太白红杉样地的植被状况。

为了掌握森林资源的状况，满足森林资源管理工作的需要，在实际工作中，一般不可能对于全林分进行实测，往往是在林分中，按照一定的方法和要求，进行小面积的局部实测调查。在局部调查中，选定实测调查地块的方法有两种：①按照随机的原则设置实测调查地块；②以林分平均状态为依据典型选设实测调查地块。本章采用第二种方法，按照平均状态的要求确定能够充分代表林分总体特征平均水平的地块，简称标准地（sample-plot）。最后利用标准地调查法（sampple-plot survey method）根据标准地调查结果按面积比例推算全林分结果。本章在确定了标准地后，进行样方的布置，以 20m×20m 为一个样方大小，以带标尺的测绳进行样方的范围划定，但由于坡度的不同，实际操作中各边的长度有所调整以保证竖直方向上各边长度的一致。样点选择后，立即测量各角点的经纬度以及海拔高度。测量样方郁闭度并划分好区域以便取样。每个样地设置三个样方，且样方之间的直线距离大于 200m。

(a) 大兴安岭兴安落叶松样地　　　　　　　　　　　(b) 秦岭太白红杉林野外样地

图 3.2　大兴安岭兴安落叶松林及秦岭太白红杉林野外样地

记录各个采样点地理环境要素特征，包括土壤属性、坡度、坡向等。对于样方内树木进行每木调查，测量其胸径与树高，并利用生长锥对胸径超过 8cm 的树木进行树轮的采集工作。采集过程中，利用生长锥在树木胸高位置（离地面高度约 1.3m）取样，从垂直于坡向的两个方向各取一样芯，为了准确计算树木的径向生长量，尽量保证能够取得树轮的髓心位置。

## 2. 样品处理

### 1）样本预处理

树轮样本带回实验室后，需进行预处理工作。首先，将树轮样本小心地用白乳胶粘在特制木槽中，此过程中需要注意将样芯的两个反光面置于凹槽两侧位置以保证在之后的处理能够清晰地分辨树轮的界线。对于断裂的样芯，按照原有顺序排列；对于样芯反光面发生扭曲的现象，则应当利用水蒸气熏蒸扭动转动到正常方位。将样芯粘在木槽中后，白乳胶干燥之前利用棉线缠绕固定，待胶完全干后，拆去棉线。其次，将粘牢的样芯依次用由粗到细（120～600 目）的不同颗粒的砂纸进行打磨，通常打磨到在显微镜下能够清晰分辨出细胞的形状和大小以及树轮的分界线即可，部分不够清晰的样本利用较高目数（800 目）的砂纸进行打磨直至清晰。研究区出现较多的阔叶树种，在打磨阔叶树种时，以能够在显微镜下清楚看见细胞形状、大小为宜。

本章主要针对典型森林群落中心区域的树轮样本进行采集，研究区为该群落生长适宜区，故而树轮样本的宽度值较大，且极少出现缺轮的现象。利用显微镜以及细铅笔可以通过数轮的方法进行初步的定年工作（图 3.3）。

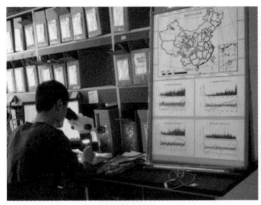 

(a)树轮定年　　　　　　　　　　　　　　(b) Lintabb高精度版树轮宽度测量仪

图 3.3　树轮定年工作及 Lintab6 高精度版树轮宽度测量仪

**2）树轮宽度序列生成**

Lintab6 高精度版树轮宽度测量仪用作本章树轮宽度的测量工作，仪器精度为0.001mm。每棵树木的两根样芯测量后，利用 COFECHA 进行对比定年分析，在一个样点所有同种树木的测量工作完成时，再次利用 COFECHA 进行精确的交叉定年。COFECHA 是一种精确的定年方法，能够较为准确地验证初步定年的准确性，并能够获取定年检查后的基本特征值（Grissino-Mayer，2001）。部分树轮在一年的轮宽中宽窄不一，且此现象出现在样芯上，则可以利用 COFECHA 的验证结果进行初步的重新测量和修改。

随后，将每个研究区的每个研究样地中每棵立木的两根样芯画图，横坐标为定年结果，纵坐标为样芯宽度值。比较每幅图像上的年轮宽变化是否一致，在两根样芯出现不一致的状况时，及时进行检查，如由于人为因素而导致的误差，则立即进行该段的重新测量。在经过了多种验证以及检查方法后，确定样芯的定年结果和年宽度值结果，以进行下一步的分析。

平均每棵树 1960～2012 年的样芯逐年值，作为树木半径的年际生长值，整合成样地所有树种树轮宽度序列数据集。

## 3.1.2　树龄估算

树轮样芯的采样工作中，尽量取得树木髓心，取得树木髓心的样本即通过定年得知样芯所在树木的年龄。

对于取得近髓心部分的树轮样本，假设树木胸径横截面年轮呈现同心圆，通过圆的几何解读计算内部圆弧到髓心的距离。如图 3.4 所示，选取树心样本靠髓心部分的清晰圆弧，利用薄刀片于显微镜下画出弦长 $l$、弦高 $h$，并通过 Lintab6 高精度版树轮宽度测量仪进行长度测量，最后记录于对应样芯记录中。

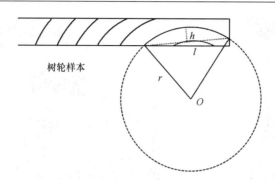

图 3.4　树轮样本内部树轮圆弧距髓心（$O$）距离估算示意图

该弧所在圆半径 $r$，即该年年轮所在弧距树木髓心 $O$ 距离，即可通过几何估算式（3.1）获取：

$$r = \frac{h}{2} + \frac{l^2}{8h} \tag{3.1}$$

如式（3.2）所示，以样本最内部十年年轮宽度的平均值作为内部缺失年轮的宽度 $x$：

$$x = \frac{1}{10} \sum_{i=1}^{10} x_i \tag{3.2}$$

式中，$x_1 \sim x_{10}$ 分别代表样本最内部 10 年的年轮宽度。

样芯内部缺失年轮数目 $n$ 则可以通过式（3.3）将距离与宽度的商取整进行估算：

$$n = \left[ \frac{r}{x} \right] + 1 \tag{3.3}$$

样芯所在树木生长起始年即为样芯最内轮年份与缺失年轮数目的差值，树木年龄值为采样当年年份与生长起始年的差值。

## 3.1.3　单一立木生物量估算

将树木横截面假设为树轮的标准同心圆，则树轮样本能够有效反映出树木的胸高断面积上的径向年增长量。根据式（3-4），树木的逐年胸径值 $D_n$ 可以根据实际测量胸径 $D$ 与树轮逐年宽度的差值计算得到：

$$D_{n-1} = D_n - \frac{2}{i} \sum a_{in} \tag{3.4}$$

式中，$a_{in}$ 为同一棵树第 $i$ 根样芯第 $n$ 年的树轮宽度值，树木第 $n$ 年增长的直径则为该年多样芯树轮宽度平均值的 2 倍；第 $n-1$ 年的胸径值 $D_{n-1}$ 即为第 $n$ 年的胸径值 $D_n$ 减去第 $n$ 年生长的树木直径值。每棵立木取样芯多为 2 根，仅少数树木由于部分组织腐朽而选取了更多的样芯。

结合当地材积公式及转换系数或者经验公式计算单一立木干、枝、叶、根各部分生物量。在一些地区拥有着较多的基础性研究资料，利用胸径-材积公式能够相对非常精确地估算出立木材积生长。

样地立木的树轮宽度数据结合胸径-材积公式或者在部分资料匮乏地区结合林业立木材积表，可以获得该区域森林各树种胸径树高与生物量的关系。结合树轮宽度推算出的逐年胸径值对样方的所有树种进行蓄积量的估算，得出该树种的样方范围年蓄积量。最后将样方所有树种的蓄积量结果加和，形成样方年乔木蓄积量。通过相关公式同时计算出林下植被以及凋落物的生物量大小，并加和得出样方逐年生物量。计算逐年差值，得出样方植被群落的逐年净初级生产力大小。以长白山地区为例，我们直接利用长白山地区已有的生物量的研究中的相关模型，结合树轮宽度数据得到的逐年胸径值，计算出各个样地上的所有立木各部分的生物量值，加和得到了所有立木的逐年生物量。各地区由于基础资料的不同而计算方法上有所区别。

### 1）长白山地区

本章收集了长白山阔叶红松林中主要树种的相对生长公式（陈传国等，1983；徐振邦等，1985；罗天祥，1996）（表 3.1）。

**表 3.1　长白山各树种生物量计算公式**

| 树种 | 干生物量（$B_s$） | 枝生物量（$B_b$） | 叶生物量（$B_l$） | 根生物量（$B_r$） |
|---|---|---|---|---|
| 红松 | $B_s=0.023705(D^2H)^{0.966}$ | $B_b=0.0138(D^2H)^{0.7304}$ | $B_l=0.0663(D^2H)^{0.5011}$ | $B_r=0.027845(D^2H)^{0.885}$ |
|  | （$r=0.999$, $P<0.001$） | （$r=0.978$, $P<0.001$） | （$r=0.933$, $P<0.001$） | （$r=0.913$, $P<0.01$） |
| 落叶松 | $B_s=0.0243D^{2.7951}$ | $B_b=0.0021D^{2.8047}$ | $B_l=0.0012D^{2.8189}$ | $B_r=0.0024D^{2.8012}$ |
|  | （$r=0.996$, $P<0.001$） | （$r=0.994$, $P<0.001$） | （$r=0.995$, $P<0.001$） | （$r=0.994$, $P<0.001$） |
| 辽东栎 | $B_s=0.30498D^{2.16348}$ | $B_b=0.002127D^{2.9504}$ | $B_l=0.00321D^{2.47349}$ | 根干生物量之比为* |
|  | （$r=0.981$, $P<0.001$） | （$r=0.721$, $P<0.01$） | （$r=0.815$, $P<0.001$） | 10：36 |
| 水曲柳* | $B_s=1.1904D^{1.764}$ | $B_b=1.5598D^{1.461}+8.87×10^6D^{3.622}$ | $B_l=1.297D^{0.753}$ | 根干生物量之比为 |
|  | （$r=0.98$, $P<0.001$） | （$r=0.93$, $P<0.001$） | （$r=0.90$, $P<0.001$） | 10：43 |

注：表中公式引用自陈传国等（1983）和罗天祥（1996）；*引自徐振邦等（1985）

立木的干、枝、叶、根的生物量（$B_s$、$B_b$、$B_l$、$B_r$）分别进行计算，对于没有相对生长公式计算根系生物量的树种，采用了根干生物量比例关系进行计算。如式（3.5）所示，全株生物量（$B$）即为植株各部分生物量之和：

$$B=B_s+B_b+B_l+B_r \tag{3.5}$$

其中，红松（*Pinus koraiensis*）树种依据树高-胸径关系式（Zhang et al.，2010）推算逐年树高值（$H$）：

$$H=27.063-\frac{470.765}{D+15.255} \tag{3.6}$$

式中，$D$ 为树木胸径值。

### 2）小兴安岭地区

本章对小兴安岭地区红松生物量进行了两种方案的计算：其一，利用胸径-生物量经验回归模型进行估算；其二，利用胸径-树高公式计算出立木逐年树高值，继而进行立木材积的计算，最后利用材积-生物量公式计算出立木生物量，即材积源生物量法

（volume-derived biomass），也叫生物量转换因子连续函数法（biomass expansion factor，BEF）。

方法一利用胸径-生物量公式（Wang，2006），可以直接计算该立木各部分及地上、地下生物量总量：

$$\lg B = a + b(\lg D) \tag{3.7}$$

式中，$B$ 为生物量；$D$ 为胸径值；$a$、$b$ 为参数。各部分生物量公式参数参考表 3.2。

**表 3.2 小兴安岭红松胸径生物量公式参数表**

| 项目 | $a$ | $b$ | 调整 $R^2$ | 均方误差（MSE） | 对数校正因子（CF） |
| --- | --- | --- | --- | --- | --- |
| 总生物量 | 2.249 | 2.218 | 0.985 | 0.010 | 1.026 |
| 地上生物量 | 2.236 | 2.144 | 0.992 | 0.005 | 1.012 |
| 干生物量 | 1.908 | 2.258 | 0.996 | 0.003 | 1.007 |
| 枝生物量 | 1.523 | 2.240 | 0.952 | 0.032 | 1.089 |
| 叶生物量 | 1.709 | 1.657 | 0.883 | 0.046 | 1.130 |
| 地下生物量 | 1.296 | 2.376 | 0.910 | 0.071 | 1.207 |

表中参数引自 Wang 等（2006）

方法二中材积公式采用了胸径树高二元材积公式。研究（马建路等，1995）表明，小兴安岭阔叶红松林中，不同立地类型红松年龄在决定优势树高上的意义不大，树高与胸径之间有着密切的联系，符合高生长方程（Peng et al.，2001）中的 Richards 方程，如式（3.8）、式（3.9）所示。

$$H_1 = 33.1180(1 - e^{-0.0399D})^{1.1446} \tag{3.8}$$

$$H_2 = 33.1180(1 - e^{-0.0332D})^{0.9210} \tag{3.9}$$

其中，$H_1$ 用于计算椴树红松林中红松优势树高，$H_2$ 用于计算云冷杉红松林中红松优势树高。根据地理位置及树种组成，将 FL 样地划分为椴树红松林样地，TW 以及 LX 样地划分为云冷杉红松林样地。

材积利用胸径和树高公式进行估算（赵丽丽，2011）：

$$V = 0.00004954D^{1.865}H^{1.053} \tag{3.10}$$

式中，$V$ 为立木材积。

最后利用材积-生物量公式将计算所得的材积转换成生物量（方精云等，1996）：

$$B = 0.5185V + 18.22 \tag{3.11}$$

式中，$B$ 为生物量。

本章利用两种方法分别计算了小兴安岭地区阔叶红松林中红松立木逐年生物量。

材积-生物量法所计算得到小兴安岭各区域红松平均生产力序列自 1953 年 1.947 t/(hm²·a) 增至 2013 年 3.775 t/(hm²·a)，平均年生产力增长值为 0.017 t/(hm²·a)。

其中北部地区椴树红松林红松生产力值自 1953 年的 1.285 t/(hm²·a)增至 2013 年的 2.574 t/(hm²·a)，年平均生产力增长量为 0.011 t/(hm²·a)。1953～2013 年，同样处于北部地区的云冷杉红松林样地红松生产力值自 2.371 t/(hm²·a)增至 3.701 t/(hm²·a)，年平均增长量为 0.012

t/(hm²·a)。南部样地红松生产力自 2.184 t/(hm²·a)增至 5.051 t/(hm²·a)，增长速率最快，年平均生产力增长量为 0.029 t/(hm²·a)。

生物量公式法所计算得到小兴安岭各区域红松平均生产力序列自 1953 年 1.652 t/(hm²·a)增至 2013 年 3.261 t/(hm²·a)，平均年生产力增长值为 0.015 t/(hm²·a)。

其中北部地区椴树红松林红松生产力值自 1953 年的 1.056 t/(hm²·a)增至 2013 年的 2.178 t/(hm²·a)，年平均生产力增长量为 0.011 t/(hm²·a)。1953 年至 2013 年，同样处于北部地区的云冷杉红松林样地红松生产力值自 2.033 t/(hm²·a)增至 3.243 t/(hm²·a)，年平均增长量为 0.011 t/(hm²·a)。南部样地红松生产力自 1.867 t/(hm²·a)增至 4.362 t/(hm²·a)，增长速率最快，年平均生产力增长量为 0.025 t/(hm²·a)。

Wang（2006）认为，小兴安岭地区红松的一元生物量公式（自变量为胸径值）和二元生物量公式（自变量为胸径和树高值）所得的生物量结果不存在显著差异，由于树高难以进行过去时间段的准确估计（Crow et al.，1988），且代入该参数将导致二次误差放大（Mowrer et al.，1986），故而在该地区当应用一元生物量公式进行估算。本章的结果证明了利用以上两种方法计算小兴安岭地区红松生物量不存在显著的差异（相关系数＞0.9，$p<0.001$），为减少不必要的参数、防止多方程导致的误差放大，最终选择方法一中的胸径-生物量计算法计算该地区红松生物量。

**3）大兴安岭地区**

前人的研究（鲍春生等，2010；都本绪，2015）认为，大兴安岭地区兴安落叶松（*Larix gmelinii*）生物量模型以胸径树高为自变量预测精度普遍高于以单一胸径为自变量的模型，且以幂函数模型最为准确。本章采用了鲍春生等（鲍春生等，2010）根据该地区实测数据建立的兴安落叶松幂函数生物量回归模型及刘志刚等（刘志刚等，1994）对兴安落叶松地上地下生物量比例的计算进行计算（表 3.3）：

**表 3.3 大兴安岭兴安落叶松生物量计算公式**

| 各部分生物量 | 方程 |
| --- | --- |
| 干生物量（$B_s$） | $B_s=0.024（D^2H）^{0.962}+0.004（D^2H）^{0.916}$ $R^2=0.952$ |
| 枝生物量（$B_b$） | $B_b=0.016（D^2H）^{0.719}$ $R^2=0.899$ |
| 叶生物量（$B_l$） | $B_l=0.003（D^2H）^{0.775}$ $R^2=0.902$ |
| 根生物量（$B_r$） | 根干生物量之比为 922∶2053（中部）[*] 根干生物量之比为 317∶333（北部）[*] |

注：表中公式引自鲍春生等（2010）

[*]引自刘志刚等（1994），其中干生物量包含树干及树皮的生物量

兴安落叶松树高生长符合方程式（3.12）（Wang，2006）：

$$H=1.3+23.127(1-e^{-0.134D})^{1.619}$$
$$R^2=0.877, MSE=0.588$$

(3.12)

**4）秦岭地区**

研究中根据傅志军（1994）关于太白红杉生物量的最优模拟模型（表 3.4）：

**表 3.4  太白山太白红杉生物量计算公式**

| 各部分生物量 | 方程 |
|---|---|
| 干生物量（$B_s$） | $B_s = 168.7135 (D^2H)^{0.1.0027}$ |
| 枝生物量（$B_b$） | $B_b = 0.8416 + 26.7251 (D^2H)^{0.719}$ |
| 叶生物量（$B_l$） | $B_l = (D^2H) / [0.1692 + 0.0413 (D^2H)]$ |
| 根生物量（$B_r$） | $B_r = 47.7136 (D^2H)^{0.7564}$ |

注：表中公式引自傅志军（1994）

森林净初级生产力是由立木年增长量、林下植被年增长量、凋落物、植被死亡组织以及每年被动物等剥蚀的部分组成。本章着重于分析气候的变化对于森林生产力的影响，即考虑到森林净初级生产力的动态变化。在计算逐年生长量值时，由于动物啃食部分所占比例较小且森林植被死亡量在年际变化中反映不明显而在计算时忽略，凋落物、林下植被生物量可以通过与乔木生长量之间的经验公式获取。研究缺失有关植物自然死亡以及动物啃食部分的生物量计算，故而并不能完全估计出森林植被逐年的生产量大小，但可以提供较为精确的生物量及净初级生产力的逐年变化。净初级生产力的计算仅考虑生物量年增加量，见式（3.13）：

$$NPP_i = B_i - B_{i-1} \qquad (3.13)$$

式中，$NPP_i$ 为植物第 $i$ 年的净初级生产力值。

### 3.1.4  种群及群落生物量和生产力的估算

由于选取的样方对整个森林群落有着较强的代表性，森林群落有着较为复杂的结构特征，故而无法通过树轮资料对其整体估算。

在样方水平上，计算某一种树种的生物量总和，以估算单位面积生物量及净初级生产力值，并认为多个样方水平的平均值可以作为该区域森林群落中某一种群森林净初级生产力的代表值。

同样的，我们以样方水平的森林群落净初级生产力作为代表值，将多个样方的单位面积净初级生产力值进行平均，作为该区域森林群落净初级生产力值。结合遥感手段获取的某种森林群落的具体森林面积，则可以较为准确地估算出该森林群落的碳储量以及碳收支过程。

## 3.2  气候变化对森林生产力影响评估技术

### 3.2.1  气候因子与生产力的相关分析

由于植物生长当年以及前一年均对森林净初级生产力产生一定的影响，在相关及以下的响应分析是，均以前一年生长季末至当年生长季末作为气候资料参数评价对当年净初级生产力的影响。

将气温以及降水序列同时设为输入参数，同时可以分析其它环境参数，如 Palmer 干旱严重程度指数（PDSI）等，以净初级生产力序列作为树轮资料输入，计算前一年生长季到当年生长季末气候对净初级生产力的影响程度。超过 95%显著性水平的作为显著影响森林净初级生产力变化的气候因子，所有气候要素均给出了相关系数及响应系数。

由于气候要素对净初级生产力的相关性并非局限于年际变化水平，可能由于长期的低频变化使得两者之间的相关产生了并不可信的结果。本章中同时将序列进行一阶差处理，得到的高频序列再次进行相关性分析。当同一气候要素在两次分析中均与净初级生产力序列显著相关时，被定义为显著影响净初级生产力变化的主要气候因子。

### 3.2.2　气候要素对森林生产力的影响程度

研究进一步利用响应分析和回归分析，量化气候要素对森林 NPP 的影响程度。响应分析的过程中，为了获取较为准确的结果，进行了 500 次或以上的抽样过程。相互影响较小的因子可以同时进行响应分析，而相关性较强的气候因子则不适宜同时进行响应分析。

响应分析的结果展示了某一种或某几种气候要素对净初级生产力的解释量，并给出了净初级生产力序列对所有气候因子的响应系数。

气候要素对森林净初级生产力的影响是较为显著的，随着气候的变化，森林净初级生产力由于气候限制因子的作用从而发生改变。利用相关及响应分析可以判断森林净初级生产力受到哪些气候因子的影响，继而通过回归分析了解森林净初级生产力受到气候变化的作用而发生的量的转变。

将显著影响净初级生产力变化的气候因子作为自变量，而净初级生产力序列作为因变量，进行逐步回归分析。逐步回归中选入和剔除的检验水平分别是 0.1 和 0.05。

由此可以建立以气候因子为参数的回归方程，分析中同时给出了回归方程因子对于净初级生产力序列的解释量，表明了该气候因子对净初级生产力的定量化影响。

### 3.2.3　气候与非气候因素对森林生产力的影响

树木的自然生长主要包括树木由于其年龄的增长而发生的生长过程以及由于环境的变化而导致的树木的生长的变化（Fang et al.，2014）。树木生长适宜区的树木生长几乎不会或很少受到某气候要素的影响，而相比之下，气候非适宜区的树木生长受到该气候要素的强烈影响。对比的结果就能充分反映出某种气候因子对区域性植被生长的作用，从而判别气候因子对森林 NPP 变化的影响程度，也同时使得分离气候非气候因素对森林 NPP 的影响成为可能（图 3.5）。

我们对某一个气候因子进行研究，对其它环境变量保持基本一致的情况下，认为该气候因子不作为树木生长的限制因子或对其树木生长限制极小的地区为树木生长适宜区，而同样的，该因子能显著影响到树木生长的地区为树木生长非适宜区。

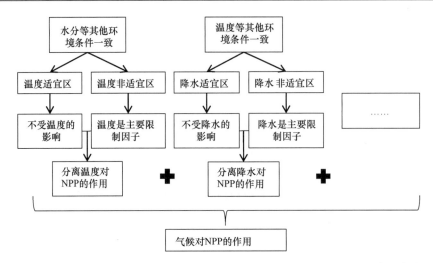

图 3.5　利用树木生长适宜区及非适宜区 NPP 变化差异分离气候及非气候因素影响流程图

以气温为例，通常高海拔地区的气温限制因子的作用较为显著，而同地区低海拔地带的气温限制作用较小或可以忽略。在水分条件、土壤属性等其它环境因素一致的情况下，可以通过高海拔以及低海拔地区的森林 NPP 变化对气温的响应过程来判断和量化气温对森林 NPP 的影响。

一个地区的多种气候要素对森林 NPP 的影响的量化结果可以用于解释气候对森林 NPP 的影响机理以及过程，从而估算出气候对某区域森林生态系统 NPP 的影响，对比实地测量的 NPP，解释气候对森林 NPP 的影响程度。

同时取得树木生长适宜区以及非适宜区的树轮样品以估算 NPP，并将 NPP 序列与气候要素进行相关性分析。在相关分析中，两地的 NPP 序列与气温、降水等气候要素在不同的月份可能呈现不同的相关性关系。非适宜区 NPP 序列与某些月份的某气候要素可能呈现显著的相关性，而适宜区的 NPP 序列由于对该气候要素的响应并不明显或不受其限制作用，从而没有显著的相关性关系。由于植物生长仍然受到前一年生长的影响，在进行原序列相关分析后，依然需要将 NPP 序列以及气候序列进行一阶差处理，进行相关性分析，从而获取可信的影响树木生长非适宜区森林 NPP 变化的气候因子。

定量地评估气候对 NPP 的影响是分离气候与非气候对森林 NPP 的影响的最关键的内容之一。我们以树木生长适宜区作为基准，认为某一气候因子对其的影响可以忽略不计，计算树木生长非适宜区 NPP 序列受到该气候因子影响的程度。

同时将两地 NPP 序列与某气候因子进行响应分析，首先验证树木生长适宜区 NPP 序列对该气候因子没有显著的响应关系，继而探寻该气候因子对树木生长非适宜区 NPP 序列变化的解释量。

在研究区进行大量的研究，以某一个气候因子作为变量而其它环境变量不变研究该气候因子对树木生长以及 NPP 变化的影响程度，在对全部气候因子进行了研究后，将得出所有气候因子对森林 NPP 变化的量化影响，除去所有气候因子影响的 NPP 变化被认为是非气候因素对森林 NPP 的影响部分。更为深入的研究或将其作为模型机理，设计相关模型，从而较为精确地估计森林生态系统 NPP 变化对气候以及非气候因素的变化的响应程度。

# 3.3　气候变化对长白山阔叶红松林生物量和生产力的影响

长白山自然保护区处于中国东北吉林省的东南部，41°35′～42°25′N，127°40′～128°16′E 之间的地带，东南部与朝鲜毗邻。长白山为古老褶皱山经历火山活动以及河流切割作用形成，火山遗迹景观多，长白山天池所在山体为典型的火山锥体，高海拔地区覆盖有深厚的火山灰和浮石，山体中部多为玄武岩、粗面岩等构成的熔岩台地，山脚则为侵入岩构成的丘陵地带，土层肥沃。长白山为东北、西南走向，阻碍了冬季盛行的西北气流和夏季盛行的东南气流，成为了气候上的天然屏障。其广大林区有着充沛的降水，且集中在 7～9 月，气候湿润，夏季温暖多雨，冬季漫长寒冷。

长白山原始森林生态系统是亚洲东部保存最为完好的温带山地森林生态系统（吴钢等，2001）。其中，阔叶红松林是最主要的森林植被类型之一。研究表明 20 世纪 80～90 年代，由于气候条件的变化，东北不同森林类型的净初级生产力和总净初级生产力都有着上升，尤其是落叶阔叶林最为显著（Zhao et al.，2012）。遥感反演结果也表明 2001～2006 年长白山净初级生产力为增长趋势（Huang et al.，2011）。

## 3.3.1　长白山阔叶红松林样地概况

长白山阔叶红松林研究区位于长白山北坡，海拔约 750m，样地分别设置在一号地（CB）、白河（BH）以及露水河（LS）地区。基本采样情况见表 3.5 所示。样地选用地区地势平坦，无明显坡度坡向，土壤湿润肥沃，为典型的暗棕色森林土。

长白山 CB 样地设置 5 个样方，BH 以及 LS 样地设置样方各 3 个，样方中红松立木株数为 10 株左右。3 个样地共统计红松 94 棵、落叶松 36 棵、辽东栎 12 棵、水曲柳 9 棵，采集树芯样本红松 190 根、落叶松 74 根、辽东栎 23 根、水曲柳 18 根。

表 3.5　长白山阔叶红松林样方设置及主要树种采样情况

| 采样点 | 海拔/m | 经度 | 纬度 | 坡度/(°) | 坡向 | 红松/(芯/树) | 主要树种 | 红松胸高断面积比例 |
|---|---|---|---|---|---|---|---|---|
| CB1 | 739 | 128°5′12″ | 42°24′10″ | 5 | N | 12/6 | 辽东栎，红松，水曲柳 | 26.65% |
| CB2 | 755 | 128°5′45″ | 42°24′10″ | 4 | N | 10/4 | 辽东栎、红松、糠椴 | 19.51% |
| CB3 | 751 | 128°5′49″ | 42°24′10″ | 5 | N | 12/6 | 紫椴、红松、水曲柳 | 28.61% |
| CB4 | 764 | 128°5′2″ | 42°24′42″ | 3 | N | 16/8 | 红松、青杨、紫椴 | 38.50% |
| CB5 | 749 | 128°5′6″ | 42°24′41″ | 4 | N | 22/10 | 辽东栎、红松、紫椴 | 20.11% |
| BH1 | 773 | 128°2′0″ | 42°22′6″ | 1 | NW | 26/14 | 落叶松、红松、辽东栎 | 25.74% |
| BH2 | 770 | 128°2′3″ | 42°21′54″ | 1 | NW | 16/8 | 落叶松、红松、辽东栎 | 25.21% |
| BH3 | 766 | 128°2′6″ | 42°22′18″ | 1 | NW | 20/9 | 落叶松、红松、辽东栎 | 33.19% |
| LS1 | 758 | 127°52′6″ | 42°29′6″ | 1 | N | 20/10 | 红松、辽东栎、水曲柳 | 55.03% |
| LS2 | 753 | 127°52′6″ | 42°29′4″ | 1 | N | 18/9 | 红松、水曲柳、假色槭 | 47.09% |
| LS3 | 797 | 127°52′2″ | 42°29′6″ | 2 | N | 18/10 | 红松、假色槭、辽东栎 | 63.88% |

注：芯/树中斜杠前为树芯数，后面为树的棵数，如 12/6 表示 6 棵树的 12 个样芯。

## 1. 群落组成结构

CB 样地针叶树种以红松为主，阔叶树种主要有辽东栎、水曲柳、紫椴（*Tilia amurensis*）等。主林层分为两层，第一层平均高度在 25m 左右，主要树种有红松、辽东栎、水曲柳、紫椴等；第二层平均高度 15m 左右，主要树种以色木槭、假色槭（*Acer pseudo-sieboldianum*）、白牛槭（*Acer mandshuricum*）等多种槭树为主。草本层主要有山茄子（*Brachybotrys paridiformis*）、透骨草（*Phryma leptostachya*）、水金凤（*Impatiens noli-tangere*）、羊胡子台草（*Carex callitrichos*）等，盖度约为 60%。另外还有部分藤本植物分布，包括有东北山葡萄（*Vitis amurensis*）、五味子（*Schisandra chinensis*）及狗枣猕猴桃（*Actinidia kolomikta*）等。

BH 样地针叶树以落叶松（*Larix olgensis*）和红松的混交为主，落叶松比例较大，并少量伴生有鱼鳞云杉（*Picea jezoensis*）、臭冷杉（*Abies nephrolepis*）等针叶树种。主林层分为两层，第一层平均高度约为 30m，主要树种为落叶松；第二层平均高度约为 25m，主要树种为红松、辽东栎等。下木层以山杨、怀槐以及各种槭树为主，平均高度为 10m 左右。灌木层高度在 4m，盖度 40%，优势中主要有长白忍冬（*Lonicera ruprech-tiana*）、鼠李（*Rhamnus dahurica*）、胡枝子（*Lespedeza bicolor*）等。草本盖度仅为 40% 左右，优势种有台草（*Corex* spp.）、风毛菊（*Saussurea japonica*）、柴胡（*Bupleurnm chinense*）、大油芒（*Spodiopogon sibiricus*）等。

LS 样地以红松为唯一优势树种，伴生阔叶树种主要有假色槭、水曲柳（*Fraxinus mandshurica*）、辽东栎（*Quecus liaotungensis*）以及椴树（*Tilia Linn.*）。主林层平均高度 25m 左右，以红松、辽东栎为主。下木层以假色槭、白牛槭、青楷槭（*Acer tegmentosum*）、色木槭（*Acer mono*）等槭树为主，另外有少量榆树（*Ulmus pumila L.*）、柞树（*Xylosma racemosum*）等。灌木层有毛榛（*Corylus mandshurica*）、长白忍冬、刺五加（*Eleutherococcus senticosus*）、接骨木（*Sambucus williamsii*）等。草本层物种丰富，以东北百合（*Lilium distichum*）、台草、荨麻（*Urtica fissa E.*）、蚊子草（*Filipendula palmata*）、玉竹（*Polygonatum odoratum*）等为主要物种。LS 样地有喜暖藤本植物混生，主要以东北山葡萄、狗枣猕猴桃为主。

## 2. 胸径结构

多样地平均结果显示：阔叶红松林最主要树种红松的胸高断面积约为 30.62 $m^2/hm^2$，在长白山阔叶红松林中胸高断面积比例最大；部分地区落叶松比例较高，总体胸高断面积达到 17.02 $m^2/hm^2$；另外，阔叶树种辽东栎、水曲柳、紫椴、假色槭等均占据了胸高断面积较大比例（图 3.6）。

长白山阔叶红松林 CB 样地以红松的胸高断面积比例最大，占据整个群落的 26%，针叶树种为红松，阔叶树种种类较多，按胸高断面积比例由大到小依次有辽东栎、水曲柳、紫椴、青杨等，其中三种主要阔叶树（辽东栎、水曲柳、紫椴）占据群落胸高断面积比例的一半以上。

BH 样地的显著特征在于落叶松占据群落较大比例，为较为典型的落叶松红松混交林，普遍存在于长白山阔叶红松林群落分布区域中。该样地针叶树胸高断面积达到该群落胸高断面积的约 90%，主要树种包括有落叶松、红松，其中落叶松胸高断面积比例超过 50%，少量存在鱼鳞云杉和臭冷杉。阔叶树种占据比例较小，以辽东栎为主。

长白山 LS 样地中，红松胸高断面积比例达到 55%，树种优势显著。群落中伴生的阔叶树种主要有假色槭、水曲柳、辽东栎和椴树，共同占据了该群落胸高断面积比例的40%。另外还伴生有少量槭树、柏柳以及榆树，胸高断面积比例较小。

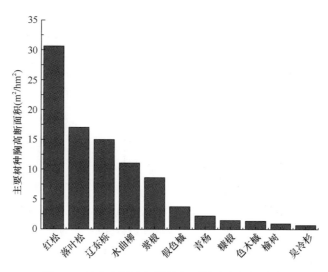

图 3.6　长白山阔叶红松林主要树种胸高断面积

## 3. 红松年龄结构

根据可测得年龄的树木年轮样本结果，阔叶红松林群落中红松平均年龄约为 157.53年，最大为 250 年，最小为 72 年。随着年龄的增加，红松立木生物量值有所增加，并呈现指数上升的趋势（图 3.7）。

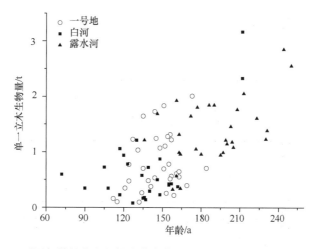

图 3.7　不同年龄长白山红松立木生物量（依据可测年龄的树轮样本）

### 3.3.2 过去 50 年长白山阔叶红松林群落生物量和生产力变化特点

本章所涉及的长白山阔叶红松林群落生物量及净初级生产力指长白山阔叶红松林乔木群落主要树种的生物量及净初级生产力总和，其代表了该地区森林生态系统中大部分的植被质量及其生产，是整个研究区阔叶红松林主要组成林木的平均状态。

长白山阔叶红松林群落生物量自 1960 年以来持续显著上升（$p < 0.001$），且呈现平稳的上升状态。1960 年群落主要树种平均生物量为 213.534 t/hm$^2$，2012 年上升到 372.309 t/hm$^2$，年生物量增加量为 3.016 t/hm$^2$。群落净初级生产力在近 50 年稳定波动且有显著的上升趋势（$p = 0.003$），年平均净初级生产力增长量在 0.013 t/(hm$^2$·a)。最低值出现在 1965 年，年净初级生产力值为 1.955 t/(hm$^2$·a)，最高值出现再 2008 年，年净初级生产力值为 4.534 t/(hm$^2$·a)，是 1965 年净初级生产力的 2 倍以上（图 3.8）。

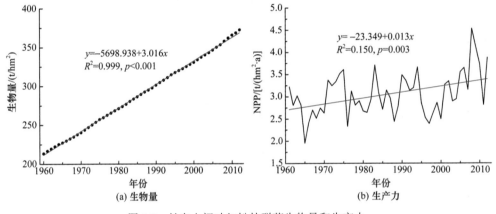

图 3.8 长白山阔叶红松林群落生物量和生产力

由 Mann-Kendall 检验中的 UF 统计量曲线可以得知，长白山阔叶红松林净初级生产力在 20 世纪 70 年代开始呈现了上升的趋势，且在 2005 年发生突变，净初级生产力的上升趋势更加显著（图 3.9）。

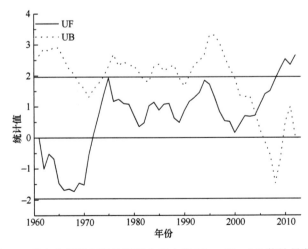

图 3.9 长白山阔叶红松林群落生产力的 Mann-Kendall 统计量曲线

红松、落叶松作为长白山阔叶红松林中最主要的针叶树树种，净初级生产力占据总群落净初级生产力比例近 50 年一直呈现下降的趋势。尤其是作为最主要树种的红松，净初级生产力占总群落比例由 1960 年的 48.946%下降到 2012 年的 43.657%，平均每年下降 0.096 个百分点。落叶松净初级生产力比例的下降并未达到 0.05 显著性水平，且主要呈现先下降后有所抬升的状况。而作为主要阔叶树种的辽东栎和水曲柳则在过去 50 年生物量有着较快的增加，净初级生产力增加显著，生产力所占据整个群落的比例也同时有所增加，且均达到 0.05 显著性水平（图 3.10）。

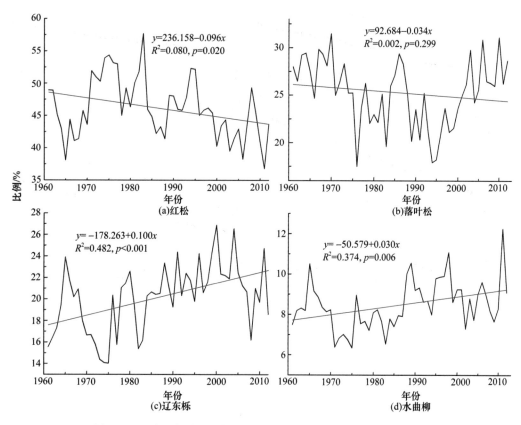

图 3.10　长白山阔叶红松林群落中主要树种生产力占总生产力比例

### 3.3.3　过去 50 年长白山阔叶红松林主要树种生物量和生产力变化特点

#### 1. 过去 50 年长白山红松生物量及生产力

各样地红松生物量自 1960 年以来均呈现显著上升趋势（$p < 0.005$）。其中以 LS 样地红松生物量上升速率最快，约 2.878 t/(hm²·a)，CB 样地约为 1.707 t/(hm²·a)，BH 样地约 1.067 t/(hm²·a)。自 1960 年至 2012 年，LS 样地红松生物量由 184.509 t/hm² 上升到 332.749 t/hm²，BH 样地由 84.867 t/hm² 上升至 142.775 t/hm²，CB 样地则由 53.727 t/hm² 上升至 140.333 t/hm²。以样地平均值作为整个研究区红松特征值，长白山地区红松生物

量由 1960 年的 107.701 t/hm² 上升到 2012 年的 205.286 t/hm²,上升速率为 1.884 t/(hm²·a)
(图 3.11)。

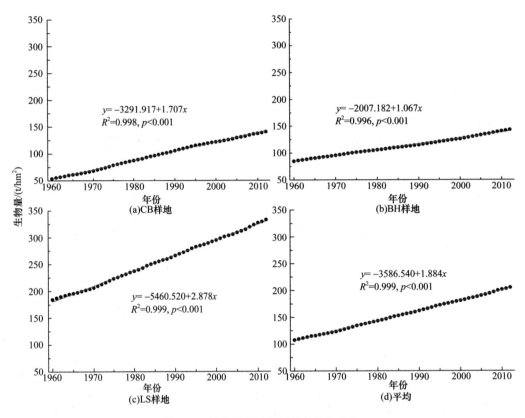

图 3.11　长白山阔叶红松林红松生物量

　　植物各个器官的生物量比例在近 50 年发生了微弱的变化,其中,干生物量占总体
生物量比例呈现缓慢上升的趋势,由 1960 年的 56.885%上升到 2012 年的 60.805%,而
枝、叶、根生物量比例均有微弱的下降趋势,分别由 1960 年的 6.697%、5.256%以及
31.163%下降到 2012 年的 4.892%、3.313%以及 30.991%。根生物量比例出现了先上升
后下降的过程,1969~1972 年所占植物体生物量值达到最大,为 31.183%。

　　如图 3.12 所示,研究区各样地净初级生产力变化趋势一致,极值年对应较好。
净初级生产力序列在过去 52 年间基本呈现出平稳波动的状态,没有显著的上升或下
降趋势。

　　将三个样地净初级生产力序列进行平均作为长白山地区原始阔叶红松林红松净初
级生产力值。1961 年以来,净初级生产力的 52 年平均值为 1.884 t/(hm²·a),其中,最
低值出现在 1965 年,为 1.057 t/(hm²·a),最高值出现在 2008 年,为 2.830 t/(hm²·a)。
1965 年、1988 年、2000 年、2011 年出现极小值,1983 年、1994 年、2008 年出现极大
值。样地间比较结果表明,LS 样地净初级生产力值最大且波动幅度最大,BH 样地净初
级生产力水平较低。

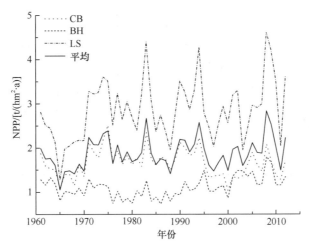

图 3.12　长白山阔叶红松林红松生产力

为了验证各样地之间红松净初级生产力的相关性，本章对样地水平红松净初级生产力进行了对比分析。对比分析结果如表 3.6 所示，BH 样地的红松净初级生产力值较低与该样地红松所占比率较小有关。对比结果表明，BH 样地与 CB 样地之间的净初级生产力不具有显著相关性，而一阶差后的序列则反映了所有样地两两之间的显著相关，表现出样地间净初级生产力序列在高频上的显著一致性。白河地区由于红松所占比率略小，红松净初级生产力均值较低，在低频变化上的反映代表性较差。

表 3.6　长白山各样地红松生产力间的相关性

| | CB | BH | LS | ALL |
|---|---|---|---|---|
| FL | | 0.688** | 0.761** | 0.904** |
| Sig.（双尾） | | 0.000 | 0.000 | 0.000 |
| TW | 0.195 | | 0.528** | 0.735** |
| Sig.（双尾） | 0.166 | | 0.000 | 0.000 |
| LX | 0.686** | 0.469** | | 0.947** |
| Sig.（双尾） | 0.000 | 0.000 | | 0.000 |
| ALL | 0.793** | 0.590** | 0.964** | |
| Sig.（双尾） | 0.000 | 0.000 | 0.000 | |

注：ALL 为所有样地红松净初级生产力平均值；左下方为原始生产力序列的相关系数；右上方为序列一阶差后的相关系数；**表示达到 0.01 显著性水平

## 2. 过去 50 年长白山落叶松生物量及生产力

长白山阔叶红松林落叶松生物量自 1960 年的 100.194 t/hm$^2$ 上升到 2012 年的 153.593 t/hm$^2$，有着显著的上升趋势（$p < 0.001$），平均年增长量为 0.980 t/hm$^2$（图 3.13）。落叶松干生物量占据整个个体生物量的 80% 以上，枝、叶、根的生物量占据个体生物量比例较小。其除乔木个体主干外，各器官生物量所占总生物量的比例近 50 年均表现出了明显的增加，干生物量占总体生物量的比例有所下降。

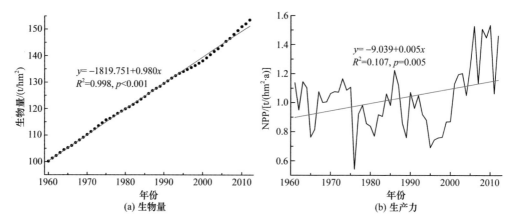

图 3.13　长白山阔叶红松林落叶松生物量和生产力

长白山阔叶红松林中落叶松净初级生产力近 50 年呈现明显的上升趋势（$p=0.005$），年净初级生产力增加量约为 0.005 t/（hm²·a）。最低值出现在 1976 年，为 0.763 t/（hm²·a），最高值出现在 2010 年，为 1.534 t/（hm²·a），且 2006 年、2008 年也出现较高值。如图 3.14 所示，由 Mann-Kendall 法检验中 UF 统计量可见，2002 年以前，落叶松净初级生产力呈现较为明显的下降趋势，且在 1995 年左右达到 0.05 显著性水平。长白山阔叶红松林落叶松净初级生产力在 2006 年发生突变，且呈现较为明显的上升趋势。

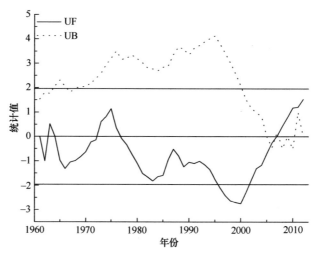

图 3.14　长白山阔叶红松林落叶松生产力的 Mann-Kendall 统计量曲线
直线为 $\alpha=0.05$ 显著性水平临界值

### 3. 过去 50 年长白山辽东栎生物量及生产力

长白山阔叶红松林辽东栎生物量自 1960 年 82.006 t/hm² 到 2012 年的 124.447 t/hm² 上升显著，年增长量为 0.811 t/hm²。其中 20 世纪 90 年代以前，生物量的年增长较为缓慢，而 90 年代以后明显加快（图 3.15）。

辽东栎干生物量占据了个体生物量绝大部分，约为 66%～68%，其次是根生物量，占据个体总生物量的 18%～19%。干生物量以及根生物量占据总生物量比例在近 50 年出现了显著的下降趋势,而与之相反的,原本占据比例较低的枝、叶生物量有所上升。其枝、叶生物量占总生物量比例分别由 1960 年的 11.39%、2.48%,上升到 2012 年的 12.74%、2.57%。干、根生物量占总生物量比例分别由 1960 年的 67.40%、18.72%,下降到 2012 年的 66.28%、18.41%。

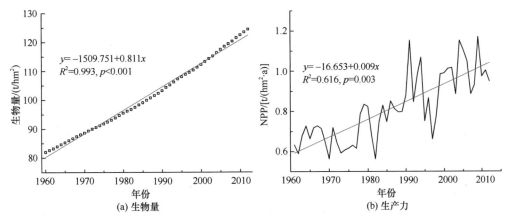

图 3.15　长白山阔叶红松林辽东栎生物量和生产力

长白山阔叶红松林中,辽东栎净初级生产力在近 50 年呈现显著的上升趋势(p=0.003),年净初级生产力自 1961 年的 0.633 t/(hm²·a)上升到 2012 年的 0.948 t/(hm²·a),年增加量为 0.009 t/(hm²·a)。最低值出现在 1982 年,当年净初级生产力为 0.563 t/(hm²·a),最高值出现再 2009 年,当年净初级生产力为 1.170 t/(hm²·a)。1991 年、1994 年、2004 年、2009 年出现极大值,1970、1982、1997 年出现极小值。

如图 3.16 所示,通过 Mann-Kendall 法检验中 UF 统计量可见辽东栎净初级生产力在近 50 年主要呈现上升的趋势,20 世纪 80 年代中期开始达到 0.05 显著性水平。在同一时期,UF 统计量和 UB 统计量曲线产生交点,净初级生产力序列发生了不甚显著的突变现象,净初级生产力明显上升。

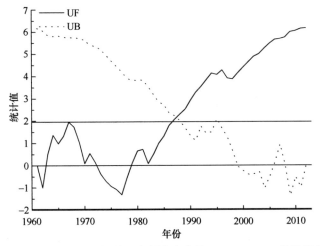

图 3.16　长白山阔叶红松林辽东栎生产力的 Mann-Kendall 统计量曲线

直线为 α=0.05 显著性水平临界值

## 4. 过去 50 年长白山水曲柳生物量及生产力

　　长白山阔叶红松林水曲柳生物量自 1960 年以来呈现显著的上升趋势（$p<0.001$），1960 年生物量值为 31.720 t/hm$^2$，2012 年达到 49.529 t/hm$^2$，年平均增长量为 0.335 t/hm$^2$。20 世纪 90 年代以前生物量的上升较为缓慢，而在此之后，生物量有着较快的增长（图 3.17）。

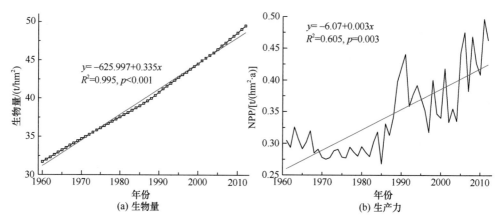

图 3.17　长白山阔叶红松林水曲柳生物量和生产力

　　水曲柳干生物量占据个体生物量的绝大部分，且自 1960 年以来所占比例有所增加。1960 年，水曲柳干生物量占据总生物量比例为 59.96%，2012 年的比例则达到了 60.86，增长了近 1 个百分点。根系生物量所占总生物量的比例也略有增长，从 1960 年的 13.94% 增长到了 2012 年的 14.15%。枝、叶生物量占据总生物量的比例则发生了显著的下降，其分别从 1960 年的 24.80% 和 1.30%，下降到了 2012 年的 23.94 和 1.05%。

　　长白山阔叶红松林中水曲柳的净初级生产力近 50 年呈现显著的上升趋势（p=0.003），且上升过程较为明显地分为了两段式。总体而言，其净初级生产力自 1961 年的 0.305 t/(hm$^2$·a) 上升到 2012 年的 0.463 t/(hm$^2$·a)，年净初级生产力增加量约为 0.003 t/(hm$^2$·a)。在总体呈现增长的过程中，1985 年出现 50 年以来最低值 0.268 t/(hm$^2$·a)，2011 年达到最高值 0.497 t/（hm$^2$·a)。

　　如图 3.18 所示，经过 Mann-Kendall 法检验，证明了其独特的两段式的变化特征，临界时间点在 1990 年左右。前半段以微弱的下降趋势为主，这种下降趋势在 1970~1980 年达到了 0.05 的显著性水平。80 年代后期净初级生产力序列转变为上升趋势，且随着时间的推移，上升趋势表现愈发明显，甚至在 90 年代中后期达到 0.01 显著性水平。

　　长白山阔叶红松林中建群种红松的净初级生产力值在近 50 年来呈现平稳波动，略有上升趋势，1965 年达到最低值 1.06 t/（hm$^2$·a)，2008 年达到最高值 2.83 t/（hm$^2$·a)（图 3.19）。落叶松净初级生产力则在 21 世纪以前呈现显著的下降，而在之后显著急速上升。相关资料表明，1998 年大洪水后，中国启动天然林资源保护工程，选取包括长白山森林保护区在内的部分林区试点停伐，洪水带来的养分同时促进了植被的生长。同样的急剧

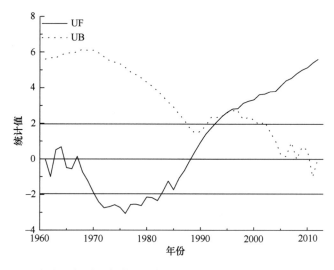

图 3.18　长白山阔叶红松林水曲柳生产力的 Mann-Kendall 统计量曲线
直线为 $\alpha$=0.05 显著性水平临界值

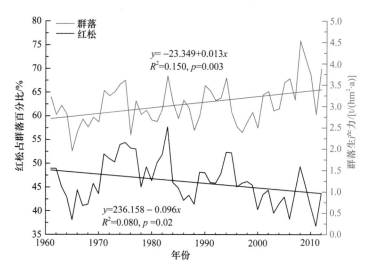

图 3.19　长白山阔叶红松林红松生产力所占群落比例

上升也出现在阔叶树种水曲柳的净初级生产力序列中，由于人为保护，人类活动的减少，森林植被得以更好地发挥其碳库作用。作为阔叶树种的辽东栎与水曲柳的净初级生产力上升更为明显，长白山阔叶红松林群落中阔叶树种具有潜在的优势。在未来的群落演变过程中，建群种红松的主导地位可能削弱甚至被其它树种替代。

### 3.3.4　气候变化的影响

#### 1. 气候变化对长白山阔叶红松林群落生产力的影响

综合群落净初级生产力与温度的相关以及序列一阶差后的相关性结果，全年多数月份气温与群落净初级生产力呈现正相关关系，尤其是月均温及月最低气温（图3.20）。4月气温是影响群落净初级生产力变化的最主要气候因子。净初级生产力序列与 6~7 月最高气温以及最低气温的相关性呈现反向特征。

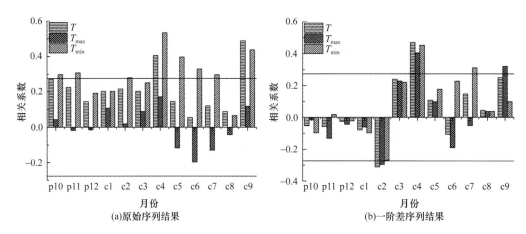

图 3.20　长白山阔叶红松林群落生产力序列与各月气温的相关性分析结果

横坐标月份为前一年的 10~12 月和当年 1~9 月，P：Previous；C：Current。下同

如图 3.21 所示，长白山阔叶红松林群落净初级生产力与降水的相关主要体现在 6月、7月，其中与 7 月降水的一阶差后相关呈现显著（$p<0.05$）。

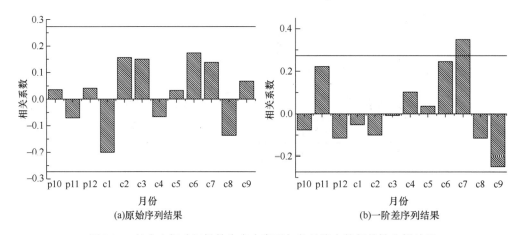

图 3.21　长白山阔叶红松林生产力序列与各月降水的相关性分析结果

　　响应分析的结果显示了阔叶红松林群落净初级生产力对 4 月气温的正响应以及对 6月、7月降水的正响应，但其并没有达到 0.05 显著性标准，而对其它月份的响应则不甚明显（图 3.22）。

　　将主要影响长白山阔叶红松林群落净初级生产力的月或季节性气候因子作为自变量，群落净初级生产力作为因变量进行逐步回归。结果表明，仅 4 月最低气温进入了最后的回归方程（3.14）：

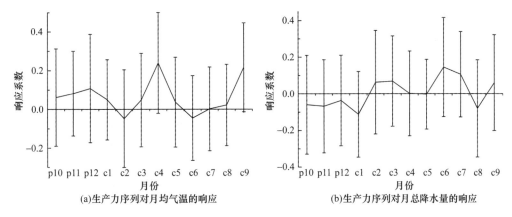

图 3.22　长白山阔叶红松林生产力序列对各月气候因子的响应

$$NPP_r = 3.413 + 0.168 \times T_{min4}$$
$$R = 0.507,\ p = 0.000$$
(3-14)

式中，$NPP_r$ 为气候因子回归得出的净初级生产力值；$T_{min4}$ 为 4 月最低气温。

4 月最低气温可以解释 1961～2012 年阔叶红松林群落净初级生产力 25.7%的变化，可以认为是影响群落净初级生产力变化的最主要气候因子。图 3.23 即显示了长白山阔叶红松林群落利用气候因子回归得到的生产力与实际估算生产力的对比，1965 年群落净初级生产力达到最低值时，4 月最低气温同时出现了 52 年中的最低值– 6.1℃；2008 年净初级生产力达到最高值，4 月最低气温同时达到最高值 1.2℃。一定程度上验证了 4 月最低气温对群落净初级生产力的显著作用。

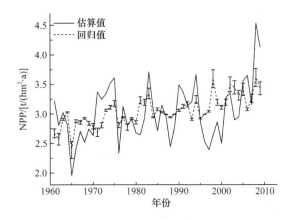

图 3.23　长白山阔叶红松林群落利用气候因子回归得到的生产力与实际估算生产力的对比

长白山地区以落叶松为研究对象，研究温度适宜区（中低海拔，700m）和温度非适宜区（高海拔，1800m）树轮宽度序列的差异（图 3.24）。在中低海拔地区落叶松对于气温响应较弱，而在高海拔地区则是与 6 月的气温呈正相关。同样的，在估算了高海拔以及低海拔地区的落叶松种群 NPP 后，发现了高海拔地区 NPP 序列与气温的显著正相关关系，而在低海拔地区的相关性较弱。

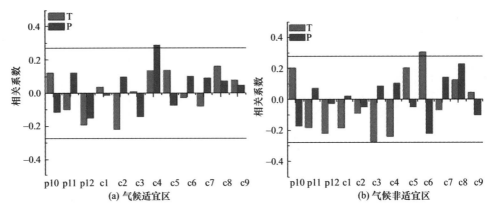

图 3.24　气温适宜区和非适宜区长白落叶松轮宽与气候因素的相关性对比

## 2. 气候变化对长白山红松生产力的影响

气温对红松的生长起到了十分重要的作用，如图 3.25 所示，红松净初级生产力序列与生长季前的气温，尤其是最低气温，表现出明显的正相关关系，并在 4 月达到 0.05 显著性水平。红松生长季，月最高气温和最低气温与红松的相关性相反，较高的月最高气温不利于红松的生长。

季节性气温与红松净初级生产力序列的相关分析表明生长季前月均温与净初级生产力序列之间存在显著正相关关系（$p<0.05$），其中月平均最低气温的贡献率较大。5～7 月平均最低气温与净初级生产力序列间存在显著正相关关系（$p<0.05$），而月平均最高气温与净初级生产力序列间存在较为显著的负相关关系（$p=0.053$）。

经过一阶差分析后发现，4 月气温与红松净初级生产力序列存在显著的正相关关系（$p<0.05$），是影响红松生长的最主要气候因子。生长季最高气温、最低气温与净初级生产力序列一阶差后的相关性依旧呈现反向特征，6 月、7 月最高气温与红松净初级生产力之间存在较为显著的负相关关系，7 月最低气温则与净初级生产力存在显著正相关关系（$p<0.05$）。

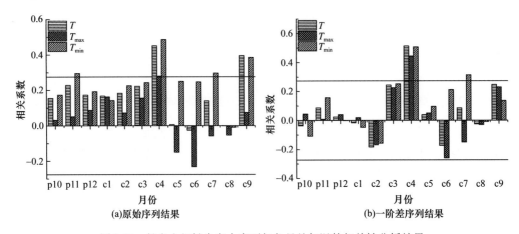

图 3.25　长白山红松生产力序列与各月份气温的相关性分析结果

长白山阔叶红松林中红松种群净初级生产力序列与降水之间的相关性较弱，仅与当年 6 月降水呈现显著的正相关关系（$p<0.05$）。较高的夏季降水量将有利于红松的生长。一阶差后的相关结果证明了 6 月、7 月的降水与净初级生产力序列的正相关关系，且一阶差后这种正相关关系更为突出（图 3.26）。

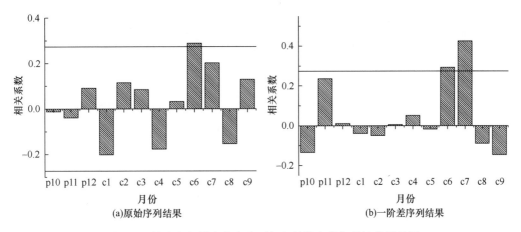

图 3.26　长白山红松生产力序列与各月降水的相关性分析结果

在树轮气候学研究中，常利用响应函数来判断树木年轮生长对气候要素的响应程度。同样，这种方法也应用于基于树轮宽度所计算出的逐年净初级生产力对气候的响应关系的研究。由红松净初级生产力对气候的响应关系可以表明，生长季前的气大体与净初级生产力呈现正线性关系，其中以 4 月最为显著。生长季前的降水对净初级生产力影响并不显著，降水的影响主要体现在 6 月、7 月的正线性关系（图 3.27）。

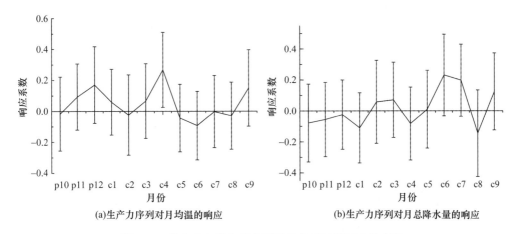

图 3.27　长白山红松生产力序列对各月气候因子的响应

红松作为阔叶红松林群落中最主要的树种，样本量大，树种年龄分布较广。本章依据立木数量人为将研究区中可估算年龄的红松立木划分为三个年龄组别：MIN（树龄<140 年）、MID（140 年≤树龄<180 年）以及 MAX（树龄≥180 年）。分别分析了三个组别红松净初级生产力与气候要素的相关关系以及其对气候的响应（图 3.28）。

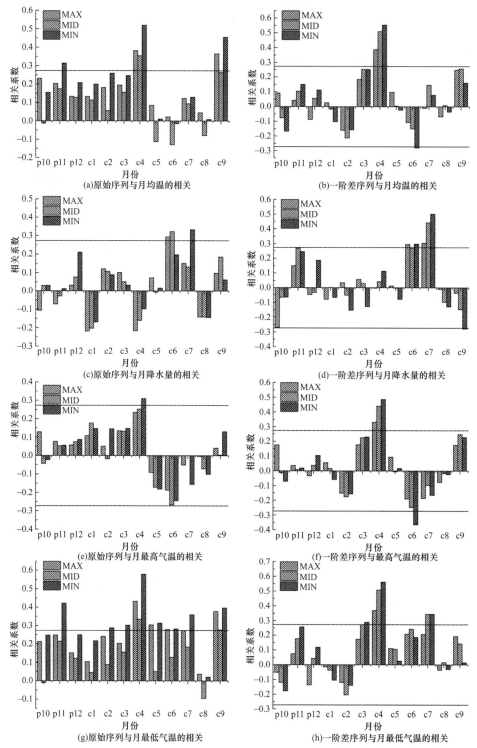

图 3.28　长白山不同年龄段红松生产力与气候要素的相关性分析结果

左侧为红松生产力序列与气候要素的相关结果；右侧为序列一阶差后的相关结果。

从上至下的四组图片分别为红松生产力与月均温、月降水量、月最高气温以及月最低气温的相关相关及响应的结果（图 3.28，图 3.29）显示，MIN 组别的红松净初级生产力对气候的响应更为敏感，其与气温（包括月均温、月最高气温及月最低气温）的相关性更显著，且对绝大多数月份气温的响应关系更明显。MAX 组别对气温的敏感性最低。

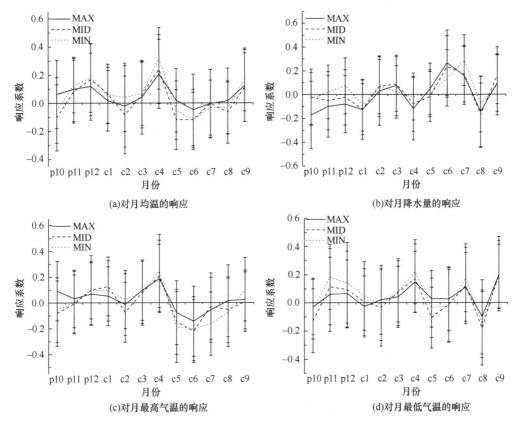

图 3.29　长白山不同年龄段红松生产力对气候的响应

6～7 月降水是影响红松净初级生产力的较为主要的气候因子，对降水的相关及响应结果表明，MAX 组别对 6～7 月中前期的降水相关更为显著，响应更加明显；而与之相反的，MIN 组别则对后期的降水相关更为显著，响应更加明显。显示了较年轻的红松对夏季降水响应的"滞后"现象。

如图 3.30 所示，经过对方程变量的对比分析表明，4 月最低气温及 6 月、7 月降水能够较好地对应 NPP 序列的变化，尤其在高频变化上。NPP 出现低值或高值的年份通常能够很好地对应 4 月最低气温以及 6 月、7 月降水的低值或高值年。

1961 年以来，4 月最低气温呈现显著上升趋势，在 1965 年，4 月最低气温出现了 52 年以来的历史最低值，表现为极端低温事件，而在 2008 年出现了该时间段的最高值，表现为极端的高温事件。研究发现，在 4 月最低气温出现最低值的 1965 年，长白山原始林红松种群 NPP 也出现了 52 年以来的最低值，同样的，2008 年 4 月最低气温极端高值年，红松 NPP 出现了最高值。这样的结果并非是偶然的，证实了 4 月最低气温是影响该地区红松种群 NPP 变化的最主要气候因子之一。

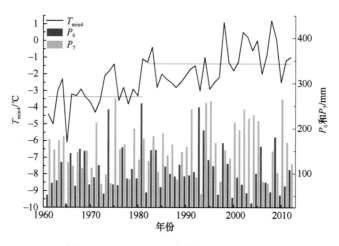

图 3.30　1961～2012 年的 $T_{min4}$，$P_6$ 和 $P_7$

根据图 3.31 所示，7 月降水与 NPP 之间的相关性在最近几年发生降低，NPP 主要与 4 月最低气温以及 6 月降水显著相关，4 月最低气温的显著上升及 6 月降水的显著下降的作用可能使得红松 NPP 保持平稳波动。6 月、7 月的降水在 1997 年出现 52 年的最低值，表现为该地区的夏季极端干旱事件。对比 NPP 序列发现 NPP 在 1997 年出现了极低值，而同时该年份 4 月最低气温并未出现极低值，可以推论，1997 年 NPP 的低值可能主要由 6 月、7 月的干旱所导致。

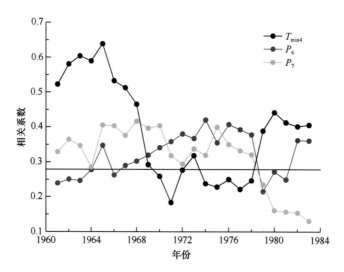

图 3.31　1961～2012 年中每 30 年 NPP 与气候因子的相关分析结果

由此可见，红松 NPP 出现极大或极小值与气候条件有着显著的关联性，极端气候事件的分析证实了相关及响应分析中部分气候因子对 NPP 的影响。

### 3. 气候变化对长白山落叶松生产力的影响

落叶松净初级生产力主要受到月最低气温的影响，如图 3.32 所示，尤其在 4 月、5 月份，以及前一年 10 月和当年 9 月，与最低气温呈现出显著（$p < 0.05$）的正相关关

系。一阶差后的相关结果表明，落叶松净初级生产力主要与当年 3 月之后的各月气温呈正相关，即生长季的高温有助于落叶松种群生物量的增加。前一年 11 月和当年 2 月的气温与净初级生产力呈显著（$p < 0.05$）负相关，冬季的低温将有助于第二年落叶松的生长。

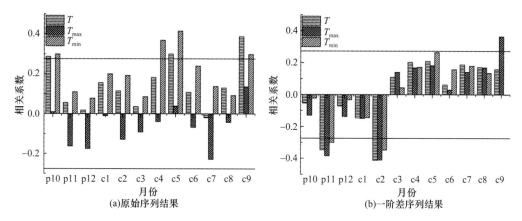

图 3.32　长白山落叶松生产力序列与各月气温的相关性分析结果

落叶松净初级生产力序列与降水的相关性并不显著（图 3.33），然而一阶差后的结果表明了前一年 12 月的降雪与净初级生产力序列呈现显著的负相关关系。当年 2~4 月降水与净初级生产力序列呈正相关，即春季落叶松对水分的需求使得该季节的高降水量将有助于落叶松当年的生物量增长。

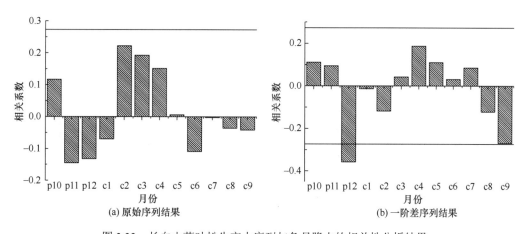

图 3.33　长白山落叶松生产力序列与各月降水的相关性分析结果

响应分析的结果表明，落叶松净初级生产力对单一气候要素的独立响应并不显著（图 3.34）。对部分月份气温、降水的响应较为显著，佐证了相关分析的结果。总体而言，落叶松净初级生产力的变化对生长季前气温的响应偏负而对生长季气温的响应偏正，春季降水增加将有利于落叶松的生长。

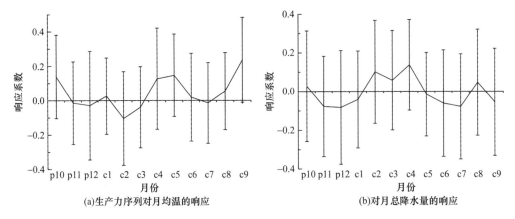

(a)生产力序列对月均温的响应　　　　　(b)对月总降水量的响应

图3.34　长白山落叶松生产力序列对各月气候因子的响应

## 4. 气候变化对长白山辽东栎生产力的影响

月均温以及月最低气温均与辽东栎净初级生产力序列有着明显的正相关关系（图3.35），然而由于以上序列均存在低频的上升趋势，可能对相关分析结果造成一定的影响。

结合净初级生产力序列与气温一阶差后的相关分析结果，前一年10月、11月气温与净初级生产力呈现显著的正相关关系。当年2月、3月气温（尤其是月最高气温）与净初级生产力呈现较为显著的负相关关系。当年6月、7月月最低气温与月最高气温与净初级生产力的相关性呈现反向规律，其中6月最低气温较为显著地与净初级生产力呈正相关，7月最高气温则较为显著地呈负相关。

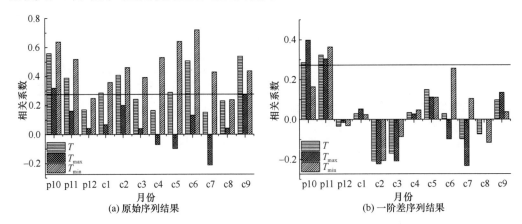

(a)原始序列结果　　　　　(b)一阶差序列结果

图3.35　长白山辽东栎生产力序列与各月气温的相关性分析结果

降水的影响主要体现在前一年12月和当年6月，这两个时期的降水（或降雪）均与净初级生产力呈显著正相关（图3.36）。

响应分析的结果突出显示了净初级生产力序列对前一年10月以及当年6月温度的正响应关系（图3.37）。净初级生产力对降水的响应没有达到显著性标准，但其表现出了对前一年12月以及当年6月、7月降水的正响应。

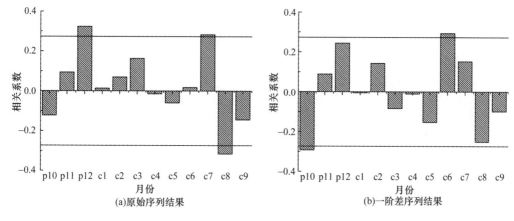

图 3.36　长白山辽东栎生产力序列与各月降水的相关性分析结果

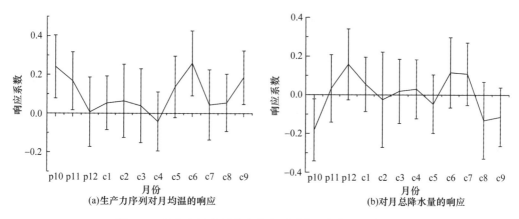

图 3.37　长白山辽东栎生产力序列对各月气候因子的响应

## 5. 气候变化对长白山水曲柳生产力的影响

由于存在与月均温以及月最低气温类似的显著低频上升趋势，长白山阔叶红松林中水曲柳的净初级生产力与全年月均温以及月最低气温均呈正相关。

如图 3.38 所示，序列一阶差后的相关结果表明，当年 1～2 月气温与净初级生产力呈负相关，且在 1 月达到 0.05 显著性水平。4 月均温及月最高气温均与净初级生产力呈显著正相关，同时最低气温也与之呈较为显著正相关。6 月、7 月最高气温与最低气温与净初级生产力的相关性呈现反向的特征。

前一年 12 月的降雪与水曲柳净初级生产力呈显著正相关，该时期后的 1～3 个月降水与净初级生产力则呈较为显著负相关（图 3.39）。结合原始序列以及一阶差后的序列之间的相关结果，净初级生产力与其它月份的降水量的关系并不十分明确。

长白山阔叶红松林中水曲柳净初级生产力对气温以及降水的单因素响应关系并不显著，图 3.40 中，水曲柳净初级生产力主要对月均温表现出正响应，尤其在前一年冬季、当年 2～3 月以及当年 6 月。对降水的正响应突出显示在前一年 12 月，而对当年 1～2 月降水呈现出负响应。

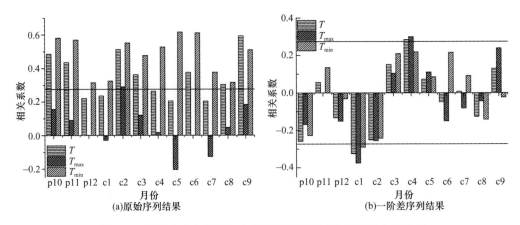

图 3.38 长白山水曲柳生产力序列与各月温度的相关性分析结果

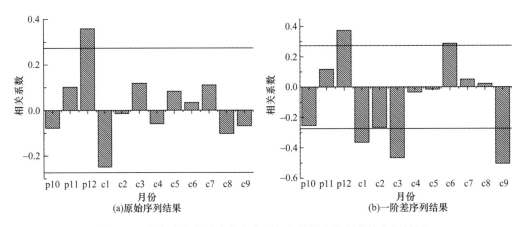

图 3.39 长白山水曲柳生产力序列与各月降水的相关性分析结果

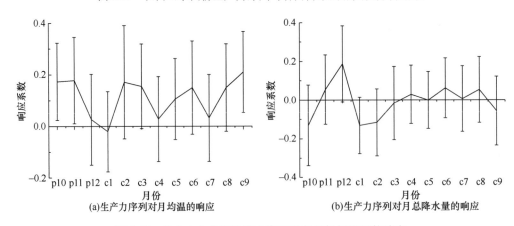

图 3.40 长白山水曲柳生产力序列对各月气候因子的响应

## 3.3.5 小结

本节首先利用树轮宽度数据估算了长白山阔叶红松林主要树种的逐年生长量，并结合各树种的相对生长式计算立木逐年生物量及净初级生产力，继而综合样地调查资料估算长白山阔叶红松林主要树种及群落近 50 年的生物量及净初级生产力。各树种及种群净初级生产力与气候因子进行了相关以及一阶差后的相关分析，以初步探究气候因子与净初级生产力序列之间的关系，进而利用响应分析验证了净初级生产力对主要影响生产力的气候因子的单因子响应。研究中分龄级探究了阔叶红松林建群种红松与气候因子的相关以及对气候的响应，且定量化描述并验证了主要影响群落净初级生产力变化的气候要素对生产力变化的解释程度。本节主要结论如下：

（1）自 1960～2012 年，阔叶红松林中主要树种红松、落叶松、辽东栎以及水曲柳生物量均呈现显著的上升趋势。其分别由 1960 年的 107.701 t/hm²、100.194 t/hm²、82.006 t/hm²、31.720 t/hm² 上升到 2012 年的 205.286 t/hm²、153.593 t/hm²、124.447 t/hm²、49.529 t/hm²。不同树种各器官生物量占总生物量比例同时发生了显著的变化，两种针叶树种各器官比例呈现反态变化，红松的干生物量比例增加的同时枝、叶、根生物量比例下降，落叶松的干生物量比例下降的同时枝、叶、根生物量比例上升，同样的规律出现在两种阔叶树种之间。红松净初级生产力呈现平稳波动状态，1961～2012 年平均值为 1.884 t/(hm²·a)。落叶松、辽东栎以及水曲柳的净初级生产力序列在 52 年中发生显著的增加，其平均值分别为 0.980 t/(hm²·a)、0.811 t/(hm²·a) 以及 0.335 t/(hm²·a)，平均每年净初级生产力增加量为 0.005 t/(hm²·a)、0.009 t/(hm²·a) 以及 0.003 t/(hm²·a)。

（2）群落生物量自 1960 年的 213.534 t/hm² 上升到 2012 年的 372.309 t/hm²，年均增加量为 3.016 t/hm²。净初级生产力呈现显著的上升趋势，年平均净初级生产力增加量为 0.013 t/(hm²·a)。1961 年以来，群落中针叶树种的净初级生产力占总生产力比例有所下降，同时阔叶树种的净初级生产力比例有显著的上升，群落针叶树种，尤其是建群种红松的地位有潜在的衰退趋势。

（3）红松净初级生产力主要受到生长当年 4 月气温以及 6 月、7 月降水的影响，4 月的高温以及 6 月、7 月的高降水量将有助于红松的生长。经过对不同龄级红松净初级生产力的分析，表征出幼树对气温的相关及响应更为显著以及幼树对季节性降水响应的"滞后"特征。落叶松与水曲柳净初级生产力对气候因子的响应较为类似，均表现出对生长前冬季的气温的负响应以及对 4～5 月气温的正响应。前一年的 12 月的降雪将对落叶松、水曲柳的净初级生产力显著的负影响，而此后春季的降水增加又将有利于这两种树木的生长。然而，不同于落叶松和水曲柳，12 月降雪对辽东栎的生长有积极的影响。同样对辽东栎净初级生产力增加有积极影响的主要气候要素有 6 月、7 月的降水以及前一年 10～11 月的温度。

（4）群落净初级生产力主要响应于 4 月气温以及 6 月、7 月降水，4 月最低气温是影响群落净初级生产力变化的最主要气候因子，其可以解释净初级生产力序列变化的 25.7%。

## 3.4　气候变化对小兴安岭红松林生物量和生产力的影响

小兴安岭位于黑龙江省东北部，北纬 46°28′～49°21′，东经 127°42′～130°14′的地区，其北接大兴安岭，东北以黑龙江为界，南界至松花江以北的山前台地，与长白山、张广才岭相邻。小兴安岭属低山丘陵区，南部多陡峭低山，最高峰为海拔 1429m 的平顶山，中部为低山丘陵，山势平缓，北部则多台地、宽谷。气候上具有大陆性和海洋性气候混合的特点，受到东亚季风以及太平洋和西伯利亚贝加尔湖低压系统的影响，四季分明，冬季寒冷漫长，春季回暖快，夏季降水丰富，温暖短促，秋季降温迅速。年平均气温-1～1℃，最冷月（1 月）月均温为-20～-25℃，最热月（7 月）月均温为 20～21℃，无霜期 90～120 天，年降水量 550～670mm。土壤以暗棕色森林土为主，其主要由乔木层、下木层的针阔叶树种的枝叶以及草本植物凋落物分解有机质累积形成，土层较为深厚，盐基饱和度大，富含钙、镁和弱酸反应，肥力较高。

小兴安岭森林茂密，树木种类较多，有林地面积 280 万 hm²，森林覆被率为 72.6%，活立木总蓄积量 2.4 亿 m³，主要类型是以红松为主的针阔叶混交林。小兴安岭北坡植被属于长白山区系向西伯利亚区系的过渡地段，混生有兴安落叶松、白桦（*Betula platyphylla*）等西伯利亚区系代表树种，林下有杜香（*Ledum palustre*）、越橘（*Vaccinium vitis-idaea*）等种群分布。小兴安岭南坡则属于长白山区系，阔叶红松林广泛分布，混生树种主要有紫椴、春榆（*Ulmus japonica*）、色木槭等。小兴安岭阔叶红松林中混生阔叶树种多于秋季落叶后翌年 5 月下旬才开始放叶，建群种红松则常于 5 月初开始生长，因而使得红松在生长前期获得充足的光照。另外，由于林间冬季积雪，春季融雪较早，土壤湿润肥沃，有利于红松幼苗的成长。红松幼苗的更新，形成了多世代并存的异龄林，并随阔叶树种组成比例增大，异龄性同时逐渐增大。随着地段和生境的不同，阔叶红松林中混交的阔叶树种不同，群落组成比例以及其它特征均有所不同。总体而言，土壤干旱贫瘠区域，红松在群落林木组成中的比例大，甚至构成红松纯林，随着土壤湿度的增加，红松在群落林木中的比重逐渐减小，同时其它针叶树种和阔叶树种的比例增大，则一定程度上形成以其它树种为优势的林型。

### 3.4.1 小兴安岭红松林样地概况

在小兴安岭北部设置样地丰林（FL）、汤旺河（TW），南部设置样地朗乡（LX），海拔高度约 400m，表 3.7 所示为小兴安岭基本采样状况。

**表 3.7 小兴安岭阔叶红松林样方设置及主要树种采样情况**

| 采样点 | 海拔/m | 经度 | 纬度 | 坡度/(°) | 坡向 | 红松/(芯/树) | 主要树种 | 红松胸高断面积比例/% |
|---|---|---|---|---|---|---|---|---|
| FL1 | 391.75 | 129°11′24″ | 48°8′1″ | 15 | S | 18/9 | 红松、椴树、色木槭 | 92.08 |
| FL2 | 386.25 | 129°11′21″ | 48°8′2″ | 20 | N | 16/8 | 红松、冷杉 | 88.61 |
| FL3 | 364.25 | 129°11′22″ | 48°7′57″ | 5 | N | 23/11 | 红松、色木槭、毛刺杨 | 92.02 |
| TW1 | 480.25 | 129°49′6″ | 48°27′32″ | 0 | - | 31/15 | 红松、榆树 | 98.90 |
| TW2 | 418.25 | 129°49′7″ | 48°27′20″ | 0 | - | 43/22 | 红松、冷杉 | 96.66 |
| TW3 | 466 | 129°49′9″ | 48°27′21″ | 0 | - | 34/17 | 红松、冷杉 | 88.61 |
| LX1 | 364.75 | 129°4′26″ | 46°40′49″ | 15 | NE | 19/10 | 红松、榆树、椴树 | 86.11 |
| LX2 | 400.25 | 129°4′27″ | 46°40′46″ | 15 | NE | 27/13 | 红松、椴树、冷杉 | 94.60 |
| LX3 | 382.75 | 129°4′20″ | 46°40′47″ | 16 | N | 36/18 | 红松、冷杉、色木槭 | 93.51 |

注: 芯/树中斜杠前为样芯数，后为树的棵数，如 18/9 表示 9 棵树的 18 个样芯。

小兴安岭北部 TW 样地地势平缓，无明显坡度，设置典型森林样方 3 个，每个样地的红松立木为 15～22 株，共统计红松 123 株，采集树芯样本 247 根。北部 FL 和南部的 LX 样地均有一定的坡度，坡向多为北向，分别设置了 3 个样方，红松立木株数略小于 TW 样地，样方平均株数分别为 10 株和 15 株。

## 1. 群落组成结构

FL 样地中，主林层平均高度为 20～25m，红松占绝对优势。次林层平均高度约 10m，由红松以及其它伴生树种组成。林中伴生树种主要有椴树、槭树以及臭冷杉等，林分郁闭度为 0.6～0.7。灌木层较为发达，以毛榛、东北溲疏（*Deutzia amurensis*）为主。藤本、草本植物发育旺盛，主要有狗枣猕猴桃、蕨类（*Ptaridium aquilinum*）和台草类。

TW 样地针叶树种以红松为主，也有少量其它树种，如臭冷杉、落叶松。阔叶树种主要为槭树，林分郁闭度为 0.7。主林层平均高度为 25～30m，全部为针叶树种。次林层第二层高度为 10～15m，由红松小树及阔叶树种组成。林下灌木主要有毛榛子、刺五加、杜鹃、刺老牙（*Aralia elata*）等。草本植物以台草、莎草（*Cyperus rotundus*）、小叶樟（*Deyeuxia angustifolia*）、大叶樟（*Deyeuxia langsdorlfii*）、桔梗（*Platycodon frandiforum*）、蕨类等为主。

小兴安岭南部 LX 样地林分郁闭度为 0.6～0.7，其中，红松作为高大乔木是主林层的最主要部分，高度约 25m，另外，部分云冷杉树种少量存于主林层中。次林层高度为 10～15m，以阔叶树种和一些更新起来的针叶树种为主，阔叶树种包括有槭树、椴树、榆树、枫桦等。本区下木、藤本植物主要有毛榛子、暴马子（*Shringa reticulata*）、狗枣猕猴桃、东北山葡萄、五味子等。

## 2. 胸径结构

小兴安岭阔叶红松林群落中，红松胸高断面积占群落比例中的绝对优势，3 样地平均后结果显示（图 3.41），红松胸高断面积为 72.239m²/hm²。鱼鳞云杉、臭冷杉、落叶松等针叶树占其它树种中的较大比例，其胸高断面积依次为 2.044m²/hm²、1.249m²/hm²、0.721m²/hm²。阔叶树以椴树、榆树、槭树为主，其中，糠椴的胸高断面积最大，为 1.169m²/hm²。

如图 3.42 所示，FL 样地中红松胸高断面积比例占群落的 93%，其次为糠椴、臭冷杉，胸高断面积比例依次为 4% 和 2%，其它树种所占比例较小。

如图 3.43 所示，TW 样地的红松胸高断面积比例为 3 样地中最大，约为 95%。该区域其它胸高断面积比例较大树种均为针叶树种，如臭冷杉和落叶松，分别约占群落胸高断面积的 3% 和 2%。

如图 3.44 所示，小兴安岭南部 LX 样地同样为红松胸高断面积比例占群落最主要部分，然而其比例略小于北部的 FL 以及 TW 样地，为 91% 左右。臭冷杉、鱼鳞云杉两种针叶树种胸高断面积比例分别为 5%和 2%，占了剩余部分的主要地位。阔叶树种种类较多，包括色木槭、糠椴、裂叶榆等，多数树木胸径较小，导致阔叶树种胸高断面积占群落比例较小。

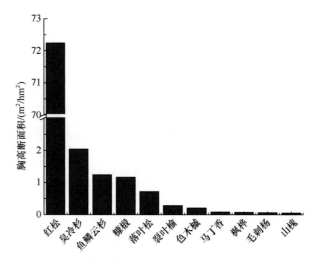

图 3.41　小兴安岭阔叶红松林主要树种胸高断面积

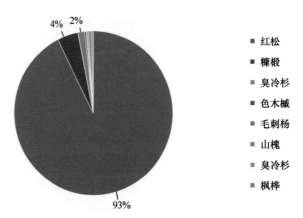

图 3.42　小兴安岭 FL 样地各树种胸高断面积比例

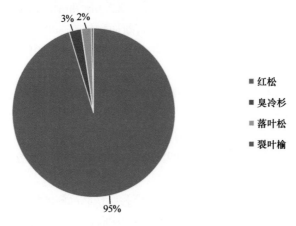

图 3.43　小兴安岭 TW 样地各树种胸高断面积比例

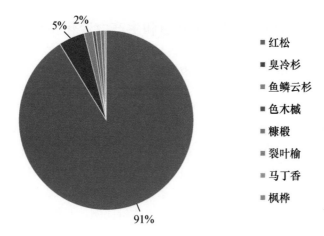

图 3.44　小兴安岭 LX 样地各树种胸高断面积比例

## 3. 红松年龄结构

小兴安岭阔叶红松林群落中红松平均年龄约为 208.89 年，最大为 287 年，最小为 90 年。如图 3.45 所示，群落中红松年龄分布特征呈现峰度大于零的负偏分布，标准峰度系数与标准偏度系数值分别为 0.153 和−0.465。FL、TW、LX 均为负偏分布，标准偏度系数分别为−0.701、−0.542 和−1.225，表现为红松多集中于较大的年龄，年龄较小的树数目相对较少。小兴安岭北部的样地 FL、TW 峰度系数小于零，年龄分布曲线较为平缓；小兴安岭南部的 LX 样地峰度系数则为 3.641，呈现较为显著的集中分布的特征，该地树木年龄主要分布在其平均值 206.19 年左右。FL 样地红松平均年龄最大，约为 235.55 年，且出现最大年龄的红松，该地红松年龄最小为 153 年。TW 样地红松平均年龄最小，约为 197.17 年，其最小值和最大值分别为 104 年和 261 年。

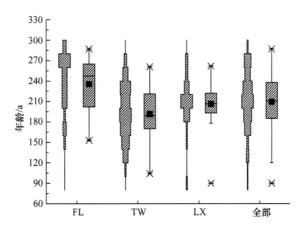

图 3.45　小兴安岭阔叶红松林红松年龄结构（依据可测年龄的树轮样本）

### 3.4.2　过去 50 年小兴安岭红松生物量和生产力变化特点

#### 1. 小兴安岭北部丰林地区红松生物量及生产力

小兴安岭 FL 样地红松生物量呈现显著上升的趋势（$p<0.001$），从 1953 年的 196.800 t/hm² 上升到 2013 年的 309.460 t/hm²，年增长量为 1.928 t/hm²（图 3.46）。根据对红松不同器官的生物量分析结果，干生物量占了全植株生物量的一半以上。除叶生物量外的其它器官生物量占整个植株生物量比例均有所上升（$p<0.001$），叶生物量占总生物量比例自 1953 年的 3.245% 到 2013 年 2.943%，下降显著（$p<0.001$）。根生物量占总体比例上升最快，1953 年以来增长了 0.541%，其次为干生物量比例，共增长了 0.353%。由于小兴安岭红松总生物量包含地上地下生物量除干、枝、叶、根以外的部分，叶生物量比例下降百分比不等于干、枝、根生物量比例的增加百分比。

小兴安岭 FL 样地红松净初级生产力自 1953 年的 1.065 t/(hm²·a) 上升到 2013 年的 2.178 t/(hm²·a)，呈现出显著的上升趋势（$p<0.001$），平均每年净初级生产力增加量为 0.011 t/(hm²·a)。期间，1957 年达到最低值 0.835 t/(hm²·a)，2006 年达到最高值 2.716 t/(hm²·a)（图 3.46）。

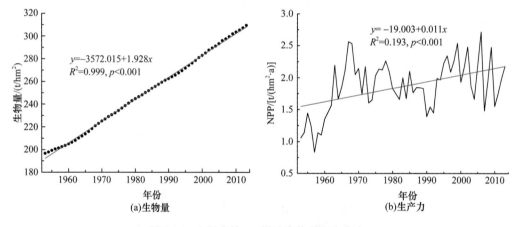

图 3.46　小兴安岭 FL 样地生物量和生产力

根据图 3.47，由 Mann-Kendall 统计检验中的 UF 统计量可见，20 世纪 60 年代后，FL 样地红松净初级生产力的上升趋势达到 0.05 显著性水平，约 90 年代初出现上升趋势较不显著的几年。

#### 2. 小兴安岭北部汤旺河地区红松生物量及生产力

小兴安岭 TW 样地红松生物量自 1953 年的 334.260 t/hm² 上升到 2013 年的 493.619 t/hm²，显著上升（$p<0.001$），平均每年生物量增长量为 2.700 t/hm²。该区域红松生物量上升平稳，20 世纪 80 年代以前上升速率较慢，此后上升速率有所加快（图 3.48）。

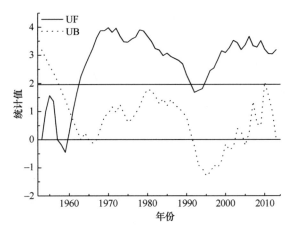

图 3.47　小兴安岭 FL 样地红松生产力的 Mann-Kendall 统计量曲线

直线为 $\alpha=0.05$ 显著性水平临界值

干生物量占全株生物量比例自 1953 年的 53.383%上升到 2013 年的 53.688%，增长了 0.305 个百分点，呈现显著上升（$p<0.001$）的趋势。同样，枝、根生物量占整个植株生物量比例在近 50 年显著上升（$p<0.001$），分别从 1953 年的 20.493%、20.779%上升到 2013 年的 20.558%、21.249%。叶生物量占总生物量比例下降显著（$p<0.001$），自 1953 年的 3.233%下降到 2013 年 2.975%。

如图 3.48 所示，小兴安岭 TW 样地红松净初级生产力自 1953 年的 2.033t/($hm^2 \cdot a$)上升到 2013 年的 3.243 t/（$hm^2 \cdot a$），呈现出显著上升的趋势（$p<0.001$），平均净初级生产力年增长量为 0.011 t/（$hm^2 \cdot a$）。净初级生产力序列年际波幅较大，没有明显的年代际周期。1957 年净初级生产力达到最小值 1.845 t/（$hm^2 \cdot a$），2009 年达到最大值 3.461 t/（$hm^2 \cdot a$）。

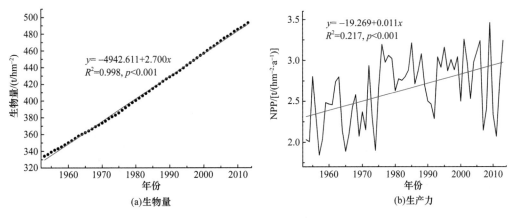

(a)生物量　　　　　(b)生产力

图 3.48　小兴安岭 TW 样地红松生物量和生产力

根据图 3.49，由 Mann-Kendall 统计检验中的 UF 统计量可见，近 50 年净初级生产力序列均呈现上升趋势，且在 20 世纪 70 年代后期达到 0.05 显著性水平，甚至在后期超过 0.01 显著性水平。20 世纪 70 年代初，净初级生产力序列发生均值突变。

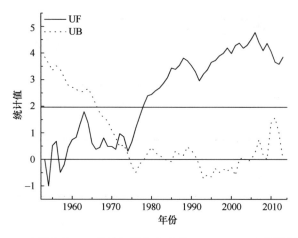

图 3.49　小兴安岭 TW 样地红松生产力的 Mann-Kendall 统计量曲线

直线为 $\alpha$=0.05 显著性水平临界值

### 3. 小兴安岭南部朗乡地区红松生物量及生产力

小兴安岭南部的 LX 样地红松生物量自 1953 年的 235.647 t/hm$^2$ 上升到 2013 年的 413.684 t/hm$^2$，显著上升（$p<0.001$）且增长迅速，平均年增长量为 2.933 t/hm$^2$。20 世纪 90 年代以后生物量年际增长速率较 90 年代以前快（图 3.50）。

位于南部 LX 样地的红松不同器官的生物量比例变化趋势与北部 FL、TW 类似。除叶生物量外的其它器官生物量占整个植株生物量比例均有所上升（$p<0.001$），叶生物量占总生物量比例自 1953 年的 3.205% 下降到 2013 年 2.925%，降幅显著（$p<0.001$）。根生物量占总体比例上升最快，自 1953 年的 20.901% 上升到 2013 年的 21.341%，增长了 0.440%。其次为干生物量比例，自 1953 年的 53.455% 增长到 2013 年的 53.747，共增长了 0.292%。枝生物量占总体比例自 1953 年的 20.508% 增长到 2013 年的 20.570%，增长了 0.062%。

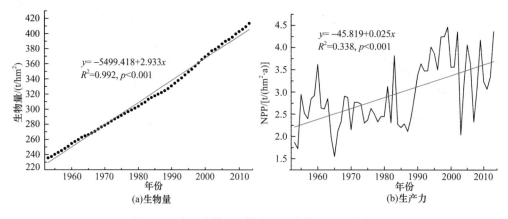

图 3.50　小兴安岭 LX 样地红松生物量和生产力

小兴安岭南部的 LX 地区较小兴安岭北部的 FL、TW 地区，红松叶生物量占全株生物量比例最低，枝干及根的生物量比例最高。

小兴安岭 LX 样地红松净初级生产力自 1953 年的 1.867 t/(hm²·a)上升到 2013 年的 4.362 t/(hm²·a)，呈现出显著的上升趋势（$p<0.001$），平均每年净初级生产力增加量为 0.025 t/(hm²·a)。相较小兴安岭北部的 FL、TW 样地，生物量增长量明显较高。1953～2013 年，红松净初级生产力 1965 年达到最低值 1.552 t/(hm²·a)，1999 年达到最高值 4.462 t/(hm²·a)。21 世纪以来净初级生产力序列年际变化幅度较大（图 3.50）。

根据图 3.51，由 Mann-Kendall 统计检验中的 UF 统计量可见，1990 年红松净初级生产力序列发生突变，突变后净初级生产力序列呈现上升趋势，且在 20 世纪 90 年代中后期达到 0.05 显著性水平。

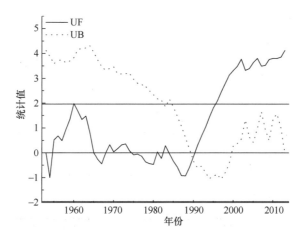

图 3.51　小兴安岭 LX 样地红松生产力的 Mann-Kendall 统计量曲线

直线为 $\alpha=0.05$ 显著性水平临界值

### 4. 小兴安岭红松生物量及生产力

将小兴安岭南北三个样地的生物量和净初级生产力进行平均作为小兴安岭地区的红松生物量及净初级生产力。小兴安岭红松生物量自 1953 年的 255.569 t/hm² 上升到 2013 年的 405.588 t/hm²，增长了 150.019 t/hm²，平均年增长量为 2.520 t/hm²。20 世纪 90 年代以前生物量增长较为缓慢，90 年代后增长速率加快（图 3.52）。小兴安岭红松净初级生产力呈现波动式上升（$p<0.001$），年均增长量为 0.015t/(hm²·a)。最低值出现在 1954 年，为 1.624 t/(hm²·a)，最高值出现在 2009 年，为 3.370 t/(hm²·a)。

Mann-Kendall 统计检验的结果表明，净初级生产力序列呈现上升趋势，20 世纪 60 年代即达到 0.05 显著性水平。序列不存在显著的突变点，表现为较为稳定的上升（图 3.53）。

小兴安岭各样地红松净初级生产力间存在极显著的相关（$p<0.01$），净初级生产力序列一阶差分后，同样相互存在极显著的相关性（表 3.8）。小兴安岭南部的 LX 地区与

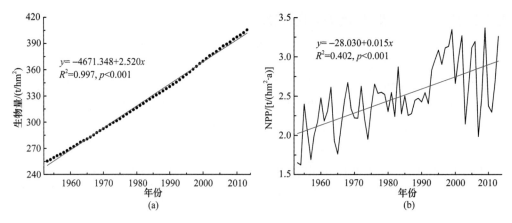

图 3.52　小兴安岭红松生物量与生产力

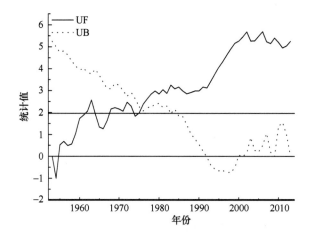

图 3.53　小兴安岭红松生产力的 Mann-Kendall 统计量曲线

直线为 $\alpha=0.05$ 显著性水平临界值

其它地区的相关系数较低，北部的 FL、TW 样地红松净初级生产力序列间相关性较高。另外，小兴安岭所有样地净初级生产力的平均值与各样地红松净初级生产力的相关系数均极高，一阶差后相关系数均超过 0.82，表现为高频波动上的一致性，小兴安岭红松净初级生产力平均值能够很好地代表小兴安岭地区红松净初级生产状况。

表 3.8　小兴安岭各样地红松生产力间的相关性

|  | FL | TW | LX | ALL |
|---|---|---|---|---|
| FL<br>Sig.（双尾） |  | 0.741**<br>0.000 | 0.483**<br>0.000 | 0.822**<br>0.000 |
| TW<br>Sig.（双尾） | 0.624**<br>0.000 |  | 0.469**<br>0.000 | 0.829**<br>0.000 |
| LX<br>Sig.（双尾） | 0.383**<br>0.002 | 0.506**<br>0.000 |  | 0.852**<br>0.000 |
| ALL<br>Sig.（双尾） | 0.744**<br>0.000 | 0.814**<br>0.000 | 0.864**<br>0.000 |  |

注：ALL 为所有样地红松净初级生产力平均值；左下方为原始生产力序列的相关系数；右上方为序列一阶差后的相关系数；**表示达到 0.01 显著性水平

### 3.4.3　气候变化的影响

#### 1. 气候变化对丰林地区红松生产力的影响

季节性的气温变化对红松的生长起到了重要的作用，如图 3.54 所示。小兴安岭 FL 样地红松净初级生产力与 4、5 月气温呈现显著的正相关关系（$p<0.05$）。一阶差后的分析结果表明 6 月以前气温的正相关以及 6 月月均温、月平均最高气温与净初级生产力序列呈显著负相关关系（$p<0.05$）。由于红松净初级生产力序列以及温度序列均存在显著的上升趋势，一阶差后的相关结果更能够体现两者之间真实的相关关系。研究认为 6 月的高温将限制 LX 地区红松净初级生产力的增长。

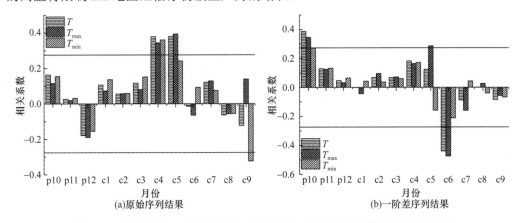

图 3.54　小兴安岭 FL 样地红松生产力序列与各月份气温的相关性分析结果

小兴安岭 LX 样地红松净初级生产力与降水的相关以及一阶差后的相关分析结果表明了净初级生产力与 6、7 月降水的正相关关系以及与 5 月降水的负相关关系（图 3.55）。

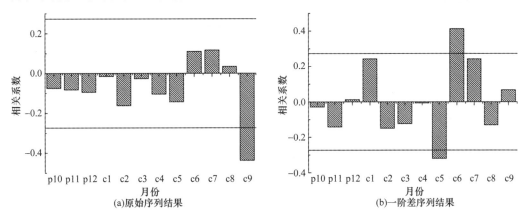

图 3.55　小兴安岭 FL 样地红松生产力序列与各月份降水的相关性分析结果

响应分析的结果表明 FL 样地红松净初级生产力对 4、5 月气温表现为正响应。净初级生产力与各月气温以及降水的响应系数均未达到 0.05 显著性水平（图 3.56）。

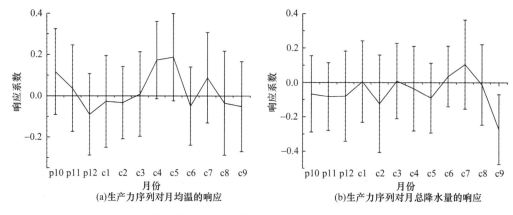

图 3.56　小兴安岭 FL 样地红松生产力序列对各月气候因子的响应

## 2. 气候变化对汤旺河地区红松生产力的影响

同处小兴安岭北部的 TW 样地红松净初级生产力与 LX 样地红松净初级生产力类似，与 4 月、5 月气温呈较为显著的正相关关系。一阶差后的结果验证了 4 月、5 月气温对红松净初级生产力的主要作用。另外，6 月、7 月气温，尤其是月平均最高气温，与红松净初级生产力呈负相关关系。前一年 10 月的气温，尤其是月平均最低气温，与红松净初级生产力呈正相关关系（图 3.57）。

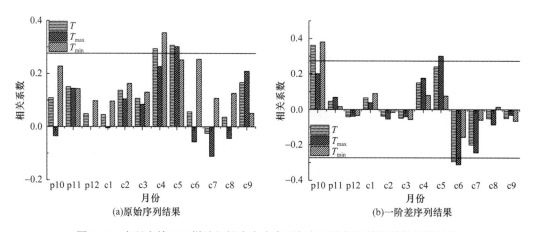

图 3.57　小兴安岭 TW 样地红松生产力序列与各月份气温的相关性分析结果

净初级生产力序列与降水序列的相关结果以及一阶差后的相关结果表明，当年 1 月的降雪以及 6~8 月的降水与净初级生产力呈较为显著的正相关关系（图 3.58）。

响应分析的结果表明，净初级生产力对各月气温及降水的响应并没有达到 0.05 显著性水平，不能有效地判断净初级生产力与气候因子之间的直接响应关系。净初级生产力对 4 月、5 月气温及 1 月降雪、7 月降水有着较为显著的正响应（图 3.59）。

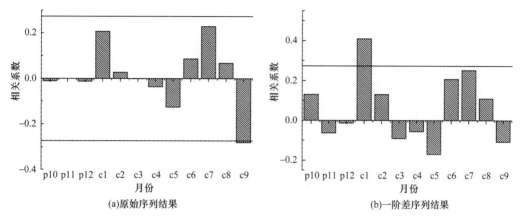

(a)原始序列结果　　　　　　　　　(b)一阶差序列结果

图 3.58　小兴安岭 TW 样地红松生产力序列与各月份降水的相关性分析结果

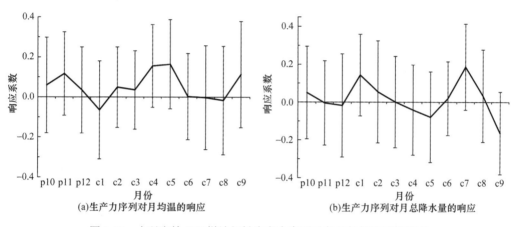

(a)生产力序列对月均温的响应　　　　　　　(b)生产力序列对月总降水量的响应

图 3.59　小兴安岭 TW 样地红松生产力序列对各月气候因子的响应

## 3. 气候变化对朗乡地区红松生产力的影响

小兴安岭南部的 LX 样地红松净初级生产力与全年气温，尤其是与最低气温呈现显著的正相关关系。近 50 年 LX 样地红松净初级生产力上升趋势最为显著，平均年净初级生产力增加量最大，从而其低频趋势对于相关结果有着较大的影响。

如图 3.60 所示，一阶差后的相关结果表明，LX 样地红松净初级生产力与 6 月气温呈显著的负相关关系，尤其是与月均温及月平均最高气温的相关性，达到了 0.05 显著性水平。此外，前一年 10、11 月气温与红松净初级生产力呈较为显著的正相关关系。

小兴安岭 LX 样地红松净初级生产力与降水的相关性主要表现在生长季的大部分月份（4 月、6 月、7 月）以及前一年冬季的部分月份（前一年 12 月、当年 1 月）（图 3.61）。

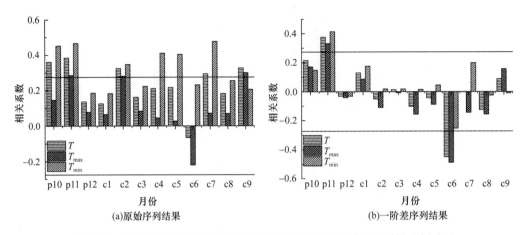

图 3.60　小兴安岭 LX 样地红松生产力序列与各月份温度的相关性分析结果

净初级生产力序列与降水序列的相关以及一阶差后的相关关系均表现出前一年 12 月降雪与净初级生产力序列显著的正相关（$p < 0.05$）。4 月、6 月、7 月降水与净初级生产力序列的相关分析中呈正相关关系，一阶差序列相关分析后均达到 0.05 显著性水平。

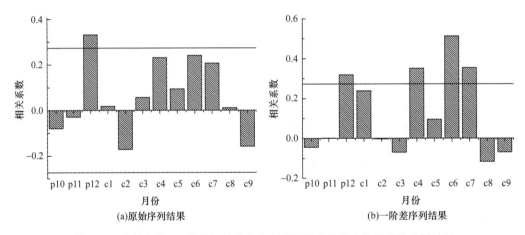

图 3.61　小兴安岭 LX 样地红松生产力序列与各月份降水的相关性分析结果

净初级生产力对气温以及降水的响应分析表明净初级生产力对各月份气温及降水没有明显的直接响应关系。净初级生产力对气温的响应仅在 6 月出现负值，其对前一年冬季气温的正响应较为显著。净初级生产力对前一年冬季降雪以及生长季降水的响应也在响应分析结果中有所表现（图 3.62）。

## 4. 气候变化对小兴安岭红松生产力的影响

小兴安岭 FL、TW 以及 LX 样地红松净初级生产力与气温及降水等气候要素的相关性及响应关系分析结果表明区域红松净初级生产力对气候要素响应的一致性较强。本章

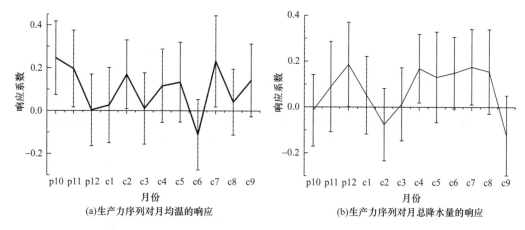

图 3.62　小兴安岭 LX 样地红松生产力序列对各月气候因子的响应

综合三地红松净初级生产力，与伊春气象站气候资料做了进一步的分析。

　　如图 3.63 所示，红松净初级生产力与气温的相关结果表明，全年除 6 月外，净初级生产力序列与月气温序列均呈正相关关系，一阶差后的相关性分析结果表明净初级生产力序列与 6 月均温及与平均最高气温呈十分显著的负相关关系。此外，前一年冬季（尤其是前一年 10 月、11 月）温度与净初级生产力序列呈正相关。

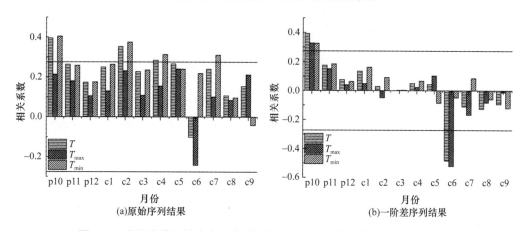

图 3.63　小兴安岭红松生产力序列与各月气温一阶差后的相关性分析结果

　　红松净初级生产力与降水的正相关主要表现在 6 月、7 月，其中 7 月降水与净初级生产力一阶差后的相关性达到了 0.05 显著性水平（图 3.64）。

　　响应分析的结果同样并没有表现出显著的响应关系，然而，净初级生产力对 6 月温度的负响应、对前一年 10～11 月温度的正响应以及对当年春夏季降水的正响应关系均有所表现（图 3.65）。

　　红松在小兴安岭阔叶红松林群落中有着绝对的优势，依据树木的年龄及各年龄段立木数量，将研究区中可估算年龄的红松人为地划分为 4 个年龄组别：MIN（树龄＜180a）、MIDa（180a≤树龄＜210a）、MIDb（210a≤树龄＜240a）以及 MAX（树龄≥240）。分别分析了 4 个组别红松净初级生产力与气候要素的相关关系以及其对气候的响应。

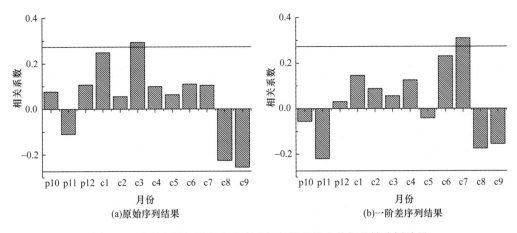

(a)原始序列结果                    (b)一阶差序列结果

图 3.64　小兴安岭红松生产力序列与各月份降水的相关性分析结果

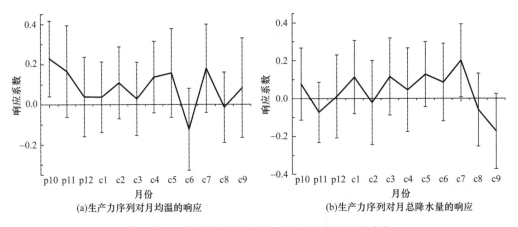

(a)生产力序列对月均温的响应              (b)生产力序列对月总降水量的响应

图 3.65　小兴安岭红松生产力对各月气候因子的响应

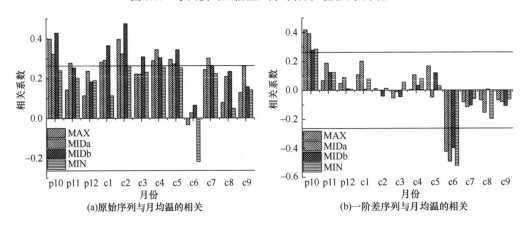

(a)原始序列与月均温的相关              (b)一阶差序列与月均温的相关

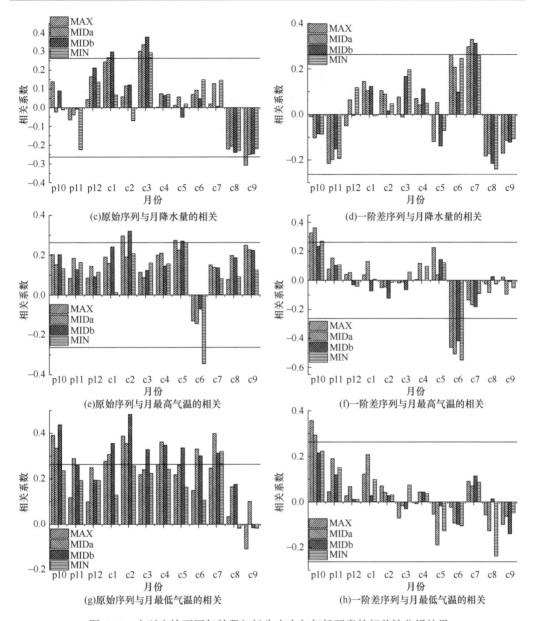

图 3.66　小兴安岭不同年龄段红松生产力与气候要素的相关性分析结果

　　根据图 3.66 和图 3.67，相关性及响应的结果显示，不同年龄的红松净初级生产力与气温及降水的相关性并没有较大的差异，不同年龄的红松对气候的响应较为一致。微小的差异主要表现在 MIN 组别的红松净初级生产力对 6 月高温的负相关最为明显，以及老龄组别的红松净初级生产力对前一年生长季末气温的正相关作用较为明显。

　　将主要影响小兴安岭红松净初级生产力的月/季节性气候因子作为自变量，红松净初级生产力作为因变量进行逐步回归。结果表明，仅前一年 10～11 月最低气温及 6 月最高气温进入了最后的回归方程：

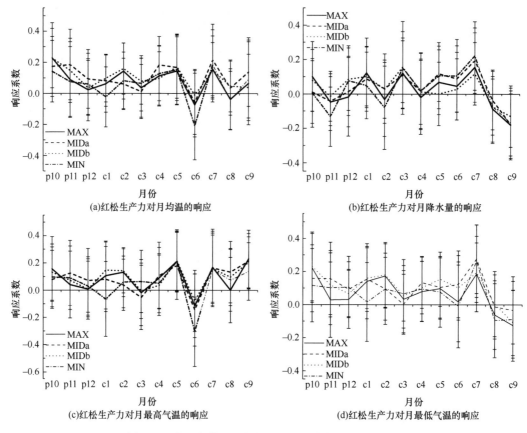

(a)红松生产力对月均温的响应　　(b)红松生产力对月降水量的响应

(c)红松生产力对月最高气温的响应　　(d)红松生产力对月最低气温的响应

图3.67　小兴安岭不同年龄段红松生产力对气候的响应

$$\text{NPP}_r=4.264-0.034T_{\text{max}6}+0.102\times T_{\text{minp}10\sim11}$$
$$R = 0.437，p=0.000 \tag{3.15}$$

式中，$\text{NPP}_r$ 为气候因子回归得出的净初级生产力值，$T_{\text{max}6}$ 为 6 月平均最高气温，$T_{\text{minp}10\sim11}$ 为前一年 10～11 月平均最低气温。

前一年 10～11 月最低气温以及 6 月最高气温共同解释了红松净初级生产力变化的 19.1%。其中，前一年 10～11 月最低气温是影响小兴安岭红松净初级生产力的最主要气候因子，其可以解释红松净初级生产力变化的 16.4%。图 3.68 所示为小兴安岭红松利用气候因子回归得到的 NPP 与实际估算 NPP 的对比。

### 3.4.4　小结

本节利用小兴安岭三个样地（北部 FL 样地、TW 样地以及南部 LX 样地）多个样方中的红松树轮宽度数据估算了不同地区红松的逐年生长量，并结合红松生物量公式计算立木 1953 年以来的逐年生物量及净初级生产力。研究中利用材积公式转化为生物量，进行了各地区逐年生物量的再次计算，所得结果与利用红松生物量公式计算结果无显著差

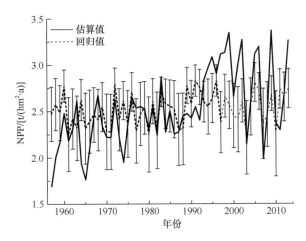

图 3.68 小兴安岭红松利用气候因子回归得到的生产力与实际估算生产力的对比

异，从而验证计算方法的可靠性。小兴安岭各样地红松净初级生产力与气候因子之间进行了相关性分析以及一阶差后的相关性分析，初步探究了气候因子与净初级生产力序列之间的关系，进而利用响应分析验证了净初级生产力对气候因子的独立响应关系。本节结果表明，小兴安岭三个样地红松净初级生产力平均序列与各样地净初级生产力序列之间存在较高的一致性，且各样地对气候的响应关系较为一致。研究认为，样地净初级生产力平均序列可以代表较大区域范围内红松净初级生产力逐年变化状况，进而分析了区域性红松净初级生产力对气候因子的响应关系。同时，研究分析了不同龄级的红松净初级生产力与气候因子的相关性以及其对气候因子的响应。最后以定量化的逐步回归描述了主要气候要素对红松净初级生产力的影响程度。本节主要结论如下：

（1）小兴安岭阔叶红松林中红松胸高断面积占所有树种胸高断面积比例大于 90%，红松平均年龄 208.89 年，其中北部 FL 样地平均年龄最大，为 235.55 年。南部的 LX 样地树木年龄分布较北部的 FL、TW 样地更为集中。

（2）自 1953 年的 255.569 t/hm² 上升到 2013 年的 405.588 t/hm²，小兴安岭阔叶红松林中红松生物量呈现显著的上升趋势，年平均增长量为 2.520 t/hm²。其中北部的 FL、TW 样地生物量分别从 196.800 t/hm² 和 334.260 上升到 309.460 t/hm² 和 493.619 t/hm²，年平均生物量增长量分别为 1.928 t/hm² 和 2.700 t/hm²。南部 LX 样地生物量年平均增长量最高，自 1953 年 235.647 t/hm² 上升到 2013 年 413.684 t/hm²，年平均增长量为 2.933 t/hm²。各地区红松各器官生物量比例变化较为一致，叶生物量占总生物量比例均有所下降，干、根、枝生物量占总生物量比例有所上升。各样地的结果显示，南部的 LX 样地红松干、枝、根生物量占总生物量比例均为三个样地中最大，而近 50 年北部的 FL 样地红松各器官生物量比例的变化最快。

（3）小兴安岭阔叶红松林中红松净初级生产力 1953 年以来呈现显著上升的趋势，年平均增长量为 0.015 t/（hm²·a）。其中南部 LX 地区净初级生产力增长最为迅速，年平均增长量达到 0.025 t/（hm²·a）。北部 FL、TW 地区净初级生产力年际增长量均约为 0.011 t/（hm²·a），仅为南部 LX 地区净初级生产力增量的一半。各地区净初级生产力序列与生产力平均序列之间存在较高的相关性。

（4）不同地区红松净初级生产力均受到前一年生长季末气温、当年 6 月气温以及 6 月、7 月的降水影响。前一年生长季末的较高气温将有助于第二年红松的生长。6 月的高温则会对红松生长造成不利影响。6 月、7 月的降水增加会促进红松的生长。在小兴安岭北部 FL 及 TW 地区，4 月、5 月的气温与净初级生产力序列呈较为显著的正相关关系。综合各地红松净初级生产力与气候因子的相关及响应关系，研究认为，前一年 10～11 月最低气温以及当年 6 月最高气温是影响小兴安岭红松净初级生产力的最主要气候因子，其共同解释了 1953 年以来红松净初级生产力变化的 19.1%，其中前一年 10～11 月最低气温可以解释红松初级生产力变化的 16.4%。针对不同林龄红松净初级生产力的分析表明，老龄红松对前一年的生长季末气温的正响应将超过幼龄红松，然而幼树对 6 月高温的负响应更为明显。

## 3.5　气候变化对大兴安岭森林生物量和生产力的影响

大兴安岭森林区为 49°20′～53°30′N，119°40′～127°22′E 之间的区域，东北及北部以黑龙江为界，西北到达额尔古纳河，隔江与俄罗斯东西伯利亚毗邻，东南部到达黑河嫩江附近，与小兴安岭相接，包括黑龙江省大兴安岭地区以及内蒙古自治区东北部的大兴安岭北部地区（周以良，1991）。大兴安岭呈现北北东-南南西走向，海拔为 700～1400m。据地质资料记载，大兴安岭属于海西褶皱带，其地形地貌主要轮廓形成于中生代的燕山运动。在新生代以来的喜马拉雅运动的影响下，大兴安岭扭曲作用十分明显，沿北东向的构造线发生断裂、褶皱和扭曲，松嫩平原下降，加上不断的火山活动以及漫长的侵蚀物质堆积作用，构成了目前西缓东陡的以中山、低山、台原为主的山地地貌。大兴安岭森林区分布有广泛的棕色泰加林土，土层较为浅薄且多含有砾石杂质，灰化作用较弱。地区永冻层分布极为普遍，根河以南至大兴安岭南部为岛状永冻层区域，根河以北则为连续的永冻层区。永冻层阻碍了土壤物质转移，同时阻碍了表层融水的下渗，易在地表形成滞水层，造成了该区普遍的土壤潜育现象（徐化成，1998；张秋良，2014）。低海拔地区（450～600m 以下地带）兴安落叶松林混生有温带阔叶树种，土壤略带灰棕壤性，较棕色泰加林土肥沃深厚。高海拔地区（800m 以上地带）分布有灰化棕色泰加林土，表面出现灰白色土层。大兴安岭地处寒温带，年均温在 0℃ 以下，气候具备明显的大陆性特征，同时受到东亚季风气候的影响。冬季受到西伯利亚寒流的强烈影响，异常寒冷漫长，最冷月（1 月）平均气温为 –25～–30℃。夏季短暂，最暖月（7 月）平均气温为 15～20℃。5 月下旬至 9 月上旬为无霜期，仅持续约百天。

大兴安岭植被区系成分以东西伯利亚植被为主，是以兴安落叶松为单优势树种的明亮针叶林，乔木层结构简单，大多为纯林，或伴生有白桦、山杨。常见的林下植物有杜香、杜鹃（Rhododendron parvifolium）、越橘、红花鹿蹄草（Pyrola incarttata）、舞鹤草（Maianthemum bifolium）等。主要林型有草类-兴安落叶松林、藓类-兴安落叶松林、杜香-兴安落叶松林等。据调查（张秋良，2014），兴安落叶松在多数林型中 20～60 龄时胸径增长迅速，之后增长相对缓慢；树高的快速增长期为 10～60 龄。

### 3.5.1　大兴安岭兴安落叶松林样地概况

大兴安岭兴安落叶松研究区沿纬度从高至低设置研究样地 5 个,依次为漠河(MH)、呼中(HZ)、汗马(HM)、根河(GH)、库都尔(KD),表 3.9 所示为大兴安岭样方采样概况。

随着纬度的递减,典型地带性森林样地的海拔有所上升。最南端的 KD 样地海拔最高,平均海拔约 1025m,且有较为明显的坡度,坡向朝东。大兴安岭兴安落叶松林中、北段的样地地势较为平缓,均不存在明显的坡度。5 个样地中,仅 HZ 样地位于大兴安岭东侧,兴安落叶松株数较类似纬度大兴安岭西侧森林多,平均株数约为 35 株。MH、HM、GH 样地样方内兴安落叶松株数均为 20～30 株。南端 KD 样地样方中兴安落叶松平均株数约 48 株。

表 3.9　大兴安岭兴安落叶松林样方设置及主要树种采样情况

| 采样点 | 海拔/(m) | 经度 | 纬度 | 坡度/(°) | 坡向 | 落叶松/(芯/树) | 主要树种 | 兴安落叶松胸高断面积比例/% |
|---|---|---|---|---|---|---|---|---|
| MH1 | 496.25 | 122°12′54″ | 53°26′35″ | 1 | N | 44/22 | | 79.64 |
| MH2 | 498.25 | 122°12′56″ | 53°26′36″ | 1 | N | 50/25 | | 94.07 |
| MH3 | 499 | 122°12′55″ | 53°26′37″ | 1 | N | 58/29 | | 88.95 |
| HZ1 | 790.25 | 123°1′23″ | 51°46′56″ | 0 | — | 68/34 | | 99.00 |
| HZ2 | 783.5 | 123°1′22″ | 51°46′58″ | 0 | — | 80/40 | | 89.34 |
| HZ3 | 777.25 | 123°1′24″ | 51°46′1″ | 0 | — | 64/32 | | 98.41 |
| HM1 | 862 | 122°32′59″ | 51°27′8″ | 0 | — | 40/20 | | 99.00 |
| HM2 | 855 | 122°33′13″ | 51°27′10″ | 1 | SW | 54/27 | 兴安落叶松白桦 | 98.18 |
| HM3 | 859.67 | 122°33′5″ | 51°27′10″ | 0 | — | 34/17 | | 99.55 |
| GH1 | 833 | 121°30′12″ | 50°56′38″ | 2 | S | 40/20 | | 99.00 |
| GH2 | 835 | 121°30′37″ | 50°56′30″ | 2 | S | 48/24 | | 88.19 |
| GH3 | 830 | 121°30′27″ | 50°56′33″ | 3 | S | 46/23 | | 93.33 |
| KD1 | 1005 | 121°40′46″ | 49°58′9″ | 10 | E | 74/37 | | 88.33 |
| KD2 | 1035 | 121°40′41″ | 49°58′7″ | 11 | E | 134/67 | | 89.93 |
| KD3 | 1025 | 121°40′42″ | 49°58′9″ | 11 | E | 78/39 | | 87.32 |

注:芯/树中斜杠前为样芯数,后为棵数,如 44/22 表示 22 棵树的 44 个样芯

#### 1. 群落组成结构

本章选取的兴安落叶松林研究区均以兴安落叶松为主要树种,主林层伴生树种为白桦。林下灌木散生,主要为大叶杜鹃、胡枝子等;草本植物主要有越橘、莎草、舞鹤草、鹿蹄草等,草本层盖度较大。MH 研究区样地冠层郁闭度为所有样地中最高,达到 0.6～0.65,以成年乔木为主,幼树组成成分较少,主林层高约 20m,以兴安落叶松为主,次林层约 15m,以落叶松和白桦为主。HZ 样地冠层郁闭度约为 0.5,主林层主要为兴安落叶松,高约 20m,次林层由落叶松和白桦组成,高约 15m,林地存在更新的小树幼苗。HM 样地冠层郁闭度约 0.35,主次林层高度均较低,主林层高约 15m,主要树种为兴安落叶松,次林层高约 7m,主要树种为白桦。GH 样地主林层落叶松高可达到 25m 左右,

为 5 个研究区中最高。主林层可分为两层，第一亚层高约 25m，第二亚层高约 15m，均由兴安落叶松组成，林地冠层郁闭度为 0.45～0.6。大兴安岭研究区最南端 KD 样地冠层郁闭度为 0.35～0.5，主要树种兴安落叶松高为 13～20m，白桦高为 10～15m。

## 2. 胸径结构

大兴安岭兴安落叶松林群落中，兴安落叶松占有群落比例中绝对的优势，所有研究区的总体结果显示，兴安落叶松胸高断面积为 35.708m²/hm²，白桦的胸高断面积为 2.279m²/hm²。不同研究区兴安落叶松胸高断面积比例为 88%～99%，其中，大兴安岭南北两个研究区（KD 和 MH）（图 3.73，图 3.69），兴安落叶松胸高断面积比例较小（约 89%），大兴安岭中段三个研究区（HZ、HM 和 GH）（图 3.70，图 3.71，图 3.72）兴安落叶松胸高断面积比例较大（约 98%）。

## 3. 兴安落叶松年龄结构

大兴安岭兴安落叶松林中部分兴安落叶松树轮样本提供了年龄资料，据此统计发现，MH、HM、GH 三个样地的兴安落叶松平均年龄分别约为 106.19 年、158.49 年和 140.86 年。其中，MH 样地兴安落叶松年龄最小值和最大值分别为 79 年和 119 年，年

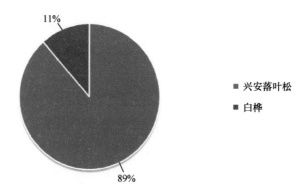

图 3.69　大兴安岭 MH 样地各树种胸高断面积比例

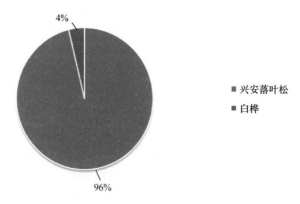

图 3.70　大兴安岭 HZ 样地各树种胸高断面积比例

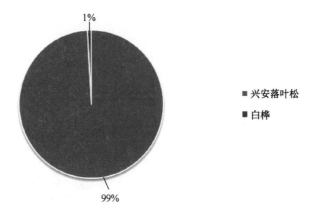

图 3.71　大兴安岭汗马保护区（HM）样地各树种胸高断面积比例

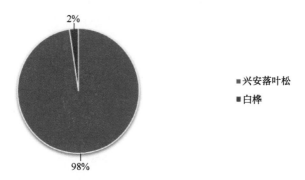

图 3.72　大兴安岭 GH 样地各树种胸高断面积比例

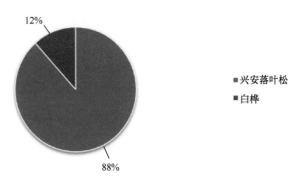

图 3.73　大兴安岭 KD 样地各树种胸高断面积比例

龄分布集中（峰度系数 3.071），年龄集中于较大值（偏度系数为–1.197）。如图 3.74 所示，平均年龄最大的 HM 样地树龄最小值和最大值分别为 144 年和 205 年，为分布较为集中的正偏分布，其标准峰度系数和偏度系数分别为 4.567 和 1.875。最大树龄（208 年）出现在 GH 样地，该样地兴安落叶松年龄分布较为分散（峰度系数为–0.898），主要集中在 120 年和 180 年左右的两个范围。HZ、KD 样地兴安落叶松年龄偏小，平均年龄分别约为 67.98 年和 65.28 年，且树木年龄分布范围较广，最小年龄分别为 44 年和 37 年，最大年龄分别达到 181 年和 201 年。两个样地的年龄分布特征均十分集中，峰度系数值分别达到 19.666 和 24.976，且为典型的正偏分布，偏度系数分别为 4.300 和 3.973，表现为以年龄偏小的立木为主，零星分布年龄较大的立木。

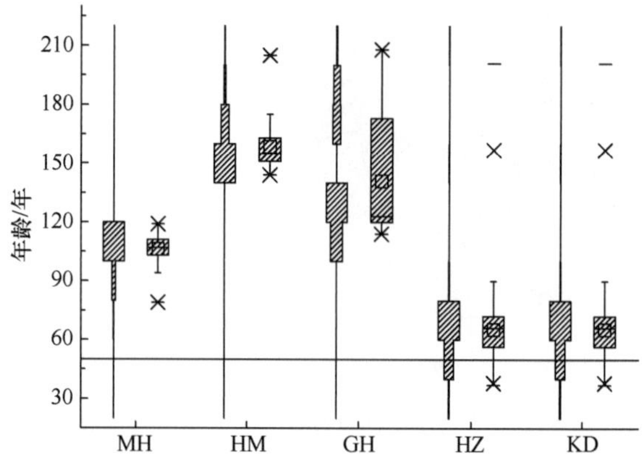

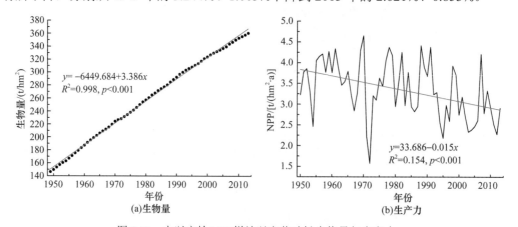

图 3.74　大兴安岭兴安落叶松年龄结构（依据可测年龄的树轮样本）

### 3.5.2　过去 50 年大兴安岭兴安落叶松种群生物量和生产力变化特点

#### 1. 黑龙江漠河兴安落叶松生物量及生产力

大兴安岭最北部 MH 样地兴安落叶松生物量呈现显著的上升趋势（$p < 0.001$），从 1949 年的 146.338 t/hm$^2$ 上升到 2013 年的 360.590 t/hm$^2$，年平均增长量为 3.386 t/hm$^2$。其中前期生物量年际增长速率较快，从 20 世纪 90 年代开始，生物量年际增长速率减慢（图 3.75）。

根据对兴安落叶松不同器官的生物量占总生物量比例分析结果，干、根生物量占了总生物量的 95%以上。干生物量比例呈现速率逐渐减慢的显著上升的趋势，自 1949 年的 47.887%上升到 2013 年的 48.263%，增长了 0.386%。枝、叶生物量占总生物量比例有所下降，分别从 1949 年的 3.244%、1.003%下降到 2013 年的 2.621%、0.853%。

图 3.75　大兴安岭 MH 样地兴安落叶松生物量与生产力

MH 样地兴安落叶松净初级生产力自 1950 年以来呈现出显著的下降趋势，平均每年下降 0.015 t/(hm$^2$·a)。净初级生产力最高值出现在 1970 年，为 4.649 t/(hm$^2$·a)，最低值出现在 1972 年，为 1.575 t/(hm²·a)（图 3.75）。

如图 3.76 所示，Mann-Kendall 统计检验的结果表明，MH 样地兴安落叶松净初级生产力自 20 世纪 70 年代开始呈现下降趋势，且逐渐趋于显著下降。20 世纪 90 年代初，净初级生产力序列发生均值突变，之后表现为净初级生产力均值的显著下降。1992 年前，MH 样地兴安落叶松净初级生产力均值为 3.582 t/（hm²·a），1992 年后为 2.901 t/（hm²·a）。

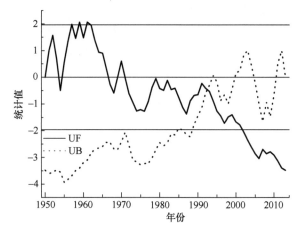

图 3.76　大兴安岭 MH 样地兴安落叶松生产力的 Mann-Kendall 统计量曲线
直线为 α=0.05 显著性水平临界值

## 2. 黑龙江呼中保护区兴安落叶松生物量及生产力

大兴安岭 HZ 样地内兴安落叶松平均年龄较小，1959 年以来存在新生幼树，生物量增长较快。由于树木生长初期受到树木年龄的影响较大，年龄影响的生长趋势将极大程度上影响区域兴安落叶松的生物量及净初级生产力变化。

近 50 年 HZ 样地兴安落叶松生物量表现为显著的上升趋势（$p<0.001$），自 1959 年的 163.588 t/hm² 上升至 2013 年的 424.953 t/hm²，增长了 261.365 t/hm²，年平均增长量高达 4.921 t/hm²（图 3.77）。

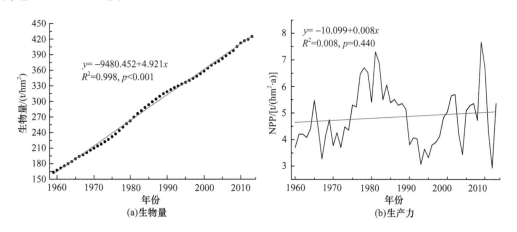

图 3.77　大兴安岭 HZ 样地兴安落叶松生物量与生产力

根、干生物量占兴安落叶松总生物量比例在95%以上，为兴安落叶松生物量的主要部分。HZ样地兴安落叶松各器官生物量占总生物量比例变化较为特殊，其序列于1978年左右出现明显的极值。前期，根、干生物量比例有所下降，干生物量自1959年的49.391%下降到1978年的49.262%，下降了0.129%；枝、叶生物量比例上升，分别从1959年的2.724%、0.868%增长到1978年的2.921%、0.921%。后期，根、干生物量比例上升，干生物量上升到2013年的49.374%，增长了0.112%；枝、叶生物量比例下降，分别下降到2013年的2.740%、0.884%，下降了0.181%、0.037%。

1960年以来兴安落叶松净初级生产力平均值为4.480 t/(hm²·a)，其中最高值为2009年的7.676 t/(hm²·a)，最低值为2012年的2.930 t/(hm²·a)。净初级生产力序列波幅较大，无明显上升或下降趋势（图3.77）。

根据图3.78，由Mann-Kendall统计检验中的UF统计量曲线可知，净初级生产力序列在20世纪80年代表现出显著的上升趋势（$p<0.05$）。序列整体无明显变化规律，且在1960~2013年出现较多次数的突变。

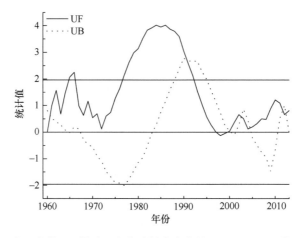

图3.78　大兴安岭HZ样地兴安落叶松生产力的Mann-Kendall统计量曲线
直线为$\alpha=0.05$显著性水平临界值

### 3. 内蒙古汗马保护区兴安落叶松生物量及生产力

大兴安岭HM样地兴安落叶松生物量自1949年的171.029 t/hm²增长到2013年的250.631 t/hm²，增加了一倍以上，年平均增长量为1.228 t/hm²。其增长过程中出现多次速率的加快和减慢过程（图3.79）。

树干生物量为HM样地兴安落叶松个体生物量的最主要部分，占生物量总量的近50%，其次为根生物量，占个体总生物量的约46.86%。自1949年以来，HM样地兴安落叶松干、根生物量占总生物量比例表现为显著的上升趋势（$p<0.001$）。干生物量比例从1949年的49.142%增加到2013年的49.295%，增加了0.153%。枝、叶生物量占总生物量比例自1949年以来呈现显著的下降趋势（$p<0.001$），其中，枝生物量比例从1949年的3.103%下降到2013年的2.861%，下降了0.242%；叶生物量比例从1949年的0.975%

下降到 2013 年的 0.918%，下降了 0.057%。

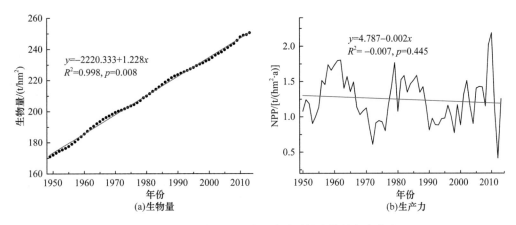

图 3.79　大兴安岭 HM 样地兴安落叶松生物量与生产力

　　1950～2013 年，HM 地区兴安落叶松净初级生产力年平均值为 1.244 t/（hm²·a）。其中最高值为 2.186 t/（hm²·a），出现在 2010 年，最低值出现在 2012 年，为 0.413 t/（hm²·a）。净初级生产力序列在 1950～2013 年整体时段上无显著上升或下降趋势，部分时段内出现显著的上升和下降（图 3.79）。

　　根据图 3.80，Mann-Kendall 统计检验的结果表明，兴安落叶松净初级生产力序列呈现多次的上升和下降过程，显著上升的时段主要为 1958～1966 年，净初级生产力显著下降主要发生在 1976 年左右及 2000 年左右。序列存在多次均值突变。

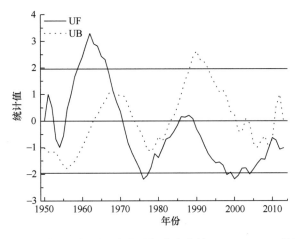

图 3.80　大兴安岭 HM 样地兴安落叶松生产力的 Mann-Kendall 统计量曲线

直线为 $\alpha=0.05$ 显著性水平临界值

## 4. 内蒙古根河兴安落叶松生物量及生产力

　　大兴安岭 GH 样地兴安落叶松生物量自 1949 年的 270.534 t/hm² 上升到 2013 年的 389.795 t/hm²，呈现显著上升的趋势，年平均生物量增长量为 1.928 t/hm²。20 世纪 70

年代中期以前生物量上升速率较慢（图 3.81）。

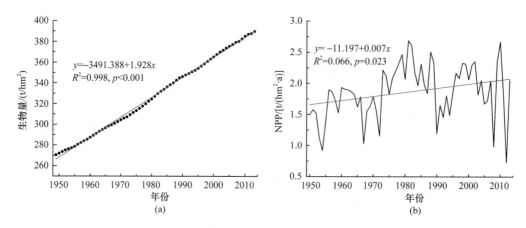

图 3.81　大兴安岭 GH 样地兴安落叶松生物量与生产力

GH 样地兴安落叶松干生物量占总生物量比例达到 66% 以上，干生物量是该地区兴安落叶松立木生物量的最主要部分。根生物量占总生物量的约 30%。各器官生物量占总生物量比例自 1949 年以来发生明显的两段式变化，1973～1975 年达到极值并保持不变。1974 年以前，干、根生物量比例呈现下降趋势，干生物量比例自 1949 年的 66.195% 下降到 1974 年的 66.178%，下降了 0.017%；枝、叶生物量比例上升，分别自 1949 年的 3.047%、1.031% 上升到 1974 年的 3.066%、1.035%。1974 年以后，干、根生物量比例显著上升，到 2013 年干生物量增加到 66.223%，增长了 0.045%；枝、叶生物量比例分别下降到 2013 年的 3.015%、1.022%，下降了 0.051%、0.013%。

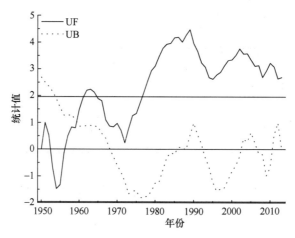

图 3.82　大兴安岭 GH 样地兴安落叶松生产力的 Mann-Kendall 统计量曲线
直线为 $\alpha=0.05$ 显著性水平临界值

GH 样地兴安落叶松净初级生产力呈现出较为显著的上升趋势（图 3.81），自 1960 年发生了突变后（图 3.82），序列表现为上升趋势，并在 20 世纪 70 年代中后期达到 0.05 显著性水平。1950～2013 年，兴安落叶松净初级生产力均值为 1.863 t/（hm²·a），1981

年达到最高值 2.689 t/(hm²·a)，2012 年达到最低值 0.731 t/(hm²·a)。平均年增长量为 0.007 t/(hm²·a)。

### 5. 内蒙古库都尔兴安落叶松生物量及生产力

大兴安岭 KD 样地兴安落叶松生物量自 1959 年的 22.363 t/hm² 上升到 2013 年的 222.405 t/hm²，呈现显著上升的趋势，年平均增长量为 4.200 t/hm²。其上升趋势呈现"S 形"，即分为三段式上升，其中 20 世纪 70 年代中期以前以及 90 年代前期以后生物量的 增长较为缓慢，中间时段生物量增长较为迅速（图 3.83）。

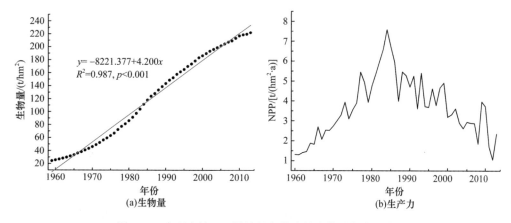

图 3.83　大兴安岭 KD 样地兴安落叶松生物量与生产力

在过去 55 年大兴安岭 KD 样地干、根生物量占总生物量比例呈现上升趋势，相反，枝、叶生物量比例下降。且 20 世纪 80 年代中期以前变化较为迅速，之后各器官生物量比例变化趋势较为平缓。

干生物量占总生物量比例最大，其自 1959 年的 62.566% 上升到 2013 年的 65.053%，增长了 2.487%。根系生物量占总生物量比例约为 28.845%。枝、叶生物量比例分别从 1959 年的 7.344%、1.991% 下降到 2013 年的 4.376%、1.355%，分别下降了 2.968%、0.636%。

1960 年以来，兴安落叶松净初级生产力平均值为 3.667 t/(hm²·a)，其中最高值为 1984 年的 7.587 t/(hm²·a)，最低值为 2012 年的 1.061 t/(hm²·a)。净初级生产力序列在 20 世纪 80 年代初期以前表现为显著的上升，后期表现为下降（图 3.84）。KD 样地 1960 年以来存在新生幼树，生长趋势对样地生物量及净初级生产力产生了较大的影响。

### 3.5.3　气候变化的影响

### 1. 气候变化对黑龙江漠河兴安落叶松生产力的影响

MH 样地净初级生产力与气温的相关以及一阶差后的相关性分析结果表明，当年生

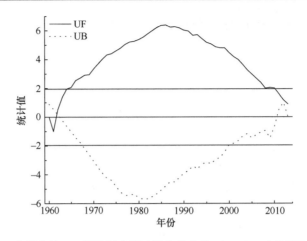

图 3.84　大兴安岭 KD 样地兴安落叶松生产力的 Mann-Kendall 统计量曲线

直线为 $\alpha=0.05$ 显著性水平临界值

长季前的温度与 MH 样地兴安落叶松净初级生产力呈负相关关系，但并没有达到显著性水平，当年 8 月平均气温以及月平均最低气温与净初级生产力之间存在较为显著的正相关关系（图 3.85）。

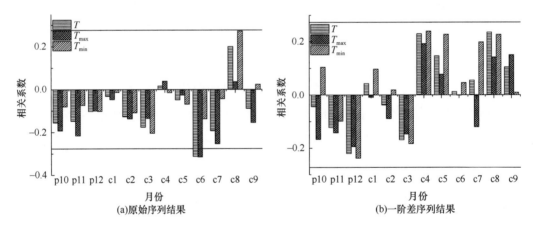

图 3.85　大兴安岭 MH 样地兴安落叶松生产力序列与各月气温的相关性分析结果

　　样地净初级生产力与降水的相关以及一阶差后的相关性分析结果表明，前一年冬季（主要为前一年 10～12 月）的降雪以及当年生长季主要月份（5～8 月）的降水存在较为显著的正相关关系（图 3.86）。

　　响应分析的结果表明了 MH 地区兴安落叶松净初级生产力与单独气候因子之间的响应关系并没有达到显著性水平。净初级生产力对 8 月气温以及多月份降水（前一年 10～11 月降雪，6～8 月降水）的正响应关系均有所表现（图 3.87）。

　　将主要影响 MH 样地兴安落叶松净初级生产力的月/季节性气候因子作为自变量，兴安落叶松净初级生产力作为因变量进行逐步回归。多次回归结果表明，6 月最高气温、前一年 10～11 月最高气温及 7 月和 8 月降水、8 月平均气温作为自变量的回归方程能够较好

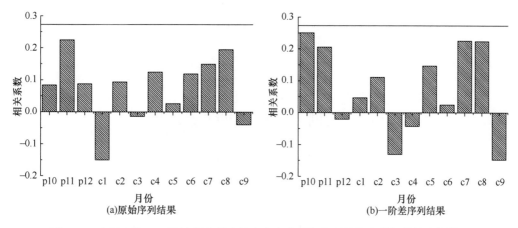

图 3.86　大兴安岭 MH 样地兴安落叶松生产力序列与各月份降水的相关性分析结果

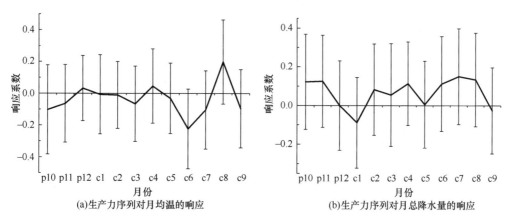

图 3.87　大兴安岭 MH 样地兴安落叶松生产力序列对各月气候因子的响应

地解释净初级生产力的变化，式（3.16）即为回归方程：

$$NPP_r = 3.006 - 0.159T_{max6} - 0.125T_{maxp10-p11} + 0.003P_{7\sim8} + 0.183T_8$$
$$R = 0.570, \quad p = 0.000 \tag{3.16}$$

式中，$NPP_r$ 为气候因子回归所得到的净初级生产力值；$T_{max6}$ 为 6 月最高气温；$T_{maxp10\sim p11}$ 为前一年 10~11 月最高气温；$P_{7\sim8}$ 为 7 月、8 月总降水量；$T_8$ 为 8 月平均气温。

上述方程自变量因子解释了 1957 年以来 MH 地区兴安落叶松净初级生产力变化的 32.5%，是影响 MH 地区兴安落叶松净初级生产力的最主要气候因素。其中 6 月最高气温是影响净初级生产力的最主要因子，独立解释了净初级生产力变化的 9.5%。图 3.88 所示为大兴安岭 MH 样地兴安落叶松利用气候因子回归得到的生产力与实际估算生产力的对比。

## 2. 气候变化对内蒙古汗马保护区兴安落叶松生产力的影响

大兴安岭 HM 地区兴安落叶松净初级生产力与气候因子的相关性和一阶差后的相

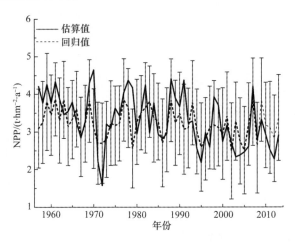

图 3.88　大兴安岭 MH 样地兴安落叶松利用气候因子回归得到的生产力与实际估算生产力的对比

关性分析结果较为一致。该地区附近新林气象站起测时间较晚，研究同时对 1972 年以来的净初级生产力对气候的响应关系做了进一步的研究。

兴安落叶松净初级生产力与 3 月气温呈较为显著的负相关关系，一阶差后，该相关关系达到 0.05 显著性水平。另外，一阶差后，净初级生产力与前一年 12 月的气温呈显著的负相关关系，与当年 5 月平均气温以及月最低气温呈显著的正相关关系（图 3.89）。

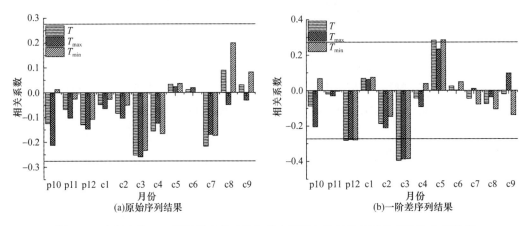

(a)原始序列结果　　　　　　　　　　　　　(b)一阶差序列结果

图 3.89　大兴安岭 HM 样地兴安落叶松生产力序列与各月份气温的相关性分析结果

对 1972 年以来净初级生产力与气温的相关关系进行分析表明，净初级生产力与气温的相关关系大致保持一致。略有所不同的是，2 月气温，尤其是 2 月最高气温，与净初级生产力序列的负相关关系明显。与 5 月气温的正相关在原始序列的相关性分析中也有所表现（图 3.90）。

HM 地区兴安落叶松净初级生产力与降水之间的相关性分析表明，生长季前的降水（或降雪）与净初级生产力呈较为显著的正相关关系。序列一阶差后，前一年 12 月以及当年 1 月的降水与净初级生产力的正相关关系达到显著（$p < 0.05$）（图 3.91）。

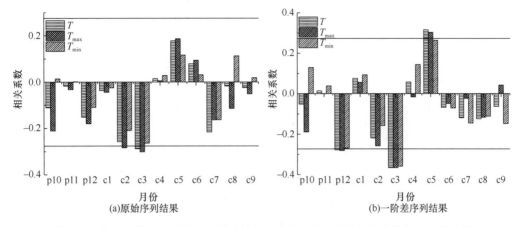

图 3.90　大兴安岭 HM 样地兴安落叶松生产力序列与各月份气温的相关性分析结果

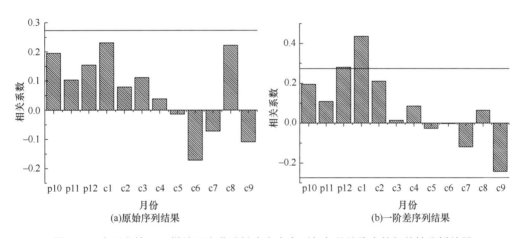

图 3.91　大兴安岭 HM 样地兴安落叶松生产力序列与各月份降水的相关性分析结果

1972 年以来，HM 地区兴安落叶松净初级生产力与降水的相关关系更为明显。净初级生产力与生长季前的降水呈较为显著的正相关，并在与 1 月降雪量序列表现为显著的正相关关系。一阶差后，净初级生产力序列与前一年 12 月、当年 1 月和 2 月降水均呈显著（$p<0.05$）的正相关关系。净初级生产力序列与 8 月降水量呈较为显著的正相关关系，与 9 月降水量呈较为显著的负相关关系，在原始序列和一阶差后的序列相关分析中均有所表现（图 3.92）。

响应分析的结果表现出净初级生产力序列对气候因子的响应并没有达到显著性水平，然而体现了净初级生产力对当年 3 月、7 月的负响应以及对生长季前以及 8 月降水的正响应（图 3.93）。1972 年以来，净初级生产力对 2 月气温的响应得到突出（图 3.94）。

将主要影响大兴安岭 HM 兴安落叶松净初级生产力的月/季节性气候因子作为自变量，兴安落叶松净初级生产力作为因变量进行了逐步回归分析。得到方程：

$$NPP_r=0.971+0.064P_1-0.028T_{max3}$$
$$R = 0.308, \quad p=0.068 \tag{3.17}$$

式中，$NPP_r$ 为气候因子回归所得出的净初级生产力值；$P_1$ 为当年 1 月降水总量；$T_{max3}$

为当年 3 月月平均最高气温。

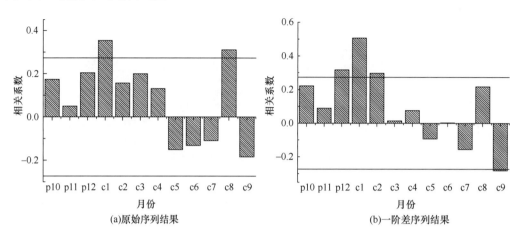

(a)原始序列结果        (b)一阶差序列结果

图 3.92　1972 年以来大兴安岭 HM 样地兴安落叶松生产力序列与各月份降水的相关性分析结果

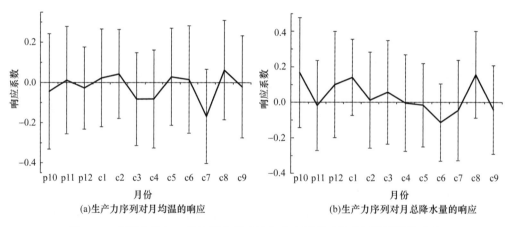

(a)生产力序列对月均温的响应        (b)生产力序列对月总降水量的响应

图 3.93　大兴安岭 HM 样地兴安落叶松生产力序列对各月气候因子的响应

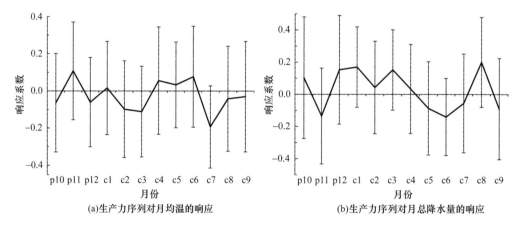

(a)生产力序列对月均温的响应        (b)生产力序列对月总降水量的响应

图 3.94　1972 年以来大兴安岭 HM 样地兴安落叶松生产力序列对各月气候因子的响应

方程对净初级生产力的回归与真实值有一定的偏差，主要表现在回归方程得出的净初级生产力序列波幅较小，对净初级生产力的年际尺度波动的表现不甚明显。1 月降水量以及 3 月最高气温共同解释了 1956 年以来净初级生产力变化的 9.5%。图 3.95 所示为大兴安岭 MH 样地兴安落叶松利用气候因子回归得到的生产力与利用树轮资料实际估算生产力的对比。

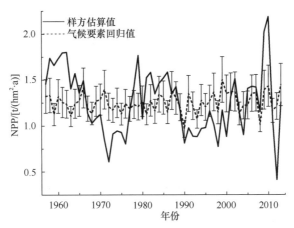

图 3.95　大兴安岭 HM 样地兴安落叶松利用气候因子回归得到的生产力与实际估算生产力的对比

1972 年以来，净初级生产力序列对气候因子的相关及响应关系更为显著，经过对主要影响净初级生产力序列的气候因子进行逐步回归分析，表明 1 月降水以及 2～3 月平均最高气温对净初级生产力的显著作用。

回归方程：

$$\text{NPP}_r=0.554+0.096P_1-0.047T_{\text{max}2\sim3}$$
$$R=0.443，p=0.016 \tag{3.18}$$

式中，$T_{\text{max}2\sim3}$ 为当年 2～3 月平均最高气温。

方程中自变量对净初级生产力序列变化的解释程度有所提升，1 月降水以及 2～3 月平均最高气温共同解释了 1972 年净初级生产力变化的 19.6%。图 3.96 所示为 1972 年

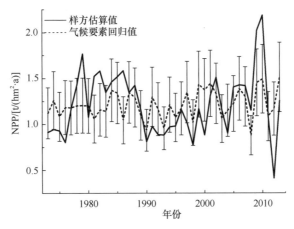

图 3.96　1972 年以来大兴安岭 HM 样地兴安落叶松利用气候因子回归
得到的生产力与实际估算生产力的对比

以来大兴安岭 MH 样地兴安落叶松利用气候因子回归得到的生产力与实际利用树轮资料估算的生产力的对比。

## 3. 气候变化对内蒙古根河兴安落叶松生产力的影响

大兴安岭 GH 地区净初级生产力序列主要与前一年 10 月气温，尤其是最高气温呈显著（$p<0.05$）的负相关关系，净初级生产力与 3 月气温的负相关关系较为显著。净初级生产力序列以及气温序列进行一阶差后的相关性分析结果表明，净初级生产力序列与 3 月气温表现为十分显著（$p<0.05$）的负相关关系，其与前一年冬季气温有较为显著的负相关关系（图 3.97）。

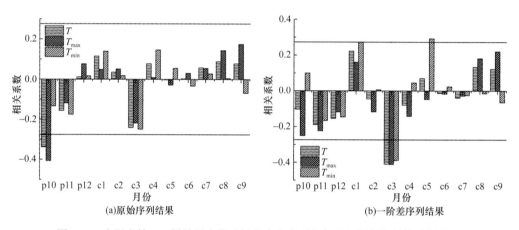

图 3.97　大兴安岭 GH 样地兴安落叶松生产力序列与各月气温的相关性分析结果

GH 样地兴安落叶松净初级生产力序列与降水的相关性分析表明，前一年 10 月到当年 1 月降水以及当年 4 月降水与净初级生产力有着较为显著的正相关关系，净初级生产力序列与 1 月降水的正相关达到 0.05 显著性水平。如图 3.98 所示，序列一阶差后，净初级生产力与前一年 10 月至当年 2 月降水的正相关关系得到了突出，净初级生产力

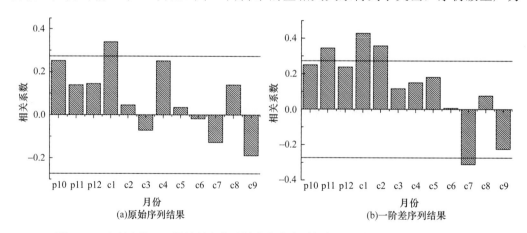

图 3.98　大兴安岭 GH 样地兴安落叶松生产力序列与各月份降水的相关性分析结果

与前一年 11 月、当年 1 月、当年 2 月降水的正相关均达到 0.05 显著性水平。此外，净初级生产力与 7 月降水量呈显著的负相关关系，并与 9 月降水量呈较为显著的负相关关系。

响应分析的结果表明，净初级生产力序列对前一年 10 月气温有显著的负响应。此外，响应分析结果中也体现了净初级生产力序列对前一年 11 月气温、当年 3 月气温的负响应，以及对 1 月降水和 4 月降水的正响应（图 3.99）。

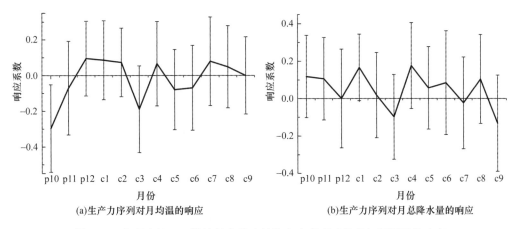

图 3.99　大兴安岭 GH 样地兴安落叶松生产力序列对各月气候因子的响应

将主要影响 GH 地区兴安落叶松净初级生产力的气候因子作为自变量，GH 地区兴安落叶松净初级生产力作为因变量进行逐步回归，得到方程：

$$NPP_r = 2.103 - 0.088\, T_{maxp10} + 0.090 P_1$$
$$R = 0.505, \quad p = 0.000 \tag{3.19}$$

式中，$NPP_r$ 为气候因子回归所得出的净初级生产力值；$T_{maxp10}$ 为前一年 10 月月平均最高气温；$P_1$ 为当年 1 月降水总量。

图 3.100 所示为大兴安岭 GH 样地兴安落叶松利用气候因子回归得到的生产力与树轮资料估算生产力之间的对比。

前一年 10 月最高气温及当年 1 月降水是影响 GH 地区兴安落叶松净初级生产力变化的主要气候因子，其共同解释了 1956 年以来 GH 地区兴安落叶松净初级生产力变化的 25.5%。其中前一年 10 月最高气温是影响净初级生产力变化的最主要气候因子，1956年以来，前一年 10 月最高气温解释了 GH 兴安落叶松净初级生产力变化的 16.7%。回归得到的净初级生产力序列与实际估算的生产力序列较为一致，极值年对应良好，且回归序列能够体现净初级生产力变化的年代际尺度低频变化。

### 3.5.4　小结

本节对大兴安岭 MH、HZ、HM、GH、KD 样地兴安落叶松逐年生物量及净初级生产力进行了估算。研究认为，由于 HZ、GH 样地兴安落叶松平均年龄较小，近 50 年内

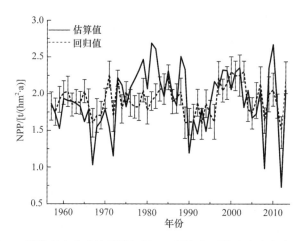

图 3.100　大兴安岭 GH 样地兴安落叶松利用气候因子回归得到的生产力与实际估算生产力的对比

存在新生幼树，其生物量净初级生产力变化趋势中存在树龄的较大影响。研究中探究了 MH、HM、GH 样地兴安落叶松净初级生产力与气候因子之间的相关性及响应关系，初步建立了各样地净初级生产力对主要影响树木生长的气候因子的回归方程。本节主要结论如下：

（1）大兴安岭兴安落叶松林存在兴安落叶松以及白桦两种主要树种，其中兴安落叶松胸高断面积比例高达 88%～99%。MH、HM、GH 样地兴安落叶松平均年龄分别为 106.19 年、158.49 年及 140.86 年，其中仅 GH 样地年龄分布较为分散。HZ、KD 样地兴安落叶松年龄较小，平均年龄分别为 67.98 年及 65.28 年。

（2）大兴安岭 5 个样地的生物量均呈显著上升的趋势，其中，MH、HM、GH 样地兴安落叶松生物量分别从 1949 年的 146.338 t/hm²、171.029 t/hm²、270.534 t/hm² 上升到 2013 年的 360.590 t/hm²、250.631 t/hm²、389.795 t/hm²，年平均增长量分别为 3.386 t/hm²、1.228 t/hm² 及 1.928 t/hm²。HZ、KD 样地生物量分别从 1959 年的 163.588 t/hm²、22.363 t/hm² 上升到 2013 年的 424.953 t/hm²、222.405 t/hm²，生物量年际增长迅速，年平均增长量分别为 4.921 t/hm² 和 4.200 t/hm²。干生物量占总生物量比例的最重要部分，大兴安岭自北至南，干生物量占植物个体总生物量比例显著增加，南部的 GH、KD 样地兴安落叶松干生物量显著高于北部的 MH、HZ、HM 样地。与此同时，枝、叶生物量比例也随纬度降低而显著增加。大兴安岭兴安落叶松根、干生物量比例通常有所增加，枝、叶生物量比例减少，仅在 GH 地区存在前期的反向规律。

（3）1950～2013 年，MH、HM、GH 样地兴安落叶松净初级生产力均值分别为 3.348 t/(hm²·a)、1.244 t/(hm²·a) 以及 1.863 t/(hm²·a)。其中位于北部的 MH 样地净初级生产力呈现显著的下降趋势，平均每年下降 0.015 t/(hm²·a)；中部的 HM 样地净初级生产力无显著的上升趋势；南部的 GH 样地净初级生产力则呈现较为显著的上升，平均每年上升 0.007 t/(hm²·a)。多个样地净初级生产力极值年对应较好，其中多数地区净初级生产力序列在 2012 年表现为研究时段内的最低值。

（4）大兴安岭兴安落叶松净初级生产力主要与生长季前的气温呈负相关关系，在 MH、GH 样地，兴安落叶松净初级生产力均与前一年 10 月、11 月气温呈较为显著的负相关关系。HM 样地以及 GH 样地兴安落叶松净初级生产力与当年 3 月气温呈显著的负相关关系，其中 HM 样地在 1972 年以后对 2 月气温的负相关也达到显著。少数月份的气温与净初级生产力序列呈正相关关系，MH 样地净初级生产力序列与 8 月气温的正相关较为显著。大兴安岭兴安落叶松净初级生产力与降水的相关性较为一致，主要表现为净初级生产力与前一年冬季降水的正相关。随着纬度的上升，显著影响兴安落叶松净初级生产力的降水月份有所提前。GH 样地净初级生产力主要受前一年 10 月到当年 2 月降水影响，HM 样地净初级生产力则受到前一年 10 月到当年 1 月的降水影响，MH 样地净初级生产力主要受到前一年 10 月到前一年 12 月降水的正影响。经过定量化的逐步回归，研究发现，6 月最高气温、前一年 10~11 月最高气温、7~8 月降水以及 8 月气温是影响 MH 地区兴安落叶松净初级生产力变化的最主要气候因子，共同解释了 1956 年净初级生产力变化的 32.5%。1 月降水以及 2 月最高气温是影响 HM 地区兴安落叶松净初级生产力变化的最主要气候因子，共同解释了 1956 年以来该地区净初级生产力变化的 9.5%。1972 年以后，HM 地区净初级生产力主要受到 1 月降水以及 2~3 月最高气温的影响，1 月降水和 2~3 月最高气温共同解释了该时期净初级生产力变化的 19.6%。前一年 10 月最高气温以及 1 月降水是影响 GH 地区兴安落叶松净初级生产力的最主要气候因子，其能够很好地反映 GH 地区兴安落叶松净初级生产力的年际以及年代际变化，其共同解释了 1956 年以来 GH 兴安落叶松净初级生产力变化量的 25.5%。

## 3.6　气候变化对秦岭森林生物量和生产力的影响

秦岭是青藏高原以东中国大陆的海拔最高的山脉，是中国气候划分线以及植被划分带上重要分界线，对气候变化十分敏感。其南坡主要受到东亚季风的影响，温暖湿润；北坡则更多地受到北方干冷气流的影响，相对干燥。秦岭主峰太白山跨太白县、眉县、周至县三县，主峰拔仙台在太白县境内东部，海拔 3767m，地理坐标为北纬 333°49′31″~343°08′11″，东经 107°41′23″~107°51′40″。太白山由下到上分为低山区、中山区、高山区三种地貌类型，低山区位于海拔 800~1300m，地形起伏兼有黄土地貌与石质山地地貌的综合特点，地势平坦，山势平缓，主要由黄土掩覆。山下基岩裸露处，水流常沿断裂带侵蚀切割，形成幽深峡谷。中山区位于海拔 1300~3000m，北坡大体从刘家崖到放羊寺，南坡从黄柏塬到三清池，属石质中山区。大殿以下为深切谷地，沟谷断石呈 "V" 形，谷间山梁陡峭，多呈锯齿状。大殿以上石峰林立，山石峥嵘，巨石嶙峋，千姿百态。高山区位于海拔 3000m 以上地区，第四纪冰川地貌形态较清晰，保存较完整。该区第四纪冰川地貌遗留下来的部分，按冰川作用的类型分为冰蚀地貌和冰碛地貌。按形态分为冰蚀地貌（包括冰斗、角峰、槽谷）和冰碛地貌（仅为终碛堤）。拔仙台是第四纪冰川活动中心，故各种冰川地貌多分布于其周围。

秦岭主峰太白山植被分布有着较为完整的植被垂直带谱，由下至上依次划分为栎类景观林、桦木景观林、巴山冷杉景观林、太白红杉景观林、高山灌丛景观林 5 个景观林带。海拔低于 800m 为温暖气候带，年平均气温和降水量分别为 12℃、620～700mm，该气候带的主要植被类型为落叶阔叶林。海拔 800～1300m，年均温为 9～11.5℃，年降水量为 680～800mm，全年约 60%降水量出现在 7～9 月，主要植被类型为针阔混交林。海拔 1300～2600m，主要植被有栎树、油松（*Pinus tabulaeformis*）和华山松（*Betula spp.*）等，年均温为 2～9℃，年降水量为 750～1000mm。海拔 2600～3500m，主要植被为冷杉和落叶松，年均温为–1～2℃，年降水量为 800～900mm，一年中 10 月到翌年 4 月的月平均气温低于 0℃。苔原带分布在该地区海拔 3500m 以上的地区，气候寒冷，月最低气温低于–30℃，年降水量为 700～800mm。海拔高于 3600m 的地区植被主要以草本和灌木为主，优势植被有杜鹃、高山柳（*Salix cupularis*）等。太白红杉所分布地区的土壤主要以草甸森林土为主，母质层主要为堆积岩屑和碎石，土壤发育较差。群落中主要灌木有蒙古绣线菊（*Spiraea mongoliaca*）、华西忍冬（*L. webiana*）、刚毛忍冬（*L. hispida*）、高山柳等，草本植物主要有薹草、紫苞风毛菊（*Saussurea iodostegia*）、淡黄香青（*Anaphalis flavescens*）等。

### 3.6.1 秦岭太白红杉林样地概况

太白红杉仅分布在中国秦岭地区海拔 2600～3600m 的地带，在海拔 2600～2900m 仅有零星分布，在海拔 2900～3200m，太白红杉占群落最主要的优势地位，多地区形成太白红杉纯林。海拔 3400～3500m 是太白红杉与亚高山灌木混交的生态交错带。

该研究共选取了南北两坡两个主要的典型研究区，均为太白红杉纯林，北坡三个样地分别标注为 TB1、TB2、TB3，南坡中三个样地标注为 TB4、TB5、TB6。采样概况见表 3.10。

表 3.10　太白山太白红杉林样地概况

| 采样点 | 海拔/(m) | 经度/(°) | 纬度/(°) | 坡度/(°) | 坡向/(°) | 郁闭度 | 主林层树种构成 | 其他树种 |
|---|---|---|---|---|---|---|---|---|
| TB1 | 3317.75 | 107.7693 | 33.97864 | 30 | NW | 0.5 | 太白红杉 | 银缕梅 |
| TB2 | 3296.6 | 107.7693 | 33.97926 | 40 | 286 | 0.3 | | 银缕梅、忍冬 |
| TB3 | 3312.25 | 107.7685 | 33.97991 | 45 | 265 | 0.5 | | 银缕梅 |
| TB4 | 3301 | 107.7726 | 33.93978 | 20 | 218 | 0.3 | 太白红杉 | 爬地柏、杜鹃 |
| TB5 | 3282.5 | 107.7744 | 33.93866 | 15 | 211 | 0.4 | | 爬地柏 |
| TB6 | 3252.75 | 107.7746 | 33.93794 | 10 | 216 | 0.4 | | 爬地柏 |

根据已知年龄的太白红杉样本，太白山太白红杉纯林中，太白红杉的平均年龄为 127.8 年，其中最大为 297 年，最小为 34 年（图 3.101）。

南坡太白红杉年龄普遍偏小，平均年龄为 121.86 年，主要分布在 50～175 年，峰度系数为–0.665，分布较为集中。北坡平均年龄为 136.43 年，年龄主要分布在 75～175 年，分布较为分散（图 3.102）。

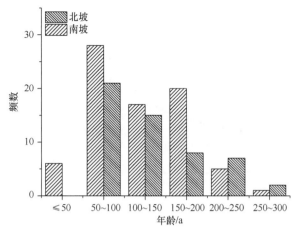

图 3.101　太白红杉年龄分布

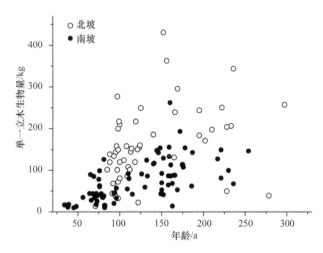

图 3.102　不同年龄太白红杉立木生物量（依据可测年龄的树轮样本）

### 3.6.2　过去 50 年太白山太白红杉纯林生物量和生产力变化特点

太白山南坡太白红杉生物量明显低于北坡生物量，1949～2014 年，南坡生物量从 28.32t/hm² 上升到 55.80 t/hm²，每公顷太白红杉蓄积量增长近两倍，约 27.48 t/hm²，年增长量约为 0.402 t/hm²，北坡生物量从 54.03 t/hm² 上升到 94.43 t/hm²，每公顷太白红杉蓄积量增长 40.4t/hm²，年增长量约为 0.625 t/hm²。

如图 3.103 所示，太白红杉净初级生产力呈现周期性平稳波动，1950～2014 年，南北坡净初级生产力平均值分别为 0.423 t/(hm²·a) 以及 0.622 t/(hm²·a)。其中北坡净初级生产力有显著的下降趋势，年下降量约为 0.002 t/(hm²·a)。主要低值年出现在 1957 年、1965 年、1973 年、1989 年、1997 年以及 2010 年。主要高值年出现在 1953 年、1960 年、1967 年、1978 年、1995 年以及 2008 年。

太白红杉在太白山南北坡净初级生产力值有着较大的差异，1950～2014 年净初级生产力相关性约为 0.6，一阶差后净初级生产力相关性也约为 0.6。

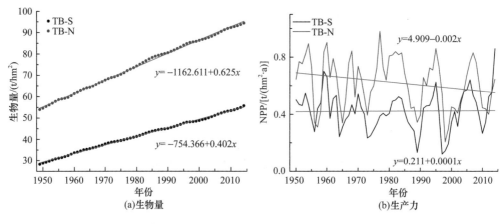

图 3.103　太白山太白红杉生物量和生产力

### 3.6.3　气候变化的影响

高山林线作为极端环境下的树木生存界线，对气候变化的敏感性较高。其对气候变化的响应主要包括林线内部格局的变化、林线分布海拔上限变化以及林线树种组成变化。

太白红杉南北坡净初级生产力与温度的相关关系差异较大，南坡太白红杉净初级生产力主要与当年 3～7 月气温，尤其是 6、7 月气温呈正相关关系，而北坡太白红杉净初级生产力主要与生长季前的气温，尤其是前一年 11 月到当年 4 月气温呈负相关关系。

太白山南北坡太白红杉对降水的相关性较为一致，主要与 4～7 月降水，尤其是与 4 月降水呈负相关关系。北坡太白红杉净初级生产力与 4 月降水的相关性达到了显著性水平。另外，南坡太白红杉净初级生产力与前一年 11 月以及当年 1 月的降雪均呈较为显著的相关，其中与前一年 11 月降雪呈显著的正相关关系，与当年 1 月降雪呈较为显著的负相关关系（图 3.104）。

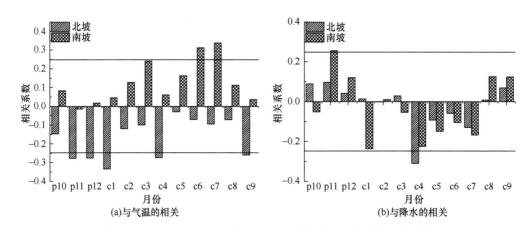

图 3.104　太白山太白红杉生产力与气温和降水的相关性分析结果

响应分析的结果表明，太白红杉净初级生产力对生长季前气温呈现负响应并对生长季气温呈现正响应,北坡太白红杉净初级生产力显著响应于生长季前的温度及 4 月降水,南坡净初级生产力则对气温及降水的响应较弱(图 3.105)。

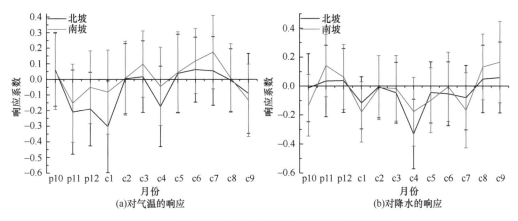

图 3.105　太白山太白红杉生产力对气温和降水的响应

将主要影响太白山太白红杉净初级生产力变化的气候因子作为自变量,南北坡太白红杉净初级生产力分别作为因变量,分别进行两次逐步回归。图 3.106 及图 3.107 所示分别为太白山北坡及南坡利用气候因子回归得到的生产力与实际树轮资料估算的生产力的对比。

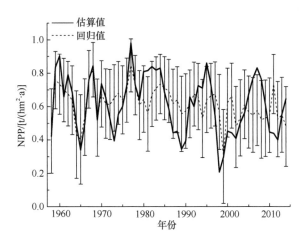

图 3.106　太白山北坡太白红杉利用气候因子回归得到的生产力与实际估算生产力的对比

结果表明,前一年 11 月到当年 1 月的气温以及当年 4 月的降水是影响北坡太白红杉净初级生产力的最主要气候因子,回归方程(3.20)为

$$\text{NPP}_r = 1.095 - 0.105 \times T_{p11 \sim c1} - 0.002 P_4$$
$$R = 0.583, \quad p = 0.000 \tag{3.20}$$

式中,$\text{NPP}_r$ 为气候因子回归得出的净初级生产力值;$T_{p11 \sim c1}$ 为前一年 11 月到当年 1 月的气温;$P_4$ 为当年 4 月的降水量。

前一年 11 月到当年 1 月气温及 4 月降水量共同解释了太白山北坡太白红杉净初级

生产力变化的 34.0%。

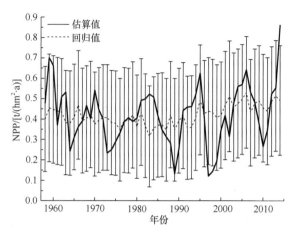

图 3.107　太白山南坡太白红杉利用气候因子回归得到的生产力与实际估算生产力的对比

影响南坡太白红杉净初级生产力的最主要气候因子为当年 6～7 月气温，其回归方程（3.21）为

$$\text{NPP}_r = -0.639 - 0.050 \times T_{6\sim7}$$
$$R = 0.344, \quad p = 0.009$$

$$(3.21)$$

式中，$\text{NPP}_r$ 为气候因子回归得出的净初级生产力值；$T_{6\sim7}$ 为当年 6～7 月均温。

其解释了太白山南坡太白红杉净初级生产力变化的 11.8%。

### 3.6.4　小结

本节对秦岭主峰太白山南北坡太白红杉纯林逐年生物量以及净初级生产力进行了估算。研究根据周边气象站的气候信息，评估了 1958 年以来两地太白红杉净初级生产力与气候的相关性及对气候的响应，分析了气候变化对太白红杉净初级生产力的影响。本节的主要结论如下：

（1）太白红杉在太白山 3500m 左右存在大量的太白红杉纯林，无其他伴生乔木。根据已知年龄的太白红杉样本，太白山太白红杉纯林中太白红杉的平均年龄为 127.8 年，其中最大为 297 年，最小为 34 年。南坡太白红杉年龄普遍偏小，平均年龄为 121.86 年，主要分布在 50～175 年，分布较为集中。北坡平均年龄为 136.43 年，年龄主要分布在 75～175 年，分布较为分散。

（2）太白山南北坡太白红杉生物量均在过去 50 年时间呈现显著的上升趋势，南坡太白红杉生物量明显低于北坡生物量。1949～2014 年，南坡生物量从 28.32 t/hm² 上升到 55.80 t/hm²，每公顷太白红杉蓄积量增长近两倍，约 27.48 t/hm²，年增长量约为 0.402 t/hm²，北坡生物量从 54.03 t/hm² 上升到 94.43 t/hm²，每公顷太白红杉蓄积量增长 40.4t，年增长量约为 0.625 t/hm²。太白红杉净初级生产力呈现周期性平稳波动，1950～2014 年，南北坡净初级生产力平均值分别为 0.423 t/(hm²·a) 以及 0.622 t/(hm²·a)。其中，北坡净初级生产力有显著的下降趋势，年下降量约为 0.002 t/(hm²·a)。

（3）秦岭太白山南北坡太白红杉对气温的相关性和响应有着较大的差异。南坡太白红杉净初级生产力主要与当年 3～7 月气温呈正相关关系，而北坡的太白红杉净初级生产力主要与生长季前期的气温呈负相关关系。响应结果表现出了太白红杉净初级生产力对生长季前气温的负响应以及对生长季气温的正响应关系。太白山南北太白红杉净初级生产力与降水的相关和响应较为一致，均表现出 4～7 月降水对其的负影响。南坡太白红杉净初级生产力对降水的响应程度较弱。

（4）前一年 11 月到当年 1 月气温以及 4 月降水是影响太白山北坡太白红杉净初级生产力的最主要气候因子，其共同解释了 1957～2014 年太白红杉生产力变化的 34.0%。前一年 11 月到当年 1 月的气温的升高以及 4 月降水量的增加将不利于植被的净初级生产力。太白山南坡太白红杉净初级生产力主要受到 6～7 月气温的影响，6～7 月气温的变化解释了 1957～2014 年太白红杉净初级生产力变化的 11.8%。6～7 月气温的上升同样不利于太白红杉植被的净初级生产。

# 3.7　气候变化对典型树种 NPP 影响的区域差异

气候因子是影响森林生物量及生产力变化的最主要的外在因素之一。另外，人类活动也对森林的生物量及生产力变化产生了极大的影响。本研究选择的研究区远离人类活动区域，人为因素的干扰可以忽略不计，故可以用以研究生物量及生产力对气候的响应。利用控制实验或是模型模拟的方法可以较好地解释植被生产对气候因子的响应方式。Lieth 和 Whitlaker（2012）利用多个模型分析了植被净初级生产力与年均温、年平均降水量、年蒸发量以及年净辐射量之间的关系，在中国，刘世荣和徐德应（1994）也建立了森林生产力与气候因子之间的关系模型。本研究中，利用气候因子与生产力序列之间的相关性及响应关系初步探讨了不同地区植被对气候的响应规律，为进一步的气候变化影响植被生长的机理解释以及未来情景下的植被生产力和区域碳汇功能的预测奠定基础。

20 世纪 70 年代以前，中国森林植被起着 $CO_2$ 源的作用，Fang 等（2001）认为，中国森林碳库自 70 年代末期显著增加，并逐渐起到 $CO_2$ 汇的作用，主要是由于森林覆盖率增加以及气温上升、$CO_2$ 浓度增加的共同作用。我们可能无法重现过去不同气候条件下森林生产力对气候因子的真实响应过程，但由于不同的气候因子随着纬度、经度、海拔等地理要素发生较为有规律的变化（McVicar and körner，2013；Sundqvist et al.，2013），则给我们研究不同气候条件下的森林生产力对气候的响应规律提供了便捷的条件。

## 3.7.1　气候变化对东北红松的影响

长白山以及小兴安岭地区冬季均十分寒冷，由于长白山样地海拔高度的因素，月平均气温较低。本研究发现，生长季前的各月气温与红松生产力序列均呈正相关关系，月最低气温最高气温的上升均有助于生产力的增长。生长季前的冬季温暖条件保证了红松植被的正常代谢，有助于来年红松的生长（Kimmins，2005；Dai et al.，2013）。在其他冬季寒冷区或高海拔地区有着类似的结论（Körner，1998；Shao and Fan，1999；Fan et al.，2009）。1~4 月较高气温有利于积雪融化和地温的上升，有助于营养物质的积累，从而影响到植物组织的萌发和生长。红松形成层的开始生长期大致为当年 4 月，此时水分较为充足，然而气温正介于光合最低气温和最适气温下限之间，气温上升引起红松植被的光合速率加快，储存养分随之增加，因此该时期气温的上升有利于红松生物量及生产力的增加。然而，仅长白山地区红松生产力表现出了与 4 月平均最低气温显著的正相关关系，小兴安岭地区对生长季前期的气温的正响应较弱，体现出较为温暖的地区低温的限制作用较弱。Zhu 等（2009）的研究同样表明了长白山地区生长季前气温对植被生长的作用，生长季前的气温与长白山红松年表有着较强的相关性。该研究利用气温与红松生长的关系重建了过去时期长白山地区 2~4 月的气温。该研究认为，小兴安岭地区红松生产力更强烈地响应于前一年 10 月到当年 1 月的气温。尹红等（2009）利用 Tree-Ring 生态机理模型模拟了小兴安岭低山地区红松的生长，结果表明红松年径向生长量主要受到上一年 10 月和当年 4 月的气温的控制。该研究认为形成层生长结束期为 10 月的上旬，此时用于形成层细胞生长的光合产物的消耗逐渐减少，同时，气温的上升导致光合速率的加快，故 10 月气温的增加将有利于红松对于有机营养物质的储存，从而在第二年形成较高的生长量。

红松生产力与夏季最高气温呈负相关关系的特征在长白山以及小兴安岭地区均有所体现，然而在气温较高的小兴安岭地区更为显著。研究认为，夏季月最高气温超过了红松生长的最适气温，从而抑制了红松的生长，导致生产力的下降。Yu 等（2011）的研究中表明，长白山低海拔地区植被径向生长受夏季高温限制的特征，而高海拔地区植被径向生长受到高温的影响较弱。由于山地垂直地带性与水平的纬度地带性在一定程度上有着较为类似的表现形式，该研究与 Yu 等的研究结果之间可以相互验证。

红松对于降水的响应主要发生在当年 6~7 月，长白山以及小兴安岭地区均存在季节性的土壤冻层，寒冷季节易出现水分过剩的情况，从而不会对红松的生长造成限制作用。6~7 月为全年气温的最高时期，土壤水分蒸发量加剧，研究认为，红松对该时段降水的正响应体现了夏季干旱所产生的限制作用。尤其在长白山地区，由于普遍存在的火山浮石母质和山前台地白浆土，土壤质地轻，持水能力较弱（李昌华，1982），6~7 月的水分条件的限制作用尤为突出。夏季水分条件对红松生长的限制作用也在其他的研究中有所体现。例如，Dai 等（2013）研究表明红松径向生长受到干旱的强烈影响，干旱是限制红松生长的最主要气候因子。由于全球干旱条件的加剧，一定程度上影响了红松生长以及红松树种的固碳能力（Zhao and Running，2010）。李广起等（2011）认为，生长季气温和降水的同时增长有助于长白山红松的径向生长。Yu 等（2013）同样验证了长白山海拔约 800m 和 1100m 处的红松生产力与 7 月干旱指数呈显著正相关。

综上所述，长白山和小兴安岭地区红松生产力对气候的响应模式基本一致，由于地理位置、土壤条件以及气候状况等因素的不同，不同地区的红松生产力在对部分月份某气候要素的响应强度上有所差异。

### 3.7.2　气候变化对兴安落叶松的影响

水热条件均是影响兴安落叶松生长的主要气候要素。前期的研究对于兴安落叶松生物量及生产力对气候因子的响应结果存在一定的差异。蒋延玲和周广胜（2001）认为，兴安落叶松林目前是一个巨大的碳汇，气温是影响兴安落叶松生长量的最主要气候因子，气温的上升和 $CO_2$ 的增加将促使兴安落叶松生物量及生产力增加。郑广宇等（2012）在对帽儿山地区兴安落叶松人工林的树轮气候学研究中，认为早材宽度主要受到 5～7月气温的影响，较低的 5 月气温以及较高的 6～7 月气温将有助于早材的生长，晚材宽度主要受到 9 月气温的影响，9 月气温的上升会促进晚材的生长。早材以及年轮的生长受到降水量的影响较大。

研究结果表明，大兴安岭不同纬度的兴安落叶松生产力主要与生长季前的气温呈较为显著的负相关关系。随着纬度的上升，兴安落叶松生产力对前一年气温的负响应增强，而对 3 月气温的负响应减弱。由于地理位置的不同，气候条件的差异，兴安落叶松物候可能存在差异，从而导致了高纬地区对 3 月植被当年形成层开始发育时期的气温响应较弱。类似地，不同纬度的兴安落叶松生产力对降水的响应也较为一致，然而随着纬度的上升，兴安落叶松生产力对降水的响应时期逐渐提前。大兴安岭南部的根河地区主要对前一年 10 月到当年 2 月的降水量有着较为显著的正响应，中部的汗马地区兴安落叶松生产力主要受到前一年 10 月到当年 1 月降水量的影响，北部的漠河样地则更多地受到前一年 10 月到前一年 12 月降水的影响。

### 3.7.3　气候变化对长白山阔叶红松林不同树种的影响

为了研究同一环境下不同树种生物量变化，不少研究利用控制实验分析了不同树种在相同环境中的生长。Zhang（2014）将来源于不同海拔高度的三种中国西南地区常见松属思茅松（*Pinus kesiya var. langbianensis*）、云南松（*P. yunnanensis*）和高山松（*P. densata*）种植于同一环境下，研究其光合作用、生物量分配、生长速率等。研究发现，来源于高海拔的高山松光合速率并不明显低于来源于低海拔的树种，三种植被的相对生长速率和树高有较大的差异，然而其与最大光合速率没有显著关系。在长白山地区，有研究（Wang et al.，2001）利用类似的方法指出长白山地区的主要树种的单株叶面积、细根数量和长度以及个体生物量均受到干旱的显著影响，然而相对于红松和水曲柳，辽东栎生物量的变化对水分胁迫的反应最不明显。

研究结果表明，红松、落叶松以及水曲柳生产力均与春季气温（尤其是 4 月）呈正相关关系。气温在不同程度、不同时段上强烈影响了长白山阔叶红松林各树种生物量生产力的变化。辽东栎生产力正响应于前一年 10～11 月的气温，目前冬季气温的较快提升，很大程度上使得辽东栎树种的生产力上升趋势加快。前一年 12 月的降雪对该地区阔叶树种辽东栎和水曲柳的生产力有积极的作用，与王淼等（2001）的研究成果类似，该研究认为辽东栎生产力对水分的响应较弱。

# 3.8 小　结

本章结合系统的样地设置和调查，利用大小兴安岭、长白山以及秦岭地区一共 885 棵树、1774 根树木年轮样芯的树轮宽度资料，估算了过去 50 年典型森林区森林及主要树种的生物量及生产力。并结合气候资料分析了植被生产力与气候因子的关系及其对气候变化的响应。主要研究结论如下：

（1）东北地区以及秦岭地区典型森林群落及种群生物量在过去 50 年均有显著的提升，森林主要部分生物量的值随纬度的上升而有下降的趋势。过去的气温、降水等气候因素的变化影响了整个东北地区所有树种的生产力的变化。

（2）主要树种的生物量及生产力的估算结果揭示了不同位置或生境，种群生物量及生产力的变化规律。红松树种生物量值与其所在群落结构有较大的关联，红松胸高断面积比例较高的小兴安岭地区具有较高的生物量。相对温暖的地区红松生产力值较高，且近 50 年来生产力的增长更为显著。在大兴安岭地区，兴安落叶松中幼龄林生物量的年增长量显著高于成熟林。仅就成熟林而言，纬度较高地区的兴安落叶松林具有较高的生产力值。然而，随着纬度的上升，兴安落叶松 1950 年以来的生产力变化也从显著上升趋势向显著下降趋势转变。坡向的不同，同样会造成植被生物量生产力的显著差异。针对秦岭山地的耐寒独特树种太白红杉，在较为温暖的南坡环境中，太白红杉生物量则远小于北坡生物量。

（3）本章针对长白山阔叶红松林群落的主要树种揭示了植被群落中不同种群的生物量及生产力差异。红松作为群落最主要树种，在乔木中具有最高的生物量及生产力值，生产力平稳波动无显著趋势，落叶松、辽东栎、水曲柳的生产力则自 1960 年以来均呈显著上升的趋势。群落中针叶树种，尤其是建群种红松的生产力占总生产力比例显著下降，群落存在潜在的更替趋势。

（4）植被的各器官生物量占总生物量比例的变化，主要与树木种类相关，不同地区的同一树种的器官生物量比例变化较为一致，而同一地区不同树种之间则存在较大的差异。干生物量，作为兴安落叶松总生物量最重要的部分，自大兴安岭北部到南部，干生物量占据植物个体总生物量比例显著提升。类似地，在小兴安岭地区，南部红松干生物量比例也显著高于北部。

（5）同一树种对气候的响应较为一致，不同地区同一树种对气候的响应差异主要体现在响应强度不同以及响应时间段的微弱提前或推后。前一年生长季末气温、生长季前的最低气温及 6～7 月的降水是影响红松生长的最主要气候因子，气温的提升和降水的增加均有利于红松生产力的增加。不同龄级的红松对气候的响应模式也较为一致。兴安落叶松则主要负响应于当年 3 月气温并正响应于前一年冬季的降水。随着纬度的上升，显著影响兴安落叶松生产力的降水月份有所提前。同一地区不同树种的生产力对气候的响应差异较大。秦岭山地不同坡向太白红杉生产力对气候因子的响应区别较大，主要表现在南坡太白红杉净初级生产力主要正响应于当年 3～7 月气温，而北坡主要负响应于生长季前期的气温。

# 参 考 文 献

鲍春生, 白艳, 青梅, 等. 2010. 兴安落叶松天然林生物生产力及碳储量研究. 内蒙古农业大学学报: 自然科学版, 31(2): 77-82.

陈传国, 郭杏芬. 1983. 阔叶红松林生物量的回归方程. 延边林业科技, 2(1): 2-19.

都本绪. 2015. 寒温带兴安落叶松林生物量模型. 河北林业科技, (3): 5-9.

方精云, 徐嵩龄. 1996. 我国森林植被的生物量和净生产量. 生态学报, 16(5): 497-508.

傅志军. 1994. 太白山太白红杉林的群落学特征及生物量的研究. 陕西理工学院学报: 社会科学版, (S2): 69-72.

蒋延玲, 周广胜. 2001. 兴安落叶松林碳平衡和全球变化影响研究. 应用生态学报, 12(4): 481-484.

李昌华. 1982. 长白山的土壤和森林资源特点. 自然资源, 4(1): 85-94.

李广起, 白帆, 桑卫国. 2011. 长白山红松和鱼鳞云杉在分布上限的径向生长对气候变暖的不同响应. 植物生态学报, 35(5): 500-511.

刘世荣, 徐德应. 1994. 气候变化对中国森林生产力的影响. 林业科学研究, 7(4): 425-430.

刘志刚, 马钦彦, 潘向丽. 1994. 兴安落叶松天然林生物量及生产力研究. 植物生态学报, 8(4): 328-337.

罗天祥. 1996. 中国主要森林类型生物生产力格局及其数学模型. 北京: 中国科学院地理科学与资源研究所博士学位论文.

马建路, 宣立峰. 1995. 用优势树全高和胸径的关系评价红松林的立地质量. 东北林业大学学报, 23(2): 20-27.

王淼, 代力民, 姬兰柱, 等. 2001. 长白山阔叶红松林主要树种对干旱胁迫的生态反应及生物量分配的初步研究. 应用生态学报, 12(4): 496-496.

吴钢, 肖寒, 赵景柱, 等. 2001. 长白山森林生态系统服务功能. 中国科学: C 辑, 31(5): 471-480.

徐化成. 1998. 中国大兴安岭森林. 北京: 科学出版社.

徐振邦, 李昕, 戴洪才. 1985. 长白山阔叶红松林生物生产量的研究. 森林生态系统研究, 5: 33-48.

尹红, 刘洪滨, 郭品文. 2009. 小兴安岭低山区红松生长的气候响应机制. 生态学报, 29(12): 6333-6341.

张秋良. 2014. 内蒙古大兴安岭森林生态系统研究. 北京: 中国林业出版社.

赵丽丽. 2011. 小兴安岭地区天然林林分生长模型. 哈尔滨: 东北林业大学博士学位论文.

郑广宇, 王文杰, 王晓春, 等. 2012. 帽儿山地区兴安落叶松人工林树木年轮气候学研究. 植物研究, 32(2): 191-197.

周以良. 1991. 中国大兴安岭植被. 北京: 科学出版社.

Crow T R, Schlaegel B E. 1988. A guide to using regression equations for estimating tree biomass. Northern Journal of Applied Forestry, 5(1): 15-22.

Dai L, Jia J, Yu D et al. 2013. Effects of climate change on biomass carbon sequestration in old-growth forest ecosystems on Changbai Mountain in Northeast China. Forest Ecology and Management, 300(4): 106-116.

Fan Z, Bräuning A, Yang B, et al. 2009. Tree ring density-based summer temperature reconstruction for the central Hengduan Mountains in southern China. Global and Planetary Change, 65(1): 1-11.

Fang J, Chen A, Peng C, et al. 2001. Changes in forest biomass carbon storage in China between 1949 and 1998. Science, 292(5525): 2320-2322.

Fang J, Kato T, Guo Z D, et al. 2014. Evidence for environmentally enhanced forest growth. Proceedings of the National Academy of Sciences of the United States of America, 111(26): 9527-9532.

Grissino-Mayer H D. 2001. Evaluating crossdating accuracy: a manual and tutorial for the computer program COFECHA. Tree-ring Research, 57(2): 205-221.

Huang F, Qi X, Xu S. 2011. Monitoring NPP changes in Changbai Mountain area, China with MODIS images. Geoinformatics, 2011 19th International Conference on. IEEE.

Kimmins J P. 2005. 森林生态学. 曹福亮译. 北京: 中国林业出版社: 216-217.

Körner C. 1998. A re-assessment of high elevation treeline positions and their explanation. Oecologia, 115(4): 445-459.

Kramer P J. 1981. Carbon dioxide concentration, photosynthesis, and dry matter production. BioScience, 31(1): 29-33.

Lieth H, Whittaker R H. 2012. Primary productivity of the biosphere. Berlin: Springer.

McVicar T R, Körner C. 2013. On the use of elevation, altitude, and height in the ecological and climatological literature. Oecologia, 171(2): 335-337.

Melillo J M, McGuire A D, Kicklighter D W, et al. 1993. Global climate change and terrestrial net primary production. Nature, 363(6426): 234-240.

Mowrer H T, Frayer W., 1986. Variance propagation in growth and yield projections. Canadian Journal of Forest Research, 16(6): 1196-1200.

Peng C, Zhang L, Liu J. 2001. Developing and validating nonlinear height–diameter models for major Tree species of Ontario's boreal forests. Northern Journal of Applied Forestry, 18(3): 87-94.

Post W M, Emanuel W R, Zinke P J, et al. 1982. Soil carbon pools and world life zones. Nature. 298(5870): 156-159.

Shao X, Fan J. 1999. Past climate on west Sichuan plateau as reconstrcted from ring-widths of dragon spruce. Quaternary Sciences, 1: 81-89.

Sundqvist M K, Sanders N J, Wardle D A. 2013. Community and ecosystem responses to elevational gradients: processes, mechanisms, and insights for global change. Annual Review of Ecology, Evolution and Systematics, 44(1): 261-280.

Wang C. 2006. Biomass allometric equations for 10 co-occurring tree species in Chinese temperate forests. Forest Ecology and Management, 222(1): 9-16.

Wang M, Dai L, Ji L. 2001. A preliminary study on ecological response of dominant tree species in Korean pine broadleaf forest at Changbai Mountain to soil water stress and their biomass allocation. The Journal of Applied Ecology, 12(4): 496-500.

Woodwell G M, Whittaker R, Reiners W, et al. 1978. The biota and the world carbon budget. Science, 199(4325): 141-146.

Yu D, Liu J, Benard J L, et al. 2013. Spatial variation and temporal instability in the climate-growth relationship of Korean pine in the Changbai Mountain region of Northeast China. Forest Ecology and Management, 300(6): 96-105.

Yu D, Wang Q, Wang Y, et al. 2011. Climatic effects on radial growth of major tree species on Changbai Mountain. Annals of Forest Science, 68(5): 921-933.

Zhang S. 2014. Biomass Partitioning Affects the Growth of Pinus Species from Different Elevations. Plant Diversity and Resourcues, 36(1): 47-55.

Zhang Z, Kang X, Yang H, et al. 2010. Optimal volume equations for three maijor coniferous tree species in Changbai Mountains. Journal of Northwest Forestry University, 25(004): 144-150.

Zhao J F, Yan X D, Guo J P, et al. 2012. Evaluating spatial-temporal dynamics of net primary productivity of different forest types in northeastern China based on improved FORCCHN. PloS One, 7(11): e48131.

Zhao M, Running S W. 2010. Drought-induced reduction in global terrestrial net primary production from 2000 through 2009. Science, 329(5994): 940-943.

Zhu H, Fang X, Shao X, et al. 2009. Tree ring-based February–April temperature reconstruction for Changbai Mountain in Northeast China and its implication for East Asian winter monsoon. Clim Past, 5(4): 661-666.

# 第4章 气候变化对中国森林 净初级生产力的影响

区域大尺度森林生态系统 NPP 通常利用模型模拟来研究。本章首先通过光能利用率模型模拟了过去 20 世纪 80 年代以来中国森林 NPP，揭示其时空变化特征。其次针对未来气候变化影响下森林 NPP，利用气候变量驱动的动态植被模型，结合未来多模式和多情景气候数据，模拟预估未来森林 NPP 变化；并分析未来不同升温程度下森林 NPP 变化特征。本章研究结果是识别气候变化风险的重要基础。

## 4.1 中国森林净初级生产力及其时空格局

### 4.1.1 基于光能利用率模型的净初级生产力估算

CASA（carnegie-ames-stanford approach biosphere model）模型（Potter et al.，1993）是一种用于陆地生态系统碳循环研究，由遥感数据、温度、降水、太阳辐射以及植被类型、土壤类型等共同驱动的光能利用率模型。该模型是从植被机理出发建立的模拟植被净初级生产力的生态过程模型，已在大尺度植被 NPP 研究和全球碳循环研究中广泛应用，是目前国际上通用的 NPP 模型之一。模型使用覆盖范围广、时间分辨率高的遥感数据作为输入，能够实现对区域和全球 NPP 的动态连续监测。

#### 1. CASA 模型及参数优化

CASA 模型充分考虑了环境条件和植被本身特征，利用植被所吸收的光合有效辐射（APAR）与光能转化率（$\varepsilon$）来进行植被 NPP 的估算。

$$\text{NPP}(x, t) = \text{APAR}(x, t) \times \varepsilon(x, t) \tag{4.1}$$

式中，$x$ 为空间位置；$t$ 为时间。

APAR 和 $\varepsilon$ 这两个变量分别通过太阳辐射、NDVI、土壤水分、降水量、平均温度等指标来体现。其中，APAR 主要由太阳总辐射（SOL）和植被对光合有效辐射的吸收比例（FPAR）来决定。

$$\text{APAR}(x, t) = \text{SOL}(x, t) \times \text{FPAR}(x, t) \times 0.5 \tag{4.2}$$

式中，SOL（$x$，$t$）的单位为 MJ/m$^2$；常数 0.5 为植被可利用的太阳有效辐射（波长 0.4～0.7μm）占太阳总辐射的比例。FPAR 由植被类型和可反映植被覆盖度的 NDVI 两个因子表示，并且使其小于或等于 0.95。

$$FOAR(x,t) = \min\left[\frac{SR(x,t) - SR_{min}}{SR_{max} - SR_{min}}, 0.95\right] \tag{4.3}$$

式中，SR 为简单植被指数；$SR_{min}$ 取值 1.08；$SR_{max}$ 的大小与植被类型有关；SR（$x$，$t$）通过 NDVI（$x$，$t$）求得：

$$SR(x,t) = \frac{1 + NDVI(x,t)}{1 - NDVI(x,t)} \tag{4.4}$$

式（4.1）中的光能转化率 $\varepsilon$ 是指植被将吸收的光合有效辐射（PAR）转化为有机碳的效率。植被在理想条件下具有最大光能转化率 $\varepsilon^*$，但在现实中 $\varepsilon$ 受气温和水分限制。

$$\varepsilon（x，t）= T_{\varepsilon1}（x，t）\times T_{\varepsilon2}（x，t）\times W_{\varepsilon}（x，t）\times \varepsilon^* \tag{4.5}$$

式中，$T_{\varepsilon1}$ 和 $T_{\varepsilon2}$ 为温度胁迫的影响；$W_{\varepsilon}$ 为水分胁迫影响系数；$T_{\varepsilon1}$ 反映的是高温和低温下植物内在生化作用对光合作用的限制；$T_{\varepsilon2}$ 反映的则是环境从最适宜气温（$T_{opt}$（$x$））向高温和低温变化时 $\varepsilon$ 的减小趋势（Potter et al.，1993；Field et al.，1995），分别用式（4.6）和式（4.7）表示。

$$T_{\varepsilon1}（x）= 0.8 + 0.02T_{opt}（x）- 0.0005（T_{opt}（x））^2 \tag{4.6}$$

$$T_{\varepsilon2}（x，t）= 1.1814/\{1 + \exp[0.2（T_{opt}（x）- 10 - T（x，t））]\}/\{1 + \exp[0.3（-T_{opt}（x）- 10 + T（x，t））]\} \tag{4.7}$$

式中，$T_{opt}$ 为一年内最高 NDVI 值所在月份的平均气温。若某月的平均气温不超过-10℃，则当月的 $T_{\varepsilon1}$ 取 0 值。若某月的平均气温 $T$（$x$，$t$）比最适宜气温高 10℃或低 13℃，则当月的 $T_{\varepsilon2}$ 取值 $T$（$x$，$t$）为 $T_{opt}$（$x$）时 $T_{\varepsilon2}$ 的一半。$W_{\varepsilon}$ 随环境中有效水分的增加而增大，取值范围为 0.5（极端干旱条件）~1（非常湿润条件）。

就 NPP 的估算来说，CASA 模型相对于其他模型所需要输入的参数较少，在一定程度上避免了由于参数缺乏而人为简化或者估计而产生的误差。然而，模型中的参数 $SR_{min}$ 和 $SR_{max}$ 的取值与植被分类有很大关系。因此，为减小植被分类以及 NDVI 数据本身固有的误差，本章根据朱文泉等（2006）提出的计算方法，引入植被分类精度，重新确定了中国不同植被类型的 NDVI 和 SR 的最大值、最小值（表 4.1）。

表 4.1  本章中 CASA 模型 NDVI、SR、$\varepsilon^*$ 值

| 序号 | 植被类型 | $NDVI_{max}$ | $NDVI_{min}$ | $SR_{max}$ | $SR_{min}$ | $\varepsilon^*$ |
|---|---|---|---|---|---|---|
| 1 | 常绿针叶林 | 0.891 | 0.027 | 17.349 | 1.055 | 0.389 |
| 2 | 常绿阔叶林 | 0.930 | 0.027 | 27.571 | 1.055 | 0.985 |
| 3 | 落叶针叶林 | 0.928 | 0.027 | 26.778 | 1.055 | 0.485 |
| 4 | 落叶阔叶林 | 0.928 | 0.027 | 26.778 | 1.055 | 0.692 |
| 5 | 混交林 | 0.927 | 0.027 | 26.397 | 1.055 | 0.768 |
| 6 | 灌丛 | 0.873 | 0.027 | 14.748 | 1.055 | 0.429 |
| 7 | 草地 | 0.696 | 0.027 | 5.579 | 1.055 | 0.542 |
| 8 | 耕地 | 0.822 | 0.027 | 10.236 | 1.055 | 0.542 |
| 9 | 湿地 | 0.825 | 0.027 | 10.429 | 1.055 | 0.542 |
| 10 | 其他 | 0.274 | 0.027 | 1.755 | 1.055 | 0.389 |

另外，CASA 模型中最大光能转化率 $\varepsilon*$ 的取值对 NPP 的估算结果影响很大。原 CASA 模型中的 $\varepsilon*$ 对全球使用一个固定值（0.43gC/MJ），无法体现植被生长环境及其本身特征的差异性。本章采用朱文泉等（2006）在中国范围内的研究成果，该值介于原 CASA 模型和生理生态模型（BIOME-BGC）模拟结果之间，具有较好的精度和稳定性。

## 2. 模型模拟及结果对比验证

模型输入数据包括 1982 年 1 月至 2011 年 12 月的 NDVI3g 数据（Zhu et al.，2013），基于 GTOPO30 DEM 和 ANUSPLIN 插值方法对气象站点观测月值数据进行空间插值而得的空间分辨率为 0.083° 的气象数据。

采用中国 1∶25 万土地覆盖遥感调查与监测数据库中的 2005 年全国土地覆盖栅格图，空间分辨率为 100m。对比实地调查结果表明总体准确率为 91%（张增祥等，2009）。该数据库采用基于陆地生态系统特点的土地覆盖分类系统，将其重新归类以符合模型需要。

土壤质地采用第二次全国土地调查南京土壤所提供的 1∶100 万土壤数据（栅格格式），空间分辨率为 0.0083°。该土壤数据库与以前广泛使用的 1∶400 万相比，其空间和属性特征都要更加精确。模型中主要应用反映土壤机械构成的属性（砂粒、粉粒和黏粒比例）。

通过参数优化后的 CASA 模型，模拟中国 1982～2010 年的 NPP。模拟结果显示，中国陆地生态系统 NPP 总量的多年均值为 2.97 PgC/a（图 4.1）。基于大量文献对 NPP 研究的综合结果显示，中国陆地生态系统 NPP 总量为（2.828±0.827）PgC/a（于贵瑞，2013）。说明本研究与其他学者研究结果相近，且 NPP 的空间分布格局基本合理，总体上呈西部低东部高、北方低南方高的分布特征，反映了中国陆地生态系统 NPP 的空间格局。

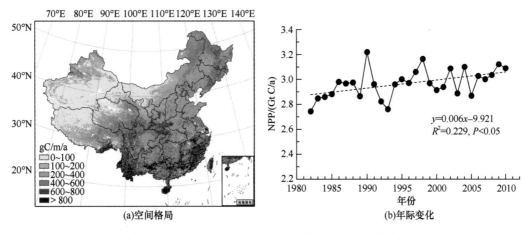

图 4.1　中国陆地生态系统 NPP 空间格局与年际变化

本研究的研究对象是森林 NPP，因此，为了解模型对森林 NPP 的模拟能力，分别统计各森林类型 NPP，并将其与林业普查资料（Ni et al.，2001）和罗天祥基于大量样本的实测数据进行对比。结果表明，基于 CASA 模型模拟的森林 NPP 基本反映了不同森林类型生产力状况（表 4.2）。但是模拟值略小于观测值，这可能是由于观测通常是在生长状况良好的样地采样，而模型采用遥感植被 NDVI，反映的是大面积植被生长现状。此外，遥感 NDVI 混合像元问题也会影响模拟精度。总的来说，参数优化后的 CASA 模型能基本合理地模拟中国陆地生态系统生产力状况。

**表 4.2　不同森林类型 NPP 比较**　　　　　单位：gC/（m²·a）

| 森林类型 | 本研究模拟值 | 林业普查资料 | 罗天祥观测数据 |
| --- | --- | --- | --- |
| 常绿针叶林 | 314.5 | 396 | 439 |
| 常绿阔叶林 | 839.5 | 1017 | 945 |
| 落叶针叶林 | 328.9 | 490 | 460 |
| 落叶阔叶林 | 488.2 | 672 | 548 |

对比 CASA 模型模拟结果与基于树轮宽度提取的典型群落 NPP 的年际变化（图 4.2）。包括大兴安岭兴安落叶松样地（122.03°E，51.20°N）、小兴安岭阔叶红松林样地（129.36°E，47.76°N）、长白山阔叶红松林样地（128.00°E，42.42°N）。

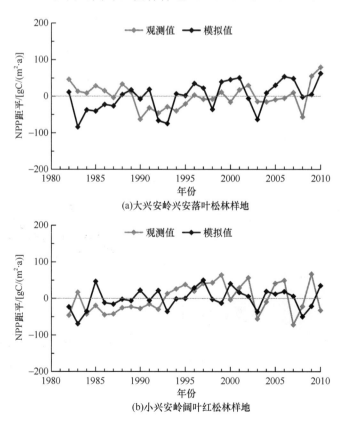

(a)大兴安岭兴安落叶松林样地

(b)小兴安岭阔叶红松林样地

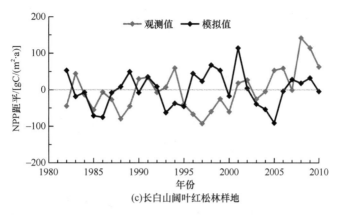

(c)长白山阔叶红松林样地

图4.2　森林 NPP 的距平时间序列对比

所有样地 NPP 距平的观测值与模拟值在过去 29 年均呈整体上升趋势,其中小兴安岭、长白山阔叶红松林的树轮反演 NPP 序列上升趋势显著。从年际变化看,大兴安岭兴安落叶松 NPP 观测值在 20 世纪 80 年代呈轻微下降,1990 年以后稳步回升并与模拟值显著相关($R=0.46$,$P<0.05$)。在小兴安岭阔叶红松林样地,NPP 观测值与模拟值在 2000 年之前以上升趋势为主,从负距平逐渐转变为正距平,进入 21 世纪后回落并围绕 0 值震荡。长白山阔叶红松林 NPP 的年际变化波动性较强,距平序列具有明显的峰值谷值交替,变化幅度超过 100 gC/($m^2·a$),观测值的最高值和最低值分别出现在 2008 年和 1997 年,模拟值则在 2001 年达到最高,在 2005 年降至最低。

综上所述,改进的 CASA 模型模拟结果基本反映出中国陆地生态系统 NPP 的时空分布特征。一方面,通过对全国 NPP 总量及不同森林类型 NPP 模拟值对比,均显示出模型具有较高的可信度。另一方面,通过与典型样地森林 NPP 实测值的年际变化对比,也表明模型模拟结果能反映出森林 NPP 的变化趋势和年际变化。

## 4.1.2　中国森林净初级生产力的空间分布格局

图 4.3 所示为中国森林过去 29 年平均的 NPP 空间分布状况。整体分布呈现西北和东北低、东南沿海和南部边缘高,由北向南逐渐增大的趋势。从地域分布上看,森林 NPP 在西藏东南部、云南西南部、海南南部、台湾东部以及以东南沿海为代表的常绿阔叶林地区最高,超过 800 gC/($m^2·a$);在四川盆地、黄土高原南部以及长江中下游等混交林为主的大部分地区,NPP 达到 600~800 gC/($m^2·a$);NPP 在 600 gC/($m^2·a$)以下的主要是东北地区的混交林和落叶林,四川中部和陕西南部也略有分布;新疆北部和西藏东南部的常绿针叶林 NPP 最低,低于 300 gC/($m^2·a$)。

中国森林 NPP 的空间分布区域差异较明显,主要呈东部高于西部、南方高于北方的特点,这与中国不同地域之间自然地理环境的差异性有关。以西藏东南部为例,这里是中亚热带和高原温带交界、湿润与半湿润过渡的地区,也是青藏高原森林覆被的集中分布区,但是复杂多样的气候地形条件使得该区域内部森林 NPP 的差别较大。其中,

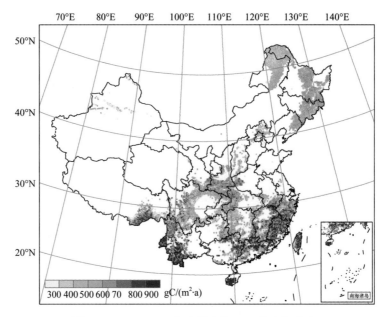

图 4.3　1982～2010 年中国森林 NPP 的空间分布

东喜马拉雅南翼山地气候温暖、雨量充沛，是中国东部亚热带常绿阔叶林地带的西延部分，其 NPP 与海南、台湾等低纬度热带森林 NPP 的水平相同，而川西藏东高山深谷的森林分布则以更加耐寒耐旱的暗针叶林和针阔混交林为主，其 NPP 基本处于全国最低水平。

### 4.1.3　中国森林净初级生产力的时间变化

#### 1. 1982～2010 年森林 NPP 的变化趋势

图 4.4 为中国森林 NPP 的变化速率与变异系数的空间分布图。从图 4.4（a）可以发现，1982～2010 年，全国大多数地区森林 NPP 的变化速率为正值，即年平均 NPP 呈现

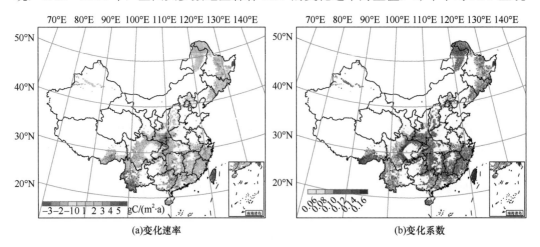

图 4.4　1982～2010 年中国森林 NPP 的变化速率和变异系数的空间分布

上升趋势。NPP 增加趋势最为显著森林主要分布在东北地区的东部边缘、陕西东南部、云南南部、广西东部和台湾地区，平均每年增加幅度超过 5 gC/m²。NPP 呈减小趋势的森林虽然所占面积比例较小，但空间分布相对分散，其中青藏高原东南部大部分森林 NPP 的降幅超过每年 3 gC/m²。

不同地区森林 NPP 的年际波动差异明显，变化范围为 0.06～0.16。变异系数在 0.16 以上的森林仅占全国森林面积的 3%，主要分布在东北地区的北部和东部边缘、四川盆地西部边缘、青藏高原东南部和台湾地区，说明这些地区的森林 NPP 年际波动比较明显。其中，四川盆地西部边缘和青藏高原东南部均是高原气候与中亚热带气候交汇区，对气候变化的敏感性较高。

## 2. 中国森林 NPP 的年际变化特征

中国森林 1982～2010 年的年平均 NPP 变化过程如图 4.5 所示。就全国平均而言，29 年来中国森林 LAI 总体呈增加趋势，平均每年增加 1.4436 gC/m²。通过 Mann-Kendall 显著性检验，全国平均森林 NPP 增加趋势的显著性水平达到 0.05，为显著增加。从图中可以看出，29 年来中国森林 NPP 呈波动上升，其中 20 世纪 80 年代经历了 2 次周期约为 4 年的升降变化，1990 年达到最大值 606.83 gC/m²，之后持续下降到 1993 年的最小值 490.28 gC/m²，90 年代中期以后波动幅度减缓，2005 年后开始平稳上升。

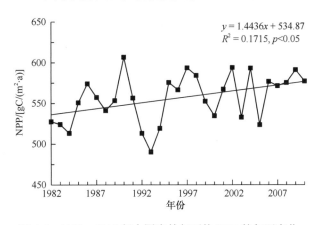

图 4.5　1982～2010 年中国森林年平均 NPP 的年际变化

就各森林类型而言（图 4.6，表 4.3），常绿阔叶林的多年平均 NPP 最高为 772.91 gC/(m²·a)，波动范围最大为 671.47～850.20 gC/(m²·a)，常绿阔叶林和落叶针叶林的 NPP 增加趋势都达到了 0.01 的显著性水平；落叶针叶林的多年平均 NPP 最低为 363.90 gC/(m²·a)；常绿针叶林的波动范围最小为 411.18～506.53 gC/(m²·a)，变化速率最小为 0.59 gC/(m²·a)，增加趋势不明显；落叶阔叶林和混交林的 NPP 的增加趋势通过了 0.05 的显著性水平检验，二者的多年平均值 546.07 gC/(m²·a) 和 536.47 gC/(m²·a) 均与全国平均较为接近。从年际变化曲线的波动状况来看，各类型森林 NPP 的 29 年波形变化特征与全国平均基本类似，均呈波动上升趋势。

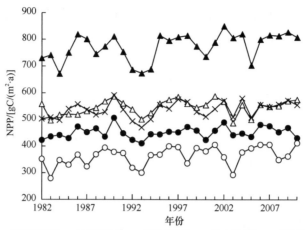

图 4.6　1982～2011 年中国不同森林类型年平均 NPP 的年际变化

表 4.3　**1982～2010 年中国不同森林类型年平均 NPP 的年际变化**

| 森林类型 | $a$ | $R^2$ | $Z$ | CV |
|---|---|---|---|---|
| 常绿针叶林 | 0.5905 | 0.0525 | 1.4819 ($p<0.1$) | 20.9420 |
| 常绿阔叶林 | 2.7444 | 0.2095 | 2.6074 ($p<0.01$) | 15.4062 |
| 落叶针叶林 | 1.8056 | 0.1844 | 2.4948 ($p<0.01$) | 10.3447 |
| 落叶阔叶林 | 0.9171 | 0.0770 | 1.6695 ($p<0.05$) | 19.7534 |
| 混交林 | 1.3520 | 0.1457 | 2.1572 ($p<0.05$) | 18.1042 |
| 平均 | 1.4436 | 0.1715 | 2.2322 ($p<0.05$) | 19.0818 |

注：表中 $a$ 为线性拟合的斜率，即变化速率；$R^2$ 为线性拟合的相关系数；$Z$ 为 Mann-Kendall 趋势检验法的统计变量；$p>0.1$ 表示未通过 0.1 的显著性水平检验，$p<0.1$、$p<0.05$ 和 $p<0.01$ 分别表示通过了 0.1、0.05 和 0.01 的显著性水平检验；CV 为变异系数值。下同。

# 4.2　气候变化对森林影响评估模型

## 4.2.1　气候变化对森林净初级生产力影响评估模型

LPJ-DGVM（lund-potsdam-jena dynamic global vegetation model）模型（Sitch et al.，2003）是一个基于生理生态过程的动态全球植被模型，通过输入月分辨率的气候数据，大气 $CO_2$ 浓度数据和土壤质地数据来驱动模型，计算植物-土壤-大气之间养分循环、碳水通量与碳储量、光合作用强度、植被格局动态等，是大尺度模拟生态系统结构和功能，预测气候变化对生态系统潜在影响的有效工具。

　　LPJ 模型构建了联合陆地植被动态、碳水交换机制的模块化框架（图 4.7），主要包括基于冠层导度的光合作用和蒸腾作用之间的反馈、快速过程和资源竞争、组织周转、种群动态、土壤有机质和凋落物动态以及火干扰之间的相互耦合。模型模拟的最小单元是植被功能型（plant functional types，PFTs）个体的平均，PFTs 由生理、形态、物候、干扰响应属性和一些生物气候限制因子来定义，它们之间的资源竞争和差别响应影响每年的覆盖度。模拟过程中的光合作用、蒸散发和土壤水动态以日为步长，植被结构和功能型群密度以年为周期更新。

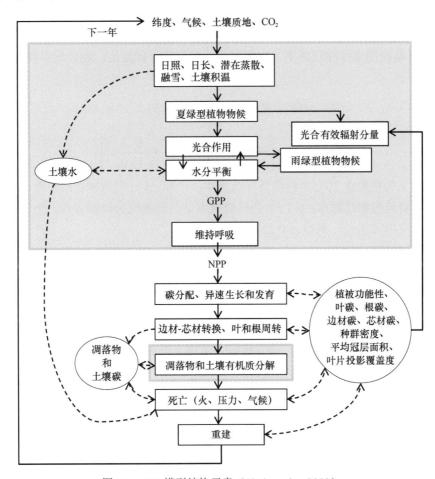

图 4.7　LPJ 模型结构示意（Sitch et al.，2003）

　　LPJ 光合模块采取的是简化的 Farquhar 光合方案（Collatz et al.，1991；Collatz et al.，1992），光合速率（$A_{nd}$）是关于植被吸收的光合有效辐射（APAR）、温度、日长和冠层导度的函数。关键表达式如下：

$$A_{nd}=I_d\ (c_1/c_2)\ [c_2-\ (2\theta-1)\ s-2\ (c_2-\theta s)\ \sigma_c] \tag{4.8}$$

式中，$A_{nd}$ 为日光合同化速率；$I_d$ 为吸收的光合有效辐射；$\theta$ 为光能和 Rubisco 酶的协同限制参数。$\sigma_c$，$s$，$c_1$ 和 $c_2$ 按下式计算：

$$\sigma_c=[1-\ (c_2-s)\ /\ (c_2-\theta s)\ ]^{0.5} \tag{4.9}$$

$$s=（24/h）·a \tag{4.10}$$

$$c_1=\alpha·f_{temp}·（p_i-\Gamma_*）/（p_i+2\Gamma_*） \tag{4.11}$$

$$c_2=（p_i-\Gamma_*）/（p_i+k_c（1+pO_2/k_0）） \tag{4.12}$$

式中，$h$ 为日长；$a$ 为常数，表示叶片呼吸与 Rubisco 酶的关系；$\alpha$ 为有效的生态系统水平量子效率；$f_{temp}$ 为温度抑制因子；$\Gamma_*$ 为 $CO_2$ 补偿点；$p_i$ 为细胞间 $CO_2$ 偏压；$pO_2$ 为环境 $O_2$ 偏压；$k_c$ 和 $k_0$ 为动力学参数。

对每种功能型通过碳水耦合作用计算总初级生产力（GPP），减去维持呼吸和生长呼吸后，剩下的部分即为净初级生产力（NPP）。公式表达如下：

$$NPP=0.75（GPP-R_m） \tag{4.13}$$

式中，$R_m$ 是植被的维持呼吸速率，它的大小主要取决于碳氮比、物候状态和环境温度。计算方法如下：

$$R_m = r \times \frac{C}{cn} \times \Phi \times g(T) \tag{4.14}$$

$$g(T) = \exp\left[308.56 \times \left(\frac{1}{56.02} - \frac{1}{T+46.02}\right)\right] \tag{4.15}$$

式中，参数 $r$ 为植被在 10℃时的维持呼吸速率；$C$ 和 $cn$ 分别为植被组织碳含量与碳氮比；$\Phi$ 代表植被的物候状态；$g(T)$ 为呼吸速率随气温变化的经验方程。生长呼吸提供植物组织新生所需能量，系数为 0.25。

## 4.2.2　气候变化对森林净初级生产力影响评估模型改进

LPJ-F 模型是在 LPJ 动态植被模型的基础上改进。模型改进主要包括三方面：（1）潜在蒸散模块。采用 FAO 推荐的 Penman-Monteith 模型［式（4.16）］代替原 LPJ 模型中 Jarvis 等的方法来计算潜在蒸散。该方法综合考虑了最低/最高气温、相对湿度、风速和太阳辐射等多个要素影响，已在我国得到广泛应用并具有较好的模拟效果；

$$ET_o = \frac{0.408\Delta(R_n - G) + \gamma\dfrac{900}{T+273}U_2(e_s - e_a)}{\Delta + \gamma(1+0.34U_2)} \tag{4.16}$$

式中，$\Delta$ 为饱和水汽压曲线斜率（kPa/℃）；$R_n$ 为净辐射（MJ/ m$^2$·d）；$G$ 为土壤热通量（MJ/ m$^2$·d）；$\gamma$ 为干湿常数（kPa/℃）；$T$ 为日均温（℃）；$U_2$ 为 2 m 高处的风速（m/s）；$e_s$ 为平均饱和水汽压（kPa）；$e_a$ 为实际水汽压（kPa）。

（2）林火模块。原 LPJ 模型假设可燃物载量只存在一个最低阈值，现加设一个最高阈值，同时引入可燃物载量与火灾发生概率的线性关系［式（4.17）］，表达限定范围内火灾发生可能性随可燃物载量增加而增大，从而更好地反映燃料可获得性对火灾发生的影响：

$$P_b = \max\left[0, \min\left(1, \frac{B_{ag} - B_{low}}{B_{up} - B_{low}}\right)\right] \tag{4.17}$$

式中，$B_{ag}$ 为可燃物载量（即地上凋落物），设 $B_{low}$=200 是可燃物载量下限，$B_{up}$=1000 是可燃物载量上限，当 $B_{ag} < B_{low}$ 时不发生火灾；当 $B_{low} \leq B_{ag} \leq B_{up}$ 时火灾发生可能性随可燃物载量增加而增大；当 $B_{ag} > B_{up}$ 时可燃物载量不再成为限制因素，只要其他因素满足即发生火灾。

（3）植物功能型参数优化。对 PFTs 的生物气候因子等重新进行参数化，使之更加符合我国的植被分布状况。

### 4.2.3　模型运行

过去 $CO_2$ 浓度数据来自美国 NOAA/ESRL 发布的全球大气 $CO_2$ 浓度监测数据。土壤质地数据来自联合国粮农组织提供的全球土壤质地类型图。气象驱动数据采用未来气候情景数据。

LPJ-F 模型模拟之前假设全为裸地，首先循环使用 1981～2010 年的气候数据驱动模型运行 1000 年，待生态系统达到平衡后完成基准时段的模拟，然后利用 2011～2099 年的气候数据继续模拟未来碳循环动态，基于多模式集合平均的结果，研究中国植被 NPP 的时空特征及其对不同气候变化情景的响应。

LPJ-F 模型模拟结果显示该模型能够反映出中国生态系统 NPP 由东南向西北递减的空间分布规律，对中国陆地生态系统 NPP 具有较好的模拟能力，可用来进一步模拟未来生态系统生产力变化。

## 4.3　未来气候变化对中国森林净初级生产力的影响

### 4.3.1　未来气候变化

#### 1. 气候模式和情景

气候模式采用 CMIP5 的 5 个 GCMs（HadGEM2-ES，IPSL-CM5A-LR，GFDL-ESM2M，MIROC-ESMCHEM，and NorESM1-M）（Taylor et al.，2012），数据经过 ISI-MIP 偏差校正和插值，空间分辨率为 $0.5° \times 0.5°$（Hempel et al.，2013；Warszawski et al.，2013）。采用的气候要素包括平均气温、最高气温、最低气温、降水量、短波辐射、风速和相对湿度。进一步利用对数风廓线函数，将 10m 高度的风速数据换算到 2m 高度（Allen et al.，1998）。

采用 RCP2.6、RCP4.5、RCP6.0 和 RCP8.5 4 个排放情景开展未来气候变化研究，分别代表 2100 年辐射强迫水平达到 2.6、4.5、6.0 和 8.5 $W/m^2$（Moss et al.，2010）。RCP8.5 是在 2100 年辐射强迫达到 8.5 $W/m^2$ 左右的最高排放情景，大约相当于 $1370 \times 10^{-6}$ 的大气 $CO_2$ 浓度（Moss et al.，2010）。根据 RCPs，2100 年全球平均地表气温将比工业化前水平上升 1.5～4.5℃（Meinshausen et al.，2011）。

根据 5 个 GCMs 和 4 个排放路径，模拟了中国未来 2021～2050 年潜在蒸散和干湿指数，分析中国干湿状况相对于基准时段（1981～2010 年）的变化。采用经辐射校正的

FAO56 Penman-Monteith 模型模拟潜在蒸散。首先假设模型相互独立并赋予相等权重。然后根据 5 个 GCM 的平均模拟气候值，在每个格点上，计算 2021～2050 年 AI 变量相对基准时段的变化。多模式平均集合可提供气候系统的一致性表现，以及该一致性的置信度大小（Taylor et al.，2012）。气候要素 $P$、$ET_o$ 和 AI 的平均距平（$\Delta M$）采用式（4.18）进行计算：

$$\Delta M_s = \sum_{i=1}^{n}\left(\left(M_{s,i,f} - M_{s,i,bs}\right)\middle/ M_{s,i,bs} \times 100 \times A_i\right)\middle/ \sum_{i=1}^{n} A_i \qquad (4.18)$$

式中，$s$ 为气候模式；$i$ 为格点数；$f$ 为未来时段；bs 代表基准时段；$A_i$ 为第 $i$ 个格点的面积。

## 2. 未来气候变化特征

未来气候变量变化趋势相近，但在不同情景下变化幅度存在差异，尤其是在 2030 年之后。总体上，年平均气温和潜在蒸散均为增加趋势。RCP2.6 和 RCP8.5 情景下，2050 年气温相对于基准期将分别增加 1.81℃和 2.84℃，至 21 世纪末将分别增加 1.58℃和 6.50℃。未来潜在蒸散将可能大幅增加，尤其是在 RCP8.5 下，至 2050 年和 2099 年将分别增加 10.35%和 24.22%。降水量在 2010～2020 年为负距平，之后变化均为正距平。降水增加速率在 RCP6.0 情景下最慢，相对基准时段 2050 年和 2099 年将分别增加 2.07%和 4.85%。其他情景下至 21 世纪末，全国平均降水量将可能增加 10%。相比其他气候要素，干湿指数变化的异质性较高，而在不同模型间的差异性相对较低。RCP6.0 和 RCP8.5 下，干湿指数在 2010 年开始有所增加。RCP2.6 和 RCP4.5 下，干湿指数在 2010 年之后增加，趋势不显著（图 4.8）。干湿指数在 RCP8.5 下增加最明显，至 2050 年和 2099 年将分别增加 8.18%和 13.08%（表 4.4）。

表 4.4　RCPs 情景下中国未来气候水热要素变化

| 变量 | 年份 | RCP 2.6 | RCP 4.5 | RCP 6.0 | RCP 8.5 |
|------|------|---------|---------|---------|---------|
| $T$/℃ | 2050 | 1.81 | 2.18 | 1.52 | 2.84 |
| | 2099 | 1.58 | 2.94 | 3.78 | 6.50 |
| $P$/% | 2050 | 5.73 | 3.50 | 2.07 | 2.15 |
| | 2099 | 9.00 | 10.33 | 4.85 | 10.17 |
| $ET_o$/% | 2050 | 6.60 | 9.27 | 4.05 | 10.35 |
| | 2099 | 6.36 | 10.53 | 15.89 | 24.22 |
| AI/% | 2050 | 0.58 | 5.45 | 1.57 | 8.18 |
| | 2099 | −2.56 | −0.11 | 11.06 | 13.08 |

## 3. 气候模式模拟效果检验

为检验评估 GCM 模式对基准时段气候要素的模拟效果，利用 603 个气象站的观测数据进行了对比分析。采用泰勒图分析 1981～2010 年气候要素观测值和 GCM 模拟值对比统计结果（图 4.9）。平均气温模拟值与观测值的相关系数可达 0.96；降水模拟值与观

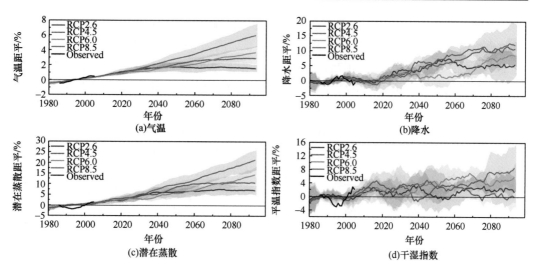

图 4.8　中国未来气候要素变化

黑色实线为 1981～2010 年气象站点观测序列，其他实线为 GCM 集合平均序列，
阴影表示集合平均标准差。序列为 10 滑动平均值

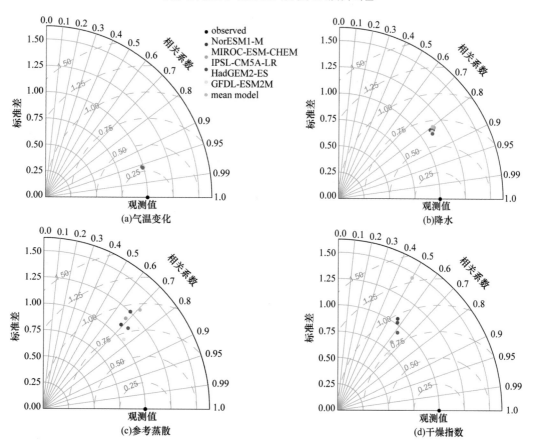

图 4.9　1981～2010 年中国气候要素观测值和 GCM 模拟值的泰勒图

泰勒图表将观测值和模拟值进行比较，展示其相关性（曲轴）、标准差比值（x 轴和 y 轴）和
RMSE（虚线），数值点离观测数据距离越近，表明模拟效果越好

测值的相关系数约为 0.80；潜在蒸散的模拟值与观测值的相关系数为 0.68～0.76；干湿指数模拟值与观测值的相关系数为较其他变量低，约为 0.60。平均气温归一化标准差接近 1，其他模拟变量为 0.75～1.25。总体上，相对于单个 GCM 结果，多 GCM 模式平均结果和观测值相比，相关性更高且 RMSE 更低。由此表明，在未来气候变化研究中，采用多模式集合平均可降低单模式所产生的误差和不确定性。

图 4.10 所示为中国 1981～2010 年多年平均潜在蒸散和干湿指数的观测值和多模式集合平均值的空间分布。结果显示，$ET_0$ 低值区主要分布在东部和青藏高原东部，高值区主要分布在西北和东南地区。多模式集合平均值能反映出 $ET_0$ 的空间差异，但整体偏大，尤其是在西北和华中地区。总体上，$ET_0$ 模拟的空间分布和观测值一致，空间相关系数达 0.77。图 4.10（c）和图 4.10（d）表明模式可较好地反映干湿指数呈东南向西北逐渐增加的空间分布特征，两者与观测值的空间相关系数达 0.76。相对于观测值，多模式集合平均的干湿指数在东南地区偏高，而在西南地区偏低。总的来说，GCM 模式集合平均结果基本可反映中国基准时段气候要素的时空变化特征。

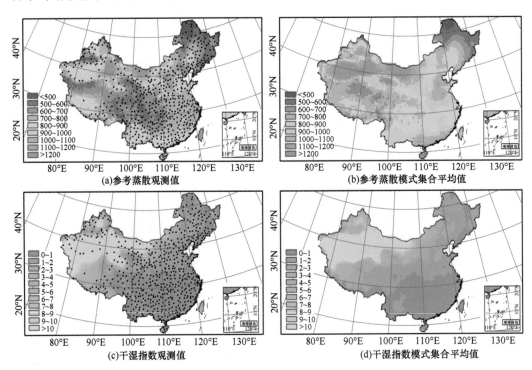

图 4.10　1981～2010 年中国气候要素观测值和模式集合平均结果的空间对比

黑点代表气象站点

## 4. 未来干湿状况变化特征

图 4.11 所示为中国降水量从基准时段到未来 2021～2050 年的多模式平均预估变化结果。未来中国大部分地区的降水量将可能增加，尤其是在西部地区，增加幅度达到 20% 左右。这种西高东低的大尺度格局在四个 RCPs 下相似，其中 RCP2.6 下的增加幅度最

高。降水量减少区域主要出现在 RCP6.0 下的东南地区和 RCP8.5 下的西南地区。未来 30 年，在 RCP2.6、RCP4.5、RCP6.0 和 RCP8.5 下，全国降水量距平值将分别为 6.57%、4.64%、3.81% 和 5.90%。

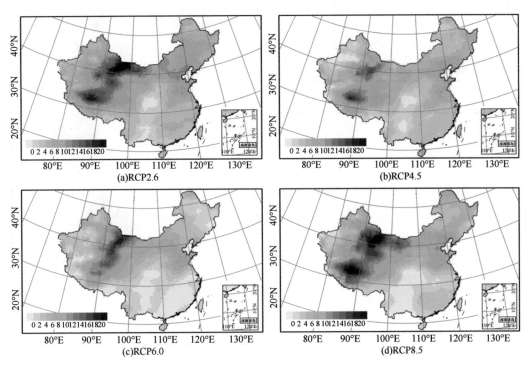

图 4.11　2021～2050 年中国降水变化的空间分布

图 4.12 所示为潜在蒸散预估值对于基准期的相对距平变化。结果表明，潜在蒸散在四个情景下均增加。在温室气体浓度增加最高的 RCP8.5 下，潜在蒸散的增幅最大，尤其是在东北和东南地区增加超过 7%，但在 100°E 以西的地区增加则小于 7%。RCP2.6 和 RCP4.5 情景下，潜在蒸散在西部地区正距平小于 5%，在东部地区正距平为 5%～10%。RCP6.0 下潜在蒸散增幅最小，距平值大部分低于 5%。就全国平均而言，未来 30 年潜在蒸散距平值将在 RCP8.5 情景下最高，为 6.25%，其他情景下距平值将分别为 4.80%（RCP2.6）、5.32%（RCP4.5）和 3.87%（RCP6.0）。

干湿指数为负距平表示湿润程度增加，正距平则代表干旱加剧。图 4.13 所示为 2021～2050 年干湿指数相对于 1981～2010 年距平变化的空间分布。RCPs 情景下干湿指数变化的区域格局基本一致，大部分地区为正距平，将可能呈现干旱趋势。RCP4.5、RCP6.0 和 RCP8.5 情景下干湿指数增加的格点面积比例将分别为 65.17%、63.77% 和 60.20%。在西部的大部分地区，降水量增幅将可能超过潜在蒸散增加程度，从而导致干湿指数下降，干旱程度有所降低。西北地区干湿指数将有所增加。东部部分地区干湿指数将增加约 10%，主要归因于潜在蒸散增幅高于降水。

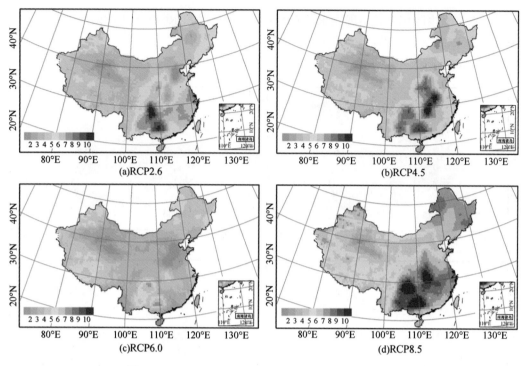

图 4.12　2021～2050 年中国潜在蒸散变化的空间分布

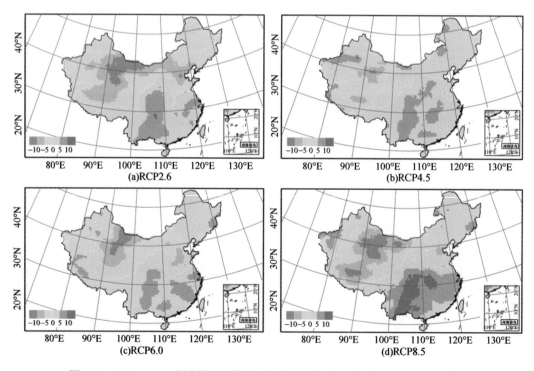

图 4.13　2021～2050 年中国干湿指数变化的空间分布（相对于 1981～2010 年）

## 4.3.2　模式不确定性

为衡量 GCM 模式的不确定性，比较不同气候变化情景下 LPJ-F 模型以各 GCM 数据作为输入模拟的 2021～2050 年中国森林 NPP 总量的年际变化序列（图 4.14），未来 30 年均将表现出不同程度的增加趋势。其中 NorESM1-M 模式在 RCP2.6、RCP6.0 和 RCP8.5 情景下的变化速率都将是 GCMs 中最快的，GFDL-ESM2M 模式的时段均值将在除 RCP8.5 以外的三个情景中都是 GCMs 中最高的。就年际变异而言，各情景下 GCMs 序列的变异系数范围大致为 0.03～0.06。若逐年计算 5 个 GCM 模式 NPP 标准差可以发现，各情景的标准差基本都在 0.04 左右波动。

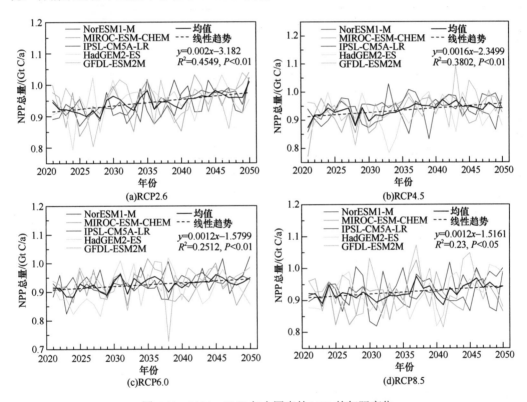

图 4.14　2021～2050 年中国森林 NPP 的年际变化

统计所有森林区域像元 2021～2050 年的 NPP，对比 GCMs 在四个情景下相对各自基准时段的距平百分比（图 4.15），观察它们的数据位置与分散情况。总的来说，绝大多数距平百分比在–10%～10% 范围内变化，且关于中位数呈对称分布，无明显偏态；中位数和均值基本都大于 0，且均值普遍高于中位数，说明正距平占优势。相比而言，IPSL-CM5A-LR 模式的结果最为分散，RCP8.5 情景下距平百分比变化幅度超过了 20%。

以 HadGEM2-ES 模式结果为例，其在 RCP2.6、RCP4.5、RCP6.0、RCP8.5 情景下的距平百分比均值分别为 6.05%、1.57%、0.25% 和 2.58%。其中 RCP2.6 情景下 NPP 正

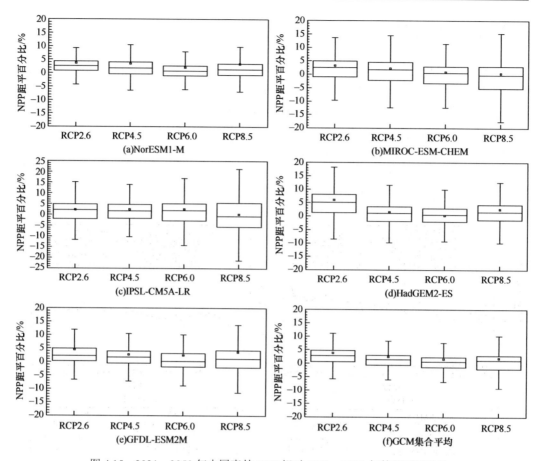

图4.15 2021～2050年中国森林NPP相对1981～2010年的距平百分比

距平像元分布最广，占所有森林像元的比例超过75%，对照空间分布（图4.16）可知相对基准期增加最多的地区出现在东北、华北以及川西藏东。而在RCP4.5和RCP6.0情景下，大兴安岭西南部NPP有所降低，华北北部NPP则下降明显，RCP8.5情景下距平百分比与上述两情景格局相似，不过华北地区的森林NPP由负距平转变为正距平。

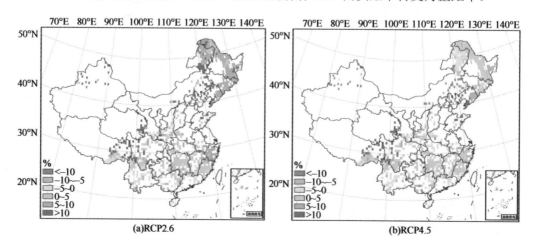

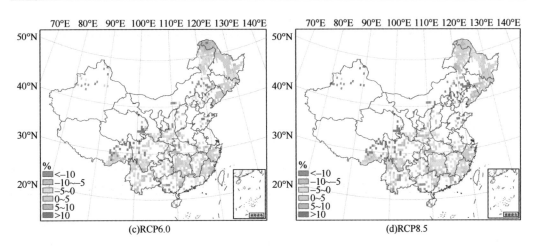

图 4.16　2021～2050 年中国森林 NPP 相对 1981～2010 年的距平百分比分布（HadGEM2-ES）

### 4.3.3　未来中国森林净初级生产力的变化趋势及空间差异

中国森林 NPP 在 2011～2099 年将在总体上呈波动上升趋势（图 4.17），年际变化速率随 RCP2.6、RCP4.5、RCP6.0、RCP8.5 四个情景依次减小，其中 RCP8.5 情景下森林 NPP 上升至 2060 年左右开始有所下降，其他情景下森林 NPP 先上升后稳定。不同气候变化情景下森林 NPP 总量在 2021～2050 年都将呈显著增加趋势，变化速率分别为 0.0020、0.0016、0.0012 和 0.0012，相对基准时段的距平值分别为 0.0210 Gt C/a、0.0120 Gt C/a、0.0020 Gt C/a、0.0030 Gt C/a。可见在不考虑 $CO_2$ 浓度变化的条件下，RCP2.6 情景未来 30 年森林 NPP 趋势速率和距平变化都将是最大的。

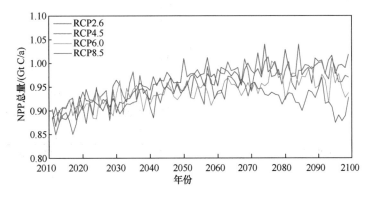

图 4.17　2011～2099 年中国森林 NPP 的年际变化

相对于基准时段，2021～2050 年中国森林 NPP 的距平空间分布将表现出明显的区域差异（图 4.18），北方以正距平为主，南方以负距平为主，距平百分比大部分为–5%～5%（表 4.6）。北亚热带和中亚热带的广大地区在 RCP2.6 和 RCP4.5 情景下呈正距平，在 RCP6.0 和 RCP8.5 情景下呈负距平。正距平百分比超过 10%的地区主要集中在川西藏东，负距平百分比低于–10%的主要分布于南亚热带和热带地区。

表 4.5　2021～2050 年中国森林区域气候相对 1981～2010 年的变化

| 变量 | RCP2.6 | RCP4.5 | RCP6.0 | RCP8.5 |
|---|---|---|---|---|
| NPP/% | 2.27 | 1.31 | 0.27 | 0.29 |
| 气温/℃ | 1.47 | 1.48 | 1.28 | 1.82 |
| 降水/% | 3.37 | 2.80 | 0.51 | 1.88 |
| 潜在蒸散/% | 5.72 | 6.01 | 3.94 | 7.25 |
| 太阳辐射/% | 1.20 | 0.74 | −0.70 | 0.61 |
| 干燥度/% | 2.27 | 3.12 | 3.41 | 5.27 |

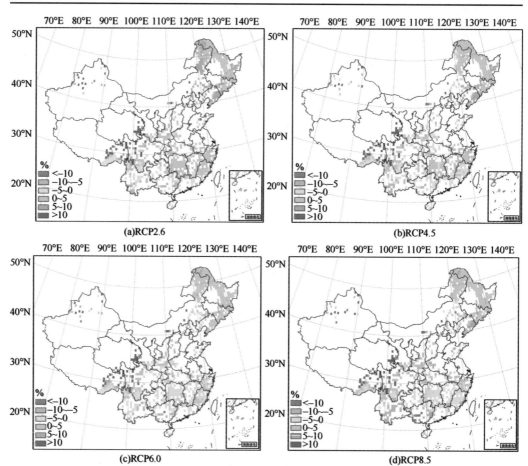

图 4.18　2021～2050 年中国森林 NPP 相对 1981～2010 年的距平百分比分布

表 4.6　2021～2050 年中国森林 NPP 相对 1981～2010 年的距平百分比及像元比例

| 距平百分比/% | RCP2.6 像元比例/% | RCP4.5 像元比例/% | RCP6.0 像元比例/% | RCP8.5 像元比例/% |
|---|---|---|---|---|
| <−10 | 0.11 | 0.44 | 0.22 | 1.20 |
| −10～−5 | 3.49 | 4.58 | 4.03 | 9.59 |
| −5～0 | 17.43 | 26.80 | 38.45 | 29.63 |
| 0～5 | 55.88 | 53.59 | 47.60 | 47.71 |
| 5～10 | 16.34 | 9.04 | 4.25 | 5.99 |
| >10 | 6.75 | 5.56 | 5.45 | 5.88 |

Zhao 等（2013）利用 LPJ 模型模拟 SRES 排放情景（A2，B2，A1B）下中国植被 NPP 相对 1961~1990 年的距平变化，结果显示未来中期（2021~2050 年）时段东部地区 NPP 将以减少为主，西部地区 NPP 将以增加为主。比较森林区域 NPP 距平分布，发现 A2、B2 情景与本章 RCP2.6、RCP4.5 情景格局相似，都表现出南部边缘 NPP 减少、青藏高原东部 NPP 增加的特点，A1B 情景则与本章中 RCP6.0 和 RCP8.5 情景格局接近，NPP 减少的区域扩展至整个秦岭-淮河以南区域。

### 4.3.4 不同升温程度下森林 NPP 的变化特征

RCP8.5 情景下，当森林区域平均气温相对 1981~2010 年增加 1℃（2021 年）、1.5℃（2031 年）、2℃（2039 年）、2.5℃（2046 年）时，NPP 距平分别为–0.017 Gt C/a、–0.010 Gt C/a、0.004 Gt C/a、0.016 Gt C/a。不同升温幅度年份森林 NPP 距平分布如图 4.19 所示。整体而言，升温 2.5℃时正距平分布范围最广，占总森林面积的比例为 67.43%，其中长白山区南部、秦巴山区和青藏高原东部森林 NPP 距平百分比最大，负距平仅出现

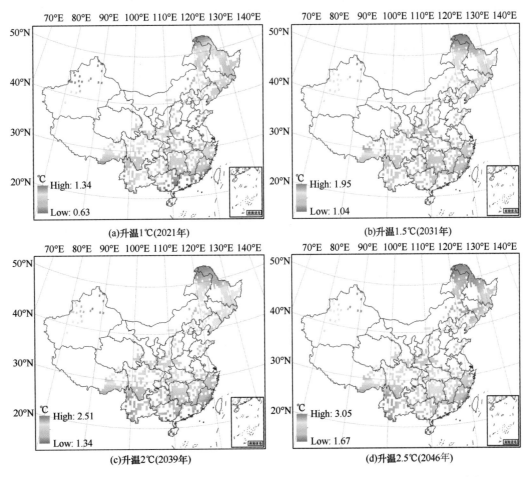

图 4.19 RCP8.5 情景不同升温幅度中国森林区域气温相对 1981~2010 年的距平分布

在云南南部和广西南部等少数地区。升温 1.0℃时负距平分布范围最广，总占比达到 60.52%，包括东北东部以及秦岭淮河以南的几乎所有地区，但其相对基准时段的森林 NPP 降低幅度基本都在 10%以内。

对照 RCP8.5 情景不同升温幅度年份森林区域温度距平分布（图 4.20，表 4.7），求其与相应 NPP 距平分布的空间相关系数，结果分别为 0.1122（$p<0.01$）、0.0924（$p<0.01$）、0.0331（$p>0.1$）、0.0257（$p>0.1$），说明升温 2.0℃和升温 2.5℃时气温与 NPP 变化的

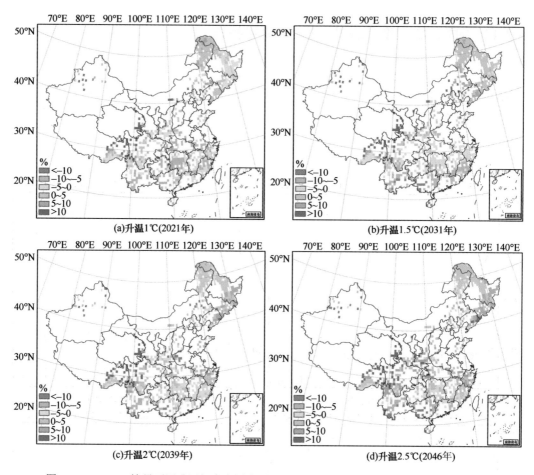

图 4.20 RCP8.5 情景不同升温幅度中国森林 NPP 相对 1981～2010 年的距平百分比分布

表 4.7 RCP8.5 情景不同升温幅度中国森林 NPP 相对 1981～2010 年的距平百分比及像元比例

| 距平百分比/% | 升温 1℃（2021 年）像元比例/% | 升温 1.5℃（2031 年）像元比例/% | 升温 2℃（2039 年）像元比例/% | 升温 2.5℃（2046 年）像元比例/% |
|---|---|---|---|---|
| <−10 | 0.11 | 2.18 | 2.94 | 4.14 |
| −10～−5 | 25.19 | 15.80 | 10.78 | 9.59 |
| −5～0 | 35.22 | 32.57 | 30.17 | 18.85 |
| 0～5 | 28.57 | 36.06 | 40.31 | 39.98 |
| 5～10 | 6.32 | 6.86 | 10.13 | 19.83 |
| >10 | 4.58 | 6.54 | 5.66 | 7.63 |

空间关系不明显,升温 1.0℃和升温 1.5℃时气温与 NPP 变化呈显著的空间正相关关系。可见,对于不同升温水平,气温对 NPP 空间格局的影响存在差异,森林 NPP 变化并不完全决定于气温变化,不同区域的森林 NPP 对气温变化的响应不同。

## 4.4 小 结

本章利用参数优化后的 CASA 模型模拟并揭示了中国 1982～2010 年中国森林 NPP 时空变化特征。总体上,中国森林 NPP 整体分布呈现西北和东北低、东南沿海和南部边缘高,由北向南逐渐增大的空间特征。1982～2010 年大部分地区森林 NPP 的年际变化呈现上升趋势,上升趋势最为显著的地区主要分布在东北地区的东部边缘、陕西东南部、云南南部、广西东部和台湾地区。

通过改进的 LPJ-F 动态植被模型,模拟了未来 2021～2050 年气候变化影响下,中国森林 NPP 的时空动态特征。相对基准时段,未来森林 NPP 将总体呈显著增加趋势,空间上呈北部增加而南部减少的分布特征。本章模拟结果表明,森林 NPP 对不同升温程度的响应不同,而且不同升温水平下,气候变化对森林 NPP 的影响亦存在空间差异。通常升温可提高光合速率增强光合作用,但是气温越高,空气饱和水汽压差越大,可能引起植物气孔关闭以防止水分过多散失,从而导致光合作用减弱。未来预估森林 NPP 的变化表明,增温幅度较小的气候变化可能有利于植被生长,但气候变化超过一定幅度以后,对植被生长的负面效应将起主导作用。就空间差异而言,由于不同区域森林植被对温度变化的响应和适应能力存在差别,南部地区的南亚热带和热带森林生产力最可能受到气候增暖、干旱程度加剧的不利影响而下降。

## 参 考 文 献

罗天祥. 1996. 中国主要森林类型生物生产力格局及其数学模型. 中国科学院地理科学与资源研究所博士学位论文.

于贵瑞. 2013. 中国生态系统碳收支及碳汇功能. 北京: 科学出版社.

张增祥, 汪潇, 王长耀, 等. 2009. 基于框架数据控制的全国土地覆盖遥感制图研究. 地球信息科学学报, 11(2): 216-224.

朱文泉, 潘耀忠, 何浩, 等. 2006. 中国典型植被最大光利用率模拟. 科学通报, 51(6): 700-706.

Allen R G, Pereira L S, Raes D, et al. 1998. Crop Evapotranspiration-Guidelines for Computing Crop Water Requirements. FAO Irrigation and drainage paper 56. Rome: United Nations Food and Agriculture Organization.

Collatz G J, Ball J T, Grivet C, et al. 1991. Physiological and environmental regulation of stomatal conductance, photosysnthesis and transpiration: a model that includes a laminar boundary layer. Agricultural and Forest Meteorology, 54: 107-136.

Collatz G J, Ribas-Carbo M, Berry J A. 1992. Coupled photosynthesis-stomatal conductance model for leaves of C4 plants. Australian Journal of Plant Physiology, 19: 519-538.

Field C B, Randerson J T, Malmström C M. 1995. Global net primary production: Combining ecology and remote sensing. Remote Sensing of Environment, 51(1): 74-88.

Hempel S, Frieler K, Warszawski L, et al. 2013. A trend-preserving bias correction-the ISI-MIP approach. Earth Syst Dynam, 4(2): 219-236.

Meinshausen M, Smith S J, Calvin K, et al. 2011. The RCP greenhouse gas concentrations and their extensions from 1765 to 2300. Climatic Change, 109(1-2): 213-241.

Moss R H, Edmonds J A, Hibbard K A, et al. 2010. The next generation of scenarios for climate change research and assessment. Nature, 463(7282): 747-756.

Ni J, Zhang X S, Scurlock J M O. 2001. Synthesis and analysis of biomass and net primary productivity in Chinese forests. Annals of Forest Science, 58(4): 351-384.

Potter C S, Rerson JT, Field C B, et al. 1993. Terrestrial Ecosystem Production: A process model based on global satellite and surface data. Global Biogeochemical Cycles, 7(4): 811-841.

Sitch S, Smith B, Prentice I C, et al. 2003. Evaluation of ecosystem dynamics, plant geography and terrestrial carbon cycling in the LPJ dynamic global vegetation model. Global Change Biology, 9(2): 161-185.

Taylor K E, Stouffer R J, Meehl G A., 2012. An Overview of CMIP5 and the experiment design. Bulletin of the American Meteorological Society, 93(4): 485-498.

Warszawski L, Frieler K, Huber V, et al. 2013. The inter-sectoral impact model intercomparison project (ISI–MIP): Project framework. Proceedings of the National Academy of Sciences, 111(9):3228-32.

Zhao D, Wu S, Yin Y. 2013. Responses of terrestrial ecosystems' net primary productivity to future regional climate change in China. Plos One, 8(4): e60849.

Zhu Z, Bi J, Pan Y, et al. 2013. Global data sets of vegetation leaf area index (LAI)3g and fraction of photosynthetically active radiation (FPAR)3g derived from global inventory modeling and mapping studies (GIMMS) normalized difference vegetation index (NDVI3g) for the period 1981 to 2011. Remote Sensing, 5(2): 927-948.

# 第5章　气候变化对林火的影响

气候、植被和人为活动都对林火动态有显著影响。气候变化将引起森林火源、火烧条件和火险期的变化,同时也改变可燃物类型与载量,进而影响林火动态的变化。研究过去几十年我国的林火动态变化和未来气候变化对林火动态的影响是开展科学林火管理的基础。通过分析森林火险指数的变化,揭示出气候变化对林火的影响。

## 5.1　中国林火动态特征

火干扰影响到植被动态的格局和过程。植被组成和结构取决于气候和火烧的频度与强度,反过来,火烧的频度和强度也取决于植被结构、地形、植被生产力和气候等。遥感技术(RS)的应用提供了在大空间尺度上研究森林火灾分布的手段(邓湘雯等,2004)。在全球尺度上,不同森林生态系统中的火烧频度和强度有很大差异。全球每年森林过火面积为 200 亿~500 亿 hm²,其中包括稀树草原(200 亿~400 亿 hm²)、北方森林(5亿~15 亿 hm²)和其他受火影响的森林、林地和灌木林(Parry et al., 2007)。过火面积最多的地区包括非洲热带稀树草原、澳大利亚、东南亚以及北方森林,受气候变化(主要指温度升高和干旱期频繁出现等)和极端天气事件的影响,未来亚洲的北方森林火灾发生频率和范围将增大,北美洲的野火(wildfire)可能由于气候偏暖、土壤更干燥和生长季更长而加剧(Schoennagel et al., 2004)。

火是生态系统发展变化的重要动力(Whitlock et al., 2010)。随着植被、气候和人为干扰强度的变化,林火动态也发生改变。自 20 世纪初期开始的扑救所有林火的政策使得美国西部森林从 20 世纪末开始连续发生高强度火灾(Covington et al., 1994)。对原本是火适应或火依赖的森林生态系统占主导的区域内的火烧进行控制,会改变演替格局,引起森林组成和年龄结构变化。中国对林火动态的研究主要集中于东北林区的火动态研究,如黑龙江省林火发生规律(胡海清和金森,2002)和大兴安岭森林火灾变化规律(于成龙等,2007;郭福涛等,2010);林火空间格局及影响因素(陈宏伟等,2011;刘志华等,2011);基于树轮火疤研究火烧频度(胡海清等,2010)。多年来中国实施的"预防为主,积极消灭"的森林防火政策,在很大程度上改变了森林生态系统中自然的火干扰状态。

### 5.1.1　数据来源与研究方法

1. 数据来源

2005~2012 年卫星监测到的热点数据来源于国家林业局林火监测中心,卫星源包括 FY-1D、FY-1C、FY-3A、HJ-1B、Aqua、Terra、NOAA-12、NOAA-14、NOAA-16、NOAA-17、NOAA-18 和 NOAA-19，其中目前运行的卫星有 FY3A、FY3B、NOAA（NOAA16、18、19）和 EOS 系列（TERRA、AQUA）等 7 颗卫星，每天可对同一地区扫描 10 次左右。热点信息主要包括接收时间、地点、经纬度、像素数、连续性、地类及相关反馈情况，本章采用的数据是经过地面核查过的热点数据。林火统计数据来源于国家林业局森林防火办公室，包括按省、直辖市和自治区统计的火灾次数、过火面积、伤亡人数等指标。

## 2. 卫星监测热点数据分析

卫星监测数据包括所有热点信息，根据热点属性特征，利用 Arcinfo10.0 提取各生态地理区的热点信息，并分析这些区域的热点空间与时间分布特征。

## 3. 生态地理分区

本章基于中国生态地理区域系统（郑度，2008）的 2 级分类和植被类型，结合中国森林火灾特点，把中国大陆植被划分为 8 个区域，分别分析每个生态地理区的林火分布特征。考虑到中国赤道热带和边缘热带区面积较小，将其合并到林火特征相似的南亚热带区。中温带干旱地区荒漠区没有植被，不存在火干扰，因此，不对该区域进行分析。

## 4. 林火统计数据的处理

中国的林火统计是按省（自治区）进行的，数据包括每年的森林火灾次数、过火面积和受害森林面积。由于部分省（自治区）跨生态地理区分布，因此，需根据这些省（自治区）的森林分布特征对统计数据进行分割与归并计算，获得各生态地理区的森林火灾数据。由于林火统计数据缺乏空间分布信息，假设这些省（自治区）的森林火灾发生次数与过火面积都与森林分布面积呈正相关，根据植被分布图分别计算这些跨生态地理区的省份中的森林面积比重，并采用这一比重系数统计各生态地理区森林火灾数据。

## 5. 变化趋势分析

采用 Mann-Kendall 法分析主要气候特征和火动态的变化趋势。该趋势检验方法是一种突变和趋势非参数统计检验方法，适合于气象数据的非线性突变和趋势检验（Salmi et al.，2002），广泛用于气候、水文和植被等方面的研究（江振蓝等，2011；占车生等，2012；于延胜和陈兴伟，2013）。

基于秩的 Mann-Kendall 趋势检验法不需要样本遵从一定的分布，也不受少数异常值的干扰。对于具有 $n$ 个样本的时间序列 $X_t = (x_1, x_2, \cdots, x_n)$，先确定所有对偶值（$x_i$，

$x_j$，j＞i）中 $x_i$ 与 $x_j$ 的大小关系（设为 $\tau$）。趋势检验的统计量为

$$\mathrm{UF}_K = \frac{\tau}{\left[\mathrm{Var}(\tau)\right]^{1/2}} \tag{5.1}$$

$$\tau = \sum_{i=1}^{n-1}\sum_{j=i+1}^{n}\mathrm{sgn}(x_j - x_i)；\quad \mathrm{sgn}(\theta) = \begin{cases} 1 & \text{if } \theta > 0 \\ 0 & \text{if } \theta = 0 \\ -1 & \text{if } \theta < 0 \end{cases} \tag{5.2}$$

$$\mathrm{Var}(\tau) = \frac{n(n-1)(2n+5) - \sum_{i=1}^{n} t_i i(i-1)(2i+5)}{18} \tag{5.3}$$

当 $n > 10$ 时，$\mathrm{UF}_K$ 收敛于标准正态分布（魏凤英，2009）。

原假设为该序列无趋势，采用双边趋势检验，在给定显著性水平 $\alpha$ 下，在正态分布表中查得临界值 $U_{\alpha/2}$，当 $|\mathrm{UF}_K| < U_{\alpha/2}$ 时，接受原假设，即趋势不显著；若 $|\mathrm{UF}_K| > U_{\alpha/2}$，则拒绝原假设，即认为趋势显著。

按时间序列逆序构建 $X_t = (x_n, x_{n-1}, \cdots, x_1)$，使 $\mathrm{UB}_K = -\mathrm{UF}_K$。如果 $\mathrm{UB}_K$ 和 $\mathrm{UF}_K$ 两条曲线出现交点，且交点在临界线之间，交点对应的时刻是突变开始时间（魏凤英，2009）。

本章给定显著性水平 $a=0.05$，置信区间为（$-1.96$，$1.96$）。若 $\mathrm{UF}_K > 0$，表明序列呈上升趋势，$\mathrm{UF}_K < 0$ 则表明呈下降趋势。当 $|\mathrm{UF}_K| < 1.96$ 时，变化趋势不显著，反之则变化趋势显著。

### 5.1.2　2005～2012 年野火热点分布及火险期

2005～2012 年每年卫星探测到的野外热点数量为 13570～20083（包括野火、农用火、计划烧除等），其中年均探测到的野火（森林、灌丛和草地上的火）4004 起（变动范围：2035～5716 起），2005 和 2012 年分别为最多和最少的年份。

中国大陆植被包括 8 个区域，分别为寒温带湿润地区落叶针叶林区（$R_1$）、中温带湿润地区森林区（$R_2$）、中温带干旱地区荒漠针叶林区（$R_3$）、中温带半干旱地区草原区（$R_4$）、暖温带湿润/半湿润地区落叶阔叶林、人工植被区（$R_5$）、中温带半干旱/干旱地区草原区（$R_6$）、中北亚热带湿润地区阔叶林、人工植被区（$R_7$）和热带南亚热带湿润地区阔叶林、人工植被区（$R_8$）（图 5.1）。野火主要分布在东部 [图 5.2（a）]，其中分布在 $R_8$ 区域的野火占 84.4%，$R_1$、$R_2$、$R_3$、$R_4$、$R_5$、$R_6$ 和 $R_7$ 区域的野火分别占 0.5%、3.8%、0.1%、2.7%、2.7%、0.1% 和 5.8%。卫星监测到连续热点（对同一火场重复探测到的热点）也主要分布在 $R_8$、$R_2$、$R_7$、$R_4$、$R_1$ 和 $R_5$ 区 [图 5.2（b）]，分别占 61.6%、11.1%、10.6%、6.1%、6.0% 和 4.3%。连续热点和非连续热点（第一次探测到的野火，相当于火发生次数）数量的比值可以表示火灾的大小和扑救困难程度。$R_1$ 的连续热点/非连续热点值达到 12.0，$R_8$ 只有 0.7，$R_6$ 为 0，其他区域为 1.6～3.0。这说明，连续燃烧的火灾主要发生在大兴安岭地区（$R_1$），热带南亚热带湿润地区的火灾虽然发生次数比较多，

但容易扑救，不易出现长时间燃烧的森林大火。

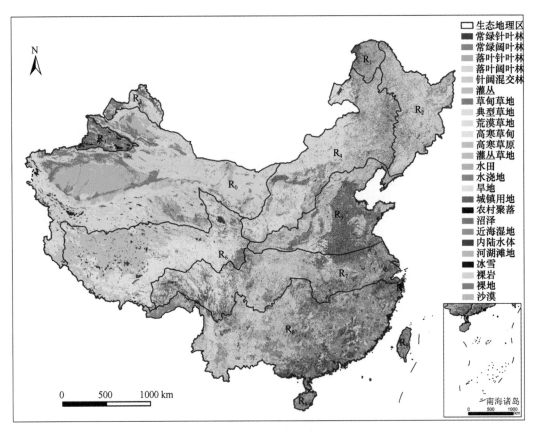

图 5.1　中国植被与生态地理区分布

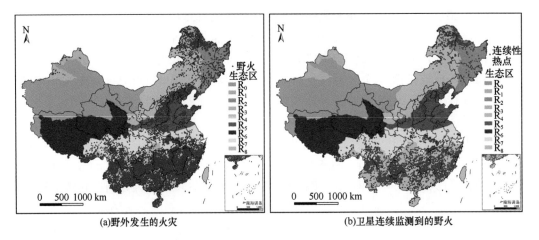

(a)野外发生的火灾　　　　　　　(b)卫星连续监测到的野火

图 5.2　2005～2012 年野火与生态地理区分布

　　根据研究时段内林火发生时间分布确定了各生态地理区的火险期（表 5.1），寒温带湿润地区落叶针叶林区（$R_1$）的火险期为 3～10 月，2、3、9 月监测到的非连续热点多于连续热点，但 4～8 月非连续性热点数量远远少于连续热点，4～8 月容易发生持续性的火烧（图 5.3a）。中温带湿润地区森林区（R₂）热点出现在 2～12 月，火灾主要发生在春季（4～5 月）和秋季（10～11 月）。中温带干旱地区荒漠针叶林区（R₃）热点主要出现在 3～5 月和 8～10 月，连续性的火烧主要发生在 9 月。中温带半干旱地区草原区（R₄）的火险期也包括春秋两个时段，虽然其他时段也有少量火灾发生，但连续性的火烧主要出现在 4 月、5 月和 9 月。暖温带湿润/半湿润地区落叶阔叶林、人工植被区（R₅）的火灾主要发生在春季，3～5 月是火灾发生的高峰时段。高原亚寒带半湿润/半干旱地区草甸草原区（R₆）和中北亚热带湿润地区阔叶林、人工植被区（R₇）的火险期基本一致，火险期为冬春季（12～5 月），以春季为主。热带南亚热带湿润地区阔叶林、人工植被区（R₈）全年都可能发生火灾，火险期为 11～翌年 5 月，其中 2 月和 3 月是火灾发生的高峰时段（图 5.3）。

表 5.1　各生态地理区的森林火险期

| 生态地理区 | 火险期/月 | 火险期内热点占比/% | |
| --- | --- | --- | --- |
| | | 连续热点 | 非连续热点 |
| R₁ | 3～10 | 99.9 | 98.7 |
| R₂ | 4～5，7～10 | 90.5 | 85.9 |
| R₃ | 3～5，8～10 | 98.9 | 96.4 |
| R₄ | 3～6，9～10 | 92.4 | 81.9 |
| R₅ | 11～5 | 95.2 | 90.3 |
| R₆ | 12～5 | 94.8 | 93.9 |
| R₇ | 12～5 | 94.8 | 93.9 |
| R₈ | 11～5 | 96.6 | 94.9 |

## 5.1.3　主要林火动态特征

林火发生次数和过火面积是重要的林火动态特征。根据 2004～2012 年各生态地理

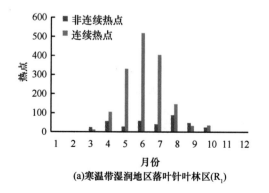

(a)寒温带湿润地区落叶针叶林区(R₁)

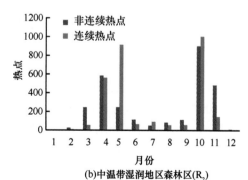

(b)中温带湿润地区森林区(R₂)

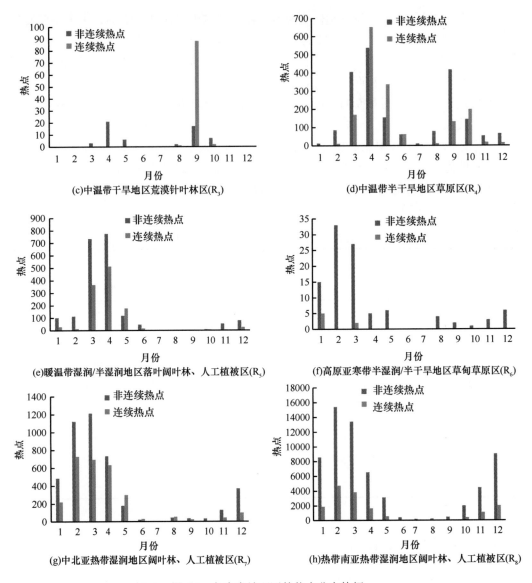

图 5.3　各生态地理区的热点分布特征

区的森林火灾统计（图 5.4），所有生态地理区的林火动态特征都表现出年际间波动，过火面积的波动性更为明显。

　　寒温带湿润地区落叶针叶林区年均发生火灾 47 次（变动范围：26～71 次），年均过火面积 11231 hm²（变动范围：347～74091 hm²）；2006 年是火灾最严重的年份，过火面积为 74091 hm²；植被分布区的林火发生频度为 0.04 次/万 hm²，循环周期为 1007 年。中温带湿润地区森林区年均发生火灾 233 次，年均过火面积 41062 hm²；该区域过火面积的波动曲线和火发生频度为与 $R_1$ 相似，2006 年的过火面积也远远高于其他年份。中温带干旱地区荒漠针叶林区年均发生森林火灾 22 次，平均每起森林火灾过火面积只有 2.0 hm²，火烧频度为 0.02 次/万 hm²。中温带半干旱地区草原区火灾发生次数和过火面

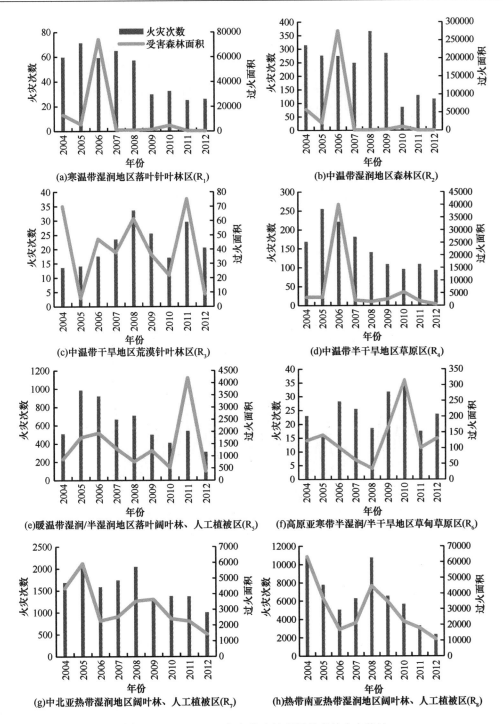

图 5.4 2004～2012 年各生态地理区的森林火灾统计

积曲线与 $R_1$ 和 $R_2$ 类似，2006 年过火面积（40002 hm²）呈现一个高峰；该区域年均发生火灾 152 次，年均过火面积 7026 hm²。暖温带湿润/半湿润地区落叶阔叶林、人工植被区森林火灾最严重的年份为 2011 年（过火面积 4198 hm²），该区域年均火灾次数和过火面积分别为 615 次和 1436 hm²，火烧频度为 0.28 次/万 hm²。高原亚寒带半湿润/半干旱地区草甸草原区的年均森林火灾和过火面积分别为 24 次和 131 hm²，火灾次数年际间波动不大。中北亚热带湿润地区阔叶林、人工植被区火灾发生频度为 0.25 次/万 hm²，年均发生火灾 1578 次，造成过火面积 3147 hm²。热带南亚热带湿润地区阔叶林、人工植被区和 R₇ 的过火面积都呈现出整体下降的趋势，特别是 2008～2012 年表现出直线下降趋势；该区域年均发生森林火灾 6489 次，造成过火面积 29784 hm²，平均单场火灾过火面积只有 4.6 hm²，火循环周期为 4547 年。

### 5.1.4  1961～2010 年中国森林分布区的气温与降水量变化

1961～2010 年，中国森林分布区的平均气温为 6.1℃（5.2～7.3℃），并呈现出线性上升趋势；年均降水量 611.6 mm（558.2～700.0mm），降水量的波动性较大，整体略有增加，但变化趋势不显著（图 5.5）。森林火灾主要发生在火险期内，火险期内的气温与降水量对林火动态的影响更大，所以，本章重点分析火险期内的气温与降水量变化。

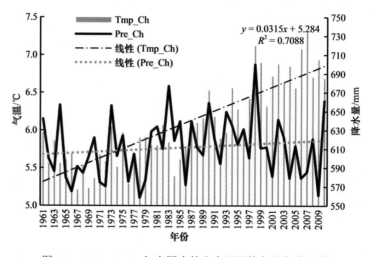

图 5.5  1961～2010 年中国森林分布区平均气温与降水量

森林火险期与可燃物、气候和火源分布密切相关，根据植被和林火分布特征确定不同生态地理区的火险期（Tian et al.，2013）。大兴安岭北段山地落叶针叶林区火险期较长，为 3～10 月；暖温带湿润/半湿润地区落叶阔叶林、人工植被区的火险期主要在春季（1～5 月）；高原亚寒带半湿润/半干旱地区草甸草原区和中北亚热带湿润地区的火险期为冬春季（12 月～翌年 5 月），热带南亚热带湿润地区的火险期更长一些（11 月～翌年 5 月）；中温带湿润地区森林区的火险期包括春秋两季（3～5 月、10～11 月）；中温带干旱地区荒漠针叶林区和中温带半干旱地区草原区的火险期分别为 3～5 月和 9～10 月。

由表 5.2 可以看出，中国各生态地理区的林火发生条件差别明显，火险期的平均气温和降水量年际波动范围很大。与 50 年平均值相比，火险期平均气温波动范围为 23.1%（R₈）～89.6%（R₃），火险期降水量波动范围为 40.8%（R₇）～146.3%（R₅）。Mann-Kendall 检验结果（表 5.3）表明，所有生态地理区的火险期平均气温变化均达到极显著水平

（$p<0.01$），平均气温都呈现增加趋势，高原亚寒带半湿润/半干旱地区草甸草原区（$R_6$）的增温最显著，说明该区域受气候变化影响显著；而火险期降水量只有 $R_3$ 和 $R_6$ 区达到显著水平，降水量显著增加，其他区域的变化不显著。

表 5.2 1961～2010 年各生态地理区火险期气温和降水量统计

| 生态地理区 | 气温/℃ | | | | 降水量/mm | | | |
|---|---|---|---|---|---|---|---|---|
| | 平均 | 标准差 | 最小值 | 最大值 | 平均 | 标准差 | 最小值 | 最大值 |
| $R_1$ | 9.92 | 0.63 | 8.53 | 11.27 | 442.8 | 9.3 | 318.0 | 568.9 |
| $R_2$ | 12.52 | 0.62 | 11.3 | 14.2 | 483.8 | 8.7 | 356.0 | 626.2 |
| $R_3$ | 4.24 | 0.86 | 3.06 | 6.86 | 125.5 | 3.5 | 73.8 | 167.8 |
| $R_4$ | 8.31 | 0.78 | 6.95 | 10.19 | 184.8 | 3.9 | 112.2 | 249.5 |
| $R_5$ | 4.93 | 0.87 | 3.16 | 7.15 | 117.6 | 4.9 | 64.3 | 236.3 |
| $R_6$ | −7.77 | 0.87 | −9.51 | −5.94 | 61.3 | 2.8 | 25.7 | 97.2 |
| $R_7$ | 3.53 | 0.5 | 2.68 | 4.69 | 270.6 | 3.9 | 221.5 | 332.0 |
| $R_8$ | 12.6 | 0.53 | 11.73 | 13.65 | 604.6 | 10.9 | 441.4 | 789.4 |

表 5.3 火险期平均气温和降水量 Mann-Kendall 检验结果

| 生态地理区 | 气温 | 降水量 |
|---|---|---|
| $R_1$ | 3.95[**] | −0.57 |
| $R_2$ | 4.78[**] | −1.59 |
| $R_3$ | 3.45[**] | 3.46[**] |
| $R_4$ | 5.19[**] | 1.59 |
| $R_5$ | 4.70[**] | 0.82 |
| $R_6$ | 6.12[**] | 4.92[**] |
| $R_7$ | 5.00[**] | 0.15 |
| $R_8$ | 4.05[**] | 0.15 |

$**p<0.01$

## 5.1.5 1961～2010 年林火动态变化

林火发生次数和过火面积是重要的林火动态特征。1961～2010 年，中国年均发生森林火灾 11747 次（2339～43382 次），年均受害森林面积 479942 hm² （14447～2598397 hm²）。1961～1987 年，年均受害森林面积为 813677 hm²，1988～2010 年受害森林面积显著减少，年均 88166 hm²，减少 89.2%。但个别年份的受害森林面积较多，如 2003 年（452685 hm²）和 2006 年（410916 hm²）。火灾主要发生在生态地理区 $R_7$ 和 $R_8$，分别占全国总火灾次数的 12.3%和 78.4%。受害森林面积最多的是中温带湿润地区森林区（$R_2$），占 39.9%（年均 184482 hm²），其次为热带南亚热带湿润地区阔叶林、人工植被区（占 37.6%）。大兴安岭地区（$R_1$）的火灾次数虽然只占 0.6%，但受害森林面积占 10.7%。

按生态地理区内森林和草地面积统计研究时段内各生态地理区的平均林火频度与受害率，其中，生态地理区 $R_8$ 林火发生频度最高（每万公顷 0.52 次/a），其次为 $R_7$（每万公顷 0.12 次/a）。大兴安岭林区为每万公顷 0.06 次/a，该区域森林受害率最高（年均 4.5‰）。$R_2$ 和 $R_8$ 的森林受害率分别为年均 3.2‰和 1.0‰，其他区域都在年均 0.5‰以下。

利用 Mann-Kendall 方法对大陆火灾次数与受害森林面积时间序列的计算结果表明，

火灾次数波动性明显，没有明显的变化趋势，但受害森林面积呈现显著下降趋势，突变年份在 1982 年（图 5.6）。

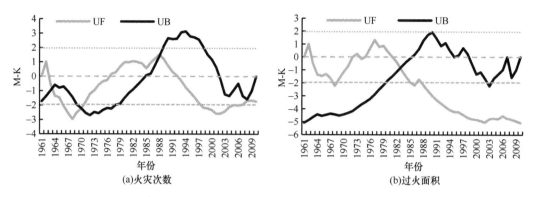

(a)火灾次数　　　　　　　　　　(b)过火面积

图 5.6　中国年火灾次数与过火面积的 Mann-Kendall 统计量曲线

UF 为标准正态分布线；UB 为反序列的标准正态分布线。下同

对研究期间各生态地理区森林火灾次数与受害森林面积的 Mann-Kendall 检验结果表明（表 5.4），$R_5$ 和 $R_3$ 的森林火灾次数呈极显著增加趋势（$P < 0.01$）；$R_1$、$R_2$、$R_6$ 和 $R_8$ 的森林火灾次数均呈显著下降趋势（$P < 0.05$）。除 $R_3$ 外，其他生态地理区的受害森林面积都显著下降，$R_3$ 受害森林面积的增加不显著。

表 5.4　火灾次数与受害森林面积的 Mann-Kendall 检验结果

| 生态地理区 | 火灾次数 | 受害森林面积 |
| --- | --- | --- |
| $R_1$ | $-2.11^*$ | $-4.37^{**}$ |
| $R_2$ | $-2.68^{**}$ | $-3.71^{**}$ |
| $R_3$ | $4.52^{**}$ | $1.00$ |
| $R_4$ | $1.49$ | $-2.93^{**}$ |
| $R_5$ | $2.89^{**}$ | $-3.20^{**}$ |
| $R_6$ | $-2.07^*$ | $-5.11^{**}$ |
| $R_7$ | $0.40$ | $-5.50^{**}$ |
| $R_8$ | $-2.06^*$ | $-5.45^{**}$ |
| 全国 | $-1.72$ | $-5.07^{**}$ |

$^*p < 0.05$；$^{**}p < 0.01$

Mann-Kendall（M-K）方法对各生态地理区森林火灾次数的时间序列检验结果表明（图 5.7），除 $R_3$ 的火灾次数呈显著增加趋势外（突变年份为 1981 年），其他区域的火灾次数都呈现出波动性变化。$R_1$、$R_2$、$R_7$ 和 $R_8$ 都呈现双峰形变化曲线，20 世纪 60 年代有一个森林火灾发生次数逐渐减少的过程，但自 70 年代初至 90 年代中期森林火灾次数呈增加趋势，而后逐渐减少，但 2002～2010 年又波动性上升。$R_3$ 和 $R_4$ 也存在类似趋势，但 20 世纪 60 年代中期至 70 年代中期的变化更平缓，$R_4$ 区域近年来森林火灾次数的增多趋势更明显。$R_6$ 区域的森林火灾次数波动性比较小，整体呈现小幅减少趋势。

各生态地理区受害森林面积的时间序列检验结果表明（图 5.8），$R_1$、$R_2$ 和 $R_8$ 呈双峰形曲线，在 20 世纪 60 年代有个明显的下降阶段，自 60 年代末期受害森林面积逐渐

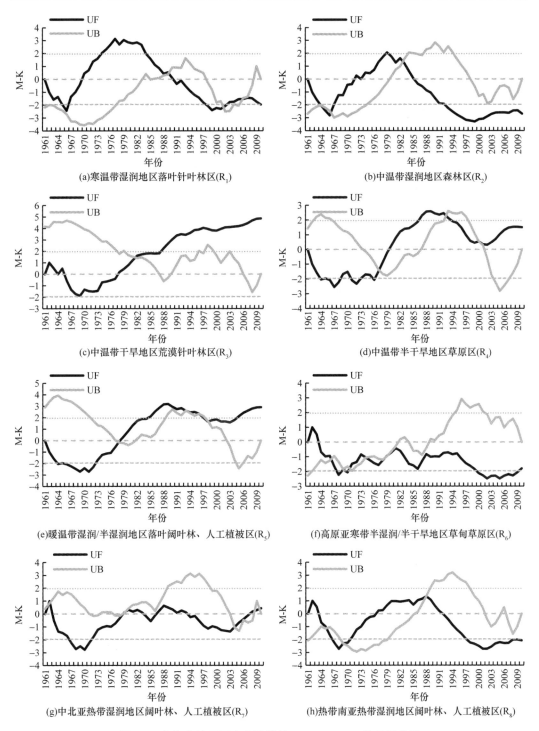

图 5.7　各生态地理区火灾次数的 Mann-Kendall 统计量曲线

增加,在 70 年代末至 80 年代初达到峰值,而后逐渐下降,并在近年呈现一个小的上升过程。$R_8$ 的高峰维持的时间更长些,自 70 年代末一直持续到 90 年代初。$R_3$、$R_4$ 和 $R_5$ 都呈现出上升趋势,特别是 $R_3$ 区域自 60 年代末以来基本呈现线性上升趋势(突变年份为 1972 年),

$R_4$ 和 $R_5$ 区域在 20 世纪末有个小的波谷，但进入 21 世纪以来呈上升趋势。$R_6$ 和 $R_7$ 区域都属于波动性比较小的类型，$R_6$ 整体上呈现小幅下降的趋势，而 $R_7$ 有小幅增加趋势。

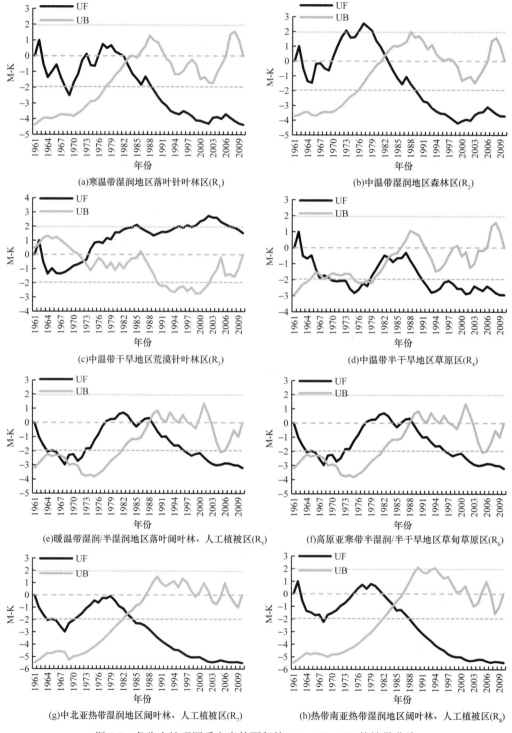

图 5.8　各生态地理区受害森林面积的 Mann-Kendall 统计量曲线

# 5.2　过去气候变化对林火的影响

## 5.2.1　数据来源

林火统计资料由林火信息中心和黑龙江省森林防火办公室提供，统计数据包括1966～2010 年中国按省（自治区）统计的森林火因和 1999～2010 年黑龙江省每个火场的火因统计数据。

## 5.2.2　森林火源变化

### 1. 全国尺度上的雷击火变化

我国森林火灾的变化受林业经营管理政策和林火管理政策的影响显著。1950～1956年，我国平均每年发生森林火灾 22124 起，受害森林面积 165 万 hm²，森林火灾受害率为 13.8‰。1957 年 1 月，林业部成立了护林防火办公室，主管全国护林防火业务工作。地方各级护林防火组织逐步建立，森林防火进入了"以群防群护为主，群众与专业护林相结合"的时期。以 1987 年"5.6"大火为转折，我国森林防火工作得到全面加强，预防和处置森林火灾的组织体系进一步健全，各部门、各行业在森林防火工作中的职能作用进一步发挥，森林火灾应急管理工作步入规范化、法制化、科学化的新阶段，森林火灾次数和损失大幅下降。1989～2011 年年均发生森林火灾 7415 次，其中林火警、一般火灾、重大火灾和特大火灾分别为 4197 次、3198 次、18 次和 3 次，年均过火面积 260580 hm²，其中受害森林面积 85674 hm²，天然林和人工林的年均受害面积分别为 41135 hm² 和 29477 hm²；年平均每年过火面积占全国森林面积的 0.13%，其中受害森林面积占 0.04%，受害天然林及人工林面积分别占 0.03% 和 0.05%。

全国尺度上 1999～2011 年雷击火的发生占比 1.2%（范围 0.6%～2.4%），年际间波动比较大，总体呈下降趋势（图 5.9）。

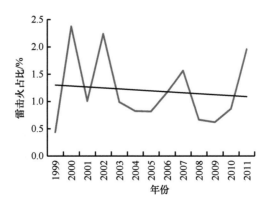

图 5.9　1999～2011 年中国的雷击火占比

## 2. 大兴安岭林区的雷击火变化

1966～2010 年黑龙江省大兴安岭地区共发生森林火灾 1595 次，造成过火面积 6617033.8 hm²，其中受害森林面积 3365126.3 hm²。其造成的过火面积和受害森林面积分别占 5.0%和 4.8%。2001～2010 年雷击火明显增加，达 66.0%，其造成的过火面积和受害森林面积分别占 37.8%和 28.6%（图 5.10）。近年来，随着气候变化，大兴安岭地区雷击火呈现显著增加趋势。

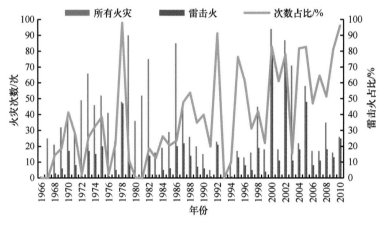

图 5.10　1966～2010 年大兴安岭林区发生林火统计

### 5.2.3　气候变化对大兴安岭林火动态的影响

## 1. 研究区概况

大兴安岭林区位于 47°10′～53°33′N，119°12′～127°02′E，面积 835 万 hm²。全区北部较低，南边较高，境内最高海拔 1528.7 m，系呼中区伊勒呼里山主峰又称大白山（徐化成，1998）。大兴安岭林区为我国森林火灾高发区，是我国森林火灾危害最严重的地区（图 5.11）。

大兴安岭地区属寒温带大陆季风气候区，又具有山地气候特点。冬寒夏暖，冬季（候平均气温＜10℃＝寒冷而漫长，长达 9 个月，气温低，昼夜温差大，无霜期短；夏季（候平均气温＞22℃）温暖而短暂。全年均温−4～−2℃，最低气温−52.2℃，年温差较大，无霜期 90～110 天，年平均降水量为 746mm，夏季 7～8 月降水量最大，占全年降水量的 85%～90%，相对湿度 70%～75%，林区各地水热条件也有一定的差异（徐海龙，2009）。

大兴安岭地区属于寒温带针叶林区，植被丰富，森林覆盖率 74%，林地 730 万 hm²。该区是欧亚大陆北方针叶林的一部分，属于东西伯利亚南部落叶针叶林沿山地向南的延续部分，北部是以兴安落叶松（*Larix gmelini*）为主的寒温带山地针叶林带，南部由针阔混交林带逐渐过渡到以蒙古栎（*Quercus mongolica*）为主的温带丘陵阔叶林带（冯林等，1994）。

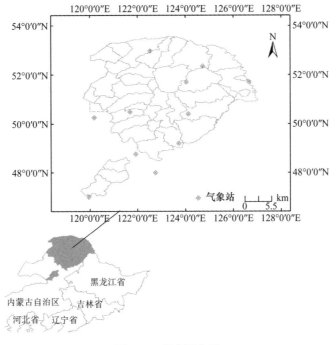

图 5.11　研究区位置

大兴安岭主要的针叶树种有兴安落叶松、偃松（*Pinus pumila*）、樟子松（*Pinus sylvestris var mongolica*）、云杉（*Picea koraiensis*）等。主要阔叶乔木树种有白桦（*Betula platyphylla*）、黑桦（*Betula davurica*）、蒙古栎、山杨（*Populus davidiana*）、柳树（*Salix babylonica*）等。

大兴安岭在历史上就是火灾多发区，该区每年都有森林火灾发生，是我国重点火险区。春秋季为该区森林火灾高发期，春季在 3～6 月上旬，秋季在 9～10 月中下旬，夏季干旱年份也可能发生森林火灾。该区森林火灾主要是由雷击和人为火源引起的，雷击火和人为火次数总和占大兴安岭地区森林火灾总次数的 83%（倪长虹和邸雪颖，2009；高永刚等，2010），大兴安岭北部干冷的气候条件及大风使该林区森林火灾频繁发生，枯枝落叶的常年积累造成林内易燃可燃物载量高，在极高火险条件下容易发生大火，林内高大枯立木又是造成雷击火的主要原因（徐海龙，2009）。林内沟塘草甸和荒草坡比较多，还有大面积的次生林，都是非常易燃的。火灾类型主要是地表火，但也有少量树冠火；火烧强度通常为低度火和中强度火，火场面积一般比较大。

## 2. 数据来源与研究方法

### 1）数据来源

大兴安岭地区 1986～2005 年森林火灾统计资料来源于黑龙江省防火办和内蒙古自治区防火办，统计数据包括火灾发生时间、经纬度坐标、火烧面积和火灾等级等。

本章的卫星遥感数据来源于中国气象局国家卫星气象中心。遥感数据主要分为两部分，1986～2000 年使用的是 NOAA 数据，分辨率 1100m，5 个波段，共 577 幅图像，挑选其中每年 3～10 月无云或少云的图像 137 幅处理；2001～2010 年使用的是 MODIS 数据，分辨率 250m，2 个波段，共 295 幅图像，挑选其中每年 3～10 月无云或少云图像 117 幅处理。

**2）遥感数据预处理**

NOAA 数据采用双精度等面积投影（Lambert_Conformal_Conic），坐标系 WGS-84。为了保证相同地理位置的卫星数据能严格配准，对 NOAA 数据进行了控制点精校正。选取无云、图像质量较好的 2010 年 6 月 24 号 MODIS 图像作为参考图像，使用 ENVI 4.5 软件 Registration 功能对 NOAA 影像进行几何精校正，在图像上均匀选取 15 个控制点，应用二次多项式（Polynomial）和双线性内插法（Bilinear）纠正和重采样（黄敬峰等，2000），控制点平均误差（RMS）为 0.03。

MODIS 数据的几何校正：MODIS 由于扫描方式的原因，在相邻的两个扫描行之间有部分数据相同，且越向边缘重复数据越多，越明显，这种现象称为"蝴蝶结"。用 Bow-tie correction 消除"蝴蝶结"现象（郭广猛，2002）。

MODIS 的 HDF 文件中含有自身的经纬度信息。MODIS 几何校正一般有建立经纬度查询表法（Built GLT）和输出控制点法（Export GCP）。Built GLT 是使图像中的每一个像素和一个坐标相对应，将像素按照坐标值放在相对应的位置上进行校正。使用 ENVI 的 Built GLT 功能，以经度和纬度分别作为 $X$ 和 $Y$ 方向的数据建立 GLT 来校正；Export GCP 是将 HDF 文件中的经纬度数据转化为地面控制点文件（GCP），然后采用 Delaunay 三角网方法来校正（郭广猛，2002）。两种方法都采用双精度等面积投影（Lambert_ Conformal_Conic）和 WGS-84 坐标系。本章采用这两种方法对 MODIS 数据进行几何校正，并叠加大兴安岭行政区矢量图对这两种方法的精度进行验证。

遥感数据在使用前都是观测的计数值（DN 值），必须进行定标处理，转换为可用的物理值。对于反射波段，定标结果为像素点的反射率值（杜灵通，2008）。定标的反射率公式为：

$$R = \text{reflect\_scalesB} \times (\text{SI} - \text{reflect\_offsetsB}) \tag{5.4}$$

式中，$R$ 为定标后的反射率值；SI 为原始数字信号（DN）经修正、定标、调整和缩放后生成的 16 比特计数值；reflect_scalesB 为波段中将 DN 值转换为反射率的比例因子；reflect_offsetsB 为波段的偏移量。用公式将每个波段的 DN 值转换为反射率，再用 Layer Stacking 将波段合成为一个新图像，得到反射率图像。

**3）计算归一化植被指数（NDVI）**

归一化植被指数是植被生长状况及植被空间分布密度的最佳指示因子，NDVI 值的大小与植被覆盖度呈线性相关，NDVI 越大，植被覆盖越好（杜灵通，2008）。NDVI 的计算公式为：

$$\text{NDVI} = (R_{\text{nir}} - R_{\text{red}})/(R_{\text{nir}} + R_{\text{red}}) \tag{5.5}$$

式中，$R_{nir}$ 为近红外波段的反射率，NOAA/MODIS 都为第二波段；$R_{red}$ 为红外波段的反射率，NOAA/MODIS 都为第一波段。

NDVI 的取值范围是：$-1 \leqslant NDVI \leqslant 1$。NDVI 正值表示有植被覆盖，且值随覆盖度增大而增大；0 表示有岩石或裸土等，NIR 和 $R$ 近似相等；NDVI 负值表示云、雪、水等，对可见光反射高。通常，NDVI 值超过 0.2，表明该地区有植被存在，NDVI 值大于 0.7，表示该地区植被密度较高，NDVI 值为 0.25～0.8 表示植被覆盖率的变化（金晓媚，2005）。对 1986～2010 年每年 3～10 月 NOAA/MODIS 数据计算植被归一化指数。

### 4）过火区提取

植被过火后，地上可燃物遭到不同程度的火烧，它们的光谱信息也会发生相应的变化，通过假彩色合成可以在遥感影像上目视识别过火区的大概地理范围。为了突出显示植被信息，进行假彩色合成时，NOAA/MODIS 数据的红、绿、蓝通道分别对应波段 $CH_1$、$CH_2$、$CH_1$。

不同植物对不同波长光吸收率不一样。火烧前，植被对近红外波段光反射强、吸收弱；对红外波段光吸收强、反射弱。森林火烧后植被烧毁，火烧区反射光谱发生变化，植被指数在火烧前后发生较明显变化（Cocke et al.，2005）。NOAA/MODIS 数据的 $CH_1$ 和 $CH_2$ 两个光谱通道都具有这种光谱特征。因此，可以根据火烧区过火前后近红外通道反射率变化和植被归一化指数差值来提取过火区。春秋两季是大兴安岭地区的火险期，个别年份也会出现夏季火，所以对大兴安岭 1986～2010 年每年 3～10 月 NOAA/MODIS 影像进行分析，首先目视判别出过火区，然后选取火灾前后两张图像，计算火后与火前 NDVI 的差值，再对差值图像非监督分类。由于 NDVI 差值范围不同，可以得到多种类别，然后进行类别命名、类别合并、颜色指派等分类后处理，最终生成过火区（轻、中、重）和未火烧两大类。用这种方法提取出 25 年内所有火场的过火区。

两幅火烧前后 NDVI 图像分别提取出大兴安岭研究区时，有时会出现行列号不一致的情况，即两幅图像差一行，需要将一幅图像上的点重采样到相同位置，才能计算 NDVI 差值。用 Layer Stacking 将两幅图像合成为一幅图像的两个波段，此时两幅图像大小完全相同，再相减，得到 NDVI 差值图像。

### 5）火烧强度分级

火烧强度不同，NDVI 差值变化范围不同。利用过火区分布图结合植被指数差值来划分火烧等级。把每个火场的火烧程度划分为轻度、中度、重度火烧。由火烧前后 NDVI 差值变化范围，依据等距离法划分火烧等级阈值，并结合地面调查结果对划分的火烧等级进行验证。NDVI 差值为（$-1$，1），小于 0，表示火烧后 NDVI 值小于火前；NDVI 差值大于 0，表示植被经过恢复，火后 NDVI 值大于火前，但低于火场周围植被的 NDVI 值。

### 6）火场融合

在 GIS 平台中将一年内所有火场融合到一起，得到一年内火烧等级时空分布图。对属性表添加时间、火烧等级，计算每场火灾火烧区周长和面积。再对融合生成的 25 年的火烧等级图进行分析和处理，分析时空变化。

在对每年内火场融合时，有时两场火场会出现部分重叠，重叠火场一般有两种情况：一是春秋两场火烧同一个地方，即春季过火后，秋季在同一个地方又过火；二是同一季节的两个火场边缘有部分相交。对于重叠的情况，在 GIS 属性表中无法正确显示，所以将一场火融合，另一场火不进行融合，只在 GIS 中图层叠加显示。对于融合部分的火烧面积要计算两次。

#### 7）可燃物分类

对大兴安岭可燃物分类采用非监督分类和监督分类结合的方法。选取 2010 年 6 月 24 日和 2010 年 10 月 3 日夏秋两幅 MODIS 图像，地理校正后提取大兴安岭作为研究区，运用假彩色合成，初步判别植被类型，计算两幅图像 NDVI 差值，对差值图像非监督分类（IsoData）。大兴安岭地区春秋两季常绿植被变化不明显，落叶植被秋季要落叶，春秋两季变化明显，可将 NDVI 差值图像划分为常绿植被和落叶植被两类。将常绿植被提取出来叠加到夏季影像上，再应用监督分类结合野外调查数据将落叶植被分为落叶松林和阔叶林等（周斌等，2001），得到大兴安岭地区影像可燃物分类图。

分类后参考 1∶100 万植被分布图和野外调查数据用混淆矩阵进行精度验证，获得了准确的可燃物分类图。同时进行像素合并、类别叠加、颜色指派等分类后处理。

#### 8）气象因子分析

气象因子对森林火灾有重要影响，特别是降水、气温等气象要素对火灾的发生发展有重要影响。选取 1986~2010 年降水和气温两个气象要素的年均值和月均值数据进行分析。气象台站的数据只是表示该站周围一定范围内的气象情况，而要用该地区气象站观测数据得到本地区的气象状况，可以使用反距离权重法。首先确定质心（122.6655°E，51.0137°N），计算研究区内十个气象台站（漠河、塔河、新林、呼玛、额尔古纳右旗、图里河、大兴安岭、小二沟、博克图和阿尔山）与质心的距离，权重与距离成反比，得到十个站的权重分别为：0.0671、0.0908、0.1329、0.0639、0.0948、0.2024、0.1501、0.0860、0.0725、0.0395，再使用加权平均值作为研究区的平均值。

对 1986~2010 年年降水和年气温计算平均值，可以得到每年的距平值，由 25 年的距平值变化反映出年降水和年气温的多年变化趋势，结合火烧等级分布图来研究气象要素与林火的时空分布关系；利用 1986~2010 年 3~6 月月降水和月气温数据，结合 25 年来夏季 NDVI 值来分析主要气象因子与植被变化的关系。

#### 9）植被动态变化

植被归一化指数表示的是植被覆盖度的高低，它可以作为反映这一地区植被情况的指标。研究区内植被在一年内变化呈现出很强的季节性，夏季为主要生长期；夏季 NDVI 的值可以反映出植被生长和植被覆盖的情况。分析 1990~2000 年和 2000~2010 年植被覆盖状况，植被覆盖变化较大的地区，在 NDVI 差值图像上比较明显，对 NDVI 差值图像进行非监督分类，分析每十年该地区植被覆盖变化，研究林火对植被的影响，以及火后植被的恢复情况和火烧迹地植被类型演替。

在 1986～2010 年 NOAA/MODIS 图像中挑选每年夏季无云或少云质量较好图像一张，对图像进行处理后，得到 NDVI 图像。

统计每张图像 NDVI 的均值，得到 25 年大兴安岭地区夏季 NDVI 变化趋势图，分析 1986～2010 年大兴安岭地区植被动态变化趋势。

用 1990 年 7 月 17 日、2000 年 8 月 11 日的 NOAA 影像和 2010 年 6 月 24 日 MODIS 影像分别计算其中两者的 NDVI 差值，得到每十年的 NDVI 差值图像，非监督分类后，将 NDVI 差值范围相近的合成一类，提取变化区范围，生成变化明显区、中等变化区和变化不明显区三种类型，分析大兴安岭地区植被的年代变化情况，以及火烧后植被恢复过程。

## 10）景观格局分析

用景观指数方法对景观类型图（如植被图、土壤图、土地利用和土地覆盖图等）进行分析，以描述景观格局、空间异质性的特征。分别选取 1990 年、2000 年、2010 年三张遥感图像，根据非监督分类与监督分类结合的方法将研究区景观分为常绿植被、落叶松林、阔叶林、针阔混交林和草地 5 类，得到三个年代的景观分类图。分析了每个年代 5 种斑块的斑块数目、斑块面积、斑块平均面积、景观比例和分维度等景观格局特征。选取多样性指数、景观破碎度、均匀度和优势度景观指数，研究各个阶段景观格局、异质性、破碎情况的变化，以及林火对景观的长期影响。各指数计算公式如下：

$$H = -\sum_{i=1}^{n} P_i \ln(P_i) \tag{5.6}$$

式中，$H$ 为多样性指数；$P_i$ 为景观类型 $i$ 出现的概率；$n$ 为景观中缀块总数。

景观多样性指数表征景观类型的丰富度和复杂程度，面积可反映景观要素的多少和各景观要素所占比例变化。

$$P = N / A \tag{5.7}$$

式中，$P$ 为景观破碎度；$N$ 为某一类景观缀块总数；$A$ 为某一类景观缀块面积和。

景观破碎度描述景观被分割的破碎程度：

$$E = H / H_{\max} \tag{5.8}$$

$$H_{\max} = \ln(m) \tag{5.9}$$

式中，$E$ 为景观均匀度；$H$ 为多样性指数；$H_{\max}$ 为在最大均匀性条件下多样性指数；$m$ 为景观类型总数。

景观均匀度描述不同景观类型的分配均匀程度，其值越大，分配越均匀。

$$D = \ln(m) - H \tag{5.10}$$

式中，$D$ 为景观优势度；$H$ 为多样性指数。

景观优势度衡量景观结构中一种或少数几种景观类型占支配地位的程度。

### 3. 1986～2010 年大火的时空分布

根据 1986～2010 年 3～10 月的 NOAA/MODIS 卫星遥感数据提取过火区，共提取出森林火灾 135 场，平均每年 5.4 场火，总的火烧面积为 510 万 hm²，平均每年森林过火面积为 20.4 万 hm²。其中，过火面积最大的火场是 1987 年 5 月的森林大火，为 164.2 万 hm²；过火面积最小的火场是 2001 年 7 月的森林大火，为 181.3hm²。

林火发生最多的年份为 1999 年和 2002 年，分别为 11 次，林火发生最少的年份为 1988 年，只有 1 次。1999 年、2002 年、2001 年和 2007 这四年火灾次数比较高，分别为 11 次、11 次、9 次和 8 次（图 5.12）。大兴安岭的火烧期在每年的 3～10 月，火灾发生次数最多的是 10 月，为 28 次，其次为 5 月，为 25 次，分别为秋季和春季，最低为 3 月，为 6 次（图 5.13）。25 年来除了 1987 年和 2003 年之外，每年的过火面积都差不多，波动不大。1987 年和 2003 年过火面积特别大，分别达到了 179.7 万 hm² 和 113.2 万 hm²。

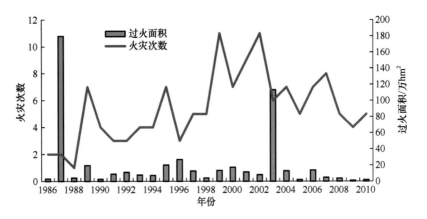

图 5.12　大兴安岭 1986～2010 年林火次数、面积统计

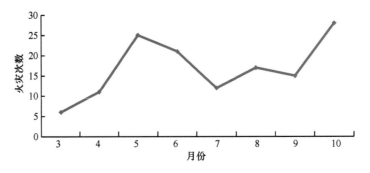

图 5.13　大兴安岭 1986～2010 年月火烧次数统计

按照火场面积大小统计，100～1000hm² 火场 9 个，面积合计 0.6 万 hm²，占火烧总面积的 0.1%；1000～1 万 hm² 火场 60 个，面积合计 26.3 万 hm²，占火烧总面积的 5.2%；>1 万 hm² 火场 66 个，面积合计 483.1 万 hm²，占火烧总面积的 94.7%。>1 万 hm² 火场数量最多，所占火烧总面积比例最大。大兴安岭地区火循环周期为 75 年。

遥感数据提取的过火区总面积为 510 万 hm²，年均过火面积 20.4 万 hm²；而林火统计资料中大于 100 hm² 火场的总过火面积为 246.1 万 hm²，年均过火面积为 9.9 万 hm²；林火统计资料的数据普遍偏低。

林火在整个大兴安岭地区不是均匀分布的，而是北部和东部火灾发生较多，西部和南部火灾发生较少，黑龙江境内林火发生较多，内蒙古境内发生林火较少，过火面积大的几个火场（过火面积大于 10 万 hm²）位于北部、东部和东北部，比较集中（图 5.14）。

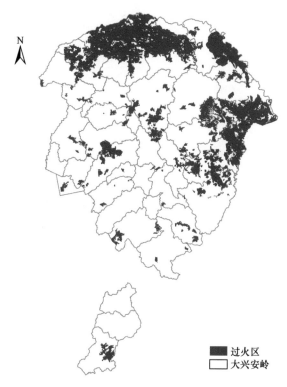

图 5.14　1986～2010 年过火区分布

### 4. 过火区的火烧强度

对 1986～2010 年提取的所有火场根据 NDVI 值划分轻度火烧、中度火烧、重度火烧，得到过火区火烧等级分布图（图 5.15）。研究时段内轻度、中度和重度火烧面积分别为 195.64 万 hm²、223.72 万 hm² 和 92.99 万 hm²，轻度、中度和重度火烧面积分别占火烧总面积的 38.18%、43.66% 和 18.16%（图 5.16）。其中，中度火烧占的比重最大，其次为轻度火烧，重度火烧所占比重最小。北部和东北部地区火烧强度大，主要是重度、中度火烧，东部和中部地区以轻度和中度火烧为主。

由 25 年不同火烧等级所占比重来看（图 5.16），火烧面积较高的年份，如 1987 年、2003 年，都是中度火烧比重最大（1987 年中度火烧面积占比为 51.9%），其次为轻度火烧，最小为重度火烧；火烧面积较低的年份，如 1995 年、1996 年和 2006 年，都是轻度火烧所占比重最大（2006 年轻度火烧面积占比为 64.1%）。所以，对于大火场，以中度火烧为主，对于小火场，以轻度火烧为主。对同一场火而言，火烧强度与 NDVI 变化量成正比，火烧强度越大，NDVI 值变化越大。

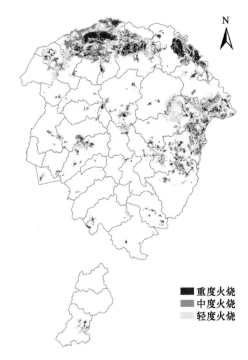

图 5.15 大兴安岭 1986～2010 年火烧等级分布图

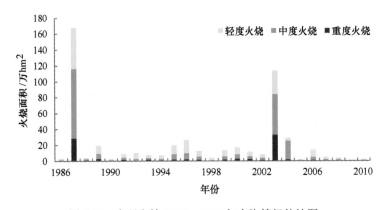

图 5.16 大兴安岭 1986～2010 年火烧等级统计图

## 5. 不同年代的林火变化

按 1986～1989 年（20 世纪 80 年代）、1990～1999 年（20 世纪 90 年代）和 2000～2010 年（21 世纪头 10 年）将 25 年分为三个阶段来分析，得到三个阶段的火烧等级分布图（图 5.17）。

20 世纪 80 年代共发生林火 12 起，过火面积 206.4 万 hm²，年均过火面积 51.6 万 hm²，平均每场火过火面积为 17.2 万 hm²；90 年代共发生林火 49 起，过火面积 114.1 万 hm²，

年均过火面积 11.4 万 hm$^2$，平均每起火灾面积 2.3 万 hm$^2$；21 世纪头 10 年共发生林火
74 起，过火面积 189.6 万 hm$^2$，年均过火面积 17.2 万 hm$^2$，平均每起火灾面积 2.6 万 hm$^2$。
可以看出，三个阶段中，21 世纪头 10 年发生林火最多，但平均每起火灾面积较小，而
80 年代年均过火面积和平均每起火灾面积都最大。这表明，1988 年以来我国对森林火
灾的控制能力得到明显提高。

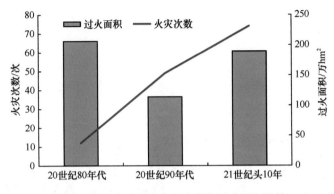

图 5.17 三个时段内火灾次数与过火面积比较

80 年代年均火灾次数 3 次，90 年代年均火灾次数 4.9 次，21 世纪头 10 年年均火灾次
数 6.7 次，从三个阶段的年均火灾次数可以看出，火灾次数呈上升趋势。80 年代末，森林
火灾主要分布在大兴安岭北部和东南部。90 年代，林火在整个大兴安岭都有分布，过火
面积以中小火场为主；2000 年以后，东部火灾较多，除 2003 年以外，基本以小火场为主。

## 6. 不同管理阶段的林火变化

研究时段内我国的森林资源的管理政策发生了明显变化，1987 年之前，国家对大兴
安岭森林资源重视程度较低，对森林防火方面投入的人力、物力和财力都比较少，1987
年后，国家在森林防火方面加大了投入，各级森林防火工作不断得到重视和加强。1992
年国家实施"天然林保护工程"后，森林资源得到更好的培育和保护。

结合林业管理政策，以 1992 年为界，将 25 年林火分为 1986～1991 年和 1992～2010
年两个阶段，得到两个阶段的火烧等级分布图（图 5.18，图 5.19）。1992 年之前，共发
生林火 19 起，总过火面积 217.8 万 hm$^2$，平均每年过火面积为 36.3 万 hm$^2$，平均每场火
过火面积 11.5 万 hm$^2$，最大的火场（1987 年 5 月）为 164.2 万 hm$^2$，特大火灾年均过火
面积 36.3 万 hm$^2$，林火主要分布在北部和东南部。1992 年之后，共发生林火 116 次，
总过火面积 292.2 万 hm$^2$，平均每年过火面积为 15.4 万 hm$^2$，平均每场火过火面积 2.5
万 hm$^2$，最大的火场（2003 年 4 月）为 58.1 万 hm$^2$，特大火灾年均过火面积 15.3 万 hm$^2$，
林火分布在东部、东北部、西北部和中部，空间上分布更广了。

可以看出，1992 年国家实施保护工程以来，平均每年过火面积比之前减少 20.9 万 hm$^2$，
平均每起火灾过火面积减少 9 万 hm$^2$（减少了 78.3%），最大火场过火面积仅为之前的
1/3，特大火灾年均过火面积下降 21 万 hm$^2$，年均过火面积、每起火灾过火面积、最大

火场过火面积和特大火灾年均面积都有大幅下降。可以看出,保护工程的实施,大大减少了森林火烧面积,森林大火明显减少。

## 7. 降水和气温对林火动态的影响

火灾的发生与发展与气候和天气条件密切相关。从 25 年降水变化来看,年降水量呈现出一定的波动性(图 5.18),平均年降水量 467.4mm,最大年降水量发生在 1998 年(600.5 mm),最小年降水量发生在 2007 年(317.2 mm)。年降水量与火灾次数相关系数 -0.428,显著度 0.03<0.05,年降水与火灾次数显著负相关。年降水量多,火灾次数少,如 1990 年、1997 年、2007 年等,但个别年份如 2001 年、2005 年、2006 年等例外。降水时段对火灾的发生有重要影响。

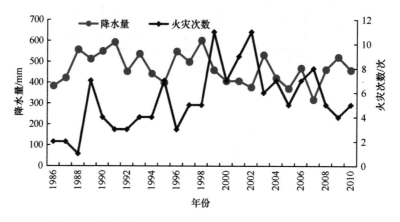

图 5.18　大兴安岭 1986~2010 年年降水量和火灾次数统计

研究区 25 年平均年均温为 -1.77℃,其中最大值出现在 2007 年(-0.63℃),最小值出现在 1987 年(-3.56℃)。相关系数 0.281,显著度 0.17,研究区年均温与火灾次数没有明显的相关性。1989 年、2002 年和 2007 年等,温度升高,火灾次数增加;1988 年、1990 年、1999 年 和 2006 年,温度升高,火灾次数下降(图 5.19)。

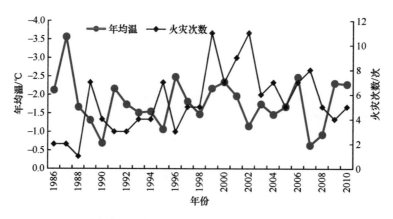

图 5.19　1986~2010 年年均温和火灾次数

## 8. 过火区与可燃物类型

由大兴安岭地区可燃物分类图可知，该地区主要以落叶松林和针阔混交林为主，落叶松林几乎分布在整个大兴安岭地区，面积 654 万 hm$^2$，占总面积的 24.8%；针阔混交林（以兴安落叶松为主，占 60%，白桦、樟子松和杨柳林等占 40%）分布在中西部地区，面积 886.8 万 hm$^2$，占总面积的 33.7%；阔叶林（包括白桦林、蒙古栎林和山杨林等）主要集中在南部地区，面积 616.8 万 hm$^2$，占总面积的 23.4%；常绿植被（包括云杉林、樟子松林和偃松林等）面积 263.9 万 hm$^2$，占总面积的 10%；草地分散在整个区域，主要集中于东南部，面积 164.8 万 hm$^2$，占总面积的 6.3%；其他水体、农田和城市在该地区仅有少量分布，占比都很小，所占总面积为 47.4 万 hm$^2$，占比重仅为 1.8%。

根据 1:100 万植被分布图和地面调查数据等对分类结果进行验证，得出总体平均分类精度为 81.8%。由于大气、植被光谱反射等多方面的因素对传感器的影响，尤其是针阔混交林的混合像元对传感器的影响，使落叶松林、阔叶林和针阔混交林容易出现分类错误，导致分类精度降低。

将火烧等级分布图与大兴安岭可燃物分类图相叠加，得到 25 年来不同可燃物类型过火区（图 5.20）。常绿植被、落叶松林、阔叶林、针阔混交林、草地和农田过火面积分别为 23.5 万、119.4 万、105.0 万、182.3 万、25.0 万和 3.9 万 hm$^2$，过火面积最大的是针阔混交林，其次是落叶松林，最小是农田，分别占 39.6%、26.0% 和 0.9%。轻度火烧、中度火烧和重度火烧面积分别为 185.4 万、183.3 万和 90.4 万 hm$^2$，分别占 40.3%、39.8% 和 19.7%，最大为轻度火烧，其次为中度火烧，两者相差不大，最小为重度火烧。

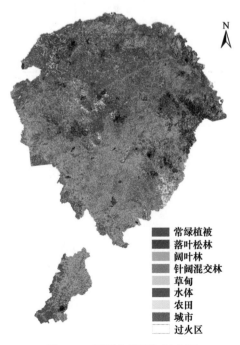

图 5.20　可燃物类型与过火区

不同火烧等级不同可燃物类型，过火面积最大的是中度火烧针阔混交林，为74.8 万 hm²，其次是轻度火烧针阔混交林，为 72.5 万 hm²，过火面积最小的是重度火烧农田，为 0.8 万 hm²。针阔混交林和阔叶林以中度火烧为主，中度火烧分别占 41%和40.9%，常绿植被、落叶松林、草地和农田以轻度火烧为主，轻度火烧分别占 37%、47%、46.4%和41%。

## 9. 夏季植被指数的变化

24 年间（1986 年无图像）NDVI 的平均值为 0.4700，NDVI 最大的是 2006 年 8 月，为 0.6883，NDVI 值最小的是 2009 年 7 月，为 0.1561。24 年来夏季 NDVI 波动变化不大，但 2002 年和 2009 年例外，夏季 NDVI 值明显较低。2002 年降水较少，气温较高，气象条件不利于植被生长，所以夏季 NDVI 较低；2009 年降水量大，气温较低，有利于植被生长，但夏季 NDVI 较低，这可能与所选用的遥感数据有关。

夏季 NDVI 与每年 3～6 月月均降水量相关系数 0.04，显著度 0.85，3～6 月降水量与夏季 NDVI 变化没有明显的相关性（图 5.21）。只有 1987 年、1988 年、1994 年、2000 年、2001 年、2003 年、2006 年和 2008 这八年降水量增加，植被指数升高，其余年份则是降水量增加，植被指数下降。

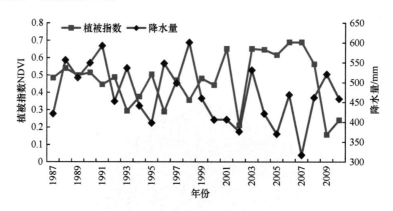

图 5.21　夏季 NDVI 与 3～6 月月均降水变化

夏季 NDVI 与均温相关系数-0.076，显著度 0.73，夏季 NDVI 与均温没有明显的相关性（图 5.22）。在 1998 年之前，除 1988 年外，其余年份均温升高，NDVI 值上升；1998 年之后，除 1999 年、2004 年、2005 年和 2010 年四年外，其余年份均温升高，NDVI 值下降。

与 1990 年相比，2000 年植被变化明显区（平均 NDVI 差值为−0.1361）主要位于大兴安岭西部和东南部（图 5.23），其面积占大兴安岭地区总面积达 47.3%；变化中等区域（平均 NDVI 差值平均为−0.0769）位于大兴安岭中部，其面积占总面积的 34.5%；变化不明显区的面积仅占 18.2%；以上说明 10 年来大兴安岭地区绝大多数土地类型都发生了改变，从 NDVI 差值变化来看，植被盖度下降。

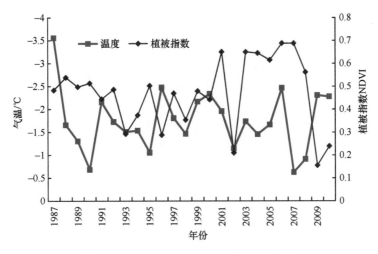

图 5.22  夏季 NDVI 与 3~6 月月均温变化

图 5.23  大兴安岭 1990~2000 年植被变化

与 2000 年相比，2010 年植被变化明显的区域（平均 NDVI 差值 0.1964）主要位于大兴安岭的北部和东南部（图 5.24），占大兴安岭总面积的 41.0%；中等变化区（平均 NDVI 差值为 0.2848）位于中部，面积占 44.8%；变化不明显地区面积仅占 14.2%，结果表明植被盖度有所提高。

## 10. 景观格局

对 1990 年、2000 年和 2010 年三个年份景观分类图进行景观格局特征分析，主要从斑块数目、斑块面积、斑块平均面积、景观比例和分维度五个方面来比较（表

5.5~表 5.7）。

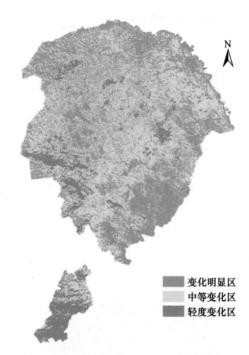

图 5.24　大兴安岭 2000~2010 年植被变化

表 5.5　大兴安岭地区 1990 年景观格局特征

| 景观类型 | 斑块数目/块 | 斑块面积/万 hm² | 斑块平均面积/hm² | 景观比例/% | 分维度 |
|---|---|---|---|---|---|
| 常绿植被 | 576 | 47.2 | 819. 5 | 12 | 1.3043 |
| 落叶松林 | 785 | 128.8 | 16411.3 | 16 | 1.3037 |
| 阔叶林 | 630 | 502.3 | 7973.3 | 13 | 1.2902 |
| 针阔混交林 | 995 | 1001.2 | 10062.3 | 21 | 1.3030 |
| 草地 | 1802 | 111.1 | 616.6 | 38 | 1.3490 |
| 总计 | 4788 | 2950.1 | 35883.1 | 100 | 6.5502 |

表 5.6　大兴安岭地区 2000 年景观格局特征

| 景观类型 | 斑块数目/块 | 斑块面积/万 hm² | 斑块平均面积/hm² | 景观比例/% | 分维度 |
|---|---|---|---|---|---|
| 常绿植被 | 469 | 507. 4 | 10819.1 | 20 | 1.2431 |
| 落叶松林 | 495 | 1082. 3 | 21864.6 | 21 | 1.2654 |
| 阔叶林 | 594 | 282.1 | 4749.1 | 25 | 1.2707 |
| 针阔混交林 | 576 | 597.0 | 10363.8 | 25 | 1.2932 |
| 草地 | 201 | 610.3 | 30360.8 | 9 | 1.2904 |
| 总计 | 2335 | 3079.0 | 78157.3 | 100 | 6.3628 |

**表 5.7　大兴安岭地区 2010 年景观格局特征**

| 景观类型 | 斑块数目/块 | 斑块面积/万 hm² | 斑块平均面积/hm² | 景观比例/% | 分维度 |
|---|---|---|---|---|---|
| 常绿植被 | 11468 | 263.9 | 230.1 | 12 | 1.4042 |
| 落叶松林 | 24131 | 654.0 | 271.0 | 25 | 1.4373 |
| 阔叶林 | 22121 | 616.8 | 278.8 | 23 | 1.4519 |
| 针阔混交林 | 22866 | 886.8 | 387.8 | 24 | 1.4470 |
| 草地 | 14836 | 164.9 | 111.1 | 16 | 1.4314 |
| 总计 | 95422 | 2586.4 | 1278.8 | 100 | 7.1718 |

**表 5.8　大兴安岭三个年份有关景观特征的比较**

| 景观特征 | 1990 年 | 2000 年 | 2010 年 |
|---|---|---|---|
| 景观多样性 | 1.32 | 1.44 | 1.57 |
| 景观破碎度 | 0.0162 | 0.0076 | 0.0271 |
| 景观均匀度 | 0.8199 | 0.8944 | 0.9752 |
| 景观优势度 | 0.29 | 0.17 | 0.04 |

从每年斑块数量来看，1990～2000 年每种类型斑块数目由 4788 块减少到 2335 块，五种类型斑块数量都有所减少；斑块总面积由 2950 万 hm² 上升为 3079 万 hm²，除针阔混交林面积由 1001.2 万 hm² 下降到 597.0 万 hm² 外，其他四类斑块面积都上升；五种类型斑块平均面积都有所上升；景观比例 1990 年以针阔混交林和草甸为主，2000 年以阔叶林和针阔混交林为主；五种类型斑块分维度都下降，说明 10 年间斑块破碎化程度降低。

2000～2010 年，斑块总数由 2335 块上升为 95422 块，五种类型斑块数量都有大幅上升。斑块总面积由 3079 万 hm² 下降到 2586.4 万 hm²，针阔混交林和阔叶林面积上升，其他斑块类型面积都下降；五种类型斑块平均面积均下降；景观比例以针阔混交林和阔叶林为主转变为以落叶松林和针阔混交林为主；每种斑块类型分维度均上升，说明 10 年来斑块破碎化趋势严重。

对 1990 年、2000 年和 2010 年三个年份进行景观指数分析，1990～2010 年景观多样性由 1.32 增加到 1.57（表 5.8），景观破碎度由 0.0162 上升为 0.0271，景观均匀度由 0.8199 上升到 0.9752，景观优势度由 0.29 下降到 0.04。说明 20 年来，大兴安岭斑块数量增加，景观多样性增大，植被类型更加丰富；景观破碎度先下降后上升，破碎化程度增加；各景观类型所占比例差异不断减小，景观比例趋于均匀；优势度降低表明，兴安落叶松的优势地位在下降，这可能与森林演替、林火和人类活动的影响有关。

## 5.3　气候变化对森林火险的影响

全球范围内，随着温度的升高大部分区域的火活动将增加（Pechony and Shindell，2010）。气候变暖会增加潜在的风暴和火险期延长，进而引起可燃物干燥（蒸散量增加和枯落物干燥），导致更多的野火，火险期严重度对全球气温升高敏感（Flannigan et al.，

2013）。由于人为干扰火险期长度与强度、可消耗可燃物和火管理等已经发生了变化，预计在 21 世纪景观水平上的火动态将由于全球气候变化而在未来进一步改变（Kloster et al.，2012）。预计到 2030 年和 21 世纪末北方林火灾次数将分别增加 30% 和 75%（Wotton et al.，2010）。Spracklen 等（2009）认为 21 世纪 50 年代美国西部年均火烧面积将增加 54%，太平洋西北森林和落基山脉森林的火灾面积将分别增加 78% 和 175%。中国东北地区的火动态也表现出与美国西北森林相似的变化趋势（Krawchuk and Moritz，2009）。澳大利亚东南部的很高和极端火险等级日数在 2020 年和 2035 年将分别增加 4%～25% 和 15%～70%（Hennessy et al.，2005）。预计 21 世纪 80 年代（2071～2100 年）时段中国东北地区的潜在火灾增加 10%～18%，火险期延长 21～26 天（Tian et al.，2011）。Liu 等（2012）认为中国东北的寒带森林在 2081～2100 时段火发生密度将增加 30%（CGCM3 B1 情景）～230%（HadCM3 A2 情景）。气候因子与森林火灾的周期密切相关，气候变化对我国和黑龙江省林火发生周期有重要影响（魏书精等，2011；金森和胡海清，2002）。正确认识目前林火动态的变化及其对气候变化适应性是开展科学林火管理的基础，基于地理生态地理区研究全国尺度上林火动态的变化具有一定的科学性与现实意义。

### 5.3.1 森林火险天气指数模型

森林火险天气（FWI）系统是基于每天 12 时 4 个天气因子的连续观测记录，输出描述成熟松林火险的多个指标（Turner and Lawson，1978）。FWI 系统包括 6 个组分（图 5.25），三个可燃物湿度码，即细小可燃物湿度码（FFMC）、腐殖质湿度码（DMC）、干旱码（DC）和三个火行为指数，即初始蔓延速度（ISI）、累积指数（BUI）和火天气指数（FWI）。3 个不同类别的森林可燃物有着不同的干燥速率，随着每日天气变化，可燃物湿度发生变化。FFMC 是反映地表凋落层和其他成熟的细小可燃物（针叶、苔藓和直径小于 1cm 的小枝）湿度的数量指标。DMC 是中等深度的疏松有机层湿度指示，它受降雨、温度和相对湿度的影响，但不受风速影响。DC 是深层紧密有机层的湿度指示。

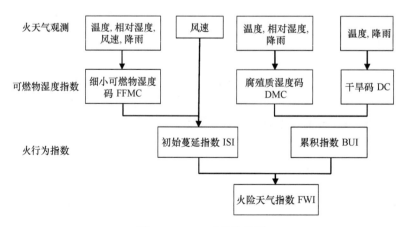

图 5.25　FWI 系统结构图

ISI 结合了 FFMC 和风速来表示预期的火蔓延速度。BUI 是 DMC 和 DC 的权重和，指示移动的火线燃烧的有效可燃物总量。FWI 结合了 ISI 和 BUI，是潜在火线强度的数量指标，通常根据火头强度和扑火能力来表示控制火烧的困难程度。FWI 系统的这些指标为开展林火管理活动提供重要的定量参考数据（de Groot，1993）。

根据 FWI 计算日火险严重程度（DSR）（van Wagner，1970）和火险期严重程度（SSR），可描述研究区火险期的平均森林火险。其计算公式如下：

$$DSR = 0.0272(FWI)^{1.77} \tag{5.11}$$

## 5.3.2　1976～2010 年中国植被区森林火险变化

各生态地理区内森林分布区的火险期指数平均值大部分表现出增加的趋势（图 5.26）。$R_1$ 的所有火险指数都显著增加，$R_2$ 只有 DMC 显著增加，但 $R_3$ 区域的 DC 下降趋势显著（$\alpha = 0.001$ 水平），其他火险指数变化不显著。$R_4$ 区的 DMC、DC、BUI 和 FWI 都显著增加。$R_5$ 只有 FWI 显著增加，其他火险指数增加未达到显著水平。$R_6$ 的 FFMC、DMC、BUI 和 FWI 都显著增加，但 DC 有降低趋势。$R_7$ 和 $R_8$ 区域中所有火险指数均呈现显著上升趋势。SSR 代表了各区域的火险变化，$R_1$ 和 $R_7$ 呈现显著增加趋势（$\alpha = 0.001$ 水平上显著），$R_8$ 在 $\alpha = 0.01$ 水平上显著增加，$R_4$ 在 $\alpha = 0.1$ 水平上显著增加（表 5.9）。$R_1$、$R_5$、$R_7$ 和 $R_8$ 的 FWI 平均值增加极显著（$\alpha = 0.001$ 水平上显著），$R_4$ 和 $R_6$ 也显著增加（$\alpha = 0.01$ 水平上显著增加）。$R_1$、$R_7$ 和 $R_8$ 所有的火险指数都显著增加（$\alpha = 0.01$ 或 $\alpha = 0.001$ 水平上显著），见表 5.9。而 $R_3$ 的火险指数变化不明显，DC 值甚至显著降低。

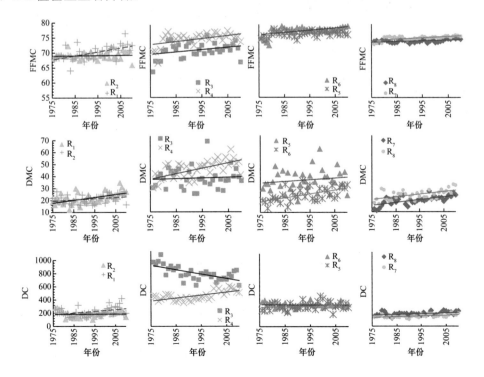

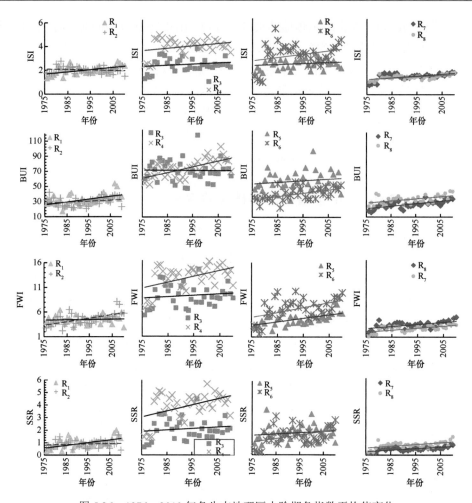

图 5.26　1976～2010 年各生态地理区火险期各指数平均值变化

表 5.9　1976～2010 年各火险因子平均值 MK 检验

| 生态地理区 | FFMC | DMC | DC | BUI | ISI | FWI | DSR |
|---|---|---|---|---|---|---|---|
| $R_1$ | 3.72 *** | 3.01 ** | 2.05 * | 3.15 ** | 3.24 ** | 3.78 *** | 3.47 *** |
| $R_2$ | 0.54 | 1.99 * | 0.91 | 1.56 | −0.51 | 0.94 | 0.91 |
| $R_3$ | 1.62 | 0.06 | −3.66 *** | −0.28 | 0.68 | 0.71 | 0.62 |
| $R_4$ | 1.96 + | 3.95 *** | 3.41 *** | 4.00 *** | −0.03 | 2.19 * | 1.70 + |
| $R_5$ | 1.59 | 0.88 | 1.42 | 0.91 | 1.19 | 3.78 *** | 1.39 |
| $R_6$ | 2.13 * | 3.58 *** | −0.99 | 3.32 *** | 0.54 | 2.33 * | 1.87 + |
| $R_7$ | 3.49 *** | 3.95 *** | 2.64 ** | 4.20 *** | 2.73 ** | 3.78 *** | 3.72 *** |
| $R_8$ | 2.84 ** | 3.01 ** | 2.39 * | 3.12 ** | 3.38 *** | 3.52 *** | 3.15 ** |

*表示 $\alpha = 0.05$ 水平上显著；**表示 $\alpha = 0.01$ 水平上显著；***表示 $\alpha = 0.001$ 水平上显著

　　我们采用 SSR 高百分位数来描述火险的空间和时间变化。35 年内每个生态地理区森林草地分布格点在火险期中的 SSR 第 95 百分位变化趋势基本与平均值相似。M-K 检验结果表明，$R_1$ 和 $R_7$ 呈现显著增加趋势（$\alpha = 0.001$ 水平上显著），$R_8$ 在 $\alpha = 0.05$ 水平上显著增加，其他区域的变化不显著（表 5.10）。

表 5.10　1976～2010 年 SSR 第 95 百分位数的 MK 检验

| 生态地理区 | $R_1$ | $R_2$ | $R_3$ | $R_4$ | $R_5$ | $R_6$ | $R_7$ | $R_8$ |
|---|---|---|---|---|---|---|---|---|
| 检验量 Z | 3.15** | 0.34 | −0.06 | −0.94 | 1.16 | 0.99 | 3.61*** | 2.47* |

*表示 $\alpha = 0.05$ 水平上显著；**表示 $\alpha = 0.01$ 水平上显著；***表示 $\alpha = 0.001$ 水平上显著

### 5.3.3　2021～2050 年森林火险变化

#### 1. 各区域的平均森林火险指数变化

2021～2050 年不同情景各区域火险期平均火险指数增量变化表明，所有区域在 2021～2050 年 FWI 都有所增加，除 $R_1$ 和 $R_2$ 在 RCP2.6 情景下变化不显著外，其他情景与时段都变化显著（表 5.11）。$R_1$、$R_2$、$R_3$、$R_5$、$R_7$ 和 $R_8$ 的火险天气指数将分别增加 3.4%～12.5%、6.8%～16.8%、10.7%～19.9%、18.4%～29.8%、22.5%～33.1% 和 26.4%～40.0%。

表 5.11　21 世纪 30 年代 FWI 增量变化

| 情景 | $R_1$ | $R_2$ | $R_3$ | $R_5$ | $R_7$ | $R_8$ |
|---|---|---|---|---|---|---|
| Rcp2.6 | 3.4 | 6.8 | 19.9 | 18.4 | 22.5 | 32.9 |
| Rcp4.5 | 13.0 | 10.4 | 16.3 | 29.8 | 33.1 | 33.0 |
| Rcp6.0 | 11.7 | 15.3 | 10.7 | 26.9 | 26.4 | 26.4 |
| Rcp8.5 | 12.5 | 16.8 | 19.7 | 26.5 | 32.1 | 40.0 |

FFMC、BUI、DMC 所有区域和情景都增加显著。DC 是四种情境下 $R_2$ 和 $R_3$ 变化不显著，$R_1$ 只有在 RCP4.5 情景下变化显著，$R_5$、$R_7$ 和 $R_8$ 四种情景下都显著。ISI 为 $R_1$ 和 $R_2$ 在 RCP2.6 变化不显著，$R_3$ 在 RCP4.5 和 RCP6.0 情景下不显著，其他都显著（表 5.12）。

表 5.12　4 种气候情景下森林火险指数与基准时段的比较

| 指数 | 情景 | $R_1$ | $R_2$ | $R_3$ | $R_5$ | $R_7$ | $R_8$ |
|---|---|---|---|---|---|---|---|
| FFMC | Rcp2.6 | 1.2230* | 1.3193* | 2.1487* | 1.4306* | 1.2979* | 2.3971* |
| | Rcp4.5 | 1.4180* | 1.4963* | 1.6590* | 1.9274* | 1.7634* | 2.4151* |
| | Rcp6.0 | 1.3247* | 1.3993* | 1.1467* | 1.8895* | 1.4990* | 2.0098* |
| | Rcp8.5 | 1.2400* | 1.8673* | 2.0283* | 1.9537* | 1.8664* | 2.6830* |
| DMC | Rcp2.6 | 0.8887* | 1.0083* | 5.7847* | 4.1549* | 4.9136* | 4.9360* |
| | Rcp4.5 | 1.3133* | 1.2387* | 5.0420* | 5.0498* | 5.2734* | 4.1151* |
| | Rcp6.0 | 1.3763* | 1.8390* | 4.5127* | 6.5044* | 4.8022* | 3.4834* |
| | Rcp8.5 | 1.4673* | 1.9627* | 7.1657* | 5.1108* | 6.1030* | 5.9500* |
| DC | Rcp2.6 | 2.3993 | 2.729 | 10.499 | 29.6359* | 36.3801* | 25.0427* |
| | Rcp4.5 | 14.1813* | 1.1297 | 4.8257 | 34.9602* | 39.9150* | 21.7219* |
| | Rcp6.0 | 6.9867 | 11.587 | 15.4657 | 36.3109* | 37.7686* | 22.5320* |
| | Rcp8.5 | 1.5067 | 9.4437 | 18.8177 | 38.1971* | 49.8018* | 32.6243* |

续表

| 指数 | 情景 | $R_1$ | $R_2$ | $R_3$ | $R_5$ | $R_7$ | $R_8$ |
|---|---|---|---|---|---|---|---|
| | Rcp2.6 | 1.4207* | 1.3227 | 7.5410* | 5.9944* | 6.8324* | 6.1998* |
| | Rcp4.5 | 2.1757* | 1.5550* | 6.7860* | 7.1528* | 7.2560* | 5.2153* |
| BUI | Rcp6.0 | 2.0437* | 2.5907* | 6.3327* | 8.9779* | 6.7137* | 4.6311* |
| | Rcp8.5 | 2.0753* | 2.6630* | 9.6250* | 7.4944* | 8.6595* | 7.6126* |
| | Rcp2.6 | 0.0343 | 0.054 | 0.1850* | 0.0725 | 0.0646* | 0.2736* |
| | Rcp4.5 | 0.0927* | 0.0843* | 0.133 | .2608* | 0.1806* | 0.3021* |
| ISI | Rcp6.0 | 0.0773* | 0.0943* | 0.07 | 0.1105 | 0.1061* | 0.2312* |
| | Rcp8.5 | 0.0723* | 0.1170* | 0.1523* | 0.1748* | 0.1227* | 0.3349* |
| | Rcp2.6 | 0.0703 | 0.148 | 0.8893* | 0.4946* | 0.4513* | 0.9445* |
| | Rcp4.5 | 0.2690* | 0.2270* | 0.7287* | 0.8005* | 0.6641* | 0.9470* |
| FWI | Rcp6.0 | 0.2427* | 0.3340* | 0.4763 | 0.7244* | 0.5307* | 0.7558* |
| | Rcp8.5 | 0.2583* | 0.3653* | 0.8810* | 0.7135* | 0.6439* | 1.1457* |
| | Rcp2.6 | 0.001 | 0.013 | 0.2820* | 0.1281 | 0.0845* | 0.2720* |
| | Rcp4.5 | 0.0687* | 0.0373 | 0.2167 | 0.2901* | 0.1489* | 0.2878* |
| SSR | Rcp6.0 | 0.0593* | 0.0657 | 0.131 | 0.1851* | 0.1075* | 0.2146* |
| | Rcp8.5 | 0.0693* | 0.0597 | 0.2577* | 0.2145* | 0.1287* | 0.3503* |

*表示在 $\alpha = 0.05$ 水平上显著

## 2. FWI 95 百分位数变化

2021～2050 年 RCP2.6、RCP4.5、RCP6.0 和 RCP8.5 情景下 FWI 第 95 百分位数比基准时段将分别增加 13.5%、18.9%、14.9% 和 22.33%（图 5.27）。RCP2.6 情景下第 95 百分位数增加最显著的区域主要分布在西南部分区域；RCP4.5 情景下，FWI 增幅最显著的区域是华北地区，RCP6.0 情景下，FWI 显著增加的区域主要分布在西南；RCP8.5 情景下，FWI 第 95 百分位数增加最显著的区域包括西南和华中、华北部分区域。

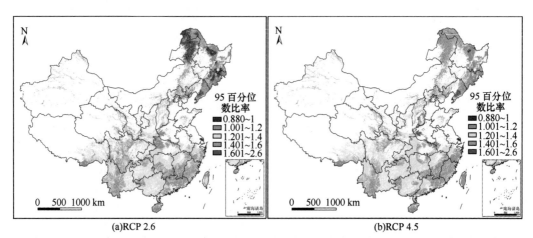

(a)RCP 2.6　　　　　　　　　　　　　　(b)RCP 4.5

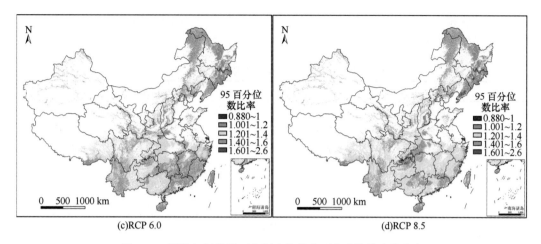

图 5.27　四种气候情景下中国森林分布区火险指数变化比率

# 5.4　森林燃烧概率模型

森林燃烧概率模拟采用 BURN-P3 模型，该模型包括火发生、火蔓延环境和火蔓延三个模块。该模型应用火增长模型-Prometheus 作为模型的火蔓延模块，用来模拟单个的林火蔓延情况。BURN-P3 的以年为步长进行迭代循环模拟，迭代次数应根据研究区面积大小、景观结构组成和火动态（尤其是火发生面积）来确定。火发生是根据历史火发生数据（火因分析、火发生频次和火蔓延天数等）、气候和季节划分等确定研究区不同季节不同火因的火发生概率分布图，结合地形和可燃物状况确定每次火发生位置。火蔓延模块基于天气条件、森林火险天气指数系统指数、历史火蔓延天数和蔓延时间确定火蔓延环境，利用 Prometheus 火增长模型进行火行为模拟。同一迭代过程中不会出现重复火烧的格点，这有助于提高火发生概率模拟的准确性。每个格点的火发生概率基于式（5.12）计算得出。

$$BP_i = \frac{b_i}{N} \times 100 \qquad (5.12)$$

式中，$b_i$ 为第 $i$ 格点在整个模拟过程中过火的次数；$N$ 为总迭代次数；$BP_i$ 为第 $i$ 格点最终火发生概率。

## 5.4.1　模型输入及参数设置

模型的输入包括空间数据和燃烧环境的参数设置，具体要求见表 5.13。

## 5.4.2　可燃物类型划分

加拿大森林火险等级预报系统（Canadian forest fire danger rating system，CFFDRS）中的林火行为预报系统将加拿大可燃物类型划分为 5 个类型组，共 16 个类型。BURN-P3 模型中输入所要求的可燃物类型基于这 16 个类型。结合大兴安岭地区植被类型和可燃物状况，对大兴安岭可燃物类型和 CFFBPS 系统可燃物类型进行了对应划分（表 5.14）。

**表 5.13　BURN-P3 模型输入数据及参数要求**

| 分类 | 项目 | 数据格式 | 数据描述 A |
| --- | --- | --- | --- |
| 空间数据 | 可燃物类型 | 栅格（ASCII） | 加拿大林火行为预报系统（CFFBPS）可燃物类型 |
| | 地形数据 B | 栅格（ASCII） | 海拔（m） |
| | 火发生密度分布 | 栅格（ASCII） | 火发生相对概率（无单位） |
| | 气象区 B | 栅格（ASCII） | 根据不同的火险天气划分的地理区域 |
| | 火管理区 B | 栅格（ASCII） | 根据不同的林火管理政策划分的地理区域 |
| | 风场 | 栅格（ASCII） | 基于八个主风向考虑地形对风向（度）和风速（km/h）的影响 |
| 环境 | 季节 B | 设置参数 | 在火险期内划分季节 |
| | 火因 B | 设置参数 | 根据不同季节不同可燃物类型设定火发生参数 |
| | 火蔓延规则 | 文本（CSV） | 火蔓延天数等 |
| | 火险天气数据 | 气象列表（CSV） | 午时定时气象数据和 FWI 系统指数数据列表 |

注：A 括号中为数据单位；B 表示可选择项

**表 5.14　黑龙江大兴安岭地区可燃物类型划分**

| 植被类型 | 植被类型代码 | 对应可燃物类型描述 |
| --- | --- | --- |
| 常绿针叶林 | C-4 | 短叶松林、扭叶松林或欧洲赤松林 |
| 落叶针叶林 | M-1a | 北方落叶混交林（落叶针叶林占 75% 以上） |
| 落叶阔叶林 | D-1 | 白杨林/欧洲山杨林 |
| 针阔混交林 | M-1b | 北方落叶混交林（落叶针叶林占比约 25%） |
| 草甸草地 | O-1b | 匍匐型草本 |
| 典型草地 | O-1a | 直立型草本 |

### 5.4.3　气象区域划分

为更加准确地模拟黑龙江大兴安岭地区林火动态，结合模型设置需要，综合考虑 4 个气象台站（漠河、塔河、新林和呼玛）位置，将研究区划分成 4 个气象区域（图 5.28）。利用 Arcmap 作气象区划格点图，并转出为 ASCII 格式文件。本章所有模型输入的栅格数据精度均为 100m。

图例
**气象区域**
■ 漠河站
■ 塔河站
■ 新林站
■ 呼玛站

图 5.28　黑龙江大兴安岭气象区划分

### 5.4.4　季节划分

阔叶树展叶期是林火蔓延系统中的一个重要参数。该参数的确定是基于研究区多年的物候观测。根据中国动植物物候观测年报（中国科学院地理研究所，1988a；1988b；1989a；1989b；1992）记录显示，兴安落叶松是大兴安岭地区最重要的落叶针叶树。呼玛县展叶盛期为 5 月 24 日，嫩江为 5 月 4 日～20 日（在研究区南部）。阔叶树种如白桦、山杨和蒙古栎展叶盛期在 5 月 21 日～26 日。因此，在模型中设定阔叶树展叶盛期为 5 月底。

嫩江地区大叶杨和小叶杨落叶早，大约集中在 8 月底，该地区落叶松在 9 月中上旬开始落叶，因研究区较嫩江在纬度上更加靠北，所以可认为黑龙江大兴安岭林区落叶树种落叶期大概集中在 9 月上旬。

综合以上资料分析，本章将研究区季节划分为春季（3 月 1 日至 5 月 31 日）、夏季（6 月 1 日至 8 月 31 日）和秋季（9 月 1 日至 10 月 31 日）。

### 5.4.5　林火发生密度分布

根据 1987～2009 年黑龙江大兴安岭林火统计资料，分析大兴安岭林区林火时空分布特征。

本章基于 Arcgis9.3 中点密度分析等工具对该区域火点分布进行密度分析。Kernel 方法得到的点密度表面更加平滑。更加接近于真实火发生概率分布情况。

根据历史（1987 至 2009 年）林火发生资料，以及不同火因（人为/雷击）和季节（春、夏、秋）制作火险期内不同季节（春、夏、秋）、不同火因（人为、雷击）的火点密度分布图。转出为 ASCII 文件，用于 BURN-P3 模型的输入。

### 5.4.6　跑火设定

《森林防火条例》规定，按照受害森林面积和伤亡人数，森林火灾分为一般森林火灾、较大森林火灾、重大森林火灾和特别重大森林火灾。我国对重大森林火灾的定性是：受害森林面积在 100hm$^2$ 以上 1000hm$^2$ 以下的，或者死亡 10 人以上 30 人以下的，或者重伤 50 人以上 100 人以下的森林火灾。

根据历史林火发生资料分析，1987～2009 年林火发生次数为 560 次，其中 100 hm$^2$ 以下的占到总次数的 82.1%，但其过火面积只占总过火面积的 0.23%。尽管过火面积 ≥100 hm$^2$ 的次数较少，但其过火面积占了总过火面积的 99.8%（表 5.15）。从过火面

**表 5.15　1987～2009 年黑龙江大兴安岭过火面积分级统计**

| 分级/hm$^2$ | 火发生次数/次 | 过火面积/hm$^2$ | 过火面积比例/% |
|---|---|---|---|
| 0～10 | 338 | 893.9 | 0.04 |
| 11～50 | 97 | 2155.1 | 0.10 |
| 51～99 | 25 | 1900.4 | 0.09 |
| ≥100 | 100 | 2136987 | 99.77 |

积上来看，重大和特大森林火灾造成的过火面积占总过火面积的比例为 99.8%。因此本章基于我国森林火灾分类、历史林火发生情况和 BURN-P3 模型设计原理定义过火面积≥100 hm² 的火为跑火，用于模拟黑龙江大兴安岭林区重大及以上森林火灾的火动态。

### 5.4.7 跑火发生概率分布

根据 1987～2009 年黑龙江大兴安岭林火统计资料制作火频次和跑火蔓延天数概率分布表。

黑龙江大兴安岭地区年发生跑火次数集中在 6 次以内（图 5.29）。1 年发生 2 次跑火（≥100）的概率最大，为 38.9%。发生 1 次、4 次和 6 次的概率相同，为 11.1%。6 次及以内的累计概率达到 77.8%。发生 5 次、7 次、11 次、15 次和 23 次的概率最小，且概率相同。考虑到林火发生次数与发生重大森林火灾的次数的差异性，本数据基本符合大兴安岭地区重大森林火灾发生规律。

黑龙江大兴安岭地区跑火发生后蔓延天数最短为 1 天，最长为 11 天（图 5.30）。蔓延天数在 7 天及以内的概率达到了 91.7%，蔓延天数集中在 7 天（包括 7 天）以内。蔓延天数发生概率最大的是 1 天，为 40.5%。其次是 2 天、4 天和 6 天，概率分别为 12.7%、10.15%和 8.9%。蔓延天数概率最小的是 8 天和 10 天，概率为 1.27%。

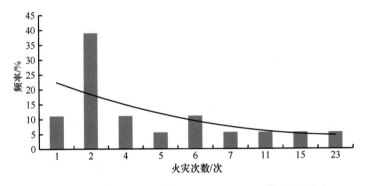

图 5.29 黑龙江大兴安岭地区跑火（≥100 hm²）频率分布

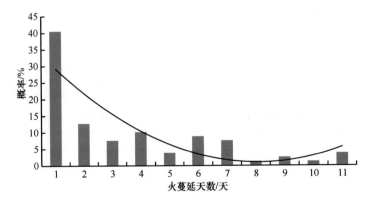

图 5.30 黑龙江大兴安岭地区跑火蔓延天数频率分布

### 5.4.8 模型参数设置

（1）火点燃设定：草地 [可燃物类型为 O-1a（疏丛型草本）和 O-1b（直立型草本）] 区域一般不发生雷击火（Cheney and Sullivan，1997）。直立型草本区域（O-1b）在夏季一般很难发生人为火（FCFDG，1992；Lawson et al.，1994；Cheney and Sullivan，1997）。

（2）草地干燥度：春季：85%；秋季：75%。

（3）输出过火面积最小值：根据黑龙江大兴安岭地区森林火发生情况，设定最小输出过火面积为最小跑火面积，即 100hm$^2$。

（4）迭代次数：BURN-P3 模型中的火动态模拟是以年为单位的，输入当年火险期（本章设定 3 月 1 日至 10 月 31 日）内的逐日气象和火险指数数据作为火发生与蔓延的气象数据。BURN-P3 模型运行前需要输入迭代次数（相当于循环次数），因为足够多的迭代次数才能生成相对稳定的火烧概率分布图，才能对研究区域的火发生可能性进行一个相对准确的定量模拟。虽然迭代次数要达到一定量才能获得较为稳定的火烧概率图，但需要综合考虑研究区大小、景观结构组成和历史林火动态特征（尤其是过火面积）等来进行设定。经过初步试验，确定了黑龙江大兴安岭地区 BURN-P3 模拟的迭代次数为 100，得到了研究区相对稳定的火烧概率分布图。

（5）风场差值方法：地形条件作为火环境的重要组成部分，其差异性对森林火发生、火蔓延和火强度等都产生显著影响。地形通过影响植被生长和分布、可燃物含水率、气流、降水和温度等对林火发生和火行为产生重要影响。地形通过阻挡、绕流、越过作用和狭管效应等动力作用以及热力作用对气流产生影响，进而影响火行为特征。受气象观测站点数量和分布位置的限制，现有的气象数据很难满足大空间尺度上模型模拟所需的风场数据。本章采用的风场模拟软件是 WindNinja。该模型由 Forthofer 等（2010）在 2007 年研发，并在后续版本中进行了持续更新。WindNinja 模型基于表面热通量、距山脊顶部或山谷底部的距离、坡度角、表面和夹带的阻力参数等来计算地形风，采用基于数字高程模型的单点风场模拟（高开通等，2013）。WindNinja 是一款主要用于不同地形条件下高分辨率风场的模拟软件。传统的风场模拟软件典型水平分辨率为 4~12km，不能满足 BP 模型对高精度风场数据的要求。而 WindNinja 模拟的风场空间分辨率可以达到 100~200m 或者更高。

（6）WindNinja-2.4.0 模型所需基础数据：建模区数字高程数据、主导风速、风向和主要植被类型。风向划分为正北（0°/360°）、东北坡（45°）、正东（90°）、东南（135°）、正南（180°）、西南（225°）、正西（270°）和西北（315°）。根据 1971~2010 年实测数据分析可知，大兴安岭地区主导平均风速约为 10km/h。本章模拟的风场空间分辨率为 100m。

## 5.5 基于燃烧概率模型的未来气候变化影响评估

火是森林生态系统的重要干扰因子，影响生态系统碳和能量平衡，在复杂的时间和空间尺度上，它是生态系统发展变化的重要动力（Whitlock et al.，2010）。林火动态是指某一自然区域或生态系统所特有的，长时间尺度上逐渐形成的林火发生和蔓延的总模式（赵凤君和舒立福，2014）。林火的发生和蔓延不仅与气象条件有关，更与火源、地形和可燃物类型等息息相关。

模型模拟是大时空尺度上评价可燃物处理及其他林火管理措施效果的重要工具（Scott and Reinhardt，2001；Stephens and Moghaddas，2005）。利用 LANDIS 等空间直观景观模型进行模拟，如在大时空尺度上模拟可燃物变化对林火动态的影响（Hargrove et al.，2000）以及不同的森林管理方案和土地类型变化等对未来林火动态和森林景观的影响等。Gustafson 等（2004）利用 LANDIS 的干扰模块模拟不同森林管理方案和土地类型对未来美国威斯康星州北部森林火动态的影响。Cary 等（2006，2009）利用 4 种模型模拟了过火面积对地形、可燃物和气候与气象 3 个因子的敏感性，发现气候因子对过火面积的影响最大，天气和火源管理对火灾面积的影响比可燃物管理作用更大。

林火动态受地形、植被和气候等因素的影响。有关气候变化对林火动态的影响已有大量研究（Williams et al.，2001；Moriondo et al.，2006；Flannigan et al.，2001）。多数研究结果也表明很多区域的林火动态发生改变，火发生更加活跃，多数研究认为气候变化背景下的大部分区域的森林火险已经增加，并伴随着火险期的延长（Miller and Schlegel，2006；田晓瑞等，2012；赵凤君等，2009）。田晓瑞等（2012）预测 IPCC SRES A2 和 B2 情景下中国西南地区火险期内森林火险天气指数平均分别增加 1.66 和 1.40，森林火烧面积在 2041～2050 年可能将比基准时段（1961～1990）增加 22%和 24%，并且在火险高的月份潜在的森林火烧面积增加将更为明显。杨光等（2012）基于 HadCM3 模式输出的 A2a 和 B2a 气候情景数据，结合加拿大火险天气指标系统分析显示黑龙江大兴安岭地区 21 世纪平均极高、很高、中等火险的年均日数将呈上升趋势，高、低火险的年均日数将呈降低趋势。

受时间和空间尺度的限制，仅基于有限的历史林火资料很难对区域林火动态进行准确的定量分析。通过综合分析植被状况、气象条件和地形等，现有的知识和技术使得对已经发生的一场或几场火的蔓延的模拟成为现实。然而对长时间尺度（几年或几十年）和大空间尺度（景观）上的火发生和蔓延的模拟还存在很大不确定性。因而，若想对景观或更大尺度上火险进行预测，需要结合气候、植被和地形条件等因子对该区域大量森林火灾的火发生和蔓延进行复杂的模拟和预测。燃烧概率模型（BURN-P3）用于景观尺度上火的发生与蔓延模拟（Parisien，2005）。

国内有关气候变化对林火影响的研究大多基于大气环流模型（GCM）和区域气候模型（RCM）的气候模拟数据，结合森林火险等级系统，分析未来森林火险天气状况，而对气候变化背景下区域林火动态的模拟研究较少。通过火烧概率模型模拟定量描述未来气候情景下区域林火动态变化，提高对未来气候情景下的林火动态认知，为开展林火管理适应技术提供科学依据。

### 5.5.1　研究区概况

研究区位于黑龙江大兴安岭，地理坐标范围为 121°11′～127°02′E，50°54′～53°33′N（图 5.31）。研究区总面积约 646.2 万 hm$^2$，平均海拔高度 573m。地形起伏不大，山坡较为平缓。气候属于寒温带大陆性季风气候，冬季寒冷漫长、夏季炎热短暂。年均温–2.8℃，无霜期 90～110 天，年均降水量为 450～500mm（徐化成，1998）。

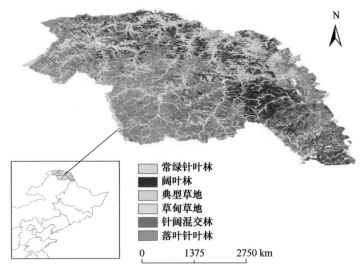

<br>

图 5.31　研究区位置与可燃物类型

　　植被类型主要以落叶松林和针阔混交林为主,落叶松林、针阔混交林、落叶阔叶林(主要为白桦林、蒙古栎林和山杨林等)和常绿针叶林(樟子松、偃松和云杉等)分别占 34%、18.1%、14.1%和 8%;湿地主要分布在岭南的中部和西部,占 13.8%;草地占 9.8%。研究区的主要树种有兴安落叶松(*Larix gmelinii*)、白桦(*Betula platyphylla*)、樟子松(*Pinus sylvestnis*)、蒙古栎(*Quercus mongolica*)和山杨(*Populus davidiana*)等。林内下木以榛子(*Corylus heterophylla*)、杜鹃(*Rhododendron simsii*)和越橘(*Vaccinium vitis-Idaea*)居多。河谷、沼泽地带生长着茂密的塔头苔草(*Carex tato*)、大叶章(*Deyeuxia langsdorffii*)、蚊子草(*Filipendula palmata*)和地榆(*Sanguisorba officinalis*)等草本植物。

　　由黑龙江大兴安岭地区植被覆盖类型图可知,该区域植被类型主要以落叶松林和针阔混交林为主,大部分地区都有落叶松林分布,面积 219.8 万 $hm^2$,占研究区总面积的 34%;针阔混交林(以兴安落叶松为主)的分布范围以黑龙江大兴安岭北部和东部为主,面积 117.1 万 $hm^2$,占总面积的 18.1%;落叶阔叶林(主要为白桦林、蒙古栎林和山杨林等)主要集中在北部和东南部区域,面积 91.1 万 $hm^2$,占总面积的 14.1%;常绿针叶林(樟子松、偃松和云杉等)面积 51.8 万 $hm^2$,占总面积的 8%;湿地主要分布在岭南的中部和西部(主要位于松岭区),该区域生长大量的湿生草本,面积 89.1 万 $hm^2$,占总面积的 13.8%;草地主要分布在中部和东部,面积 63.4 万 $hm^2$,占总面积的 9.8%。农田、裸地和水体的面积约为 13.9 万 $hm^2$,占比仅为 2.1%。

## 5.5.2　研究方法

### 1. 气候情景数据订正

　　本章采用气候模式 HadGEM2-ES 的模拟数据,包括 1951～2050 年 RCP2.6、RCP4.5、RCP6.0 和 RCP8.5 气候情景数据。采用月均差值(或差值比例)校正法和非线性转化方程法，结合实测数据对气候模式数据的气温、降水和相对湿度进行了校正。Delta 方法是美国国家评价中心（http://www.nacc.usgcrp.gov）推荐采用的气候情景生成方法（Hay et al.，2000）。应用此方法输出的气候变化情景数据为相对变化而不是绝对变化，即比较模式数据月平均值与基准年月平均值，计算气象变量的月变化比例或差值。将这些比例乘以模式数据中的日值数据，得到未来不同时段的平均日数值。

**1）模型与实测数据差异性分析**

利用配对样本 T-检验对气候模式数据（1980～2000 年）与同期实测数据（漠河、塔河、新林和呼玛气象站）的月均数值进行差异性分析，从而确定需要修订的气候模式数据中的具体气象因子。

**2）降水量修订**

假定气候模式数据（1951～2050 年）中月均降水频率和实测数据（1980～2000 年）月均降水频率相等。

第一步以 1 月为例，将 1980～2000 年地面气象观测数据所有 1 月的降水天数（降水量低于 0.1mm 认定为无效降水，降水量大于等于 0.1mm 认定为有效降水）除以 1 月总天数，得到过去观测 1 月平均降水频率。第二步，用该降水频率乘以 1951～2050 年气候模式数据中的所有 1 月总天数，就得到根据实测数据估计的 1951～2050 年 1 月总降水天数 $n$。第三步，将气候模式数据（1951～2050 年）所有 1 月降水量数据从大到小进行排列，将第 $n$ 天对应的降水量作为是否降水的阈值，低于该阈值则认定为无效降水，低于该阈值的数据修订为零。通过以上修订，使得 HadGEM2-ES 模式数据 1951～2050 年的 1 月降水频率等于该地区过去观测 1 月降水频率。

降水量修订：以 1 月为例。第一步，取气候模式数据和观测数据（1980～2000 年）1 月降水量数据月均值分别记作 $P_{fm}$ 和 $P_{pm}$。第二步，按式（5.13）对气候模式数据（1951～2050 年）进行逐日降水量修订，$P_{od}$ 为修订前日降水量数据，$P_{fd}$ 为修订后日降水量数据。其他月份也以上述步骤进行修订。

$$P_{fd} = P_{od} \frac{P_{fm}}{P_{pm}} \tag{5.13}$$

**3）气温修订**

$$T_{fd} = T_{od} + (T_{fm} - T_{pm}) \tag{5.14}$$

式中，$T_{fd}$、$T_{od}$、$T_{fm}$、$T_{pm}$ 分别为调整后模式数据午时气温、调整前模式数据午时气温、调整前模式数据月均午时气温、观测数据月均午时气温。

**4）相对湿度修订**

因气候模式数据模拟输出的相对湿度为日均相对湿度，而 FWI 系统和 BURN-P3 模型所需输入相对湿度为午时空气相对湿度。气候模式数据缺少午时空气相对湿度，因此本章采取以下方法进行修订。

首先，将过去实测月均日平均相对湿度（$R_{fm}$）和月均午时相对湿度数据（$R_{wm}$）进行回归分析，计算二者月均差值（1980～2000 年）。利用 SPSS 中的曲线估计将月均差值与月份（1～12 月）构建的不同拟合曲线方程进行对比分析，结果显示拟合二次方程的效果最好。漠河、塔河、新林和呼玛四个气象站的回归方程分别为：式（5.15）、式（5.16）、式（5.17）和式（5.18）。

$$Y_X = -0.665X^2 + 8.52X + 7.071 \tag{5.15}$$

$$Y_X = -0.576X^2 + 7.558X + 7.274 \tag{5.16}$$

$$Y_X = -0.519X^2 + 6.82X + 9.988 \tag{5.17}$$

$$Y_X = -0.514X^2 + 6.717X + 6.601 \tag{5.18}$$

式中，$X$ 为月份（1～12 月），将月份 $X$ 代入式中计算得出每个月份日均相对湿度和午时相对湿度的月均差值 $Y_X$。

其次，利用式（5.19）对气候模式输出的相对湿度数据进行调整，得到最终修订后的午时相对湿度日值数据。

$$R_{fd} = R_{od} \frac{R_{fm}}{R_{pm}} - Y_X \tag{5.19}$$

式中，$R_{fd}$、$R_{od}$、$R_{fm}$、$R_{pm}$ 分别为调整后模式数据日均相对湿度、调整前模式数据日均相对湿度、调整前模式数据月均日均相对湿度、观测数据月均日均相对湿度。$Y_x$ 按对应月份取值。

**5）气候模式数据修订结果评价**

结合相关性分析对修订后的气候模式数据进行结果评价。分别选取四个气象站（漠河、塔河、新林和呼玛）1980～2000 年实测气象数据与修订后气候模式数据的临近气象站点的四个格点数据进行对比分析。运用 SPSS 中的配对样本 T 检验对比分析实测与气候模式模拟数据（不同站点各气象因子逐月均值）差异性。

## 2. FWI 计算

采用 FWI 系统计算 HadGEM2-ES 气候模式数据（1951～2050 年）逐日的火险指数（Canadian Forest Service，1984），并提取火险期逐日 FWI 各项指数。FWI 系统是基于每日 12:00 四个气象因子（空气温度、空气相对湿度、过去 24 小时降水量和风速）的连续观测记录，输出描述森林火险的多个指标，包括细小可燃物湿度码（FFMC）、腐殖质湿度码（DMC）、干旱码（DC）、初始蔓延速度（ISI）、累积指数（BUI）和火险天气指数（FWI）（Van Wagner，1987）。FFMC 反映林中细小可燃物和表层枯枝落叶（厚度 1～2cm，载量 5t/hm² 左右）含水率变化，是细小可燃物湿度对空气湿度的反应结果。DC 反应深层可燃物（深度 10～20cm，载量约 440t/hm²）含水率。由于其水分损失按指数关系变化，因此比较适用于代表某些粗大可燃物，如倒木等。FWI 系统对大兴安岭地区的指示意义显著，并指出 FFMC 和 ISI 对林火的发生与蔓延有较好的指示作用（Tian et al.，2011）。FWI 系统不同指标都有一定的实际意义，应采用 FWI 系统中不同的指标来进行林火管理，而不是单一的 FWI 指标（Wotton，2009）。FFMC 取值范围为 0～101，FFMC 值为 101 时代表细小可燃物和枯枝落叶层的含水率为 0，而 DMC 和 DC 的最小取值均为 0，最大值没有上界（田晓瑞和张有德，2006）。FFMC、DMC 和 DC 的初始值分别设定为 85、6 和 15（Stocks et al.，1989）。

## 3. 林火脆弱性分析

以 1971～2000 年林火动态模拟结果作为基准时段，选取未来 30 年（2021～2050 年）模拟结果进行对比，分析不同情景（RCP2.6、RCP4.5、RCP6.0 和 RCP8.5）下的林火动态变化。利用 BURN-P3 模型输出指标如火发生概率（BP）、平均火强度（FIA）、平均火蔓延速度（ROS）和树冠火比例（CFB）等，对黑龙江大兴安岭林火可能性与脆弱性进行定量分析。林火可能性与脆弱性分析包括：火烧概率空间分布特征；不同时间段过火面积、火烧概率与植被类型关系等；不同模拟时段火烧概率分布变化特征；林火动态时空变异性分析等。

对基准时段（1971～2000 年）每年火烧概率图进行叠加分析，获得基准时段 30 年累积火烧概率分布图。将四种排放情景下的未来 30 年（2021～2050 年）每年的火烧概率图分别进行叠加分析，获得未来四种情景下的年平均火烧概率图。利用未来四种情景下的年平均火烧概率分布图与基准时段平均火烧概率分布图做差值处理，得出未来气候情景下的不同区域火烧概率变化情况。

对基准时段（1971～2000 年）每年火强度栅格图进行叠加分析，获得基准时段 30 年平均火强度分布图。将四种排放情景下的未来 30 年（2021～2050 年）每年的火烧强度栅格图分别进行叠加分析，获得未来时段四种情景下的平均火强度分布图。利用未来四种情景下的平均火强度分布图与基准时段平均火强度分布图做差值处理，得出未来气候情景下的不同区域平均火强度变化情况。

对基准时段（1971～2000 年）每年火蔓延速度栅格图进行叠加分析，获得基准时段 30 年平均火蔓延速度分布图。将四种排放情景下的未来 30 年（2021～2050 年）每年的火蔓延速度栅格图分别进行叠加分析，获得未来时段四种情景下的平均火蔓延速度分布图。利用未来四种情景下的平均火蔓延速度分布图与基准时段平均火蔓延速度分布图做差值处理，得出未来气候情景下的不同区域平均火蔓延速度变化情况。

对基准时段（1971～2000 年）每年树冠火平均比例栅格图进行叠加分析，获得基准时段 30 年平均树冠火比例分布图。将四种排放情景下的未来 30 年（2021～2050 年）每年的树冠火平均比例栅格图分别进行叠加分析，获得未来时段四种情景下的平均火蔓延速度分布图。利用未来四种情景下的树冠火平均比例分布图与基准时段树冠火平均比例分布图做差值处理，得出未来气候情景下的不同区域树冠火比例变化情况。

### 5.5.3　BURN-P3 模型适用性评估

#### 1. 过火区空间分析

BURN-P3 模型每一年的模拟中设置的迭代次数为 100，相当于在同一套气象和 FWI 系统指标数据下的迭代。通过足够多的迭代次数从而获得一个相对稳定的火烧概率分布图。1991～2010 年共模拟得到 20 年火烧概率分布，叠加 20 年火烧概率分布图（图 5.32）。利用自然间断点分级法［natural breaks（Jenks）］将火烧概率分布图分为 5 级：0～0.73（低）、0.74～1（中）、1.1～1.4（较高）、1.5～1.9（高）和 2.0～3.2（极高）。将利用 NOAA/MODIS 卫星遥感数据提取的 1991～2010 年黑龙江大兴安岭地区过火区与概率图叠加显示并作分析。

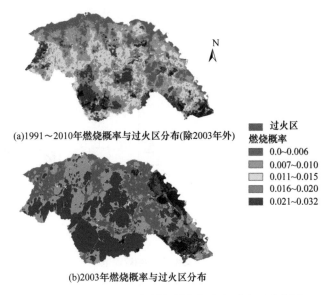

(a)1991～2010年燃烧概率与过火区分布(除2003年外)

(b)2003年燃烧概率与过火区分布

过火区
燃烧概率
　0.0～0.006
　0.007～0.010
　0.011～0.015
　0.016～0.020
　0.021～0.032

图 5.32　1991～2010 年模拟燃烧概率与过火区分布图

BURN-P3 模拟结果显示，1991～2010 年火发生区域主要集中在大兴安岭中南部、西部和东部地区。大兴安岭 1991～2010 年火场主要分布在研究区西部东部、西部和南部。这一时段通过遥感影像提取的火场大致分布在 BURN-P3 模型模拟的该时段火烧概率分布图中的中级以上火险区域。模拟结果显示北部火烧概率较低，而实际火场分布也很少，实际火场分布在高级以上火险级内。

1991～2010 年黑龙江大兴安岭地区总过火面积约为 102.54 万 hm$^2$。过火区对应 BURN-P3 模拟的火烧概率分布图中各等级比例分别为：22.6%（低）、35.2%（中）、26.7%（较高）、11.9%（高）和 3.6%（极高）。遥感影像获取的 2003 年大兴安岭地区过火面积超出常年，区内该年总过火面积约为 64.28 万 hm$^2$，占 1991～2010 年总过火面积的 62.7%。林火统计资料显示，过火面积最大的火场是 2003 年黑龙江省大兴安岭十八站林业局富拉罕"5.17"特大森林火灾，过火面积约 31.93 万 hm$^2$。第二大火场为 2003 年"3.19"

草甸森林火（呼玛县境内）。这两大火场位于黑龙江大兴安岭东部，因而导致该区域火场分布集中。如果不考虑这两场特大森林火灾，则过火区对应 BURN-P3 模拟的火烧概率分布图中各等级比例分别为：19.1%（低）、26.3%（中）、28.8%（较高）、18.5%（高）和 7.3%（极高），54.6%的过火区位于较高级以上火烧概率等级区域内。

## 2. 可燃物类型与模拟火烧概率

1991～2010 年大兴安岭地区模拟火烧结果显示，火烧概率平均值最高的可燃物类型是落叶松林，其次为常绿针叶林和典型草地，最小的为落叶阔叶林。所有可燃物类型总体平均火烧概率为 1.02%，高出总体平均值的可燃物类型有落叶松林、常绿针叶林和典型草地。从不同可燃物类型过火概率集中和离散程度来看，落叶松林五个分位（10%、25%、50%、75%和 90%）过火概率平均数值均显著高于其他可燃物类型（图 5.33）。

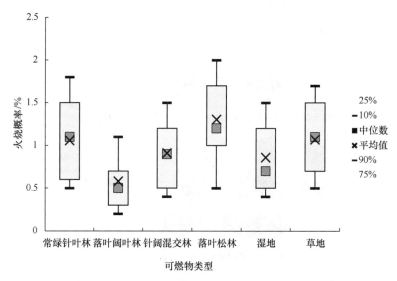

图 5.33　各可燃物类型火烧概率分布
高低短横线分别代表 90%和 10%分位，箱体上下边缘分别代表 75%和 25%分位。

BURN-P3 模型能在大尺度上较好地模拟大兴安岭地区火烧概率，对于大尺度长时间尺度上分析该地区气候变化背景下的林火动态有一定的参考价值。

### 5.5.4　未来大兴安岭森林火灾的变化

## 1. 基准时段模拟

通过 BURN-P3 模型模拟的 1971～2000 年黑龙江大兴安岭地区跑火发生情况如下：研究区雷击火发生次数占总发生次数的 52.25%，人为火占比 47.75%。春季和夏季雷击火发生次数均大于人为火，而秋季雷击火占比低于人为火。说明春秋季发生雷击火的概率大于人为火。春夏秋三季火发生次数占全年火发生次数的比例分别为 44.91%、27.72% 和 27.37%（图 5.34），春季为大兴安岭地区森林火灾高发期。

BURN-P3 模拟的大兴安岭地区跑火发生后蔓延天数最短为 1 天，最长为 11 天。蔓延天数在 7 天及以内的概率达到了 83.75%，蔓延天数集中在 7 天及以内。蔓延天数发生概率最大的是 1 天，为 21.5%。其次是 2 天、4 天、6 天和 7 天。蔓延天数概率最小的是 8 天和 10 天，分别为 2.21% 和 2.28%。跑火火蔓延天数情况大致与历史林火统计资料相近（图 5.35）。

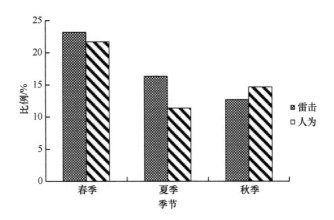

图 5.34　1971～2000 年模拟火因分析

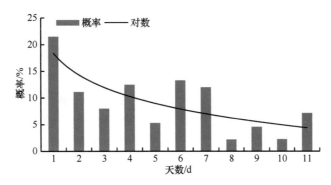

图 5.35　1971～2000 年模拟林火蔓延天数

## 2. 影响因子分析

利用 BURN-P3 模拟的 1971～2000 年年均过火面积和同期火险期内 FWI 各指数因子进行相关性分析（表 5.16）。通过 BURN-P3 模型模拟的林火过火面积与同期各火险指数相关性极显著，尤其是 ISI（蔓延指数）和 FWI（火险指数）两个火险指数与年过火面积的相关性最显著。基准时段跑火（≥100hm²）发生次数与 FWI 各指数之间的相关性不显著。过火面积与火发生时的气象条件有重要关系，ISI 和 FWI 对过火面积有较为显著的指示作用。

表 5.16　1971～2000 年过火面积和跑火次数与火险指数相关性分析

| 模拟结果 | FFMC | DMC | DC | ISI | BUI | FWI |
|---|---|---|---|---|---|---|
| 过火面积 | 0.616** | 0.7728** | 0.5107** | 0.783** | 0.7449** | 0.7832** |
| 火发生次数 | 0.2303 | 0.2917 | 0.0918 | 0.1622 | 0.2874 | 0.224 |

**表示 $P<0.01$。

### 3. 2021～2050 年森林燃烧概率变化

#### 1）燃烧概率

BURN-P3 模拟的火烧概率是相对概率，火烧概率图中数值的大小表示研究区内全部区域的相对火烧概率（图 5.36）。

与基准时段相比，2021～2050 年 RCP2.6 情景下的研究区中火烧概率升高的区域239.22 万 hm²，占研究区域面积的 37.83%；火烧概率降低的区域有 357.12 万 hm²，占研究区域面积的 56.48%；平均火烧概率无变化的区域有 36.01 万 hm²，占研究区域面积的 5.69%（表 5.17）。年均火烧概率差值显示，黑龙江大兴安岭地区未来时段（2021～2050 年）R2.6 情景下的平均火烧概率较基准时段（1971～2000 年）降低 6.21%。研究区域中火烧概率显著降低的区域主要集中在漠河县和呼中区境内，升高的区域主要集中在新林区、塔河县中北部和呼玛县境内。

与基准时段相比，2021～2050 年 RCP4.5 情景下的研究区中火烧概率升高的区域为364.77 万 hm²，占研究区域面积的 57.69%；火烧概率降低的区域为 229.56 万 hm²，占研究区域面积的 36.3%；平均火烧概率无变化的区域占研究区域面积的 6.01%。年平均火烧概率差值分布图显示，R4.5 排放情景下的火烧概率整体呈现较明显的增加趋势，平均火烧概率增加 7.71%。研究区北部和中部地区火烧概率增加较明显，主要位于新林区和塔河县以及漠河县和呼中区北部，呼中区南部火烧概率有所降低。

RCP6.0 情景下的研究区中火烧概率升高的区域 366.97 万 hm²，占研究区域面积的58.03%；火烧概率降低的区域 233.53 万 hm²，占研究区域面积的 36.93%；平均火烧概率无变化的区域占研究区域面积的 5.04%（表 5.17）。年平均火烧概率差值分布图显示，R6.0 排放情景下的平均火烧概率整体呈现较明显的增加趋势，增加幅度为 7.8%。研究区域西部、中部和南部地区火烧概率增加较明显，主要位于新林区、呼中区和塔河县，火烧概率降低的区域主要集中在漠河县中部和东北部及呼玛县中部。

与基准时段相比，2021～2050 年 RCP8.5 情景下的研究区域中年平均火烧概率升高的区域477.2 万 hm²，占研究区域面积的 75.46%；火烧概率降低的区域 129.45 万 hm²，占研究区域面积的 20.47%；年平均火烧概率无变化的区域占研究区域面积的 4.06%。年平均火烧概率差值分布图显示，黑龙江大兴安岭地区在未来（2021～2050 年）R8.5 排放情景下的火烧概率整体呈现明显的增加趋势，增加幅度为 19.84%。研究区域北部和中部增加趋势最为显著。火烧概率增加趋势最显著区域的主要集中在新林区和塔河县境内，漠河县中西部和呼中区西南部区域略有降低。

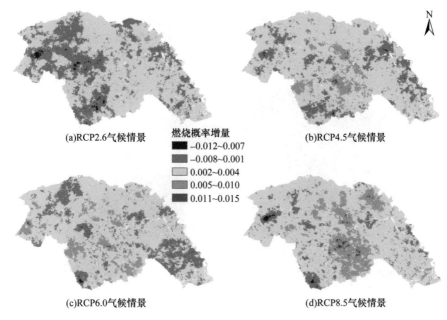

(a)RCP2.6气候情景　　　　(b)RCP4.5气候情景

燃烧概率增量
－0.012~0.007
－0.008~0.001
0.002~0.004
0.005~0.010
0.011~0.015

(c)RCP6.0气候情景　　　　(d)RCP8.5气候情景

图 5.36　4 种气候情景下 2021～2050 年燃烧概率变化

表 5.17　不同气候情景下火烧概率变化

| 情景 | 升高区域面积/万 hm² | 升高区域占比/% | 降低区域面积/万 hm² | 降低区域占比/% | 平均增加幅度/% |
|---|---|---|---|---|---|
| RCP2.6 | 239.22 | 37.83 | 357.12 | 56.48 | −6.21 |
| RCP4.5 | 364.77 | 57.69 | 229.56 | 36.3 | 7.71 |
| RCP6.0 | 366.97 | 58.03 | 233.53 | 36.93 | 7.8 |
| RCP8.5 | 477.2 | 75.46 | 129.45 | 20.47 | 19.84 |

## 2）火烧概率等级

对过去和未来所有情景下的火烧概率图进行分级，得到过去和未来不同排放情景下火烧概率等级分布（图 5.37）。火烧概率等级划分为 5 个等级，等级越高表示森林火烧概率越大。对于概率高和很高等级则在未来需要加强林火管理。

基准时段研究区火烧概率很低、低、中、高和很高的区域分别占 32.34%、28.33%、24.35%、13.04%和 1.93%（表 5.18）。RCP2.6 情景下未来时段（2021～2050 年）森林火烧概率很低、低、中、高和很高的区域分别占 36.76%%、26.61%、25.45%、10.65%和 0.54%。RCP4.5 情景下森林火烧概率很低、低、中、高和很高的区域分别占 30.83%、24.23%、22%、18.1%和 4.84%。RCP6.0 情景下森林火烧概率很低、低、中、高和很高的区域分别占 31.12%、23.86%、20.93%、18.2%和 5.88%。RCP8.5 情景下森林火烧概率很低、低、中、高和很高的区域分别占 24.46%、22.89%、23.32%、20.01%和 9.31%。

火烧概率较高的区域主要集中在漠河县西南、呼中区、新林区、塔河县南部和呼玛县南部。除 RCP2.6 以外，其他三种排放情景下黑龙江大兴安岭地区未来时段高和极高总火烧概率（2021～2050 年）较基准时段（1971～2000 年）均呈现明显的上升趋势。

四种情景下高和极高火烧概率升高幅度由大到小依次为：RCP8.5（14.34%）、RCP6.0（9.11%）和 RCP4.5（7.96%）。RCP2.6 火烧概率等级较基准时段整体上呈现略微的下降趋势，高和极高火烧概率比例总和较基准时段降低了 3.79%。

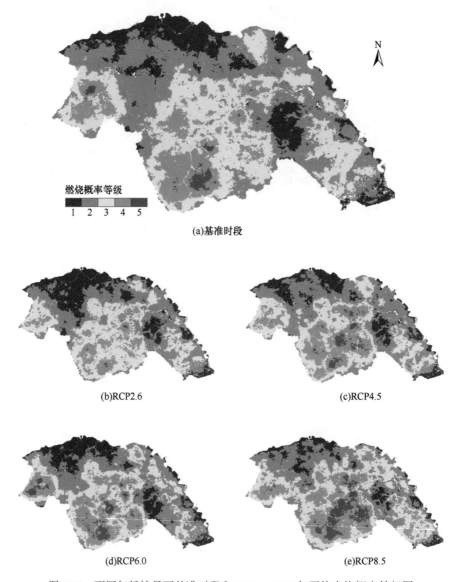

图 5.37　不同气候情景下基准时段和 2021～2050 年平均火烧概率等级图

表 5.18　不同气候情景下火烧概率等级比例

| 情景 | 很低 | 低 | 中 | 高 | 极高 | 高和很高等级变化/% |
| --- | --- | --- | --- | --- | --- | --- |
| RCP2.6 | 36.76 | 26.61 | 25.45 | 10.65 | 0.54 | −3.79 |
| RCP4.5 | 30.83 | 24.23 | 22 | 18.1 | 4.84 | 7.96 |
| RCP6.0 | 31.12 | 23.86 | 20.93 | 18.2 | 5.88 | 9.11 |
| RCP8.5 | 24.46 | 22.89 | 23.32 | 20.01 | 9.31 | 14.34 |

**3）主要可燃物类型的火烧概率**

落叶松是黑龙江大兴安岭地区的主要森林组成树种，占研究区总面积的 34.76%。因此选取落叶松林作为该区域主要可燃物类型研究火烧概率分布变化。

基准时段（1971～2000 年）落叶松林的中、低火烧概率占落叶松总面积的 40.59%，高和较高火烧概率占 54.98%，极高等级火烧概率只占 4.44%，五个级别中，较高等级火烧概率占比最大（图 5.38）。RCP2.6 情景下未来时段（2021～2050 年）落叶松的中、低等级火烧概率占 45.58%，较高和高火等级烧概率占 53.17%，极高等级火烧概率只占 1.25%，极高等级火烧概率区域较基准时段有所减少。RCP4.5 情景下落叶松林火烧概率处于中、低等级的面积占 34.66%，较高和高等级火烧概率占 56.48%，极高等级火烧概率区域占 8.85%，与基准时段相比，高等级及以上火烧概率有所增加，尤其是极高等级火烧概率区域明显增加。RCP6.0 情景下落叶松林火烧概率处于中、低等级的面积占 31.18%，较高和高等级火烧概率占比 56.45%，极高等级火烧概率区域占 12.36%，极高等级火烧概率区域较基准时段显著增加。RCP8.5 情景下落叶松林火烧概率处于中、低等级的面积占 30.14%，较高和高等级火烧概率占 53.11%，极高等级火烧概率区域占 16.76%，极高等级火烧概率区域较基准时段显著增加，极高等级火烧概率比例也明显高出其他情景。

未来四种气候情景下大兴安岭落叶松林火烧概率等级分布差异明显，除 RCP2.6 情景外，其他三种情景下的极高火烧概率比例较基准时段均呈现升高趋势，RCP8.5、RCP6.0、RCP4.5 和 RCP2.6 分别升高 12.32%、7.93%、4.42% 和 –3.19%。

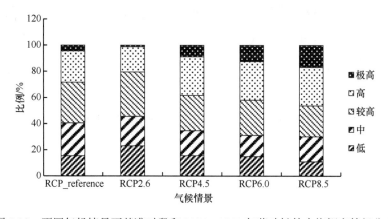

图 5.38　不同气候情景下基准时段和 2021～2050 年落叶松林火烧概率等级分布

## 4. 火行为变化

**1）火线强度**

与基准时段相比，2021～2050 年 RCP2.6 情景下的研究区中火强度升高的区域 177.70 万 hm²，占研究区域面积的 28.10%；火强度降低的区域 453.07 万 hm²，占研究区域面积的 71.65%；平均火强度无变化的区域 1.58 万 hm²，占研究区总面积的 0.25%

（表 5.19）。未来与基准时段平均火强度差值显示，R2.6 排放情景下的火强度整体上呈明显的下降趋势，降低幅度为 20.74%。火强度降低的区域主要集中在漠河县西部和南部、塔河县南部和呼中区中部；火强度升高的区域主要位于塔河县南部、呼中区西南部和新林区境内（图 5.39）。

表 5.19 不同气候情景下火强度变化

| 情景 | 升高区域面积/万 hm² | 升高区域占比/% | 降低区域面积/万 hm² | 降低区域占比/% | 平均增加幅度/% |
|---|---|---|---|---|---|
| RCP2.6 | 177.7 | 28.1 | 453.07 | 71.65 | −20.74 |
| RCP4.5 | 369.34 | 58.41 | 261.41 | 41.34 | 6.93 |
| RCP6.0 | 306.96 | 48.54 | 323.71 | 51.19 | −4.89 |
| RCP8.5 | 362.65 | 57.35 | 268.32 | 42.43 | 2.31 |

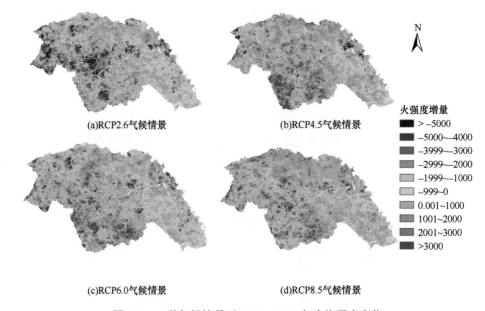

(a)RCP2.6气候情景　　(b)RCP4.5气候情景

火强度增量
> −5000
−5000~−4000
−3999~−3000
−2999~−2000
−1999~−1000
−999~0
0.001~1000
1001~2000
2001~3000
>3000

(c)RCP6.0气候情景　　(d)RCP8.5气候情景

图 5.39 4 种气候情景下 2021～2050 年火烧强度变化

与基准时段相比，2021～2050 年 RCP4.5 情景下的研究区中火强度升高的区域 369.34 万 hm²，占研究区域面积的 58.41%；火强度降低的区域 261.41 万 hm²，占研究区域面积的 41.34%；平均火强度无变化的区域占研究区总面积的 0.25%。未来与基准时段平均火强度差值显示，R4.5 排放情景下的火强度整体上呈明显的升高趋势，增加最显著的区域主要集中在呼中中南部和北部区域。火强度降低较为显著的区域主要分布在呼玛县东北部和漠河县境内。

与基准时段相比，2021～2050 年 RCP6.0 情景下的研究区中火强度升高的区域 306.96 万 hm²，占研究区域面积的 48.54%；火强度降低的区域 323.71 万 hm²，占研究区域面积的 51.19%；平均火强度无变化的区域占研究区总面积的 0.26%，RCP6.0 未来情境下的火强度总体上呈现微弱的降低趋势，降低幅度为 4.89%，主要集中在漠河县和塔河南部区域。

与基准时段相比，2021～2050 年 RCP8.5 情景下的研究区中火强度升高的区域 362.65 万 hm$^2$，占研究区域面积的 57.35%；火强度降低的区域 268.32 万 hm$^2$，占研究区域面积的 42.43%；平均火强度无变化的区域占研究区总面积的 0.22%，升高和降低幅度的面积与 RCP4.5 相近，分布区域有所不同。未来与基准时段平均火强度差值显示，黑龙江大兴安岭地区在未来（2021～2050 年）R8.5 排放情景下的火强度整体上呈明显的升高趋势，升高最显著的区域主要集中在新林区、漠河县和塔河县北部。火强度降低较为显著的区域主要分布在呼中区南部和北部、漠河县西南和塔河县南部。

**2）火蔓延速度**

与基准时段相比，2021～2050 年 RCP2.6 情景下的研究区中林火蔓延速度升高的区域 203.67 万 hm$^2$，占研究区域面积的 32.21%；林火蔓延速度降低的区域 417.92 万 hm$^2$，占研究区域面积的 66.09%；平均林火蔓延速度无变化的区域占研究区总面积的 1.70%（表 5.20）。RCP2.6 情景下 2021～2050 年的平均火蔓延速度较基准时段整体上有所降低，降低幅度为 12.96%，火蔓延速度降低的区域是升高区域的两倍。火蔓延速度降低的区域主要集中在漠河县、塔河县南部和呼中区中部；蔓延速度升高的区域主要集中在新林区、呼中区西南、塔河县北部和呼玛县境内（图 5.40）。

表 5.20　不同气候情景下火蔓延速度变化

| 情景 | 升高区域面积/万 hm$^2$ | 升高区域占比/% | 降低区域面积/万 hm$^2$ | 降低区域占比/% | 平均增加幅度/% |
| --- | --- | --- | --- | --- | --- |
| RCP2.6 | 203.67 | 32.21 | 417.92 | 66.09 | −12.96 |
| RCP4.5 | 346.11 | 54.73 | 274.85 | 43.47 | 4.4 |
| RCP6.0 | 310.79 | 49.45 | 310.33 | 49.08 | 1.47 |
| RCP8.5 | 380.14 | 60.12 | 242.09 | 38.29 | 8.0 |

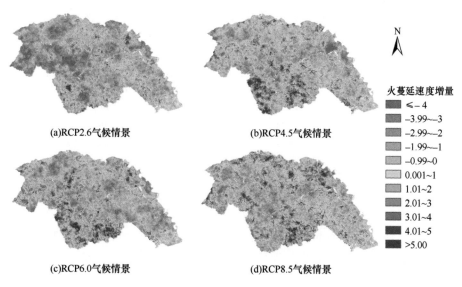

(a)RCP2.6气候情景　　　(b)RCP4.5气候情景
(c)RCP6.0气候情景　　　(d)RCP8.5气候情景

火蔓延速度增量
■ ≤−4
■ −3.99～−3
■ −2.99～−2
■ −1.99～−1
■ −0.99～−0
□ 0.001～1
■ 1.01～2
■ 2.01～3
■ 3.01～4
■ 4.01～5
■ >5.00

图 5.40　4 种气候情景下 2021～2050 年火蔓延速度变化

2021～2050 年 RCP4.5 情景下的黑龙江大兴安岭林火蔓延速度较基准时段整体上有所升高，升高幅度为 4.4%。升高区域主要分布在呼中区、新林区和呼玛县南部以及大兴安岭北部地区，降低的区域主要在漠河县西部和呼玛县北部。平均火蔓延速度升高的区域 346.11 万 hm²，占研究区域面积的 54.73%，降低的区域约 274.85 万 hm²，占研究区域面积的 43.47%，火蔓延速度不变的区域约占 1.8%。

与基准时段相比，RCP6.0 情景下的林火蔓延速度升高的区域 310.79 万 hm²，占研究区域面积的 49.15%；林火蔓延速度降低的区域 310.33 万 hm²，占研究区域面积的 49.08%；平均林火蔓延速度无变化的区域占研究区总面积的 1.77%。RCP6.0 情景下的火蔓延速度较基准时段变化不大，升高和降低的区域面积接近，整体升高幅度为 1.47%。火蔓延速度升高的区域主要集中在西北部、中部和东南部，火蔓延速度降低的区域主要集中在新林区南部和呼中区大部。

RCP8.5 情景下的林火蔓延速度较基准时段整体上有所升高，升高幅度为 8%，升高区域主要分布在新林区南部、漠河和塔河县北部地区，降低的区域主要分布在呼中区和漠河县西部。平均火蔓延速度升高的区域 380.14 万 hm²，占研究区域面积的 60.12%，降低的区域约 242.09 万 hm²，占研究区域面积的 38.29%，火蔓延速度不变的区域约占 1.6%。

### 3）树冠火比例

与基准时段相比，2021～2050 年 RCP2.6 情景下的研究区中树冠火比例升高的区域 160.74 万 hm²，占研究区域面积的 25.42%；树冠火比例降低的区域 330.15 万 hm²，占研究区域面积的 52.21%；树冠火比例无变化的区域 141.45 万 hm²，占研究区总面积的 22.37%（表 5.21）。在 RCP2.6 情景 2021～2050 年较基准时段树冠火发生比例整体上呈现降低趋势，降低幅度为 12.73%。树冠火比例降低较显著的区域主要集中在漠河县、塔河县南部、呼中区中部等区域；比例升高的区域主要集中在呼中区西南部、新林区、塔河县和呼玛县北部（图 5.41）。

表 5.21 不同气候情景下树冠火比例变化

| 情景 | 升高区域面积/万 hm² | 升高区域占比/% | 降低区域面积/万 hm² | 降低区域占比/% | 平均增加幅度/% |
|---|---|---|---|---|---|
| RCP2.6 | 160.74 | 25.42 | 330.15 | 52.21 | −12.73 |
| RCP4.5 | 278.12 | 43.98 | 217.89 | 34.46 | 4.23 |
| RCP6.0 | 272.88 | 43.15 | 219.27 | 34.68 | 5.01 |
| RCP8.5 | 281.17 | 44.46 | 216.79 | 34.28 | 4.73 |

2021～2050 年 RCP4.5 情景下的黑龙江大兴安岭树冠火比例较基准时段整体上有所升高，升高幅度较大的区域主要集中在呼中区西部、新林区、漠河北部和西部地区。树冠火比例升高的区域 278.12 万 hm²，占研究区域面积的 43.98%，降的区域 217.89 万 hm²，占研究区域面积的 34.46%，比例不变的区域占研究区总面积的 21.56%。RCP4.5 情景下树冠火比例较基准时段整体上有所升高，升高幅度为 4.23%，升高区域主要集中在漠河县西南、呼中区西南、新林区和塔河县境内；降低区域主要集中在呼中区中北部、塔河县南部和呼玛县北部。

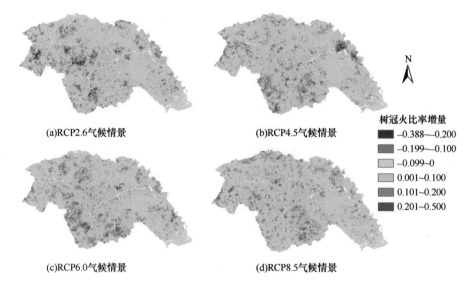

图 5.41　4 种气候情景下 2021～2050 年树冠火比率变化

与基准时段相比，2021～2050 年 RCP6.0 情景下的研究区中树冠火比例升高的区域 272.88 万 hm²，占研究区域面积的 43.15%；树冠火比例降低的区域 219.27 万 hm²，占研究区域面积的 34.68%；树冠火比例无变化的区域占研究区总面积的 22.17%。RCP6.0 情景下树冠火比例较基准时段整体上有所升高，升高幅度为 5.01%，升高区域主要集中在呼中区、漠河南部和新林区南部，降低的区域主要分布在漠河北部、新林北部和呼玛县境内。

与基准时段相比，2021～2050 年 RCP8.5 情景下的研究区中树冠火比例升高的区域 281.17 万 hm²，占研究区域面积的 44.46%；树冠火比例降低的区域 216.79 万 hm²，占研究区域面积的 34.28%；树冠火比例无变化的区域占研究区总面积的 21.25%。树冠火比例差值分布图显示，黑龙江大兴安岭地区 RCP8.5 排放情景下的树冠火比例整体呈现增加趋势，升高幅度为 4.73%，研究区北部、西部和东南部增加趋势最为显著。树冠火比例增加趋势最显著的区域主要集中在新林区、塔河县和漠河县中部和东北部，漠河县中西部、塔河县南部和呼中区大部分区域略有降低。

## 5.6　小　　结

通过对卫星监测到的森林火灾时空分布特征分析，确定了我国主要森林分布区的林火发生特征，划分了各生态区的森林火险期。中国的野火主要分布在东部区域。气候和植被变化决定了火险期的不同，北方地区的森林火灾主要发生在春秋季，而南方地区火灾主要发生在冬季和春季。根据中国生态地域分类系统和林火分布特征，中国适合划分为 8 个野火区。热带南亚热带湿润地区的火灾比较多，但比较容易控制，而寒温带湿润地区落叶针叶林区的火灾平均燃烧时间长。

我国森林火灾的变化受林业经营管理政策和林火管理政策的影响显著。1989～2011 年均森林火灾变化不显著，但受害森林面积显著下降。全国尺度上 1999～2011 年雷击火数量年际间波动比较大，变化趋势不明显。但近年来，随着气候变化，大兴安岭地区雷击火呈现显著增加趋势。

1961～2010 年中国森林分布区火险期平均气温显著增加，大部分区域的火险期降水量变化不明显。1961～2010 年中国的森林火灾次数呈现明显的波动性，受害森林面积呈现显著下降趋势。寒温带针叶林区森林受害率最高，多数生态地理区年均森林受害率低于 0.6‰。除中温带干旱地区荒漠针叶林区的火灾次数和受害森林面积呈显著增加趋势外，其他生态地理区都表现出双峰形变化曲线。

森林火险的变化是气候变化影响的直接体现，1976～2010 年森林火险在大部分区域呈增加趋势。2021～2050 年华北和华中的森林火险将显著升高。燃烧概率模型对大兴安岭地区的林火动态模拟结果表明，2021～2050 时段 RCP2.6 气候情景下平均燃烧概率比基准时段有所降低，RCP4.5、RCP6.0 和 RCP8.5 气候情景下燃烧概率将增加 7.7%～19.5%，火烧强度、蔓延速度和树冠火比率都将呈现小幅度增加。中南部的火活动将明显增强。

# 参 考 文 献

陈宏伟, 胡远满, 常禹, 等. 2011. 呼中林区不同森林采伐方式对林火的长期影响模拟. 北京林业大学学报, 33(5): 13-19.

陈华泉. 2013. 福建省 1990-2009 年森林火灾灾害风险评估. 西南林业大学学报, 33(4): 72-77.

邓湘雯, 孙刚, 文定元. 2004. 林火对森林演替动态的影响及其应用. 中南林学院学报, 24(1): 51-55.

杜灵通. 2008. MODIS IB 数据的预处理及归一化植被指数计算. 沙漠与绿洲气象, 2(1): 25-28.

冯林, 韩铭哲. 1994. 兴安落叶松及其群落的基本特征. 哈尔滨: 东北林业大学出版社. 583-589.

高开通, 刘鹏举, 唐小明. 2013. 森林资源小班火险天气等级预报方法研究. 北京林业大学学报, 35(4): 61-66.

高永刚, 顾红, 张广英. 2010. 大兴安岭森林雷击火综合指标研究. 中国农学通报, 26(6): 87-92.

郭福涛, 胡海清, 马志海, 等. 2010. 不同模型对拟合大兴安岭林火发生与气象因素关系的适用性. 应用生态学报, 21(1): 159-164.

郭广猛. 2002. 关于 MODIS 卫星数据的几何校正方法. 遥感信息, (3): 26-28.

郭慧, 王兵, 牛香. 2013. 中国典型生态区划方案对比研究. 广东农业科学, (3): 186-188.

国家林业局. 2007. 中国林业统计年鉴(1990—2007). 北京: 中国林业出版社.

国志兴, 钟兴春, 方伟华, 等. 2010. 野火蔓延灾害风险评估研究进展. 地理科学进展, 29(7): 778-788.

胡海清, 金森. 2002. 黑龙江省林火规律研究Ⅱ: 林火动态与格局影响因素的分析. 林业科学, 38(2): 98-102.

胡海清, 赵致奎, 王晓春, 等. 2010. 基于树轮火疤塔河蒙克山樟子松林火灾的频度分析. 生态学报, 30(23): 6372-6379.

黄敬峰, 许红卫, 王人潮, 等. 2000. NOAA/AVHRR 数据的几何精纠正方法研究. 浙江大学学报, 26(1): 17-21.

江振蓝, 荆长伟, 李丹, 等. 2011. 运用 Mann-Kendall 方法探究地表植被变化趋势及其对地形因子的响应机制——以太湖苕溪流域为例. 浙江大学学报(农业与生命科学版), 37(6): 684-692.

金森, 胡海清. 2002. 黑龙江省林火规律研究Ⅰ林火时空动态与分布. 林业科学, 38(1): 88-94.

金晓媚. 2005. 黑河流域天然植被的面积变化研究. 地学前缘. 12(S1): 166-169.

刘兴朋, 张继权, 范久波. 2007. 基于历史资料的中国北方草原火灾风险评价. 自然灾害学报, 16(1):

61-66.

刘兴朋, 张继权, 佟志军. 2009. 草原火灾风险评价与分区研究——以吉林省西部草原为例. 农业部草原监理中心. 2009 中国草原发展论文集. 572-579.

刘引鸽, 缪启龙, 高庆九. 2005. 基于信息扩散理论的气象灾害风险评价方法. 气象科学, 25(1): 84-89.

刘志华, 杨健, 贺红士, 等. 2011. 黑龙江大兴安岭呼中林区火烧点格局分析及影响因素. 生态学报, 31(6): 1669-1677.

倪长虹, 邸雪颖. 2009. 黑龙江省大兴安岭雷击火发生规律. 东北林业大学学报, 37(1): 55-57.

史培军. 2002. 三论灾害研究的理论与实践. 自然灾害学报, 11(3): 1-9.

田晓瑞, 刘斌. 2011. 林火动态研究与林火管理. 世界林业研究, 24(1): 46-50.

田晓瑞, 舒立福, 赵凤君, 等. 2012. 未来情景下西南地区森林火险变化. 林业科学, 48(1): 121-125.

田晓瑞, 张有慧. 2006. 森林火险等级预报系统评述. 世界林业研究, 19(2): 39-46.

魏凤英. 2009. 现代气候统计诊断与预测技术. 北京: 气象出版社.

魏书精, 胡海清, 孙龙. 2011. 气候变化对我国林火发生规律的影响. 森林防火, (1): 30-34.

吴绍洪, 杨勤业, 郑度. 2003. 生态地理区域系统的比较研究. 地理学报, 58(5): 686-694.

徐海龙. 2009. 大兴安岭森林火灾过火面积预测的研究. 哈尔滨: 东北林业大学硕士学位论文.

徐化成. 1998. 中国大兴安岭森林. 北京: 科学出版社.

颜峻, 左哲. 2010. 自然灾害风险评估指标体系及方法研究. 中国安全科学学报, 20(11): 61-65.

杨光, 舒立福, 邸雪颖. 2012. 气候变化影响下大兴安岭地区 21 世纪森林火险等级变化预测. 应用生态学报, 23(12): 3236-3242.

于成龙, 胡海清, 魏荣华. 2007. 大兴安岭塔河林业局林火动态气象条件分析. 东北林业大学学报, 35(8): 23-25.

于延胜, 陈兴伟. 2013. 基于 Mann-Kendall 法的径流丰枯变化过程划分. 水资源与水工程学报, 24(1): 60-63.

占车生, 乔晨, 徐宗学, 等. 2012. 渭河流域近 50 年来气候变化趋势及突变分析. 北京师范大学学报(自然科学版), 48(4): 399-405.

张继权, 刘兴朋, 佟志军. 2007. 草原火灾风险评价与分区:以吉林省西部草原为例. 地理研究, 26(4): 755-762.

赵凤君, 舒立福, 田晓瑞, 等. 2009. 气候变暖背景下内蒙古大兴安岭林区森林可燃物干燥状况的变化. 生态学报, 29(4): 1914-1920.

赵凤君, 舒立福. 2014. 林火气象与预测预警. 北京: 中国林业出版社.

郑度. 2008. 中国生态地理区域系统研究. 北京: 商务印书馆.

中国科学院地理研究所. 1988a. 中国动植物物候观测年报第 7 号. 北京: 地质出版社.

中国科学院地理研究所. 1988b. 中国动植物物候观测年报第 8 号. 北京: 地质出版社.

中国科学院地理研究所. 1989a. 中国动植物物候观测年报第 9 号. 北京: 地质出版社.

中国科学院地理研究所. 1989b. 中国动植物物候观测年报第 10 号. 北京: 地质出版社.

中国科学院地理研究所. 1992. 中国动植物物候观测年报第 11 号. 北京: 中国科学技术出版社.

周斌, 杨柏林. 2001. 运用多时相直接分类法对土地利用进行遥感动态监测的研究. 自然资源学报, 16(3): 263-268.

Cary G J, Flannigan M D, Keane R E, et al. 2009. Relative importance of fuel management, ignition management and weather for area burned: evidence from five landscape–fire–succession models. International Journal of Wildland Fire, 18(2): 147-156.

Cary G J, Keane R E, Garder R H, et al. 2006. Compaison of the sensitivity of landscape-fire-succession models to variation in terrain, fuel pattern, climate and weather. Landscape Ecology, 21(1): 121-137.

Cheney P, Sullivan A. 1997. Grassfires: Fuel, Weather and Fire Behavior. CSIRO publishing, Collingwood, Australia.

Chuvieco E, Aguado I, Jurdao S, et al. 2014. Integrating geospatial information into fire risk assessment.

International Journal of Wildland Fire, 23(5): 606-619.

Cocke AE, Fule PZ, Crouse JE. et al. 2005. Comparison of burn severity assessments using differenced Normalized burn ratio and data. International Journal of Wildland Fire,14(2): 189-198.

Covington W W, Everett R L, Steele R, et al. 1994. Historical and anticipated changes in forest ecosystems of the inland west of the United States. Journal of Sustainable Forestry, 2(1-2): 13-63.

de Groot, W.J. 1993. Examples of fuel types in the Canadian Forest Fire Behavior Prediction (FBP) System. Forestry Canada, Northern Forestry Centre, Edmonton, Alberta.

Du L, Zhou T, Zou Z H, et al. 2014. Mapping Forest Biomass Using Remote Sensing and National Forest Inventory in China. Forests, 5(6): 1267-1283.

FCFDG (Forestry Canada Fire danger Group). 1992. Development and structure of the Canadian forest fire behavior prediction system. Forestry Canada, Ottawa, Ontario. Information Report ST-X-3.

Flannigan M, Campbell I, Wotton M, et al. 2001. Future fire in Canada's boreal forest: paleoecology results and general circulation model-regional climate model simulations. Canadian Journal of Forest Research, 31(5): 854-864.

Flannigan M D, Cantin A S, de Groot W J, et al. 2013. Global wildland fire season severity in the 21st century. Forest Ecology and Management, 294: 54–61.

Forthofer J M, Shannon K, Butler B W. 2010. Initialization of high resolution surface wind simulations using nws gridded data. Proceedings of 3rd Fire Behavior and Fuels Conference.25-29.

Gerdzheva A A. 2014. A comparative analysis of different wildfire risk assessment models (a case study for Smolyan district, Bulgaria). European Journal of Geography, 5(3): 22-36.

Gustafson E J, Zollner P A, Sturtevant B R, et al.2004. Influence of forest management alternatives and land type on susceptibility to fire in northern Wisconsin, USA. Landscape Ecology, 19(3): 327-341.

Hagemann S, Chen C, Haerter J O, et al. 2011. Impact of a Statistical Bias Correction on the Projected Hydrological Changes Obtained from Three GCMs and two Hydrology Models. Journal of Hydrometrorology, 12(4):556-578.

Hargrove W W, Gardner R H, Turner M G, et al. 2000. Simulating fire patterns in heterogeneous landscapes. Ecological Modelling,135(2): 243-263.

Hay L E，Wilby R L，Leavesley G H. 2000. A comparision of Delta change and downscaled GCM scenarios for three mountainous basins in the United States . Journal of the American Water Resources Association, 36( 2) : 387-397.

Hennessy K, Lucas C, Nicholls N, et al. 2005. Climate change impacts on fire-weather in south-east Australia. Consultancy report for the New South Wales Greenhouse Office, Victorian Dept. of Sustainability and Environment, ACT Government, Tasmanian Department of Primary Industries, Water and Environment and the Australian Greenhouse Office. CSIRO Marine and Atmospheric Research and Australian Government Bureau of Meteorology. http://www.cmar.csiro.au/eprint/open/hennessykj_2005b.pdf[2015-9-20]

Ines A V M,Hansen J W. 2006. Bias correction of daily GCM rainfall for crop simulationstudies. Agric Forest Meteorol, 138(1-4):44-53.

ISI-MIP. 2015. The Intersectoral Impact Model Intercomparison Project Design and Simulation protocol (V2.3). http://www.ncbi.nlm.nih.gov/pmc/articles/PMC3948262/pdf/pnas.201312330.pdf[2015-2-10]

Kloster S, Mahowald NM, Randerson JT, et al. 2012. The impacts of climate, land use, and demography on fires during the 21st century simulated by CLM-CN. Biogeosciences,9(1): 509-525.

Knutti R, Sedláček J. 2013. Robustness and uncertainties in the new CMIP5 climate model projections. Nature Climate Change, 3(4): 369-373.

Krawchuk MA, Moritz MA. 2009. Fire regimes of China: Inference from statistical comparison with the United States. Global Ecology and Biogeography, 18(5): 626-639.

Lawson B D, Armitage O B, Darymple G N. 1994. Wildfire ignition probability predictor(WIPP). Natural Resources Canada, Canadian Forest Service, Pacific Forestry Center, Victoria, B C.

Leander R, Buishand T A. 2007. Resampling of regional climate model output for the simulation of extreme river flows. Journal of Hydrology, 332(3-4): 487-496.

Liu ZH, Yang J, Chang Y, et al. 2012. Spatial patterns and drivers of fire occurrence and its future trend under climate change in a boreal forest of Northeast China. Global Change Biology, 18(6): 2041-2056.

Miller C, Ager A A. 2012. A review of recent advances in risk analysis for wildfire management. International Journal of Wildland Fire, 22(1):1-14.

Miller N L, Schlegel N J. 2006. Climate change projected fire weather sensitivity: California Santa Ana wind occurrence. Geophysical Research Letters, 33(331): 161-177.

Moriondo M, Good P, Durao R, et al. 2006. Potential impact of climate change on fire risk in the Mediterranean area. Climate Research, 31(1): 85-95.

NWRA Steering Committee. 2015. Northeast Wildfire Risk Assessment. Northeastern Area State and Private Forestry, U.S. Forest Service.http://www.na.fs.fed.us/fire/pubs/northeast_wildfire_risk_assess10_lr.pdf[2016-2-01].

Parisien M A, Kafka V G, Hirsch K G, et al. 2005. Mapping wildfire susceptibility with the BURN-P3 simulation mode. http://www.cfs.nrcan.gc.ca/bookstore_pdfs/25627.pdf[2016-1-15].

Parry M L, Canziani O F, Palutikof J P, et al. 2007. Climate Change 2007: Impacts, Adaptation and Vulnerability: Working Group II Contribution to the Fourth Assessment Report of the IPCC Intergovernmental Panel on Climate Change. Cambridge: Cambridge University Press.

Pechony O, Shindell DT. 2010. Driving forces of global wildfires over the past millennium and the forthcoming century.Proceedings of the National Academy of Sciences of the United States of America, 107(45): 19167-19170.

Piani C, Weedon G P, Best M, et al. 2010. Statistical bias correction of global simulated daily precipitation and temperature for the application of hydrological models. Journal of Hydrology, 395(3-4): 199-215.

Salmi T, Maatta A, Anttila P, et al. 2002. Detecting Trends of Annual Values of Atmospheric Pollutants by the Mann-Kendall Test and Sen's Slope Estimates: The Excel Template Application MAKESEN S. http://www.ilmanlaatu.fi/ilmansaasteet/julkaisu/pdf/MAKESENS-Manual_2002.pdf [2014-07-16].

Schoennagel T, Veblen T T, Romme W H. 2004. The interaction of fire, fuels, and climate across Rocky Mountain forests.BioScience, 54(7): 661-676.

Scott J H, Reinhardt E D. 2001. Assessing crown fire potential by linking models of surface and crown fire behavior. US Department of Agriculture, Forest Service, Rocky Mountain Research Station, 6-34.

Scott J H, Thompson M P, Calkin D E. 2013. A wildfire risk assessment framework for land and resource management. Rocky Mountain Research Station, Forest Service, U S Department of Agriculture, Gen Tech Rep RMRS-GTR-315.

Spracklen D V, Mickley L J, Logan J A, et al. 2009. Impacts of climate change from 2000 to 2050 on wildfire activity and carbonaceous aerosol concentrations in the western United States. Journal of Geophysical Research, 114: D20301.

Stephens S L, Moghaddas J J. 2005. Experimental fuel treatment impacts on forest structure, potential fire behavior, and predicted tree mortality in a California mixed conifer forest. Forest Ecology and Management, 215(1): 21-36.

Stocks B J, Lynham T J, Lawson B D, et al. 1989. Canadian forest fire danger rating system: an overview. The Forestry Chronicle, 65(4): 258-265.

Terink W, Hurkmans R, Torfs P, et al. 2009. Bias correction of temperature and precipitation data for regional climate model application to the Rhine basin. Hydrology and Earth System Sciences Discussions, 6(4): 5377-5413.

Thompson M P, Calkin D E. 2011. Uncertainty and risk in wildland fire management: a review. Journal of Environmental Management, 92(8): 1895-1909.

Tian X, McRae D J., Jin J, et al. 2011. Wildfires and the Canadian Forest Fire Weather Index system for the Daxing'anling region of China. International Journal of Wildland Fire, 20(4): 963-973.

Tian X, Shu L, Zhao F, et al. 2011. Future impacts of climate change on forest fire danger in Northeastern China. Journal of Forestry Research, 22(3): 437-446.

Tian X, Zhao F, Shu L, et al. 2013. Distribution characteristics and the influence factors of forest fires in China. Forest Ecology and Management, 310: 460-467.

Tong Z, Zhang J, Liu X. 2009. GIS-based risk assessment of grassland fire disaster in western Jilin province, China. Stoch Environ Res Risk Assess, 23(4): 463-471.

Turner J A, Lawson B D. 1978. Weather in the Canadian Forest Fire DangerRating System: a user guide to national standards and practices. EnvironmentCanada, Canadian Forest Service, Information Report BC-X-177.(Pacific Forest Research Centre: Victoria, BC).

Tutsch M, Haider W, Beardmore B, et al. 2010. Estimating the consequences of wildfire for wildfire risk assessment, a case study in the southern Gulf Islands, British Columbia, Canada. Canadian Journal of Forest Research, 40(11): 2104-2114.

Van Wagner C E. 1970. New development in forest fire danger rating. Canada Department of Fisheries and Forestry Petawawa Forest Experiment Station, Chalk River, Ontario. Information Report PS-X-19.

Van Wagner C E. 1987. Development and Structure of the Canadian Forest Fire Weather Index System. Forest Technical Report 35. Canadian Forest Service, Ottawa, Ontario, Canada.

Whitlock C, Higuera P E, McWethy D B, et al. 2010. Paleoecological perspectives on fire ecology: revisiting the fire-regime concept. The Open Ecology Journal, 3: 6-23.

Williams A A J, Karoly D J, Tapper N. 2001. The sensitivity of Australian fire danger to climate change. Climatic Change, 49(1): 171-191.

Wotton B M. 2009. Interpreting and using outputs from the Canadian Forest Fire Danger Rating System in research applications. Environmental and Ecological Statistics, 16(2): 107-131.

Wotton B M, Nock C A, Flannigan M D. 2010. Forest fire occurrence and climate change in Canada. International Journal of Wildland Fire, 19(3): 253-271.

# 第6章　气候变化对森林有害生物的影响

中国属于人均森林资源贫乏国家，多年来大力发展人工林，面积不断扩大，居于世界领先地位。中国林业统计年鉴公布数据：森林植被覆盖率从1949年的7.9%提高到2008年的 20.36%。但总体林分质量不高，加之气候变化、生态环境恶化等综合因素影响，造成其中病、虫、鼠、害等林业有害生物发生面积与程度呈日渐上升趋势（国家林业局森林病虫害防治总站，2009）。

影响林业有害生物灾害的因素极为复杂，不仅受到自然因素条件下各类生物和非生物因素的共同作用，还受到人类相关活动的极大影响。而在自然因素条件下，气象因子是林业生物灾害最重要的发生影响因子，其不仅直接作用与灾害对象本身，同时还影响着灾害所依托的寄主植物群落（赵铁良等，2003；王娟等，2007；张建新等，2010）。在气候变暖的全球背景下，阐述气象因子对林业生物灾害的影响与作用规律，分析预估未来的发生趋势与风险，对于制订有效的方法与策略进行灾害的抵御与防控，具有重要意义（Allen et al.，1998；Stephens et al.，2007；Yamamura et al.，2006；Mika et al.，2008）。

应用地理信息系统空间分析功能，分析历史记录灾害区域的年度或阶段时空格局与变化，包括不同时期的不同级别灾害的发生区域面积及范围等变化，重灾发生频度及区域中心变化等，总结提出了中国森林有害生物灾害气候变化背景条件下时空变动特点与规律。项目选择两种典型代表性的森林有害生物灾害种类为研究对象，分析不同类型的林业生物灾害在气候变化背景条件下影响分析方法与手段，一种为长期形成灾害、分布广泛的本地常发种——马尾松毛虫（*Dendrolimus punctatus*）（Walker），另一种是以及近年传入性突发灾害、扩散迅猛的外来侵入种——美国白蛾（*Hyphantria cunea*）（Drury）。在研究两类灾害发生区域灾害空间数据及气象因子数据的基础上，针对该两特定的灾害对象不同发育时期及发生灾害的特点，根据生物学相关研究分析计算不同的衍生气象因子数据集，并以多元统计分析手段分析灾害时空数据与生物学衍生气象因子的相关关系，确定、分析两类不同灾害的关键影响因子。并最终分别采用人工神经网络模型以及CLIMEX 模型建立两类有害生物灾害的影响评估模型，进行灾害历史发生和未来发生的影响分析。

## 6.1　中国森林有害生物灾害的动态变化特征

目前中国现有林业有害生物已经超过 8000 种，其中有害昆虫种类 5000 种以上，真菌、细菌等病原物约 3000 种，鼠害种类 160 余种，有害植物 150 种。而其中能造成一定危害的近 300 种，危害严重的约 150 种，其中害虫 86 种、病原物 18 种、有害植物 37 种、害鼠（兔）12 种，年均发生面积 1000 多万 hm²，致死树木 4000 多万株，直接经济损失和生态服务价值损失高达 880 多亿元，相当于全国林业总产值的十分之一，严重威胁着国土生态安全，制约着林业的可持续发展。（国家林业局，2013）

### 6.1.1 灾害发生程度

以每 10 年森林有害生物灾害的年平均受害面积为基础，与在相应的 10 年中开展的森林资源调查数据公布的森林覆盖率进行比较分析，中国森林有害生物灾害面积的增长率趋势与森林覆盖率的增长率趋势基本保持一致。

1950～1990 年，中国森林病虫鼠害年发生面积呈每十年成倍增长的势态，其中 1951～1960 年平均森林生物灾害发生面积为 87.10 万 hm²，1961～1970 年年均为 123.08 万 hm²，1971～1980 年均为 369.92 万 hm²，1981～1990 年均为 792.37 万 hm²。1980 年以后增势趋于减缓，但仍然维持每 10 年近 20% 的增长率，林业有害生物仍然处于较高的发生水平，1991～2000 年均为 847.08 万 hm²，2001～2010 年为 1026.24 万 hm²，2011～2014 则为 1225 万 hm²（国家林业局森林病虫防治总站，2012）。

与此相对应的是，从不同时期的森林资源调查结果，我国的森林覆盖率和有害生物发生面积的增加趋势有着相同甚至更高的增长。全国尺度上分析，森林有害生物灾害水平实际已呈现基本稳定的趋势——即有害生物灾害面积的增长与森林面积与覆盖率的持续增加呈现相关一致性。灾害面积上总体增加还在持续，但相比森林覆盖率的增加实际上受灾的比率并没有增加反而有所减少。而同一时期 1950～2010 年，气候变化造成的全国平均气温从 20 世纪中开始每 10 年则平均增加 0.23℃（《气候变化国家评估报告》编写委员会，2011），故从全国尺度的灾害趋势数据判断确定气候变化对有害生物的影响必须考虑如何分离与去除森林植被面积增加的因素。

由于受到青藏高原以及中国海陆分布的影响，以及不同纬度上的差异，不同时间段中国各区域年均气温的变化的不同步现象明显，北方较南方升温明显，东北、西北、华北大于东部和西南区域，大略呈现从西南向东北地区依次增高的趋势（卢爱刚等，2009）。针对 1951～2010 年的全年气温变化分析，将我国分为八大区域，即东北区、华北北部区、黄淮区、江南区、华南区、甘新区、青藏高原东北部、滇藏高原区，其中东北区、华北北部区的年均气温上升最明显，气候倾向率为 0.303℃/10a 与 0.302℃/10a；江南区、华南区的升温速率较小，气候倾向率为 0.135℃/10a、0.131℃/10a（韩翠华等，2013）。由于这八个区域的界线划分在四个不同时间段有所差别（1950～1980 年，1960～1990 年，1970～2000 年，1980～2010 年），针对目前中国森防总站能够提供的较为准确的区域病虫灾害的监测数据均为 2000 年以后的实际行政区域的状况，将不同行政区投影到以 1980～2010 年温度变化的归类区域，按这八个区域分别统计 2002～2006 年和 2007～2011 年每 5 年的森林有害生物灾害面积的变化情况，分析显示是否与气温变化趋性呈相关一致的变动规律。

表 6.1　不同区域森林有害生物灾害年均面积变化与同期气温变化

| 区域 | 灾害年均面积/万 hm² | | 增长率/% | 年均增温/(℃/10a) | 冬半年增温/(℃/10a) |
|---|---|---|---|---|---|
| | 2002～2006 年 | 2007～2011 年 | | | |
| 东北区 | 139.16 | 172.99 | 24.31 | 0.354 | 0.281 |
| 华北北部区 | 217.82 | 263.99 | 21.19 | 0.534 | 0.527 |
| 黄淮区 | 133.31 | 153.52 | 15.17 | 0.418 | 0.554 |
| 江南区 | 126.95 | 163.49 | 28.78 | 0.407 | |
| 华南区 | 125.26 | 143.21 | 14.33 | 0.339 | 0.425 |
| 甘新区 | 22.49 | 100.95 | 348.87 | 0.486 | 0.538 |
| 青藏高原东北部 | 77.54 | 84.57 | 9.06 | 0.503 | 0.48 |
| 滇藏高原区 | 110.77 | 124.02 | 11.96 | 0.421 | 0.526 |

由表 6.1 可以看出，在一定时间尺度下，虽然年度平均气温在不同区域都呈现不同程度的明显的增加，但不同区域的林业有害生物灾害发生面积的平均年度增长与该区域的年度平均气温或冬半年的增加幅度并不呈直接线性相关，不能通过区域平均气温的变化升高得到灾害增加的相关结论。分析产生这一现象的主要原因一是由于不同区域灾害种类的构成非常复杂，其主要的灾害种群的种类也不一样，由于不同种类生物对气候条件改变的耐受和适应性不同，试图仅从年度均温或者冬季温度增加得到包括数百种林业有害生物灾害的综合性评价非常困难，另一个原因就是时间阶段的尺度较长，不同时间的灾害构成也已经有了很大改变，多年年度平均灾害面积压低了由于高温条件下可能带来的灾害增加，使存在的关系与规律难以发现。

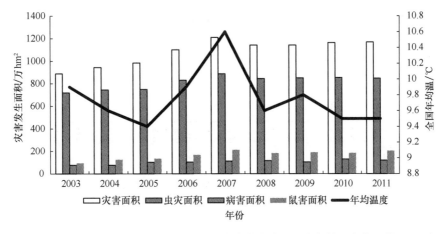

图 6.1　2003～2011 年中国森林有害生物灾害面积与年均温变化比较

事实上，如果以某些较小尺度的固定生态区域或者以不同相邻年度的年均温与森林有害生物灾害发生面积进行关联比较分析，由于基本生境和有害生物种类构成尚无明显的差异，可以从中发现一些基本规律。

图 6.1 呈现 2003～2011 年中国森林有害生物灾害面积与年均温变化的关系，可以发现 2005～2007 年灾害发生面积与这几年的年均温变化呈现明显的线性同步趋势。但观

察 2003～2005 年的灾害面积与气温的关系，则这种趋势却又几乎不存在，甚至还有相逆的趋势。两者所不同的是一个是从低温到高温的升温变化过程，另一个是从高温到低温的降温变化过程。从害虫种群暴发的角度可以阐述这一生态过程，在气温升高害虫种群随之增加，但气温下降后种群密度并不能迅速地减少，需要持续一段时期后才回归到原来状态。

图 6.1 还呈现出另一规律，即不同种类生物灾害与气温升高的反应程度趋性不一致现象明显。如图 6.1 所示，2005～2007 年害虫、鼠类灾害面积随气温升高呈现明显增加，而病害灾害水平则基本保持较为平稳状态。

这一结果再次表明，气候变化对森林有害生物灾害的影响要对于不同对象区别分析灾害的构成，对主要灾害种类单独分析才能正确进行灾害影响分析与预测。

### 6.1.2　灾害发生区域与范围

2002 年以来中国关于林业有害生物有了较为详细的灾害细节与数据发布，根据2002～2011 年 10 年来的灾害数据分析表明，不同行政区域林业有害生物灾害发生的面积比例明显不同。2011 年环渤海湾一带几个省份灾害面积基本都在 10%以上，主要灾害种类为重大外来种害虫美国白蛾，中部宁夏灾害面积超过 40%，依旧是光肩星天牛造成的防护林树种的严重危害。新疆则是由于近些年的鼠害面积严重形成。其余区域内灾害面积均在 10%以下，尤其是主要天然林区域灾害发生率基本在 4%以下。

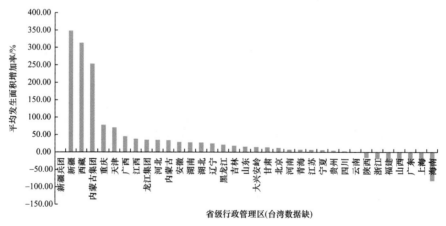

图 6.2　2007～2011 年平均有害生物发生面积较 2002～2006 年增加率

分析气候变化影响需要得出不同区域灾害的变化情况以利于比较分析。以 2002～2011 年不同省级行政管理区［其中不仅包括省（自治区、直辖市），还包括内蒙古集团、新疆兵团、龙江集团、大兴安岭等四个单独上报的几个管理单位］进行两个 5 年时段，即 2002～2006 年、2007～2011 年的灾害面积变化可以分析得到近 10 年来灾害的主要发展区域，这与目前灾害重点发生区有较为明显的区别。

图 6.2 表明，南部沿海及山陕一带，除了个别省（自治区）如广西外，其两个 5 年时段发生面积反而呈现出下降的趋势。云南、贵州、四川西南三省平均年度发生面积则

基本在±1%内波动。新疆、内蒙古、西藏等区域为灾害增长最快的区域，新疆灾害除了森林鼠害外，由于其处于西部中国与中西亚地区的经济对外开放窗口，其外来种灾害增加较快，其种类与数量排在全国前列。内蒙古、西藏等区域一些过去基本林业有害生物灾害少发或不发区也开始出现了灾害，体现了灾害在纬度上向北及海拔上向上增加的发展趋势，这与气候变化带来的温度上升明显相关。

因此在气候变化形势下，林业有害生物灾害的重点投入区域不仅仅应对历史灾害的重要发生区，对于目前持续灾害快速增加的区域也需要重点管理，避免更大的灾害风险发生。

## 6.2　气候变化对马尾松毛虫的影响

松毛虫是我国延续时间最长、发生面积最大、分布发生范围最广且对林业生态环境影响最严重的森林害虫，存在 27 个种与亚种。其分布范围北起我国东北的兴安岭，南至海南岛，西至新疆的阿尔泰，东临沿海各区域，全国 25 个省（自治区、直辖市）均有严重发生（侯陶谦，1989；陈昌洁，1990；曾菊平等，2010）。根据全国病虫测报中心的监测结果，目前每年其发生面积在 140 万 hm² 左右波动，而最高时全国灾害面积曾超过 300 万 hm²。造成松毛虫灾害在不同时间及不同区域此起彼伏的原因非常多，其中固然有随经济社会的持续发展，生态环境逐渐趋于恶化、林分结构单一造成林分健康水平不高、防治措施不力等内在原因（韩瑞东等，2004），但其受全球气候变化的影响所形成的灾害空间和时间动态变化才是大尺度下灾害格局的主要影响因子。

我国松毛虫种类多，形成大面积灾害的主要有 6 个重要种类，分别是马尾松毛虫、油松毛虫、赤松毛虫、思茅松毛虫、云南松毛虫及落叶松毛虫。由于灾害历史悠久，对于其灾害受气象因子影响的发生发展规律在典型区域县级、林场等发生小尺度范围研究较多（范正章等，2008；郭海明等，2011；汤树钦等，2005；向昌盛，2012），应用气象期距及有效积温法对阜新县油松毛虫的始见期预测，其预测结果比实际上树期晚一天（张玉书等，2004）；应用相关分析和主成分分析法建立朝阳市油松毛虫越冬死亡率和发生量的预测模型，结果显示对死亡率影响最大的是春季温度、对发生量影响最大的是前一年 10 月份降水和当年 1 月中旬平均温度（周广学，1989）；以逐步回归法和人工神经网络模型建立了仙居县灾害预测模型，其准确性能达到 100%等（陈绘画等，2004）。上述研究大多以县级或具有相同立地条件的区域为研究对象，在小区域或相同的某一栖息环境中，可得到较准确的结果；而在包括多种立地、林型的更大尺度上或更广区域，则其预测结果代表性下降，也缺乏大尺度范围的预测评判因子条件及预测模型。

马尾松毛虫是发生面积最广的松毛虫种类，其在我国南方地区随马尾松的人工及天然次生林分布广泛，在河南、江苏、安徽等地区一年 2 代为主，广西、福建、广东等地区一年可发生 2 代或 3 代，部分地区可发生 4 代（张真等，2002；陈昌洁，1990）。

研究通过从马尾松毛虫的生物学特性研究入手，对发生区灾害进行分析，以广西23

个发生点 2002～2011 年 10 年的发生情况作为主体研究区域和目标，对相关温度、湿度、光照、降水、大风日数和高温天数等气象因子进行广泛筛选，部分因子设定了不同的梯度，最终衍生获得与建立了 71 个马尾松毛虫发生潜在的气象因子数据库，再利用发生面积与气象因子的相关性，进一步筛选出相关性最高的 3～5 个因子，然后通过 BP 神经网络对发生数据进行训练，对广西预留区松毛虫发生情况进行预测。并根据生物学特性进行因子调整，对福建发生区 4 站点的发生情况进行预测。

### 6.2.1　数据来源及分析

#### 1. 灾害数据

过去数据由国家林业局森林病虫害防治总站获取，记录时间：2002～2013 年，空间范围：7984 条县级尺度实际发生数据，灾害级别：轻度、中度、重度灾害面积（万 $hm^2$）。

#### 2. 实际调研数据

广西武鸣设立标准地进行调查。

#### 3. 气象数据

源自中国气象局国家气象信息中心气象资料室气象数据共享服务网，中国地面气候资料日值数据集以及中国地面气候资料月值数据集。

#### 4. 衍生数据

按以下原则共 71 组衍生气象数据（X1～X71），分别是基本发育影响因子：发生期不同阶段的均温、均湿、降水量、光照等；关键发育影响因子：发生期不同阶段的极值温度、湿度、降水天数、风速等（表 6.2）。

根据前人对马尾松毛虫生物学的研究，确定马尾松毛虫在研究模型及预留区域广西和即将预测区域福建的各虫态具体发生时期（表 6.3）。

根据广西发生区的生物学及气象局共享数据网提供的过去气象数据因子初步筛选并衍生建立与发生时期对应的预选气象因子。

### 6.2.2　马尾松毛虫历史灾害时空动态分析

2003～2013 年全国县级历史发生数据分析，近 10 年来马尾松毛虫灾害面积和分布空间范围上均呈增加和扩大的趋势。这其中，2002～2007 年上升势头明显，而 2007 年以后则灾害面积则趋于基本稳定状态，而灾害分布空间则呈现扩散蔓延到更多分布区（图 6.3）。

**表 6.2　71 个候选气象因子**

| 参数 | 参数意义 | 参数 | 参数意义 |
|---|---|---|---|
| X1 | 1 月平均气温（℃） | X37 | 7 月日最高气温高于 30℃天数（d） |
| X2 | 2 月平均气温（℃） | X38 | 7 月日最高气温高于 35℃天数（d） |
| X3 | 3 月平均气温（℃） | X39 | 8 月、9 月日最高气温高于 27℃天数（d） |
| X4 | 2 月、3 月平均气温（℃） | X40 | 8 月、9 月日最高气温高于 30℃天数（d） |
| X5 | 4 月、5 月、6 平均月平均气温（℃） | X41 | 8 月、9 月日最高气温高于 35℃天数（d） |
| X6 | 7 月平均气温（℃） | X42 | 7 月、8 月、9 月日最高气温高于 27℃天数（d） |
| X7 | 8 月、9 月、10 月平均月均温（℃） | X43 | 7 月、8 月、9 月日最高气温高于 30℃天数（d） |
| X8 | 11 月到翌年 2 月平均气温（℃） | X44 | 7 月、8 月、9 月日最高气温高于 35℃天数（d） |
| X9 | 2 月均湿（%） | X45 | 7 月日降水超过 5mm 天数（d） |
| X10 | 3 月均湿（%） | X46 | 7 月日降水超过 10mm 天数（d） |
| X11 | 4 月、5 月、6 月平均月均湿（%） | X47 | 7 月日降水超过 50mm 天数（d） |
| X12 | 7 月均湿（%） | X48 | 8 月日降水超过 5mm 天数（d） |
| X13 | 8 月、9 月、10 月平均月均湿（%） | X49 | 8 月日降水超过 10mm 天数（d） |
| X14 | 2~11 月总日照时数（h） | X50 | 8 月日降水超过 50mm 天数（d） |
| X15 | 2 月总日照时数（h） | X51 | 9 月日降水超过 5mm 天数（d） |
| X16 | 3 月总日照时数（h） | X52 | 9 月日降水超过 10mm 天数（d） |
| X17 | 4 月总日照时数（h） | X53 | 9 月日降水超过 50mm 天数（d） |
| X18 | 7 月、8 月、9 月、10 月总日照时数（h） | X54 | 2 月日最大风速大于 5m/s 天数（d） |
| X19 | 2 月降水量（mm） | X55 | 3 月日最大风速大于 5m/s 天数（d） |
| X20 | 3 月降水量（mm） | X56 | 4 月日最大风速大于 5m/s 天数（d） |
| X21 | 4 月降水量（mm） | X57 | 5 月日最大风速大于 5m/s 天数（d） |
| X22 | 4 月、5 月、6 月总降水量（mm） | X58 | 6 月日最大风速大于 5m/s 天数（d） |
| X23 | 7 月、8 月、9 月总降水量（mm） | X59 | 7 月日最大风速大于 5m/s 天数（d） |
| X24 | 8 月、9 月、10 月、11 月总降水量（mm） | X60 | 8 月日最大风速大于 5m/s 天数（d） |
| X25 | 2 月降水天数（d） | X61 | 9 月日最大风速大于 5m/s 天数（d） |
| X26 | 3 月降水天数（d） | X62 | 10 月日最大风速大于 5m/s 天数（d） |
| X27 | 4 月降水天数（d） | X63 | 2 月日最大风速大于 10m/s 天数（d） |
| X28 | 4 月、5 月、6 月总降水天数（d） | X64 | 3 月日最大风速大于 10m/s 天数（d） |
| X29 | 7 月、8 月、9 月总降水天数（d） | X65 | 4 月日最大风速大于 10m/s 天数（d） |
| X30 | 8 月、9 月、10 月、11 月总降水天数（d） | X66 | 5 月日最大风速大于 10m/s 天数（d） |
| X31 | 11 月至翌年 2 月总降水量（mm） | X67 | 6 月日最大风速大于 10m/s 天数（d） |
| X32 | 11 月至翌年 2 月均最低气温（℃） | X68 | 7 月日最大风速大于 10m/s 天数（d） |
| X33 | 2 月、3 月平均最低气温（℃） | X69 | 8 月日最大风速大于 10m/s 天数（d） |
| X34 | 11 月至翌年 2 月最低气温<0℃天数（d） | X70 | 9 月日最大风速大于 10m/s 天数（d） |
| X35 | 2 月、3 月日平均气温低于 5℃天数（d） | X71 | 10 月日最大风速大于 10m/s 天数（d） |
| X36 | 7 月日最高气温高于 27℃天数（d） | | |

表 6.3　广西和福建马尾松毛虫发生时间对比

| 项目 | 广西马尾松毛虫发生时间 | 福建马尾松毛虫发生时间 |
|---|---|---|
| 越冬代幼虫取食 | 2 月中旬至 2 月下旬 | 3 月上旬 |
| 越冬代化蛹 | 3 月上旬至 3 月中旬 | 4 月中下旬 |
| 开始羽化 | 4 月上旬 | 5 月上旬 |
| 第一代幼虫 | 5 月上旬至 5 月中旬 | 6 月上旬 |
| 第二代卵 | 7 月上旬 | 8 月上旬 |
| 开始越冬 | 11 月上旬 | 11 月中旬 |

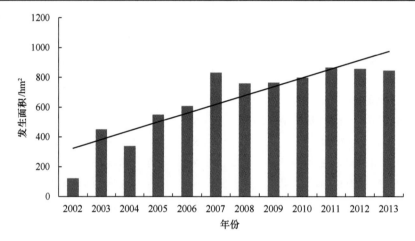

图 6.3　2002～2013 年马尾松毛虫灾害面积及趋势

　　以县级行政区域进行 2003～2013 年发生重度灾害的进行频度统计发现，发现重度灾害的频度有明显的差别。946 个重度灾害县级尺度记录中，占据一半以上频度 54.02%的县区发生都是在 3 次以下，其中仅 1 次发生 164 县，2 次发生 94 个县，3 次发生 53 个县；而基本每年具有重度灾害发生的县区（频度 8 次以上）的县仅为 18 个，以不同灾害频度展现马尾松毛虫重灾区的常发区和偶发区的分布状况，包括几个常发集中区域以及偶发扩展区域。

　　常灾区表示常年气候环境条件最适宜马尾松毛虫的灾害发生，而偶灾区则更能体现出环境条件的变化如何形成适宜暴发的条件。

## 1. 偶灾区分析

　　分别以不同时间分段偶发县级点作图（2003～2005 年，2006～2008 年，2009～2011 年，2012～2013 年），并应用 ARCGIS 的区域几何中心的分析功能，发现分布受气候变化影响最大的偶灾区，其整体几何分布中心平均每 3 年向东移动 70～100km。而气象记录分析表明，重灾几何中心的平均温度趋于一致，显示气候变化虽然使不同区域温度升高，但马尾松毛虫依旧选择在其适宜气候区域大发生。

## 2. 常灾区分析

分析观察常灾集中区域随着不同年度的时间连续变化（2007 年，2009 年，2011 年，2013 年），常灾区域发生中心的（10 年中 4 次以上重度发生）也由以往重庆湖北交界、湖南广西交界、安徽湖北交界的三区域中心格局基础上，新出现福建和江西交界区域，近年在该区域马尾松毛虫发生呈现明显增加趋势，同样显示东移现象。

### 6.2.3　马尾松毛虫灾害模型

#### 1. 灾害相关关键因子筛选

从网站获取的气象数据进行筛选和计算，得到 27 个站点各年份各参数的值，同时，对 27 个点的马尾松毛虫发生情况分别进行统计，以该点发生面积比总面积得到该点的发生率，分别计算各点的轻度发生率（P0）、中度发生率（P1）以及重度发生率（P2）。利用双重筛选逐步回归法，从 71 个候选因子中分别筛选出与轻度发生率、中度发生率以及重度发生率最相关的因子。

经过对所有候选因子分别与轻度发生率、中度发生率、重度发生率进行双重筛选逐步回归，得出与发生轻度面积最相关的因子分别是：X17、X20、X35、X6（表 6.4）。在影响松毛虫发生的因子中，降水、温度、最大风速的影响最大，具体为对轻度发生最相关的是 X17（4 月总日照时数）、X20（3 月降水量）、X35（2 月、3 月日均温低于 5 ℃天数）、X6（7 月均温）。其中 4 月总日照时数和 3 月降水量为负相关，3 月是幼虫羽化期，4 月是越冬代羽化的时期，说明 4 月的光照时间长，3 月降水量大对轻度发生具有抑制作用，而 2～3 月的低温以及 7 月的高月均温会增加轻度危害程度。

表 6.4　轻度发生与气象因子间的双重筛选逐步回归结果

| 第 1 族 | 因变量 | 轻度发生 P0 |
| --- | --- | --- |
| 系数 | 估计值 bi | 偏相关 |
| X17 | −0.0010 | −0.1546 |
| X20 | −0.0011 | −0.2537 |
| X35 | 1.2400 | 0.1377 |
| X6 | 0.0238 | 0.1636 |
| 截距 b0 | −4.5339 | 0.3378 |

注：自变量引入、剔除的临界值 Fx= 2，因变量引入、剔除的临界值 Fy= 2。

与发生中度面积最相关的因子是：X1、X13、X2、X63、X67、X68（表 6.5）。中度发生的影响因子包括 X1（1 月均温）、X13（8 月，9 月，10 月平均月均湿）、X2（2 月均温）、X63（2 月日最大风速大于 10m/s 天数）、X67（6 月日最大风速大于 10m/s 天数）以及 X68（7 月日最大风速大于 10m/s 天数），其中，1 月均温，2 月、6 月大风天数对中度发生具有正相关，而 2 月均温，8 月、9 月、10 月平均月均湿度以及 7 月大风天数对中度发生具有负相关。

表 6.5　中度发生与气象因子间的双重筛选逐步回归结果

| 第 1 族 | 因变量 | 中度发生 P1 |
|---|---|---|
| 系数 | 估计值 bi | 偏相关 |
| X1 | 0.0029 | 0.1552 |
| X13 | −0.0155 | −0.1796 |
| X2 | −0.0015 | −0.1004 |
| X63 | 0.1267 | 0.1005 |
| X67 | 0.2695 | 0.1861 |
| X68 | −0.0864 | −0.1230 |
| 截距 b0 | 1.1132 | 0.3149 |

注：自变量引入、剔除的临界值 Fx= 2，因变量引入、剔除的临界值 Fy= 2。

与发生重度面积最相关的因子是：X1、X19、X21、X28、X3（表 6.6）。对重度发生影响大的因子分别为 X1（1 月均温）、X19（2 月降水量）、X21（4 月降水量）、X28（4~6 月总降水天数）和 X3（3 月均温），对重度发生影响最大的是降水和温度，其中 3 月属于化蛹期，3 月温度过低会对蛹化产生一定影响，4 月、5 月、6 月总降水过多，对于第一代的影响较大，从而影响了全年的发生程度。

表 6.6　重度发生与气象因子间的双重筛选逐步回归结果

| 第 1 族 | 因变量 | 重度发生 P2 |
|---|---|---|
| 系数 | 估计值 bi | 偏相关 |
| X1 | 0.0052 | 0.1723 |
| X19 | 0.0002 | 0.1540 |
| X21 | 0.0001 | 0.1344 |
| X28 | −0.0118 | -0.1678 |
| X3 | −0.0039 | -0.1058 |
| 截距 b0 | 0.4538 | 0.2790 |

注：自变量引入、剔除的临界值 Fx= 2，因变量引入、剔除的临界值 Fy= 2。

## 2. BP 神经网络模型及验证

利用 BP 神经网络（反向传播算法 Backpropagation algorithm，BP 算法）对广西各点各年份发生情况进行判别。结合广西和福建马尾松毛虫发生期的差异，对参数进行调整，然后对福建发生情况进行预测及验证。

首先对不同程度发生率及筛选出的气象因子进行归一化处理：$\dfrac{x-\min}{\max-\min}$，采用 2 层 BP 网络，输出节点数为分别为 4、6、5、10，收敛目标为 0.01；将所有数据归一化后输入向量，让 BP 网络进行学习，再经过多次迭代运算，如果结果的收敛误差达到了目标，则表示本次学习结束，保存该神经网络参数，如果收敛的误差达不到目标，则再次进行训练；然后，将预留的测试数据标准化后输入训练好的神经网络中进行识别，通过识别率高低来判断该神经网络的识别能力，采用 matlab2013a 神经网络模式识别工具进行分类预测。分别预留广西 10 个数据发生点和 10 个未发生点对神经网络进行验证，代入剩余的 210 个数据点，以其中 70%的数据（146 个数据点）作为训练网络，15%的数据（32 个数据点）作为验证网络，15%的数据（32 个数据点）作为测试网络准确性。

经过多次训练试验，最终选定轻度、中度、重度、中度以上隐藏神经元个数分别为 12、12、10、10 的时候拟合效果较好。经过神经网络的判别，对广西预留的 20 个数据点的预报结果，轻度发生准确率 75%，中度发生准确率 80%，重度发生准确率 70%，中度以上准确率 75%（表 6.7），总体预测结果准确率 75%，其中对中度发生情况的预测结果较好，达到 80%。

**表 6.7　广西马尾松毛虫不同发生等级情况预测**

| 项目 | | 轻度 | 中度 | 重度 | 中度以上 |
|---|---|---|---|---|---|
| 实际 | 发生 | 10 | 10 | 10 | 10 |
| | 未发生 | 10 | 10 | 10 | 10 |
| 预测 | 发生 | 8 | 9 | 7 | 9 |
| | 未发生 | 7 | 7 | 7 | 6 |
| 总体准确率/% | | 75 | 80 | 70 | 75 |

## 3. 模型的推广

比较马尾松毛虫在广西和福建的发生期，福建松毛虫的发生期整体比广西略晚一个月左右，因此，将广西所得参数推后一个月，分别得出适合福建的新气象因子参数，然后利用广西发生情况训练的神经网络对福建的马尾松毛虫 60 个数据点的发生情况进行预测（表 6.8），结果为轻度发生准确率 38%，中度发生准确率 68%，重度发生准确率 60%，中度以上发生预测准确率 64%，其中对中度及中度以上发生情况的预测结果较好，轻度发生情况预测结果不理想。

**表 6.8　福建马尾松毛虫发生情况预测**

| 项目 | | 轻度 | 中度 | 重度 | 中度以上 |
|---|---|---|---|---|---|
| 实际 | 发生 | 27 | 20 | 10 | 19 |
| | 未发生 | 13 | 20 | 40 | 21 |
| 预测 | 发生 | 8 | 6 | 3 | 7 |
| | 未发生 | 8 | 17 | 27 | 15 |
| 总体准确率/% | | 38 | 68 | 60 | 64 |

## 4. 模型的适应及局限分析

气候因子对于昆虫种群的影响十分复杂，不同因子之间也不是孤立的，某一个因子变化，常常会引起其他因子相应的变化，松毛虫发生情况与相应的因子之间也不是简单的线性关系，传统的方法很难建立起精确和完善的预测模型，有时仅仅反映的是因子自身之间的相互关系，不能真正反映出影响昆虫种群动态的因素，而人工神经网络具有很强的自学习、自组织、自适应及容错性等特点，善于联想、综合和推广，且特别适用于非线性问题的处理，在气象因子与昆虫发生情况预测方面有显著的优势（陈绘画等，2003；李祚泳等，1999；Park et al.，2003）。

人工神经网络的隐藏神经元的选择具有重要的意义，过少不能反映实际的对应关系，而过多隐藏神经元则会使人工神经网络失去泛化能力，降低预报准确性（Zhang et al.，2008）。本节研究结合经验公式反复试验，最终确定隐藏神经元的个数，采用 BP 神经网络的模式识别功能，对广西的发生情况预测，结果比较准确，总体准确率达 75%，说明隐藏神经元的个数选择合理，影响松毛虫的气象因子的选择也比较合理，能够真实地反映影响松毛虫发生的因子。

以往的研究往往只是针对于某一县或者市进行小范围的预测预报，所选因子也具有的很强的局限性，其结果往往十分准确，有的甚至达到 100%，但是所选因子仅适用于该地区，而不能很好地进行大范围的预测预报，而本研究是针对于省级区域进行的因子筛选与预测预报，研究区具有大范围的不稳定性，因此未能像以往研究的准确率达到 100%，但是本研究适用范围较广，对于研究区内一些没有气象数据的发生点，甚至可以通过插值模拟，然后进行预测预报，具有重要的实际应用意义。

在研究区外模型的推广方面，只有中度发生的模型在福建的预测达到了 68%，重度发生预测达到 60%，中度以上发生预测达到了 64%，只有轻度发生预测结果不理想，在实际应用中也具有一定的指导意义。同时也说明在因子的推广方面存在一定的不合理因素，导致模型不能广泛适用，这是由于影响松毛虫的发生情况的气象因子多变且复杂，不同的发生点地域跨度较大，松毛虫的发生期也存在一定的差异。在大尺度内对松毛虫的发生进行预测需要设计的参数变化不能仅仅依靠发生期参数的调整，需要进一步的实测数据，在模型的推广方面需要进一步的探讨研究。

### 6.2.4　气候变化对马尾松毛虫的影响评估结果

温度、湿度、光照等气象要素是林业有害生物生长发育不同阶段的关键决定因子。1961～2010 年中国森林有害生物发生面积统计趋势表明，林业有害生物灾害面积的波动趋势与中国年均温的波动呈正相关关系，但造成主要灾害的种类　则由几种增加到目前的近 300 种，且其危害的种类构成有不同时期有很大变化。

在影响松毛虫发生的因子中，降水、气温、最大风速的影响最大，对轻度发生最相关的是 4 月总日照时间、3 月降水量、2 月和 3 月日平均气温低于 5 度天数、7 月平均气温。其中 4 月总日照时间和 3 月降水量为负相关，3 月是幼虫羽化期，4 月是越冬代羽化的时期，说明 4 月光照时间长，3 月降水量大对轻度发生具有抑制作用，而 2 月和 3 月的低温及 7 月的高月平均气温会增加轻度危害程度。

与中度发生面积最相关的因子 1 月平均气温、8~10 月平均湿度、2 月平均气温、2 月、6 月和 7 月日最大风速大于 10m/ s 天数。其中，1 月平均气温，2 月、6 月大风天数与中度发生呈正相关，而 2 月平均气温，8~10 月平均湿度及 7 月大风天数与中度发生呈负相关。

与发生重度面积最相关的因子是 1 月平均气温、2 月降水量、4 月降水量、3 月平均气温。即冬季的气候和降水会明显影响马尾松毛虫的全年发生水平。这与马尾松毛虫的生物学发生关键历期相吻合，处于这一时期的马尾松毛虫的第一代的化蛹和生存受到温度和湿度的影响最大，从而影响整个年度发生。

# 6.3 气候变化对美国白蛾的影响

美国白蛾 *Hyphantria cunea*（Drury），属鳞翅目 *Lepidoptera* 灯蛾科 *Arctiida*。原产北美，广布于美国北部、加拿大南部和墨西哥，在北美是一种普通害虫，但传入欧亚大陆后作为入侵种成为严重危害树木的检疫性害虫。20 世纪 40 年代，美国白蛾从北美随军用物资传播到欧洲，首先在匈牙利发现，以后相继蔓延到南斯拉夫、捷克斯洛伐克、罗马尼亚、奥地利、苏联、波兰、保加利亚、法国、意大利和土耳其等国。另外，也由北美传到亚洲，1945 年首先在日本东京发现，然后传播到朝鲜半岛（1958 年），1979 年从朝鲜的新义州传入中国（张向欣和王正军，2009）。该虫在中国现已蔓延到辽宁、山东、安徽、陕西、河北、上海、天津和北京等地区。根据国家林业局 2013 年第 1 号公告，当前美国白蛾在中国的疫区包括北京、天津、河北、辽宁、吉林、江苏、安徽、山东和河南[①]。

20 世纪 90 年代开始，不同专家和学者利用不同模型分别对美国白蛾的适生性进行研究，如利用气候相似距对黑头型美国白蛾在我国的适生地进行了初步研究（金瑞华等，1991），而后利用 CLIMEX 对美国白蛾在我国的适生性指数进行分析（林伟，1991），进一步利用 GARP 对美国白蛾在我国的适生性深入地探讨（李淑贤等，2009），还对美国白蛾的的年发生代数进行了初步研究（乔任发等，2003）。研究结果对于指导当时的实践具有重要的意义。但适生性预估结果的一个关键决定因素是气象数据，而以前的研究主要使用的是我国过去的平均气象数据，结果相对静态，未考虑气候变化因素的影响。对于该害虫在未来变化的气候条件下的分析缺乏数据支撑和评估手段。

美国白蛾自传入以来在中国局部区域严重成灾，范围及受灾程度逐渐扩大，研究通过其灾害发生历史数据，结合本地与原产地生物学研究获取的发育气象数据条件，确立相关预估因子变量，应用 CLIMEX 模型进行了发生预估与历史实际发生数据的比较拟合，并应用气候情景数据进行了未来发生范围与不同区域发生代数的比较预估，为该类传入性害虫预警措施提供了理论基础。

## 6.3.1 CLIMEX 模型

模型采用澳大利亚 Hearne Scientific Software 公司出版的 CLIMEX3.0，其功能模块为单物种地区比较（Compare Location（1 species））。

---

① 国家林业局. 2013. 国家林业局公告（2013 年第 1 号）（2013 年美国白蛾疫区公告）

　　参考 CLIMEX 中的模板数据，按照美国白蛾生物生态学资料，再结合文献资料的相关描述和实测数据对美国白蛾参数进行设置。具体参数设置方法是：首先确定该虫耐受的极端温度，极端低温参考美国白蛾蛹的过冷缺点温度设置为–25℃（孙雪华，2010；鞠珍等，2009），考虑现实中很多昆虫在外界未低到过冷缺点以下时就已死亡（景晓红和康乐，2004），因此冷胁迫积累速率选择较高的– 0.5（表 6.9）。

表 6.9　美国白蛾 CLIMEX 参数值

| CLIMEX 参数名称 | 温带模板值 | 热带草原模板值 | 沙漠物种模板值 | 热带湿润物种模板值 | 文献整理数据 | 最终参数值 |
|---|---|---|---|---|---|---|
| 发育起点温度（DV0） | 8 | 18 | 15 | 15 | 9～10 | 9 |
| 适宜温度下限（DV1） | 18 | 28 | 25 | 28 | 18 | 18 |
| 适宜温度上限（DV2） | 24 | 32 | 40 | 33 | 28～32 | 32 |
| 发育最高气温（DV3） | 28 | 38 | 44 | 36 | 32～38 | 38 |
| 有效积温（PDD） | 600 | 650 | 0 | 0 | 700～800 | 730 |
| 冷胁迫开始积累的温度阈值（TTCS） | 0 | 2 | 2 | 2 | –10～–25 | –25 |
| 冷胁迫积累速率（THCS） | 0 | 0 | –0.001 | 0 | | –0.5 |
| 热胁迫开始积累的阈值（TTHS） | 30 | 39 | 44 | 37 | 36～38 | 38 |
| 热胁迫积累速率（THHS） | 0.005 | 0.0002 | 0.001 | 0.0002 | | 0.0002 |
| 发育需要的最低土壤湿度（SM0） | 0.25 | 0.15 | 0 | 0.35 | | 0.1 |
| 适宜发育需要的土壤湿度下限（SM1） | 0.8 | 0.4 | 0.001 | 0.7 | | 0.7 |
| 适宜发育需要的土壤湿度上限（SM2） | 1.5 | 0.6 | 0.2 | 1.5 | | 1.5 |
| 发育需要的土壤最高湿度（SM3） | 2.5 | 0.8 | 0.3 | 2.5 | | 2.5 |
| 干胁迫开始积累的阈值（SMDS） | 0.2 | 0.1 | | 0.25 | | 0.1 |
| 干胁迫积累速率（HDS） | –0.005 | –0.001 | | –0.01 | | –0.001 |
| 湿胁迫开始积累的阈值（SMWS） | 2.5 | 1 | 0.3 | 2.5 | | 2.5 |
| 湿胁迫积累速率（HWS） | 0.002 | 0.005 | 0.1 | 0.002 | | 0.002 |

　　以中国过去气象数据和未来气象预估数据为输入数据，分别计算出过去气象条件下和未来气候变暖情景下气象站点生态气候指数（EI）（表 6.10）。然后利用地理信息系统的反距离加权插值分析，制成过去气象条件下和未来气候变暖情景下该虫在我国的气候适生区分布图。

表 6.10　气候变暖情景下我国 EI 站点数

| RCP | EI=0 | 0＜EI≤10 | 10＜EI≤20 | 20＜EI≤100 | 0＜EI≤100 |
|---|---|---|---|---|---|
| 过去 | 1984 | 235 | 230 | 1396 | 1861 |
| RCP2.6 | 1875 | 248 | 170 | 1552 | 1970 |
| RCP4.5 | 1813 | 269 | 174 | 1589 | 2032 |
| RCP6.0 | 1788 | 276 | 187 | 1594 | 2057 |
| RCP8.5 | 1689 | 311 | 240 | 1605 | 2156 |

　　（1）生态气候指数 EI。CLIMEX 使用生态气候指数 EI 的大小评估物种在指定地区

的潜在适生程度。其取值范围为 0～100，接近于 0 表示该地不适合长期生存，超过 30 即表示某地气候非常适宜生存，等于 100 仅可能发生在如恒温箱般稳定理想的环境条件下（Sutherst et al.，2007）。实践中，EI 值超过 20 就可认为指定地区非常适合某物种生存（Sutherst，2003）。

基于此，研究中将美国白蛾被划分为四种适生程度，即：非适生区，$0 \leqslant EI < 0.5$；低度适生区，$0.5 \leqslant EI < 10$；中度适生区，$10 \leqslant EI < 20$；高度适生区，$EI \geqslant 20$。

（2）发生世代。CLIMEX 在预估有害生物的适生区时，引入了有效积温的概念 PDD，其在计算 EI 值的时候，考虑目标地区的气温条件是否满足有效积温，同时根据发育起点温度 DV0 和目标地区的气象数据计算出当地高于 DV0 温度的积温 DD，再根据 DD 与有效积温 PDD 的比值最终确定目标地区的发生代数。

### 6.3.2 美国白蛾在我国的灾害发生时空分析

根据国家林业局森防总站提供的 2002～2012 年美国白蛾发生数据，得到一张美国白蛾发生趋势图 6.4。

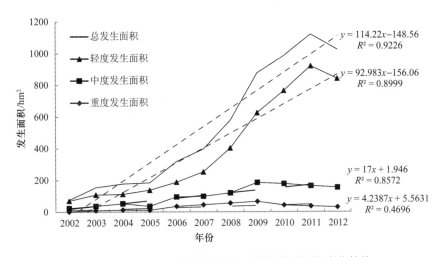

图 6.4　2002～2012 年美国白蛾在我国的发生面积变化趋势

由图 6.4 可知，2002～2012 年美国白蛾在我国的发生面积，包括总体发生面积、轻度发生面积、中度发生面积和高度发生面积，均呈现出显著的上升趋势。总发生面积增长速率达到 114.22 万 hm²/a，主要因为轻度发生面积的增长速率较高，达到 92.98 万 hm²/a，而中度发生面积和高度发生面积增长速率分别为 17 万 hm²/a，4.24 万 hm²/a。

根据发生数据可知，美国白蛾在我国主要分布在东部地区，中心区域位于辽宁、河北、天津和山东，以 2012 年为例，2012 总发生面积为 1023.97 万 hm²，而这四个省市的发生面积就达 882.68 万 hm²，占 86%。西部的陕西为分布边缘地区，通过治理，该地于 2007 年已无发生。自 2007 年以来，该虫的分布范围呈现向南北扩展的趋势，其中向南扩展至河南、安徽和江苏，向北扩展至吉林。

综上所述，尽管已采取大力的治理措施，但美国白蛾仍以较快的速率和较高的增幅在我国向南北进一步扩散蔓延。

### 6.3.3 美国白蛾的适生区域

过去气象条件下，美国白蛾在我国的潜在气候适生区较为广泛，总体适生面积为464.50万 $km^2$，占整个国土面积的48.38%，适生程度高，分布在东经77°～134°，我国最南端至北纬49°的区域内，分布北界到达北纬49.5°内蒙古的牙克石市，西界到达东经77°的新疆阿合奇县，但主要集中在我国的中东部和西南部，包括海南、广东、广西、云南、贵州、湖南、江西、福建、浙江、江苏、安徽、湖北、重庆、四川、甘肃南部、宁夏、陕西、河南、山东、山西、河北、辽宁、吉林、黑龙江东南部（图6.5）。

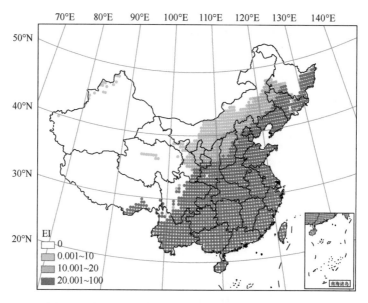

图6.5 过去气象条件下美国白蛾在我国的气候适生区

四种情景模式计算出美国白蛾在我国的适生性发现，四种美国白蛾发生范围变化基本相似，都将分布在东经75°～135°，北纬51°的区域中，但是发生面积将和发生程度呈现出依次增强的趋势（表6.11，图6.6）。四种模式下美国白蛾在我国的适生面积分别为491.70万 $km^2$、507.18万 $km^2$、513.42万 $km^2$ 和538.13万 $km^2$，增加的面积主要集中在我国的东北部的黑龙江和内蒙古。

表6.11 不同 RCP 情景预估出的适生面积

| RCP | 低适生面积/万 $hm^2$ | 中适生面积/万 $hm^2$ | 高适生面积/万 $hm^2$ | 适生面积/万 $hm^2$ |
|---|---|---|---|---|
| 过去 | 5865.50 | 5740.70 | 34843.58 | 46449.79 |
| RCP2.6 | 6189.98 | 4243.13 | 38737.27 | 49170.38 |
| RCP4.5 | 6714.13 | 4342.97 | 39660.78 | 50717.87 |
| RCP6.0 | 6888.85 | 4667.44 | 39785.58 | 51341.86 |
| RCP8.5 | 7762.43 | 5990.30 | 40060.13 | 53812.86 |

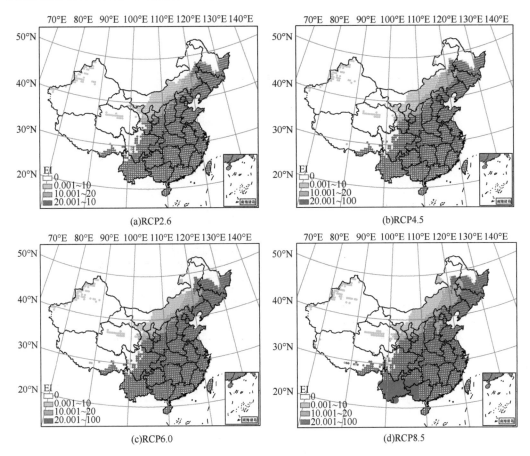

图 6.6 不同气候情景下美国白蛾在我国的气候适生区

### 6.3.4 美国白蛾的发生世代数

利用 CLIMEX3 对我国各适生地区的美国白蛾发生代数进行了计算，其模拟结果如图 6.7 所示。计算出的年发生代数范围值为 1～7.9，即在理想条件下，即不考虑其他生物或非生物因子的影响，如寄主、气候、天敌等，美国白蛾在我国的发生代数最大甚至能达到 8 代。我国气温条件非常适合美国白蛾的发生，绝大多数的适生区均能满足美国白蛾至少发生 2 代，绝大部分南方省区能满足该虫发生 4 代以上。

根据未来气候模型预估出的气象数据，分析发现，受气候变暖的影响，随着气温增幅的逐渐增高，美国白蛾的发生代数随着增加。发生代数在 RCP2.6、RCP4.5、RCP6.0 和 RCP8.0 条件下区域分布如图 6.8 所示。

RCP2.6、RCP4.5、RCP6.0 和 RCP8.0 下分别为 1～8.4、1～8.8、1～9.0、1～9.7 代，分别比历史气象条件下发生代数增加约 0.5 代、0.9 代、1.1 代、1.8 代。即在最温和的气候变暖情景下，美国白蛾发生代数也会增加 0.5 代，而如果出现最极端气候变暖情景，则美国白蛾发生代数甚至能在现有基础上增加约 2 代（表 6.12）。

不同 RCP 情景下，发生代数 2 代以下面积显著减少，而随着排放强度的增高，可发生 4 代以上发生面积显著增加，在特别极端变暖情景下潜在 4 代以上发生区域面积将几乎翻倍（表 6.13）。

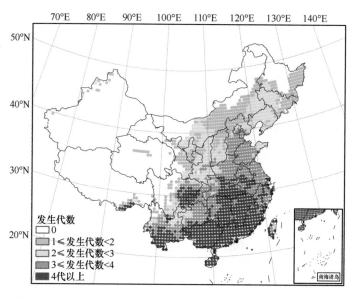

图 6.7　过去气象条件下美国白蛾在我国的发生代数预估示意图

表 6.12　美国白蛾最大和平均代数预估

| 项目 | 过去 | RCP2.6 | RCP4.5 | RCP6.0 | RCP8.5 |
| --- | --- | --- | --- | --- | --- |
| 最大值 | 7.9 | 8.4 | 8.82 | 9.02 | 9.74 |
| 平均值 | 3.18 | 3.43 | 3.65 | 3.75 | 4.13 |

表 6.13　美国白蛾不同代数的发生面积预估　　　　　　　　单位：万 hm²

| 项目 | 过去 | RCP2.6 | RCP4.5 | RCP6 | RCP8.5 |
| --- | --- | --- | --- | --- | --- |
| 1≤发生代数<2 | 11478.42 | 8533.958 | 7411.069 | 6637.523 | 4641.276 |
| 2≤发生代数<3 | 11278.8 | 14123.45 | 15046.72 | 15470.92 | 13699.25 |
| 3≤发生代数<4 | 10729.83 | 7286.303 | 5839.024 | 5689.305 | 9257.598 |
| ≥4 | 12925.7 | 17841.46 | 21035.46 | 22133.39 | 24778.42 |

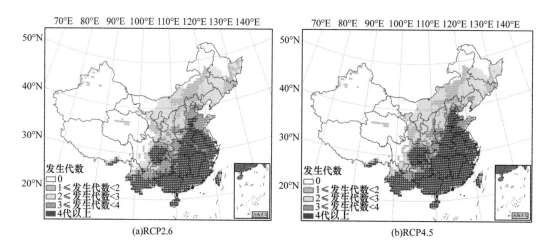

(a)RCP2.6　　　　　　　　　　　　　　　　　(b)RCP4.5

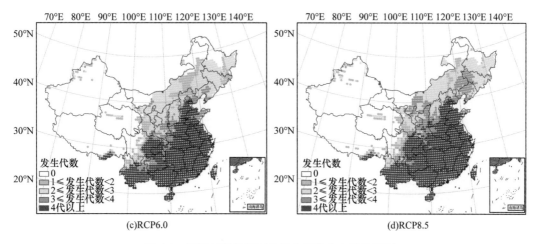

图 6.8　不同气候情景下各发生代数分布发生预测

# 6.4　小　　结

中国森林有害生物种类繁多，构成复杂。而受到其侵害形成灾害的主体——森林生态系统也存在巨大的差异。灾害发生除了受到气候变化因素影响外，同时还受到更多其他多重包括自然与人为因素的综合影响。从时间尺度上由于过去我国较为长期的灾害资料与档案记录相对粗放、简单或缺失，而气候变化的影响又是一个长期而漫长的过程，故全面理清与分离不同因素，准确评价气候变化因素的影响非常困难。森林生物灾害受到气候变化影响的另外一个特点就是极端或偶然因素影响或更大，这在马尾松毛虫的偶发区域分布众多就可以显现，而这偶然或极端天气或气候事件更加缺乏实际的数据积累与分析，从而影响对有害生物扩散的准确预估。

基于中国森林有害生物发生的特点与规律分析的综合结果，以及对两个典型代表种类的影响分析结论来看，从关键区域或主要灾害对象入手，在分析不同区域和对象的历史发生与气候相关性的基础上建立主要种类灾害的关系模型进行未来影响的分析与预估。这种方法对于当前形势下的林业有害生物管理是可行的解决方法。而未来随着灾害数据的大量准确记录与积累，其关系模型将可更加准确与可靠。

未来气候变化对林业有害生物的影响评估应该在不同区域化环境下，全面分析气候的整体变化与多种极端气候现象，理清区域内发生的多种病虫灾害与生物气候因子的关系模型，并辅助以潜在外来种风险分析基础上的综合评判。

## 参 考 文 献

陈昌洁. 1990. 松毛虫综合管理. 北京: 中国林业出版社.

陈绘画, 崔相富, 朱寿燕, 等. 2004. 马尾松毛虫发生量灰色系统模型的建立及其预报. 东北林业大学学报, 34(4): 19-21.

陈绘画, 朱寿燕, 崔相富, 等. 2003. 基于人工神经网络的马尾松毛虫发生量预测模型的研究. 林业科学研究, 16(2): 159-165.

范正章, 陈顺立. 2008. 武夷山风景区马尾松毛虫发生趋势与环境因子的相关性. 华东昆虫学报, 17(2): 110-114.

郭海明, 涂伟志, 李建东, 等. 2011. 呼和浩特地区落叶松毛虫灾害气象预报方法. 内蒙古林业科技, 37(4): 51-53.

国家林业局. 2013. 中国森林可持续经营国家报告. 北京: 中国林业出版社.

国家林业局森林病虫害防治总站. 2009. 中国林业生物灾害防治战略. 北京: 中国林业出版社.

国家林业局森林病虫害防治总站. 2012. 气候变化对林业生物灾害影响及适应对策研究. 北京: 中国林业出版社.

韩翠华, 郝志新, 郑景云. 2013. 1951-2010 年中国气温变化分区及其区域特征. 地理科学进展, 32(6): 887-896.

韩瑞东, 何忠, 戈峰. 2004. 影响松毛虫种群动态的因素. 昆虫知识, 41(6):504-511.

侯陶谦. 1989. 中国松毛虫. 北京: 科学出版社.

金瑞华, 魏淑秋, 梁忆冰. 1991. 黑头型美国白蛾在我国适生地初探. 植物检疫, 5(4): 241-246.

景晓红, 康乐. 2004. 昆虫耐寒性的测定与评价方法. 应用昆虫学报, 41(1):7-10.

鞠珍, 李明贵, 刁志娥, 等. 2009. 美国白蛾越冬蛹的过冷却能力、体内水分及脂肪含量. 应用生态学报, 20(11): 2763-2767.

孔雪华. 2010. 极端温度对美国白蛾生长发育和存活的影响. 山东农业大学硕士学位论文.

李淑贤, 高宝嘉, 张东风, 等. 2009. 美国白蛾危险性评估研究. 中国农学通报, 25(10): 202-206.

李祚泳, 彭荔红. 1999. 基于人工神经网络的农业病虫害预测模型及其效果检验. 生态学报, 19(5): 759-762.

林伟. 1991. 美国白蛾在我国的适生性研究. 北京农业大学博士学位论文.

卢爱刚, 康世昌, 庞德谦, 等. 2009. 全球升温下中国各地气温变化不同步性研究. 干旱区地理, 32(4): 506-511.

乔任发, 刘昌兰, 宋华利. 2003. 美国白蛾年发生代数的初步研究. 山东林业科技, (4): 28-29.

宋红敏, 张清芬, 韩雪梅, 等. 2004. CLIMEX: 预测物种分布区的软件. 昆虫知识, 41(4): 379-387.

汤树钦, 杨晓红. 2005. 2004 年上杭县大面积松毛虫害的气象因素初探. 福建气象, (6): 25-27.

王娟, 姬兰柱, Marina K. 2007. 黑龙江大兴安岭地区森林害虫发生面积与气象因子的关系. 生态学杂志, 26(5): 673-677.

向昌盛. 2012. 基于地统计学定阶的松毛虫发生面积组合预测. 计算机应用研究, 29(3): 984-987.

曾菊平, 戈峰, 苏建伟, 等. 2010. 我国林业重大害虫松毛虫的灾害研究进展. 昆虫知识, 47(3): 451-459.

张建新, 钱锦霞, 任慧龙, 等. 2010. 气象因素对林业有害生物发生发展的影响研究综述. 中国农业气象, 31(03): 458-461.

张向欣, 王正军, 2009. 外来入侵种美国白蛾的研究进展. 安徽农业科学, 37(1): 215-219, 236.

张玉书, 冯锐, 陈鹏狮, 等. 2004. 松毛虫发生期与气象条件关系. 中国农业气象, 25(3): 26-28.

张真, 李典谟, 查光济. 2002. 马尾松毛虫 2、3 代分化和干旱对种群时间动态的影响. 昆虫学报, 45(4): 471-476.

赵铁良, 耿海东, 张旭东, 等. 2003. 气温变化对我国森林病虫害的影响. 中国森林病虫, 22(3): 29-32.

周广学. 1989. 松毛虫发生与气象环境. 气象与环境学报, 5(2): 17-20.

《气候变化国家评估报告》编写委员会. 2011. 第二次气候变化国家评估报告. 北京: 科学出版社.

Allen R G, Pereira L S, Raes D, Smith M. 1998. Crop evapotranspiration: guidelines for computing crop water requirements. FAO Irrigation and Drainage Paper. Food and Agriculture Organization. 35-36.

Mika A M, Weiss R M, Olfert O, et al., 2008. Will climate change be beneficial or detrimental to the invasive swede midge in North America? Contrasting predictions using climate projections from different general circulation models. Global Change Biology, 14: 1721-1733.

Park Y S, Cereghino R, Compin A, et al., 2003. Applications of artificial neural networks for patterning and predicting aquatic insect species richness in running waters. Ecol Model, 160(3): 265-280.

Stephens A E A, Kriticos D J, Leriche A. 2007. The current and future potential geographical distribution of the oriental fruit fly, Bactroceradorsalis (Diptera: Tephritidae). Bulletin of Entomological Research, 97: 369-378.

Sutherst R W, Maywald G F, Kriticos D. 2007. CLIMEX VERSION 3.0 User's Guide. Melbourne, Hearne Scientific Software Pty Ltd.

Sutherst R W. 2003. Prediction of species geographical ranges. Journal of Biogeography, 30: 805-816.

Yamamura K, Yokozawa M, Nishimori M, et al., 2006. How to analyze long-term insect population dynamics under climate change: 50-year data of three insect pests in paddy fields. Population Ecology, 48(1): 31-48.

Zhang W, Zhong X, Liu G. 2008. Recognizing spatial distribution patterns of grassland insects: neural network approaches. StochEnv Res Risk A, 22(2): 207-216.

# 第 7 章　中国森林的未来气候变化风险评估

气候情景预估表明，未来中国气候变化以增温持续显著、极端气候事件频发为主要特征。气候变化作为一种环境胁迫，既是自然生态系统的致灾因子，也是维持其运转和发展的动力，客观上对生态系统的影响既有正面的也有负面的。未来气候变化将可能显著改变森林的生境、结构、功能和干扰因子等。森林生态系统也对气候变化产生响应和反馈，响应既与胁迫的频率和幅度等性质有关，也与自身的抗干扰能力和恢复能力等有关。在气候变化幅度和速率超出了生态系统的自适应能力范围的情况下，生态系统的稳定性将可能遭到破坏甚至产生衰退等不可逆转的变化，形成风险。本章重点研究中国森林的气候变化风险评估技术与风险等级评估结果。研究可为增强和发挥森林生态系统功能、制定适应气候变化措施提供科学依据。

## 7.1　风险评估技术框架

按照风险管理的定义，气候变化即为致灾危险性因子，生态系统为承灾体，而气候情景即是气候发生变化的某一可能性，三者构成了气候变化的风险。本章结合实际情况，对森林的气候变化风险提出了适合长期性、大尺度分析的多因子风险评估技术框架。主要包括以下 5 个方面：①根据自然生态系统基本特征及其对气候驱动力的响应，选取风险评估的适合因子及指标体系；②针对各因子的属性特征、时空变化及可能的不利后果等，确定单因子的风险等级划分标准；③利用多气候模式和多情景的集合平均预估技术，明确单因子气候变化风险等级的空间分布；④依据各指标的重要性、危险性等，确定单因子在综合风险评估中的权重；⑤多因子加权综合，计算区域风险指数，给出中国森林的气候变化风险评估结果。

### 7.1.1　风险评估指标体系

未来气候变化会对森林生态系统产生诸如森林类型改变、生态系统结构不稳定、生态系统功能下降、生物物种和生境破坏及自然干扰加剧等风险。研究选取森林生产力和林火灾害来综合评估未来气候变化风险，一方面体现气候变化影响下森林生产功能的损失，另一方面体现气候变化影响下森林自然干扰的危害性等。

#### 1. 森林生产力风险

森林生产力反映了植物群落在自然条件下的生产能力，是生态系统结构和功能的重要指标，也是衡量地球生态系统承载力和人类社会的可持续发展能力的重要生态指标。森林具有很高的生产力和丰富的碳储量，对维持全球生态平衡和人类生存发展起到至关重要的作用。森林 NPP 可表征生态系统的植被碳吸收，是真正用于植被生长和生殖的有机碳量（于贵瑞，2013）。它不仅是生态系统物质循环和能量流动的基础，与森林碳汇功能密切相关（方精云等，2001），而且也是生态系统调节和文化等功能的基础，是人类所需食物和木材等的主要来源（Melillo et al.，1993）。NPP 是国际地圈–生物圈计划（IGBP）的一个核心研究内容。森林生产力下降是联合国粮农组织（FAO，2010）在关于全球森林资源评价的专门工作报告中表征森林退化的重要指标。本章采用森林净初级生产力（NPP）进行功能损失的评价。

NPP 是指绿色植物在单位面积、单位时间内所累积的有机物的数量，是植被光合作用产生的有机质总量中扣除本身呼吸消耗后的剩余部分，用下式表示：

$$NPP=GPP-R_a \qquad (7.1)$$

式中，$R_a$ 为绿色植物自养呼吸所消耗的同化产物；NPP 反映了植物固定和转化光合产物的效率，也决定了可供异养生物（包括各种动物和人）利用的物质和能量。

对于未来气候变化下 NPP 的状况，采用基于生理生态过程的动态全球植被模型 LPJ-F 模型进行模拟。该模型是大尺度模拟生态系统结构和功能，预估气候变化对生态系统潜在影响的有效工具。输入月分辨率的气候数据和土壤质地数据来驱动模型。应用 LPJ 模型对未来五个气候模式和四种 RCPs 情景进行 NPP 模拟。将 1981～2010 年作为基准时段，分析探讨未来 2021～2050 年，气候变化风险等级与空间分布格局。

## 2. 森林火灾风险

森林火灾是一种自然灾害，综合评估和预估森林火灾风险是制定科学的林火管理政策和开展森林火灾预防的基础。森林火灾风险主要取决于致灾因子、承灾体以及防灾减灾能力。森林火灾风险评估不仅是评估森林火灾潜在发生与蔓延风险，而且是对森林火灾潜在危害的综合评估（国志兴等，2010）。灾害发生的可能性、暴露性、脆弱性和防灾减灾能力共同影响自然灾害风险（张继权等，2007；颜峻和左哲，2010）。森林火灾发生的可能性受火源、可燃物因子和火险天气的影响。暴露性即承灾体，是指各种致灾因子作用的对象，包括给定区域里的一切有可能遭受林火破坏的人、物、环境等。脆弱性是指由致灾因子作用而造成的承灾体伤害程度。

野火（wildfire）危险性包括三个方面，即可能性、强度和影响（Miller et al.，2013；Thompson et al.，2011）。也可以根据可燃物、地形和城市-野地交界等因子评估野火风险（NWRA，2010）。Thompson 等（2011）开发了满足风险决策框架要求的野火风险评估工具。Scott 等（2013）基于多种数据源和三种建模方法来描述野火发生的可能性与潜在火烧强度，重视火对资源和资产的影响，提出野火风险评估总体框架，为防火人员和土地管理者提供减轻野火风险的指导方案。Gerdzheva（2014）利用地理信息系统和遥感技术对保加利亚进行了精确的野火风险评估，识别了野火频繁发生及其危害区域。Tutsch 等（2010）分析了影响野火风险评估的因子优先性，并应用该方法对加拿大一个岛的野火风险进行了评估。Miller 等（2013）综述了野火危险性评估与可燃物管理的研究进展，认为目前的风险分析方法变得越来越定量化和复杂化，建议野火风险分析应注重生态与管理政策需求。

目前国内采用的森林火灾风险评估方法可以概括为灾害风险评估模型（朱学平，2012；刘兴朋等，2009；陈华泉，2013）和基于信息扩散理论的风险矩阵（刘兴朋等，2007；周雪和张颖，2014）两种方法。Chuvieco 等（2012）提出森林火灾风险综合评估框架，风险评估模型包括综合危险和脆弱性两个指标，综合危险主要由蔓延危险和火点燃危险构成，脆弱性的评价主要由社会经济指标、潜在退化指标和景观指标构成。朱学平（2012）构建了福建省森林火灾风险发生可能性、森林火灾潜在损失和森林火灾风险指数预估模型，评估了该省 1990～2009 年森林火灾风险变化。陈华泉（2013）用灾害风险指数和层次分析法对福建省 1990～2009 年森林火灾灾害风险进行评估，认为森林火灾次数（特别是重大森林火灾发生次数）剧增以及单位森林面积价值量不断提升是致使火灾风险不断升高的主导因素。Tong 等（2009）基于自然灾害风险模型利用加权综合评分法和层次分析法对中国吉林西部草原火灾风险进行评估。刘兴朋等（2007）根据我国北方草原区 1991～2005 年的草原火灾资料，利用信息扩散理论和风险矩阵计算了北方各草原区的火灾年发生次数和年受灾率在各个风险水平下的风险值，评价了北方草原区的火灾风险。周雪和张颖（2014）依据信息扩散理论，从森林火灾次数、受灾范围和致灾程度的角度对 1998～2011 年中国森林火灾风险进行了统计分析。对其他自然灾害的风险评估也采用类似的研究方法，如颜峻和左哲（2010）基于灾害致灾因子、承灾体暴露性、脆弱性以及社区应急能力，利用层次分析方法对城市灾害（地震）进行了风险评估。信息扩散理论也用于气象灾害风险的评价（张丽娟等，2009；刘引鸽等，2005）。

森林火灾的发生与气候和天气条件密切相关。气候变化会引起森林植被和可燃物类型与载量的变化，改变林火行为（田晓瑞和刘斌，2011）。气候变化对林火的影响已经初步显现出来，北半球更明显。我国还没有全国尺度上森林火灾风险评估的研究文献，有必要开展国家尺度上的森林火灾风险评估，了解森林火灾高风险区域的空间分布，并预估未来气候变化对我国森林火灾风险的影响，为开展适应气候变化的林火管理技术提供科学参考。

**1）森林火灾风险指数**

森林火灾风险指数是对森林火灾发生可能性和潜在损失的综合评价。一般自然灾害风险模型主要考虑灾害发生可能性、脆弱性、暴露性和防灾减灾能力（史培军，2002）。林火管理能力对林火可能带来的损失有非常重要的影响，因此，根据经典的自然灾害风险模型（颜峻和左哲，2010）构建森林火灾风险评估模型用以评估森林火灾风险。

$$H=P\times D\times E/（1+R）\tag{7.2}$$

式中，$H$ 为森林火灾风险；$P$ 为发生的可能性；$D$ 为承灾体脆弱性；$E$ 为暴露性；$R$ 为抗灾能力。

因为中国空间范围大，各地防火能力差异显著，为避免计算结果差距过大，所以，式（7.2）中除以（1+R）。基于该评估模型和目前可获得的数据，我们构建了中国森林火灾风险指标体系（图7.1）。目标层为森林火灾风险，二级指标包括发生可能性、脆弱性、暴露性和防灾能力。林火发生可能性根据历史林火发生密度和火险天气指数计算。脆弱性主要考虑影响森林燃烧的指标，如可燃物类型、可燃物载量（采用地上生物量数据）和历史过火区分布。暴露性主要包括 GDP 和人口分布以及过去森林火灾造成的间接经济损失。抗灾能力则从扑火经验与扑火力量两方面考虑。

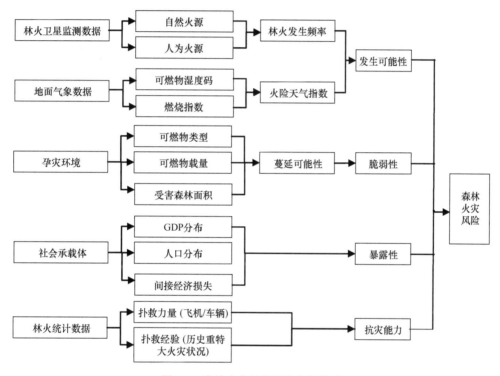

图 7.1　森林火灾风险评估指标体系

## 2）森林火灾风险评估指标权重

第二层指标包括森林火灾可能性、脆弱性、暴露性和抗灾能力。由于火险期 DMC、ISI 和 FWI 均值与过火面积显著相关（Tian et al.，2013），因此，只选用这三个火险指数和林火发生密度计算森林火灾发生可能性。可燃物类型根据植被类型划分，依据其燃烧性确定不同植被类型的权重。森林划分为常绿针叶林、常绿阔叶林、落叶针叶林、落叶阔叶林、针阔混交林和灌丛，相对于脆弱性指标的权重分别为 0.4221、0.0254、0.2729、0.0407、0.0811 和 0.1578。抗灾能力则根据过去扑救森林火大的经验和可用的车辆与飞机等指标确定。森林火灾风险模型体系各指标的权重见表 7.1。

## 3）风险评估指标权重的确定及一致性检验

采用层次分析法将影响火灾风险的各因子进行综合评判。根据图 7.1 先将各项评判

表 7.1 中国森林火灾风险评价指标体系及权重

| 森林火灾风险指数 | B 层权重 | C 层指标 | C 层权重 |
|---|---|---|---|
| | | 火灾发生密度/（次/10³ hm²） | 0.0736 |
| 可能性（H） | 0.6370 | DMC 95 百分位数 | 0.1293 |
| | | ISI 95 百分位数 | 0.2476 |
| | | FWI 95 百分位数 | 0.5495 |
| | | 可燃物类型 | 0.2225 |
| 脆弱性（V） | 0.2583 | 可燃物载量（地上生物量） | 0.1268 |
| | | 受害森林面积/‰ | 0.6507 |
| | | GDP 分布 | 0.2225 |
| 暴露性（E） | 0.1047 | 人口分布 | 0.1268 |
| | | 间接损失（万元/万 hm² 森林） | 0.6507 |
| | | 扑救经验（重大、特大火灾） | 0.7193 |
| 抗灾能力（R） | 1.0 | 扑救力量（飞机） | 0.0839 |
| | | 扑救力量（车辆） | 0.1968 |

指标按类目的大小及隶属关系分成三个层次，根据专业知识用打分法确定各指标之间的优先性，构造判断矩阵，表示每一层中各要素相对其上层某要素的相对重要程度。求出每个判断矩阵的最大特征值 $\lambda_{max}$，$\lambda_{max}$ 所对应的单位特征向量即为各指标的权重。最后根据各指标对火灾风险的贡献率，确定各指标的权重 $\lambda_j$，$\sum_{j=1}^{n}\lambda_j=1$，（$j=1, 2, \cdots, n$）。

当判断矩阵完全一致时，$\lambda_{max}=n$；当判断矩阵不完全一致时，一般有 $\lambda_{max} \geqslant n$。采用随机性指标 CR 作为一致性检验的指标。判断矩阵的一致性检验方法为

$$CR=CI/RI \tag{7.3}$$

式中，CI=（$\lambda_{max}-n$）/（$n-1$）；$n$ 为判断矩阵的阶数；$\lambda_{max}$ 为判断矩阵的最大特征值；RI 为随判断矩阵阶度而变的常数。

| $n$ | 1 | 2 | 3 | 4 | 5 | 6 | 7 | 8 |
|---|---|---|---|---|---|---|---|---|
| RI | 0.00 | 0.00 | 0.58 | 0.91 | 1.12 | 1.24 | 1.32 | 1.41 |

当 CR＜0.1 时，判断矩阵达到满意效果，否则需要重新调整元素标度值，直到具有满意的一致性为止。

## 7.1.2 风险等级划分

### 1. 森林生产力的风险等级划分

有学者采用未来预估值相对过去长期平均值的变化量来描述生态系统的状态变化，状态变量在过去时段的序列标准差常用来表征生态系统的自然波动（Scholze et al.，2006；Yuan et al.，2009；Heyder et al.，2011；Xu et al.，2014）。当生态系统的变化程度超出了自然波动范围时，则认为生态系统属性达到了不可接受的临界值。本章将未来生态系统状态与生态基准值进行比较，基准值取区域过去多年平均值。当森林 NPP 减少时，认为有风险，以减少量与基准期 NPP 变率的倍数关系划分森林生产力的受损程度和风险等级，变率取基准时段 NPP 年值序列标准差。

首先计算 2021~2050 年中国森林 NPP 相对 1981~2010 年的距平，将正距平定义为无风险，负距平定义为有风险。对每个距平为负的像元，计算其基准时段（1981~2010年）的 NPP 序列标准差。当负距平的绝对值是该标准差的 0~0.5 倍、0.5~1.0 倍、1.0倍以上时，分别对应低风险、中风险、高风险（表 7.2）。

标准差计算公式为

$$\delta = \sqrt{\frac{\sum_i^n (x_i - \overline{x})^2}{n-1}} \qquad (7.4)$$

式中，$\delta$ 为某像元位置上的基准期标准差；$x_i$ 为第 $i$ 年 NPP 值；$\overline{x}$ 为基准期平均值；$n$为基准期总年数，即 30。负距平值距基准期标准差倍数的计算公式为

$$\alpha = \frac{|x_i - \overline{x}|}{\delta} \qquad (7.5)$$

式中，$\alpha$ 为各负距平的距标准差倍数。根据距标准差倍数划分风险等级（表 7.2）。

表 7.2 森林生产力的风险等级划分标准

| 风险值 | 风险等级 | 风险标准 |
|---|---|---|
| 1 | 无风险 | NPP 增加 |
| 2 | 低风险 | NPP 减少幅度小于自然变率的 1/2 |
| 3 | 中风险 | NPP 减少幅度为自然变率 0.5~1 倍 |
| 4 | 高风险 | NPP 减少幅度大于自然变率 1 倍以上 |

## 2. 森林火灾风险的等级划分

森林火灾发生可能性、脆弱性、防灾能力和森林火灾风险指数等归一化计算后，都采用自然断点分类（Jenks 分级）方法进行分类。该方法通过最小方差分类，类别之间差异明显，而类内部的差异小。根据 1987~2010 年的计算结果，确定每一指标的分级阈值，低于最小值和高于最大值的数据分别划入最低和最高等级。森林火灾风险等级划分采用五级（表 7.3）。根据对过去和未来 4 种气候情景下的森林火灾风险等级划分结果，比较 2021~2050 年森林火灾风险变化。

表 7.3 森林火灾风险等级划分

| 风险值 | 级别 | 风险类别 | 风险描述 |
|---|---|---|---|
| 1 | 很低 | 无风险或者可接受风险 | 风险产生概率极微或破坏性极弱 |
| 2 | 低 | 低风险 | 一般森林防火措施以防范风险 |
| 3 | 中 | 中等风险 | 风险发生或潜在风险造成一定损害 |
| 4 | 高 | 高度风险 | 风险极易发生并造成极大破坏 |
| 5 | 很高 | 极高风险 | 风险发生频繁且对森林破坏性极强 |

### 3. 森林的气候变化综合风险等级划分

未来气候变化风险评估的各指标权重的判断依据主要参考指标重要性。1989～2011 年年均过火面积占全国森林面积的 0.13%，其中受害森林面积占 0.04%。1990～2009 年，中国火灾每年造成森林生物量平均减少约 9.08 TgC，占同期森林植被碳储量变化的 6.93%（于贵瑞等，2013）。

考虑未来高温干旱等极端事件频发的可能性将大幅增加，综合这些结果和相关专家打分，确定以 0.1 为林火风险等级的权重，与 NPP 的风险等级进行加权求和。此外，由于火灾发生会立即释放大量碳，而且极易对人、物、环境等造成破坏，加之气候变化下自然生态系统所面临风险的易损性和不可逆转性等，研究将任意指标出现最高风险等级的情况均定义为高风险等级（表 7.4）。

**表 7.4 森林的气候变化风险等级划分标准**

| 风险等级 | 风险值 | 风险标准 |
| --- | --- | --- |
| 无风险 | （0~1） | 森林生产力增加且林火风险和破坏性较弱 |
| 低风险 | （1~2） | NPP 增加且具有林火风险；NPP 减少幅度小于自然变率的 1/2 且林火风险发生或造成一定损害程度以上 |
| 中风险 | （2~3） | NPP 减少幅度小于自然变率的 1/2 且林火造成中-高损害；NPP 减少幅度为自然变率的 0.5~1 且火灾风险发生造成中等损害以下 |
| 高风险 | （3~4） | NPP 减少幅度为自然变率的 0.5~1 且火灾风险极易发生并造成极大破坏；NPP 减少幅度大于自然变率 1；火灾风险发生频繁且对森林破坏性强 |

计算区域风险指数（$R_i$），评价和比较不同生态区的总体风险程度。

$$R_i = (R_{i0}S_{i0} + R_{i1}S_{i1} + R_{i2}S_{i2} + R_{i3}S_{i3})/S_i \qquad (7.6)$$

式中，$R_i$ 为区域 $i$ 的风险指数，即单位面积上承担的风险程度；$R_{i0}$、$R_{i1}$、$R_{i2}$、$R_{i3}$ 分别为无、低、中、高风险的分值，即 0、1、2、3；$S_{i0}$、$S_{i1}$、$S_{i2}$、$S_{i3}$ 分别为区域 $i$ 内无、低、中、高风险的面积；$S_i$ 为区域 $i$ 的总面积。

利用情景的可比性讨论多个情景下的气候预估结果是综合评价气候变化影响的有效途径之一，本章借助不同气候变化情景的比较和分析，以期降低未来 NPP 风险评估的不确定性。不同气候模式的模拟原理与性能有所不同，本章对于相同排放情景采用多模式集合平均的结果研究不同气候变化情景下森林 NPP 风险的时空特征。

## 7.2 森林生产力的气候变化风险评估

### 7.2.1 2021～2050 年风险等级的空间分布

对于森林 NPP 而言，未来气候变化风险范围和程度将可能依 RCP2.6、RCP4.5、RCP6.0、RCP8.5 四种情景逐步扩大和增强（图 7.2）。在 RCP2.6 和 RCP4.5 中低排放情景下，未来 2021～2050 年中国森林 NPP 风险将主要集中在热带和南亚热带地区。随着排放增多，在 RCP6.0 和 RCP8.5 情景下，风险区域将可能向北扩展至中亚热带。气候变化风险区域分别占全国森林面积的 20.96%、31.70%、42.56% 和 40.28%。尽管 RCP6.0 和 RCP8.5 情景下风险范围相近，但最高排放情景下，高风险等级面积将可能大幅增加，从 1.19% 增加到 5.43%。

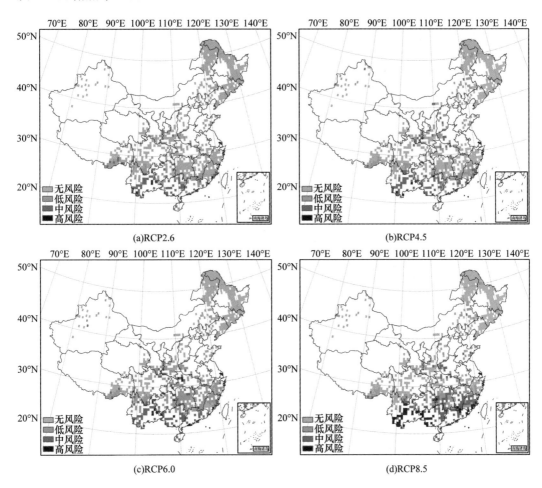

图 7.2　2021～2050 年中国森林 NPP 风险分布

不同风险等级的比例呈低风险＞中风险＞高风险的结构（表 7.5）。低风险区域面积占风险面积比例最高，RCP2.6、RCP4.5、RCP6.0、RCP8.5 四种情景将可能分别达到 62.17%、66.44%、70.16% 和 51.22%，其中 RCP6.0 情景下低风险占比可能最高，且在长

表 7.5　2021～2050 年中国森林 NPP 风险像元比例

| 风险等级 | RCP2.6<br>像元比例/% | RCP4.5<br>像元比例/% | RCP6.0<br>像元比例/% | RCP8.5<br>像元比例/% |
|---|---|---|---|---|
| 低风险 | 13.03 | 21.06 | 29.86 | 20.63 |
| 中风险 | 7.49 | 10.31 | 11.51 | 14.22 |
| 高风险 | 0.43 | 0.33 | 1.19 | 5.43 |
| 风险区总计 | 20.96 | 31.70 | 42.56 | 40.28 |

江中下游地区连片分布。中风险和高风险占比最高的将是 RCP8.5 情景，高风险区将可能主要出现在西南地区，中风险区将可能主要出现在东南地区。

从不同气候变化情景下各级别风险的年际变化（图 7.3，表 7.6）可以看出，2021～2050 年间中国森林 NPP 的风险区域面积总体将可能呈减少趋势，其中 RCP2.6 情景下 NPP 风险面积最小且减少速率将可能最快；RCP8.5 情景则与之相反，NPP 风险面积将最大且可能减少速率最慢。三个级别的风险面积相比，低、中风险等级比例较为接近，

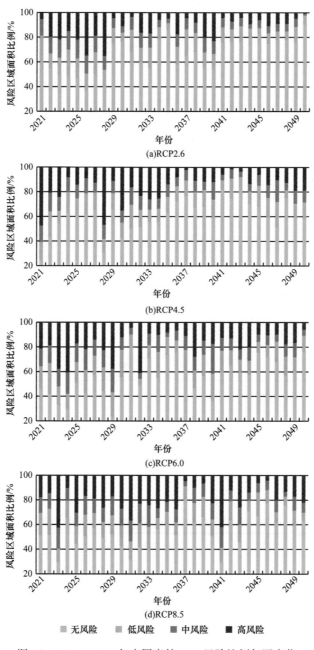

图 7.3 2021～2050 年中国森林 NPP 风险比例年际变化

表 7.6 2021～2050 年中国森林 NPP 风险比例年际变化特征

| 风险等级 | RCP1 | | | RCP2 | | | RCP3 | | | RCP4 | | |
|---|---|---|---|---|---|---|---|---|---|---|---|---|
| | 均值/% | 斜率 | 变异系数 | 均值/% | 斜率 | 变异系数 | 均值/% | 斜率 | 变异系数 | 均值/% | 斜率 | 变异系数 |
| 低风险 | 12.53 | −0.31 | 0.37 | 13.31 | −0.09 | 0.26 | 14.84 | −0.20 | 0.31 | 13.46 | −0.22 | 0.29 |
| 中风险 | 9.15 | −0.34 | 0.42 | 9.98 | −0.13 | 0.31 | 11.27 | −0.25 | 0.41 | 11.50 | −0.21 | 0.32 |
| 高风险 | 12.49 | −0.51 | 0.72 | 16.23 | −0.56 | 0.70 | 17.71 | −0.51 | 0.58 | 20.07 | −0.32 | 0.50 |
| 风险区总计 | 34.17 | −1.16 | 0.42 | 39.52 | −0.77 | 0.34 | 43.81 | −0.96 | 0.34 | 45.03 | −0.75 | 0.30 |

基本不超过 20%，起伏也较为平缓，而高风险比例的年际变化波动性将可能较强，变幅较大，其中 RCP2.6 和 RCP4.5 情景的 21 世纪 20 年代、RCP6.0 情景的 21 世纪 20~30 年代，以及 RCP8.5 情景的 21 世纪 20~40 年代都将可能出现高风险比例超过 30%的年份。

## 7.2.2 风险的生态地理区域差异

根据中国生态地理分区，比较不同等级风险区域占生态区森林面积的比例，分析不同生态区森林 NPP 风险之间的差异。以亚热带和热带地区为例（图 7.4），北亚热带湿润区和中亚热带湿润区均在 RCP6.0 情景下风险区域占比最大，风险等级结构为：低风险＞中风险＞高风险。南亚热带湿润区在四个情景的风险区域占比都在 90%以上，并且 RCP8.5 情景下高风险区域占比将可能达 48.98%，其他三个情景则呈现中风险＞低风险＞高风险的等级结构，RCP6.0 情景下中风险区域占比将可能最高达到 77.55%。热带湿润区本身面积较小，森林只分布在云南南部和海南岛，除 RCP4.5

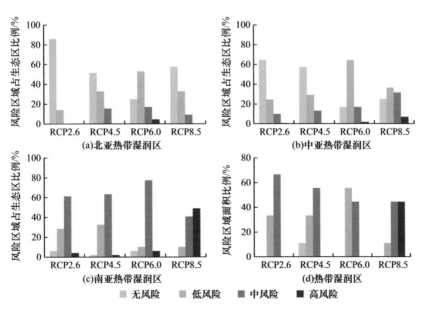

图 7.4 不同生态区 2021～2050 年森林 NPP 风险像元比例

外几乎全部为风险区域，其在 RCP2.6、RCP4.5 和 RCP6.0 情景下风险构成以低风险和中风险为主，RCP8.5 情景下低风险占比降将可能低至 11.11%，中风险和高风险面积占比将可能相近。

综合不同等级风险占区域总森林面积比例的影响，计算和对比不同生态区森林 NPP总体风险指数（图 7.5）。从不同气候变化情景来看，RCP2.6 情景下热带湿润区风险指数达 1.67，是所有生态区之中最高的。其他三个情景下风险指数最高的都是南亚热带湿润区，风险指数分别为 1.65（RCP4.5）、1.84（RCP6.0）和 2.39（RCP8.5）。这两个生态区的 RCP8.5 情景风险将明显强于各自的其他情景。寒温带湿润区、中温带湿润半湿润区以及青藏高寒区在各情景下风险指数将接近 0，风险程度将可能比较低。暖温带湿润半湿润区、北亚热带湿润区和中亚热带湿润区风险指数大多在 0.1 以下，北方半干旱区和西北干旱区风险指数将基本不超过 0.5。这些生态区在 RCP2.6 情景下风险程度将可能最弱。

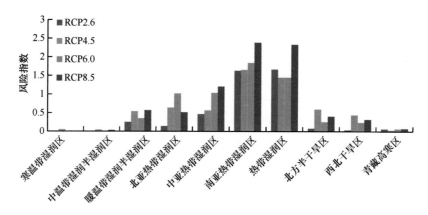

图 7.5　不同生态区 2021～2050 年森林 NPP 风险指数

### 7.2.3　干旱年份风险等级分布

以森林区域 2021～2050 年的干燥度变化为依据，判别出各情景下最干旱年份并计算其 NPP 风险，发现风险区域的整体面积比例将普遍高于未来 30 年平均的风险（表 7.7）。RCP2.6 和 RCP6.0 情景下，NPP 风险区域占全国森林面积的比例将为 53.2%，且风险等级结构为高风险＞低风险＞中风险。但风险的空间格局存在差异，RCP2.6 情景下高风险将集中在南亚热带及中亚热带中部地区，而 RCP6.0 情景下高风险将集中在中亚热带的中东部。RCP4.5 情景下森林 NPP 风险等级结构将呈现低风险＞高风险＞中风险，风险区域主要分布在华北、华中和西南地区。RCP8.5 情景下风险分布范围相对较小，约为 40%，风险区域将主要出现在华北北部和华南。

对照不同情景最干旱年份森林区域干燥度的距平分布（图 7.6），绝大多数地区干燥度相对基准期呈不同幅度的增加，只有少数地区干燥度有所下降，正距平百分比在空间上呈现南高北低的格局，增加超过 30%以上的地区主要出现在中部地区，其中 RCP6.0 情景（2038 年）下华中以及华东长江沿岸干旱都较严重。计算干燥度距平百分比与相应 NPP 风险等级的空间相关系数，结果分别为 0.34、0.42、0.68 和 0.33，说明干燥度变化与 NPP 风险程度具有一定的空间正相关性，空气干燥度越大，气候条件越干旱，森林 NPP 降低的可能性越大，风险也就越大，干燥度对森林生产力风险的空间格局影响明显（图 7.7）。

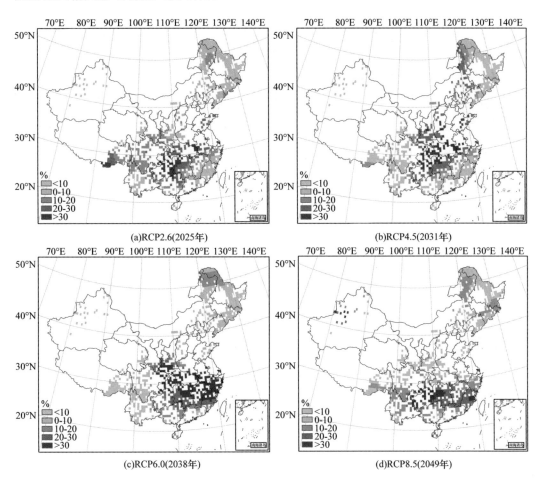

(a)RCP2.6(2025年)　　　　　　　　　(b)RCP4.5(2031年)

(c)RCP6.0(2038年)　　　　　　　　　(d)RCP8.5(2049年)

图 7.6　不同情景最干旱年份中国森林区域干燥度的距平百分比分布

表 7.7　不同情景最干旱年份中国森林 NPP 风险像元比例

| 风险等级 | RCP2.6（2025 年）像元比例/% | RCP4.5（2031 年）像元比例/% | RCP6.0（2038 年）像元比例/% | RCP8.5（2049 年）像元比例/% |
|---|---|---|---|---|
| 低风险 | 16.07 | 19.22 | 14.22 | 12.16 |
| 中风险 | 15.20 | 14.12 | 11.18 | 11.29 |
| 高风险 | 21.93 | 16.40 | 27.80 | 17.16 |
| 风险区总计 | 53.20 | 49.73 | 53.20 | 40.61 |

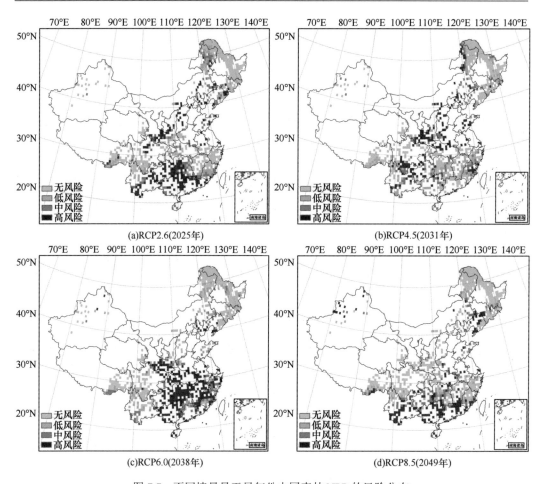

图 7.7　不同情景最干旱年份中国森林 NPP 的风险分布

## 7.2.4　模式不确定性

表 7.5 中的结果来自 1981～2010 年和 2021～2050 年两时段五个 GCM 模拟的森林 NPP 集合平均值。表 7.8 则给出了分别以五个 GCM 模式各自的基准和未来时段数据进行的风险评估结果统计。可以看出，不同情景不同级别的风险比例均值与表 7.5 中的均值有所差异，但风险区域面积接近，等级结构类似。RCP8.5 情景下风险比例的标准差最大，说明 GCMs 在该情景下的模拟结果差异最大。

分析 HadGEM2-ES 模式的森林 NPP 风险结果（图 7.8），发现其在 RCP6.0 情景下各级别风险区域范围最大。空间格局与集合平均 NPP 风险的明显差异在于，除 RCP2.6 情景外，东北地区都将可能出现低风险，具体分布在 RCP4.5 情景下大兴安岭西部、RCP6.0 情景大兴安岭南部长白山北部、RCP8.5 情景下小兴安岭。此外，集合平均 NPP 风险分布显示，青藏高原南缘在不同情景下都处于低风险，而 HadGEM2-ES 的风险分布中没有体现。

表 7.8　2021～2050 年中国森林 NPP 风险像元比例

| 模式 | 风险等级 | RCP2.6 像元比例/% | RCP4.5 像元比例/% | RCP6.0 像元比例/% | RCP8.5 像元比例/% |
|---|---|---|---|---|---|
| NorESM1-M | 低风险 | 16.50 | 26.38 | 35.83 | 30.40 |
| | 中风险 | 1.85 | 1.63 | 1.95 | 2.17 |
| | 高风险 | 0.00 | 0.00 | 0.00 | 0.00 |
| | 风险区总计 | 18.35 | 28.01 | 37.79 | 32.57 |
| MIROC-ESM-CHEM | 低风险 | 20.96 | 19.87 | 28.99 | 29.32 |
| | 中风险 | 7.27 | 12.05 | 12.81 | 17.81 |
| | 高风险 | 1.09 | 2.61 | 2.17 | 4.13 |
| | 风险区总计 | 29.32 | 34.53 | 43.97 | 51.25 |
| IPSL-CM5A-LR | 低风险 | 24.43 | 31.92 | 27.14 | 24.76 |
| | 中风险 | 11.29 | 4.89 | 11.51 | 24.54 |
| | 高风险 | 1.09 | 1.09 | 1.95 | 3.47 |
| | 风险区总计 | 36.81 | 37.89 | 40.61 | 52.77 |
| HadGEM2-ES | 低风险 | 14.12 | 31.27 | 32.36 | 27.80 |
| | 中风险 | 3.69 | 4.99 | 7.38 | 5.86 |
| | 高风险 | 0.22 | 0.76 | 2.61 | 2.39 |
| | 风险区总计 | 18.02 | 37.02 | 42.35 | 36.05 |
| GFDL-ESM2M | 低风险 | 21.06 | 26.49 | 43.97 | 35.07 |
| | 中风险 | 2.39 | 1.74 | 3.26 | 5.75 |
| | 高风险 | 0.00 | 0.00 | 0.22 | 0.22 |
| | 风险区总计 | 23.45 | 28.23 | 47.45 | 41.04 |
| GCM 均值±标准差 | 低风险 | 19.41±4.09 | 27.19±4.84 | 33.66±6.65 | 29.47±3.78 |
| | 中风险 | 5.3±3.96 | 5.06±4.23 | 7.38±4.82 | 11.23±9.5 |
| | 高风险 | 0.48±0.56 | 0.89±1.07 | 1.39±1.2 | 2.04±1.87 |
| | 风险区总计 | 25.19±7.96 | 33.14±4.74 | 42.43±3.62 | 42.74±9 |

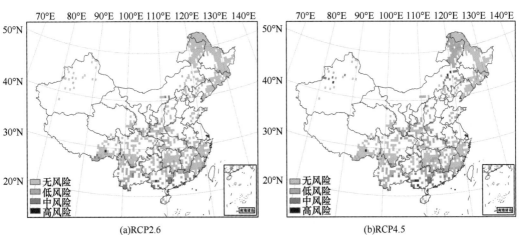

(a)RCP2.6　　　　　　　　　　　　　　　　(b)RCP4.5

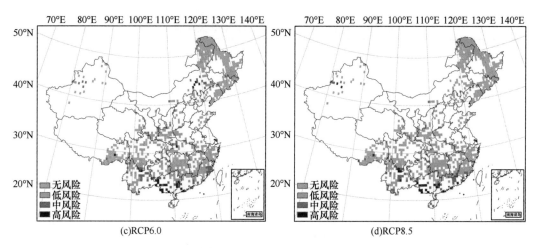

(c)RCP6.0　　　　　　　　　　　　　　(d)RCP8.5

图 7.8　2021~2050 年中国森林 NPP 风险分布（HadGEM2-ES）

# 7.3　森林火灾风险评估

## 7.3.1　数据来源与研究方法

### 1. 数据来源

　　1987~2010 年中国分省（自治区）的林火数据（包括森林火灾次数、火源类型、过火面积、受害森林面积、直接扑火经费、间接损失、扑火车辆、飞机扑火次数等）主要来源于《中国林业统计年鉴》（国家林业局，2007）和国家林业局森林防火指挥部的相关资料，2008~2013 年林火卫星监测数据由国家林业局卫星监测中心提供。林火统计数据主要以省级行政单位进行统计。我们根据森林面积把相关指标换算成单位森林面积（$10^4 hm^2$）。过去气候观测数据［插值到水平分辨率（0.25°×0.25°）］来自中国农科院环境发展研究所，地上生物量数据（2004~2008 年）由 Du 等（2014）提供。GDP 和人口空间分布数据（2005~2010 年）来自资源环境科学数据中心（付晶莹等 2014；黄耀欢等 2014），未来（2021~2050 年）的 GDP 和人口预估数据来源于 http://www.cger.nies.go.jp/gcp/population-and-gdp.html。

### 2. 森林火险指数计算

　　根据 1971~2050 年气候观测数据和未来气候情景数据（4 种情景下 5 个模型）每日各格点最高气温、最小相对湿度、平均风速和每日降水量，计算每日火险天气指数（FWI）系统中各个指数。FWI 系统要求输入气象站点每天中午天气观测值，本章的气温输入采用日最高气温减去 2℃（Williams et al.，2001），其他输入因子为最小相对湿度、日降水量和平均风速。最小相对湿度根据 1961~2010 年全国各气象站的平均湿度与最小相对湿度相关模型计算而得。火险天气指数系统输出三个可燃物湿度码和三个火行为指数。

可燃物湿度码包括细小可燃物湿度码（FFMC）、腐殖质湿度码（DMC）和干旱码（DC）；火行为指标包括初始蔓延速度（ISI）、累积指数（BUI）和火天气指数（FWI）。利用计算程序分别计算各火险指数 1971～2050 年第 95 百分位分数，用每个气候情景下 5 个模型预估值的计算结果的平均值代表相应的气候情景条件。

### 7.3.2　2021～2050 年森林火灾可能性与风险

假设 2021～2050 时段森林火源、林火管理能力和其他社会条件不发生显著变化，我们根据气候情景数据计算 2021～2050 年森林火险天气指数，评估未来森林火灾发生可能性与森林火灾风险。结果表明，与观测时段相比，森林火灾可能性很低的区域都有所减少，特别是 RCP8.5 情景下将可能减少 10.2%。四种气候情景下 2021～2050 年森林火险可能性高和很高的区域都有所增加，RCP2.6、RCP4.5、RCP6.0 和 RCP8.5 情景下森林火灾很高的区域分别比观测时期（1987～2010 年）增加 0.6%、2.2%、0.8% 和 2.2%，可能性高的区域分别增加 0.0%、3.3%、1.5% 和 1.3%（表 7.9）。4 种气候情景下，森林火灾可能性高的区域都主要分布在东北、华北和西南地区，气候情景之间有些差异（图 7.9）。

表 7.9　森林火灾可能性各等级比例　　　　　　　（单位：%）

| 等级 | 1987~2010 年 | RCP2.6 | RCP4.5 | RCP6.0 | RCP8.5 |
|---|---|---|---|---|---|
| 很低 | 40.2 | 38.3 | 34.9 | 38.0 | 30.0 |
| 低 | 23.5 | 25.2 | 25.8 | 24.7 | 30.2 |
| 中 | 19.2 | 18.8 | 18.9 | 18.0 | 19.2 |
| 高 | 13.1 | 13.1 | 14.3 | 14.5 | 14.3 |
| 很高 | 4.0 | 4.6 | 6.2 | 4.8 | 6.2 |

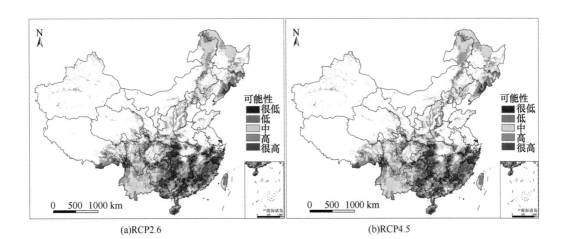

(a)RCP2.6　　　　　　　　　　　　　　　(b)RCP4.5

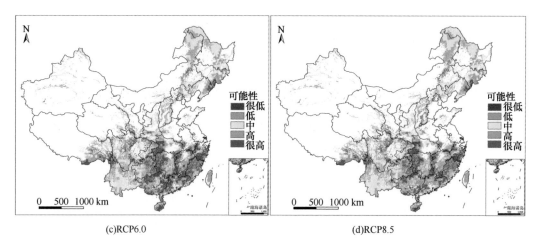

(c)RCP6.0 (d)RCP8.5

图 7.9 不同气候情景下 2021～2050 年森林火灾发生可能性

2021～2050 年，RCP2.6、RCP4.5、RCP6.0 和 RCP8.5 情景下很高风险区域将分别比观测时段增加 0.7%、1.6%、0.8% 和 1.4%，高火险区区域将分别增加 1.6%、3.3%、2.2% 和 3.8%。RCP8.5 情景下森林火灾高和很高风险区域增幅最为明显（+5.2%）（图 7.10）。

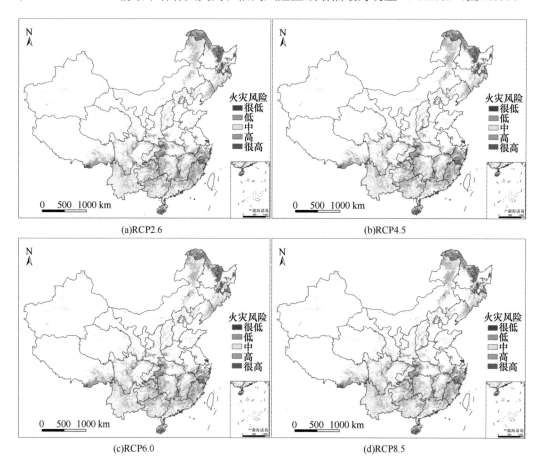

(a)RCP2.6 (b)RCP4.5

(c)RCP6.0 (d)RCP8.5

图 7.10 不同气候情景下 2021～2050 年森林火灾风险

# 7.4　中国森林的气候变化风险评估

相对于基准时段（1981～2010 年），未来 2021～2050 年中国大部分地区森林将可能面临气候变化风险，低、中、高三个等级的风险比例分别为 RCP2.6、RCP4.5、RCP6.0情景依次扩大，风险区总面积都占森林面积的 60%以上，RCP8.5 情景下风险总面积虽然略小于 RCP6.0，但其高风险比例超过 20%是 4 个情景中最大的。不同气候变化情景下风险等级的空间格局相似，高风险等级将可能集中分布在大兴安岭北部、小兴安岭、长白山北部，以及西南部分地区，中风险等级将可能主要分布在东南、华南沿海以及西南等地，低风险等级分布范围将可能包括东北的大兴安岭南部、长白山中部以及南方部分省份（图 7.11，表 7.10）。

比较各生态地理区综合风险指数，寒温带湿润区和中温带湿润半湿润区在 4 个情景下的风险指数都比较高，且较为接近，为 1.8～1.9，气候变化风险将可能以林火风险为主；南亚热带湿润区和热带湿润区的风险指数在 RCP8.5 情景下分别为 2.43 和 2.33，是

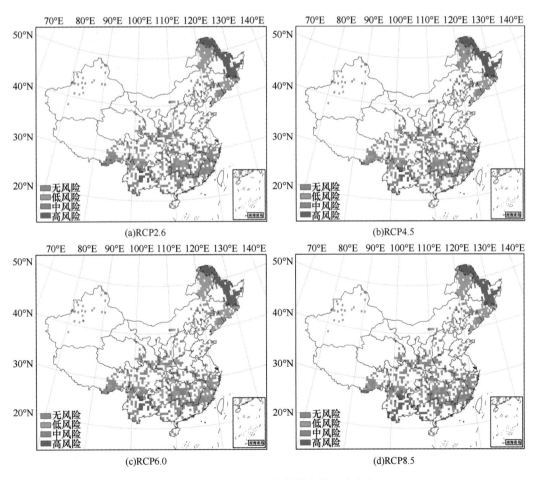

图 7.11　2021～2050 年中国森林风险分布

表 7.10　2021～2050 年中国森林风险像元比例

| 风险等级 | RCP2.6 像元比例/% | RCP4.5 像元比例/% | RCP6.0 像元比例/% | RCP8.5 像元比例/% |
|---|---|---|---|---|
| 低风险 | 33.55 | 34.09 | 42.13 | 36.48 |
| 中风险 | 11.73 | 18.13 | 18.89 | 18.78 |
| 高风险 | 16.83 | 17.59 | 18.02 | 22.04 |
| 风险区总计 | 62.11 | 69.82 | 79.04 | 77.31 |

所有生态区中最高的，森林 NPP 和火灾风险都比较大。其他生态区森林风险指数为 0.5～
1.5，暖温带湿润半湿润区、北亚热带湿润区和中亚热带湿润区等东部地区风险指数将可
能整体高于北方半干旱区和西北干旱区（图 7.12）。

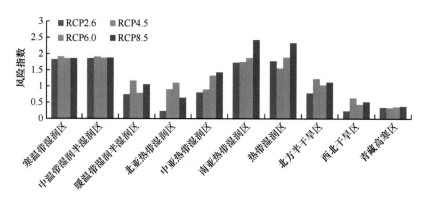

图 7.12　不同生态区 2021～2050 年森林风险指数

# 7.5　小　　结

本章构建了中国森林面临的未来气候变化风险评估技术体系，以森林生产力和林火
灾害为风险指标，通过分别确定各指标的风险标准及风险等级，识别了单指标风险等级
分布，并建立综合评估技术，进行森林的气候变化综合风险评估。通过分析森林生态系
统风险的时空分布格局和等级结构特点，完成对未来气候变化下中国森林生态系统风险
的评价。

根据本章分析结果，发现未来 2021～2050 年中国森林 NPP 的气候变化风险将主要
集中在热带和南亚热带地区。在高排放情景下，将可能向北扩展到中亚热带。RCP8.5
情景下高风险等级的森林面积将可能大幅增加，且主要集中在西南地区。区域尺度分析
表明，南亚热带和热带地区风险相对较高，两个区域在中、低排放情景下以中风险等级
为主，在高排放情景下则以中、高风险等级为主。东北和华北地区森林火灾高风险区域
将可能增加，RCP8.5 情景下增幅最明显。

综合森林 NPP 和林火的气候变化风险，发现未来 2021～2050 年大部分地区森林将
可能面临气候变化风险，RCP6.0 和 8.5 情景下风险区域分布最广。高风险等级将主要分
布在大兴安岭北部、小兴安岭、长白山北部，以及西南部分地区。寒温带湿润区、中温
带湿润半湿润区、南亚热带和热带气候变化风险指数相对较高。

# 参 考 文 献

陈华泉. 2013. 福建省 1990-2009 年森林火灾灾害风险评估. 西南林业大学学报, 33(4):72-77.

方精云, 柯金虎, 唐志尧等. 2001. 生物生产力的"4P"概念、估算及其相互关系. 植物生态学报, 25(4): 414-419.

付晶莹, 江东, 黄耀欢. 2014. 中国公里网格人口分布数据集(PopulationGrid_China).全球变化科学研究数 据 出 版 系 统. http://www.geodoi.ac.cn/WebCn/doi.aspx?DOI=10.3974/geodb.2014.01.06.V1[2015-8-15].

国家林业局. 2007. 中国林业统计年鉴( 1990-2007). 北京: 中国林业出版社.

国志兴, 钟兴春, 方伟华, 等. 2010. 野火蔓延灾害风险评估研究进展. 地理科学进展, 29(7): 778-788.

黄耀欢, 江东, 付晶莹. 2014. 中国公里网格 GDP 分布数据集(GDPGrid_China). 全球变化科学研究数据出 版系统. http://www.geodoi.ac.cn/WebCn/doi.aspx?DOI=10.3974/geodb.2014.01.07.V1[2015-8-15].

刘兴朋, 张继权, 范久波. 2007. 基于历史资料的中国北方草原火灾风险评价. 自然灾害学报, 16(1): 61-66.

刘兴朋, 张继权, 佟志军. 2009. 草原火灾风险评价与分区研究——以吉林省西部草原为例. 2009 中国草原发展论文集. 北京: 中国草学会. 572-579.

刘引鸽, 缪启龙, 高庆九. 2005. 基于信息扩散理论的气象灾害风险评价方法. 气象科学, 25(1):84-89.

史培军. 2002. 三论灾害研究的理论与实践. 自然灾害学报, 11(3): 1-9.

田晓瑞, 刘斌. 2011. 林火动态研究与林火管理. 世界林业研究, 24(1): 46-50.

颜峻, 左哲. 2010. 自然灾害风险评估指标体系及方法研究. 中国安全科学学报, 20(11): 61-65.

于贵瑞. 2013. 中国生态系统碳收支及碳汇功能. 北京: 科学出版社.

张继权, 刘兴朋, 佟志军. 2007. 草原火灾风险评价与分区:以吉林省西部草原为例.地理研究, 26(4):755-762.

张丽娟, 李文亮, 张冬有. 2009. 基于信息扩散理论的气象灾害风险评估方法. 地理科学, 29(2):250-254.

周雪, 张颖. 2014. 中国森林火灾风险统计分析. 统计与信息论坛, 29(1):34-39.

Chuvieco E, Aguado I, Jurdao S, et al. 2012. Integrating geospatial information into fire risk assessment. International Journal of Wildland Fire, 23(5): 606-619.

Du L, Zhou T, Zou Z H, et al. 2014. Mapping Forest Biomass Using Remote Sensing and National Forest Inventory in China. Forests. 5: 1267-1283.

FAO. 2010. Global Forest Resources Assessment 2010-Main Report. Rome: FAO.

Gerdzheva A A. 2014. A comparative analysis of different wildfire risk assessment models (a case study for Smolyan district, Bulgaria). European Journal of Geography, 5(3): 22-36.

Heyder U, Schaphoff S, Gerten D et al. 2011. Risk of severe climate change impact on the terrestrial biosphere. Environmental Research Letters, 6(3): 034036.

Melillo J M, McGuire A D, Kicklighter D W, et al. 1993. Global climate change and terrestrial net primary production. Nature, 363(6426): 234-240.

Miller C, Ager A A. 2013. A review of recent advances in risk analysis for wildfire management. International Journal of Wildland Fire, 22(1): 1-14.

NWRA Steering Committee. 2015. Northeast Wildfire Risk Assessment. Northeastern Area State and Private Forestry, U.S. Forest Service. http://www.na.fs.fed.us/fire/pubs/northeast_ wildfire_risk_assess10_lr.pdf [2016-2-1].

Scholze M, Knorr W, Arnell N W, et al. 2006. A climate-change risk analysis for world ecosystems. Proceedings of the National Academy of Sciences, 103(35): 13116-13120.

Scott J H, Thompson M P, Calkin D E. 2013. A wildfire risk assessment framework for land and resource management. Rocky Mountain Research Station, Forest Service, U.S. Department of Agriculture, Gen Tech Rep RMRS-GTR-315.

Thompson M P, Calkin D E, Finney M A, et al. 2011. Integrated national-scale assessment of wildfire risk to human and ecological values. Stochastic Environmental Research & Risk Assessment, 25(6): 761-780.

Tian X, Zhao F, Shu L, et al. 2013. Distribution characteristics and the influence factors of forest fires in China. Forest Ecology & Management, 310(1): 460-467.

Tong Z, Zhang J, Liu X. 2009. GIS -based risk assessment of grassland fire disaster in western Jilin province, China. Stoch Environ Res Risk Assess, 23(4): 463-471.

Tutsch M, Haider W, Beardmore B, et al. 2010. Estimating the consequences of wildfire for wildfire risk assessment, a case study in the southern Gulf Islands, British Columbia, Canada. Canadian Journal of Forest Research, 40(11): 2104-2114.

Williams A A J, Karoly D J, Tapper N. 2001. The sensitivity of australian fire danger to climate change. Climatic change, 49(1): 171-191.

Xu M, Wen X, Wang H, et al. 2014. Effects of climatic factors and ecosystem responses on the inter-annual variability of evapotranspiration in a coniferous plantation in subtropical China. PLoS One.

Yuan W, Luo Y, Richardson A D, et al. 2009. Latitudinal patterns of magnitude and interannual variability in netecosystem exchange regulated by biological and environmental variables. Global change biology, 15(12): 2905-2920.

# 第8章　研究展望

中国森林结构、功能和自然干扰因素受到不同程度的气候变化影响。基于大量多源数据和野外调查资料，通过构建气候变化影响与分离技术体系，识别过去 50 年以来气候变化对中国森林结构、功能、林火及有害生物的影响，定量分离关键气候要素变化对森林的影响程度和区域差异。基于多模式多情景的未来气候变化结果，构建气候变化对森林生态系统影响的风险评估标准和技术体系，评估未来 30 年气候变化将对我国森林产生的影响，阐明气候变化的风险等级与空间格局。通过评估气候变化对森林生态系统的影响与风险，为保障国家生态安全、适应气候变化提供科技支撑。

## 8.1　气候变化影响与风险评估

随着人们认识水平的不断提高，气候变化对森林的影响和风险评估技术的不断进步，评估的内容、指标和技术方法也将不断充实和丰富。特别是下述几个方面亟待提高和突破：

### 8.1.1　提高区域森林生产力估算准确性

树轮技术可以较为精确地反演森林群落生产力的长期变化特征，利用树木宽度反演区域森林生物量和生产力，还需要解决不同森林类型、不同气候条件下估算模型的适用性等问题，未来需要深入研究树木胸径-生物量的关系，调查采集大量样点来增强代表性，探索不同森林类型的遥感植被指数与生产力关系对森林生产力评估的作用，从而进一步提高区域乃至全国尺度的生产力估算的准确性。

### 8.1.2　加强生态模型过程和机理的研究

针对森林响应气候变化的生态生理学过程，考虑全球变化和各种干扰对森林生态系统产生的不同影响以及这些影响在不同时间尺度上的差异，加强影响森林生态系统结构和功能的关键过程研究，包括能量和水平衡地表过程，植物生长和碳平衡以及植被物候和动态等方面的研究。

### 8.1.3　完善未来气候变化风险评价指标和标准

为了有针对性地制定气候变化适应措施，有必要深入开展未来气候变化下森林风险的研究，重点包括森林评价指标多元化、标准定量化等方面，为应对气候变化提供科学依据。

### 8.1.4　加强极端事件和干扰的研究

气候变化将引起多数森林生态系统的火干扰加剧。林火排放的温室气体又促进了气候变化，植被和林火动态变化对气候变化有正反馈作用。未来应该重点研究气候变化情景下重点区域的林火动态潜在变化，构建更完善的林火动态模型，为开展适应气候变化的林火管理提供科学依据。林火管理策略需要根据林火动态变化和森林经营管理目标适时调整。林火管理对保护森林资源和生物多样性有重要作用，这须应用综合的林火管理措施，降低灾难性林火发生的概率。降低可燃物载量和改变易燃可燃物的连续分布是改变林火行为的最可行手段。我国长期实施积极的扑火政策，尽力扑救所有的火烧，而且大部分区域也很少实施计划烧除，所以，很多森林生态系统中易燃可燃物载量高，容易发生高强度火烧，控制或扑救也变得更加困难。一旦初始扑救失败，就容易发展为大面积的高强度火灾，对森林生态系统造成严重损害。因此，未来应该针对重点林区的林火特征变化与林火动态模拟，研发针对性的林火管理技术，使林火动态维持在一个合理水平，实现森林生态系统的可持续经营。

### 8.1.5　加强未来植被变化及人为干扰能力对林火风险的影响研究

未来气候情景下的森林火灾风险主要考虑气候变化引起的森林火险天气变化，没有考虑其他因子的变化。对 2021～2050 年的森林火灾风险评估结果只反映将来的气候变化可能引起的森林火灾风险改变，各气候情景下的森林火险指数是根据 5 个区域气候模型模拟结果平均值，提高了对未来各气候情景评估的可信度。未来 30 年森林年龄与结构都会发生一些改变，特别是我国森林资源变化受管理政策的影响较大。林火管理政策也可能发生一些变化，大部分地区的林火管理能力会有所提高。但从目前的技术发展趋势看，未来 30 年林火管理能力不大可能出现根本性改变。未来应该重点研究气候变化情景下重点区域的林火动态潜在变化，构建更完善的林火动态模型。

### 8.1.6　实现观测数据共享

在数据可得性和精度的支撑下，未来研究可利用 20 世纪 70 年代以来的遥感影像资料，以及相应时段的多次森林资源清查数据，采用本研究的阈值-数据融合的技术方法，形成多期森林空间分布图序列，对特定时段我国森林空间分布状况及变动情况进行分析。在树轮技术反演 NPP 方面，需要大量树轮轮宽数据，进一步提高区域乃至全国尺度的森林生产力估算的准确性。

## 8.2　气候变化适应技术

气候变化适应技术是应对气候变化战略的实施方案，通过认识气候变化影响与风险，分析目前可用与适用技术，提出以下中国森林适应气候变化技术重点。

## 8.2.1　森林生态系统固碳增汇与减排经营技术

构建典型森林生态系统的碳库及碳汇能力评估技术，迅速固碳和高度固碳品种的选育和应用推广技术。发展碳汇、碳税计量技术，建立增汇管理技术体系和森林碳交易系统平台。完善碳储量及碳汇预测模型，尤其是土壤碳的动态计量与预测技术。高碳汇潜力森林保护与低产低效林改造技术。森林减排的经营技术，造林活动导致的温室气体减排技术，森林资源采伐动态管理技术，采伐目标和方式的制定要充分考虑气候年际波动和极端气候事件的影响。

## 8.2.2　气候变化对森林生态系统影响与风险检测技术

开发气候变化对森林影响评估及预估系统，研究森林生态系统与气候相互作用，辨识气候变化对森林生态系统多功能的协同效应。建立气候变化对森林影响分离技术，气候变化对森林结构和服务的风险检测技术，气候变化对重点林业工程建设影响及工程实施效果评价技术，以及气候变化对森林生态系统多样性和稳定性影响的阈值检测技术，辨识森林响应气候变化的敏感区及高风险区，以及极端天气气候事件影响的快速检测技术。

## 8.2.3　森林生态系统自适应性保护技术

建立完整、全面覆盖的典型森林物种自然保护网络，辨识各类森林群落自然演替机制、森林变化和物种竞争对气候系统的反馈机制，构建森林生态系统自适应保护技术。集成群落结构优化技术，构建适应性高且抗逆性强的人工林生态系统。退化森林的恢复与重建技术，研究森林稳定性的影响机制，生长季人工造林对洪旱灾害的适应技术。森林生态系统稳定性阈值。森林适应种、脆弱种、濒危种的监察、保护与迁移技术。

## 8.2.4　森林动态监测与模拟技术

结合森林的地理分布区域和生态环境类型特点，建立全面覆盖的森林生态系统定位观测网络和监测体系。发展土、水、气、生物系统化的观测系统，完善并细化生态站通量观测的指标，建立森林生态系统各要素对气候变化响应的定位连续观测技术。开发全国生态网络数据库系统和共享平台及林业遥感数据共享平台。建立传统调查、定位观测与遥感监测等多源数据采集、融合技术，开展大尺度森林动态变化监测。开发森林结构及功能动态建模和模拟技术。

## 8.2.5　森林灾害的预警和防治技术

建设高精度森林灾害影响要素动态数据库，开发林火和病虫害等灾害的快速评估及预警决策支持平台。发展森林有害生物对气候变化的敏感性辨识技术，建立对气候变化敏感的有害迁入种检测及防治技术。

林火管理策略需要根据林火动态变化和森林经营管理目标适时调整。林火管理对保护森林资源和生物多样性有重要作用，需要采取综合的林火管理措施，减少灾难性林火发生的概率。降低可燃物载量和改变易燃可燃物的连续分布是改变林火行为的最可行手段。我国长期实施积极的扑火政策，尽力扑救所有的火烧，且大部分区域也很少实施计划烧除，所以，很多森林生态系统中易燃可燃物载量高，容易发生高强度火烧，控制或扑救也变得更加困难。一旦初始扑救失败，就容易发展为大面积的高强度火灾，对森林生态系统造成严重损害。因此，未来应该针对重点林区的林火特征变化与林火动态模拟，研发有针对性的林火管理技术，使林火动态维持在一个合理水平，实现森林生态系统的可持续经营。